# 金属腐蚀与防护
## （第 2 版）

赵麦群　何毓阳　编著

国防工业出版社
·北京·

# 内 容 简 介

本书共分9章,主要内容包括电化学腐蚀热力学、双电层理论、电化学腐蚀动力学、金属的常见腐蚀形态及防护措施、金属在工程介质中的腐蚀、耐腐蚀金属材料、腐蚀的防护等。

本书是在2002年第1版的基础上根据教学改革以及课程内容更新的需要,对每章内容进行了调整、扩充,对第1版中存在的错误进行了纠正,并在每章后附有思考题和习题,以便学生巩固所学理论知识和锻炼分析问题与解决问题的能力。本书适用学时为24~48学时。

本书适合作为高等院校材料科学与工程、材料化学专业必修教材,以及材料成型与控制、材料物理等专业选修教材,亦可供相关技术人员参考。

**图书在版编目(CIP)数据**

金属腐蚀与防护/赵麦群,何毓阳编著. —2版.
—北京:国防工业出版社,2022.1 重印
ISBN 978-7-118-11310-5

Ⅰ.①金… Ⅱ.①赵…②何… Ⅲ.①腐蚀 Ⅳ.
①TG17

中国版本图书馆 CIP 数据核字(2017)第 159689 号

※

国防工业出版社出版发行
(北京市海淀区紫竹院南路23号 邮政编码100048)
三河市天利华印刷装订有限公司印刷
新华书店经售

*

开本787×1092 1/16 印张18 字数410千字
2022年1月第2版第2次印刷 印数4001—8000册 定价48.00元

**(本书如有印装错误,我社负责调换)**

国防书店:(010)88540777        发行邮购:(010)88540776
发行传真:(010)88540755        发行业务:(010)88540717

# 前　言

"金属腐蚀与防护"是材料科学与工程、材料化学专业学生的一门必修课程，是材料成型与控制、材料物理等专业学生的一门选修课程，其目的是使学生掌握金属材料腐蚀与防护原理，解决工程实际中金属材料腐蚀与防护问题。

金属材料腐蚀是一个普遍的问题，存在于国民经济各个领域。腐蚀弱化金属材料的力学性能和物理、化学性能，引发重大事故，是材料科学领域中的重要研究课题。然而，腐蚀与防护原理比较复杂，它涉及冶金学、化学、电化学、物理化学、金属工艺学、高分子物理学和高分子化学等学科，加上金属材料具体腐蚀形态及防护方法的多样性和复杂性，要掌握这门专业知识和理论，必须学习相关学科的理论和腐蚀与防护自身的理论。目前，鉴于材料专业学生知识面宽而浅的特点，为便于其他专业学生选修，本书尽可能系统地阐述金属腐蚀和防护的原理，并将所涉及的其他学科的知识给予恰当的说明。本书参照国内外的相关资料和教材，考虑材料专业的学生知识特点和将来工作的需要，本着由浅入深、通俗易懂、理论联系实际、便于自学的原则编写。为了体现理工科学生理论与实际结合紧密的特点，书中列举了大量的金属材料腐蚀与防护实例，以便于学生用所学知识很好地解决工程实际问题。因此，本书既可作为金属材料专业的教材，也可供工程技术人员的参考。

《金属腐蚀与防护》第1版于2002年由国防工业出版社出版，并得到许多高等院校的认可，先后进行了6次印刷。由于课程内容更新的需要，对本书每章内容进行了调整、扩充，对第1版中存在的问题进行了纠正，并附有思考题和习题，以便学生巩固所学理论知识和锻炼分析问题与解决问题的能力。本书适用学时为24~48学时。

全书共分9章，其中第0、1、2、3、5、7章由赵麦群编写，第4、6、8章由何毓阳编写。本书在编写过程中，冯拉俊、张颖提供了很大帮助，同时引用了国内外许多学者的资料和研究成果，在此一并表示诚挚的谢意。

限于作者的学术水平，书中的论述远非完备，书中难免存在不妥之处，恳请读者指正。

编者

2018 年 11 月

# 目　　录

# 第0章 绪 论

## 0.1 金属腐蚀与防护的重要性

**1. 腐蚀的概念**

金属材料表面与环境介质发生化学和电化学作用,引起材料的退化和破坏称为腐蚀。随着非金属材料的迅速发展,越来越多的非金属材料作为工程材料使用。从这个现实出发,许多腐蚀科学家以及世界著名的腐蚀学术机构主张把腐蚀定义扩大到所有物质(包括金属和非金属)。因此,更广泛的定义:腐蚀是某种物质由于环境的作用引起的破坏和变质(性能降级)。本书的学习仅限于金属腐蚀。在多数情况下,金属腐蚀后失去金属特性,往往变成某种更稳定的化合物。例如,日常生活中常见的水管生锈,金属加热过程中的氧化等。

按照热力学的观点,腐蚀是一种自发过程,这种自发的变化过程破坏了材料的性能,使金属材料向着离子化或化合物状态变化,是自由能降低的过程。

人类开始使用金属后不久,便提出了防止金属腐蚀的问题。古希腊早在公元前就用锡来防止铁的腐蚀。我国商代就已经用锡来改善铜的耐蚀性,而出现了锡青铜。18世纪以来,工业的迅速发展,为金属材料腐蚀理论的出现创造了条件。

凯依尔(Keir)在1790年详细论述了铁在硝酸中的钝化,从此研究金属在各种介质中破坏的科学才活跃起来。哈尔(Holl)在1819年证明铁在没有氧的情况下是不会生锈的。德维(Dary)在1824年证明,当没有氧时,海水并不对钢起作用。同年,德维又提出了用锌保护钢壳船的原理。

电离理论以及法拉第(Faraday)定律的出现对腐蚀的电化学理论的发展起到了重要推动作用。德·拉·李夫(De La Rive)在1830年提出了腐蚀电化学的概念(微电池理论),随后能斯特定律、热力学腐蚀图($E-pH$图)等也相继出现,并创立了电极动力学过程的理论。到了20世纪初,腐蚀学科成为一门独立的科学,在科学领域中占有一定的位置。

我国的腐蚀科学发展较晚,与发达国家相比还有较大的差距。为了改变这种状况,我国于1978年专门成立了腐蚀科学组并组建了腐蚀学术委员会,制定了1978—1985年腐蚀学科发展规划,建立了腐蚀研究机构,同时加快了科技人才的培养,加强了国际学术交流,以促进我国腐蚀科学水平的提高。

**2. 金属腐蚀与防护的重要性**

金属腐蚀直接关系到人民的生命财产安全,关系到工农业生产和国防建设,所以腐蚀科学在国民经济中占有重要的地位。由于国民经济各部门大量使用金属材料,而金属材料在绝大多数情况下与腐蚀性环境介质接触而发生腐蚀,因此,腐蚀与防护是很重要的问题。

腐蚀往往会带来灾难性的后果。例如,1982年9月17日,一架日航DC-8喷气式客机在上海虹桥机场着陆时突然冲出了跑道,对飞机和旅客造成了极大的伤害。事故原因是飞机刹车系统的高压气瓶由于晶间应力腐蚀爆炸,导致刹车失灵。

在美国西弗吉尼亚州和俄亥俄州之间的一座桥梁,于 1967 年 12 月 15 日突然坍塌,当时桥上的车辆和行人纷纷坠入河中,死亡 46 人。事后经专家鉴定,发现钢梁由于应力腐蚀和疲劳的联合作用,产生裂缝而断裂。

在我国,1968 年,威远至成都的输气管道泄漏爆炸,死亡 20 余人。

1955 年 4 月 25 日,天津某纺织厂锅炉因腐蚀而爆炸,锅炉顶盖冲破室顶,飞出数十米远,造成死亡 8 人,重伤 17 人,轻伤 52 人,经济损失 36 万余元。

2006 年 1 月 20 日,四川省某输气站管线发生泄漏爆炸事故,造成 10 人死亡、3 人重伤、47 人轻伤,损坏房屋 21 户 3040$m^2$,输气管道爆炸段长 69.05m。事故原因为管道内外壁长期腐蚀与焊接缺陷引起管道开裂。

2013 年 11 月 22 日,青岛市发生了“11.22”东黄输油管线泄漏爆炸事故。秦皇岛路桥涵以北至入海口、以南沿斋堂岛街至刘公岛路排水暗渠的预制混凝土盖板大部分被炸开,与刘公岛路排水暗渠连接的长兴岛街、唐岛路、舟山岛街排水暗渠的现浇混凝土盖板拱起、开裂和局部炸开,全长波及 5000 余米。爆炸产生的冲击波及飞溅物造成现场抢修人员、过往行人、周边单位和社区人员,以及青岛丽东化工有限公司厂区内排水暗渠上方临时工棚人员,亡 62 人,伤 136 人,直接经济损失 75172 万元。爆炸还造成周边多处建筑物不同程度损坏,多台车辆及设备损毁,供水、供电、供暖、供气多条管线受损。泄漏原油通过排水暗渠进入附近海域,造成胶州湾局部污染。与排水暗渠交叉段的输油管道所处区域土壤氯化物含量高,排水暗渠内随着潮汐变化海水倒灌,输油管道长期处于干湿交替的海水腐蚀环境,导致管道加速腐蚀减薄、破裂,造成原油泄漏,流入排水暗渠,引起爆炸。

此外,如核电站、登月舱、火箭、船只、储存罐及油田化工等管线,都曾因腐蚀破坏而多次出现事故,使人们生命安全受到极大威胁,财产损失严重。

腐蚀破坏所造成的直接经济损失也是很可观的。1969 年美国调查,腐蚀损失占国民经济总产值的 3.5%;1977 年美国调查,每年的腐蚀损失约为 700 亿美元,相当于国民经济总产值的 4.2%。1974 年日本调查,每年腐蚀损失约为 92 亿美元。有人统计每年全世界腐蚀报废和损耗金属为 1 亿 t,占钢年产量的 20% ~40%。还有人统计世界上每年冶金产量的 1/3 腐蚀报废,这其中有 2/3 再生利用,其余不能再生而散落在地球表面。当然,这些只是直接的经济损失。而由腐蚀引起的设备损坏,导致停产,产品质量下降,效率低,引起物质的跑、冒、滴、渗损失,对环境污染以至爆炸、火灾等的间接经济损失更是无法估量。因此,研究腐蚀规律,解决腐蚀破坏成为国民经济中迫切需要解决的重大问题。

金属材料专业和金属成型专业的技术人员担负着材料成分设计、材料选用及材料保护的重要任务,将防护问题考虑在任何一项工程的设计中将损失减至最低,就要求材料研究人员和管理人员自觉地运用腐蚀与防护规律。因此,掌握腐蚀与防护技术是材料科学与工程、材料化学、材料成型与控制等专业技术人员的一项基本要求。

## 0.2　金属材料腐蚀的分类

金属腐蚀分类的目的是更好地掌握腐蚀规律,但由于金属腐蚀的现象和机理比较复

杂,因此金属腐蚀的分类方法也是多种多样的,至今尚未统一。目前,一般将腐蚀形态分为如下8类:

（1）均匀腐蚀或全面腐蚀:腐蚀均匀分布在整个金属表面上。从重量上来看,均匀腐蚀代表金属的最大破坏。但从技术观点来看,这类腐蚀形态并不重要。如果知道腐蚀速率,就可估算出材料的腐蚀公差,并在设计时将此因素考虑在内。

（2）电偶腐蚀或双金属腐蚀:具有不同电极电位的金属相互接触,并在一定介质中所发生的电化学腐蚀。

（3）缝隙腐蚀:浸在腐蚀介质中的金属表面,在缝隙和其他隐蔽的区域内常常发生强烈的局部腐蚀,这种腐蚀常与空穴、垫片底面、搭接缝、表面沉积物以及螺母和铆钉下的缝隙内积存的少量静止溶液有关。

（4）小孔腐蚀(简称孔蚀):腐蚀的破坏主要集中在某些活性结点上,并向金属内部深处发展。通常其腐蚀深度大于孔径,严重时可穿透设备。

（5）晶间腐蚀:腐蚀首先发生在晶粒边界上,并沿着晶界向纵深发展。虽然外观没有明显的变化,但其力学性能大为降低。

（6）选择性腐蚀:合金中的某一组分由于腐蚀优先地溶解到电解质溶液中,造成另一组分富集于金属表面上。

（7）磨损腐蚀:腐蚀流体和金属表面间的相对运动,引起金属的加速磨损和破坏。一般这种运动的速度很高,同时还包括机械磨耗和磨损作用。

（8）应力腐蚀:在拉应力和一种给定腐蚀介质共存而引起的破坏。金属或合金发生应力腐蚀破坏时,大部分表面实际不遭受腐蚀,只有一些细裂纹穿透内部,破坏现象能在常用的设计应力范围内发生,因此后果很严重。

根据金属腐蚀发生的部位,分为全面金属腐蚀和局部金属腐蚀两大类;按腐蚀环境,分为化学介质腐蚀、大气介质腐蚀、海水介质腐蚀和土壤腐蚀等;按腐蚀过程的特点,分为化学腐蚀、电化学腐蚀和物理腐蚀三大类。

上述腐蚀分类方法虽然不够严格,但可帮助人们从腐蚀介质或腐蚀过程的特点出发去认识腐蚀规律。

## 0.3　腐蚀与防护的历史

古希腊哲学家柏拉图(公元前427—前347)是最早在其著作中用文字描述腐蚀现象的。柏拉图把生锈说成是从金属里分离出来的土质。我国宋代《集韵》中记载:"锈,铁生衣也。"两千年后,乔治乌斯·阿古利可拉在其矿物学巨著《自然化石》中发表了同样的见解:"铁锈顾名思义就是金属铁的一种分泌物。用各种包覆材料可以防止铁生锈,如红丹漆、白铅漆、石膏、沥青或煤焦油。"古罗马作家老普林尼在其《博物志》中也提到用石油沥青、煤焦油沥青、白铅漆和石膏保护铁和青铜使它们不发生腐蚀。他在书中还写道,马其顿国王亚历山大大帝曾经在幼发拉底河上的萨马拉建造了一座浮桥。但是,后来插进去的新链节发生了腐蚀损坏,而原先的旧链节却完好无损。其实,从古至今一直流行这样的看法,即新制铁件与用过的旧铁器相比更容易腐蚀。

腐蚀过程的概念是从拉丁语 corrodere(侵蚀、消耗、逐渐毁坏)引申而来的,最早出现在 1667 年出版的《哲学学报》上，1785 年有关白铅漆生产的文献中提到腐蚀过程的概念，1836 年英国的戴维爵士的《铁在海水中阴极保护》论文也提到了腐蚀过程。直到今天，腐蚀过程的概念仍被不加区分地与腐蚀反应、腐蚀效应、腐蚀破坏等概念混用。

古代的铁件几乎没有腐蚀的迹象，即使有，也是微乎其微的。其原因可能是过去几百年里清洁的大气环境使铁器表面附着一层非常薄的氧化层，对铁器起到保护作用，甚至能够抵御今天腐蚀性很强的工业污染物的腐蚀破坏。也就是说，初始腐蚀状态往往是决定金属耐蚀性的重要条件。一个很有名的事例就是印度德里的库图普神柱，它是公元 410 年用大铁块手工锻打成的，在洁净干燥的大气中，神柱没有任何锈痕，仅仅是埋在土壤里的那部分铁柱有腐蚀斑点。但是，当把这铁含量为 99.7% 的铁样品运到英国后，它和其他锻铁件一样，很快发生了腐蚀。

中国是最早进入铁器时代的国家，早在公元前 200 年，我国人民已经用无烟煤炼铁，生产出诸如犁铧、锅、鼎、钟和香炉等实用铸铁件。在欧洲和印度，铁块是在烧木炭的小铁匠炉里冶炼的，单个熔炼炉只有 8~10kg 的生产能力。铸铁技术直到 14 世纪末才传到欧洲。表 0-1 为冶铁技术和腐蚀与防护的演化。材料的防护一直伴随着人类的发展，只是到现代，随着钢铁材料的广泛使用，才使防护技术得到飞速发展。在 18 世纪，人们已经普遍认识到防止钢铁腐蚀的必要性，1822 年发表了第一篇防锈漆报告，指出使用清漆、树胶或植物油涂刷钢铁表面。人们似乎在 1847 年已经认识到在涂刷涂料前金属表面彻底清洁是涂漆技术的重要因素。1885 年，红丹漆被推荐为底漆。美国使用煤焦油制取涂料和清漆，1860 年后将其使用到船厂各种钢铁件的保护。1982 年，首次使用煤焦油涂料涂刷大型浮船坞。1912 年，巴拿马运河的船闸、泄水闸门和堰口都喷涂了煤焦油漆。

巴黎的埃菲尔铁塔被作为钢铁防止大气腐蚀的典型事例。在那个时代，又窄又薄的钢条需要用优质红丹底漆防止腐蚀，面漆是亚麻籽油和铅白，后来又加上赭石、氧化铁和含有云母的氧化铁涂料。现代保护采用快干硝酸纤维漆、合成树脂和活性树脂（双组分混合物）。化学家利奥·贝克兰德（Leo Bakelite）在 1907 年发现了合成酚醛树脂，3 年后在防锈漆里确立了酚醛树脂的地位，标志着合成材料时代曙光的到来。

中国是世界四大文明古国之一，在材料发展和防护方面具有重要地位。图 0-1 为陕西秦兵马俑二号坑出土的青铜剑。剑长 86cm，剑身有 8 个棱面，极为对称均衡。它们在地下历经了 2000 多年，却无锈蚀，光洁如新。经检测分析，发现这些青铜剑表面存在一层厚约 $10\mu m$ 的含铬氧化膜。这一发现让世界为之震动，因为这种铬盐氧化处理技术是近代才掌握的先进工艺。据说德国在 1937 年，美国在 1950 年才先后发明并申请专利，而且是在较为复杂的设备和工艺流程实现的。秦人的铸造水平之高，尤其是防腐技术，让我们叹为观止。值得一提的是，这些青铜剑具有优异的韧性，有一把剑，被一具 150kg 重的陶俑压弯了，弯曲度超过 45°，当陶俑被移开的瞬间，青铜剑反弹平直，自然还原。另外，在《考工记》和《战国策·赵策》中有记载，春秋诸侯国时期的吴越两国剑师善于制剑。据不完全统计，已出土发现吴王剑 5 件，越王剑 8 件，均为青铜剑。图 0-2 为湖北江陵出土的越王勾践剑，这是 1965 年 12 月在湖北江陵望山一号楚墓挖掘中发现的。当考古人员小心翼翼地将墓主人的内棺打开，赫然发现尸首骨架的左侧有一把装在漆木剑鞘内的青铜剑。在场工作者回忆，当考古人员将剑从剑鞘中抽出的瞬间，伴随着一道亮眼的寒光，在

4

表0-1 冶铁技术及腐蚀与防护的演化

| 年份 | 4000 | 2000 | 0 | 1000 | 1100 | 1200 | 1300 | 1400 | 1500 | 1600 | 1700 | 1800 | 1900 | 2000 |
|---|---|---|---|---|---|---|---|---|---|---|---|---|---|---|
| 时代 | 史前 | | | | | | | | | | | | | |
| 文明时期 | 新旧石器时代 | 青铜器时代 | | | 铁器时代 | 中世纪 | | | | 文艺复兴时期 | | | 现代 | |
| 原料与燃料 | 陨铁 | | | | 铁矿石与木炭 | | | | | | | 无烟煤 焦炭 | | 合成材料 |
| 能源 | 风力 | | 体力 | | | 水力 | | | | | | 热能 | | 核能 |
| 铁的熔炼工艺 | | 利用木炭炉和铁匠炉从矿石直接还原 | | | | 立式高炉(生铁间接还原) | | | | | | | | 酸性转炉、西门子和氧气顶吹转炉、平炉 |
| 铁的处理设备 | | 还原高炉 | | | | 锻炉 | | | | | | | | 铸锭、钢和球墨铸铁 |
| 铁的类型 | 原态 | | 可以焊接的熟铁与钢 | | | | | | | | 铸铁 | | | 铁素体、铜和球墨铸铁 |
| 铁的重要性 | 未计 | 青铜为主 | 一般用铁制作器具和武器 | | | 除石头以外,木材也是重要的建筑材料 | | | | | | 机器、桥梁、合链、车辆、船舶最重要的结构材料 | | |
| 腐蚀与防护 | 石蜡 | 沥青 | 抽光 | | | 涂料 | | | | 金属镀层 | | 焦油 | 厚膜型有机涂料 | 阴极保护 |
| 贴合材料 | 氧化铁、沥青、清漆 | | 沥青与树胶 | | | 沥青漆、亚麻籽油、虫胶 | | | | | | 松节油 | | 合成树脂 |
| 颜料 | 氧化铁、赭石、白垩 | | 红铅、朱砂 | | | | | | | | | 铅白 | | 氧化铁粉、锌粉 |

5

场的人都惊呆了。一名挖掘队员一不留神割破手指,血流不止。有人再用 16 层白纸试其锋芒,稍一用力,便将纸全部划破。这把剑的剑长 55.7cm,剑柄长 8.4cm,剑宽 4.6cm,剑首为外翻卷圆箍形,内铸有间隔只有 0.2mm 的 11 道同心圆,剑身布满了规则的黑色菱形暗格花纹,剑格正面镶有蓝色玻璃,背面镶有绿松石,刻有"越王鸠浅自作用鐱"鸟篆铭文。神奇的是,深埋地下 2600 多年后,剑体依然寒光四射,剑身隐隐泛着蓝色光泽,剑刃依然锋利无比。这说明我们的祖先对腐蚀及防护早有认识,并对腐蚀科学与技术做出了卓越贡献。

图 0-1　陕西秦兵马俑二号坑出土的青铜剑

图 0-2　湖北江陵出土的越王勾践剑

　　从 18 世纪中叶到 20 世纪初期,人们对材料腐蚀的认识经历了从经验到理论的发展过程。1748 年,罗蒙索洛夫从化学角度解释了金属的氧化现象。1788 年,Austin 发现铁在中性水中腐蚀时溶液有碱化趋势。1790 年,Keir 发现了铁在硝酸中的钝化现象。1801 年,Wollaton 提出了腐蚀的电化学理论。1840 年,第一个镀银的专利是由英国伯明翰的 G. Elkington 和 H. ElKington 兄弟获得,促进了电镀工艺技术的大发展。1840 年,俄国人雅可比(Jacobi)向英国申请了第一个电镀铜专利。1841 年,劳尔兹发明了镀黄铜,获得氰化物溶液中电镀黄铜的专利;1842 年,他又首先提出了电镀铜锡合金工艺,镀液由氰化亚铜和锡酸盐组成。1842 年,德国人包特格(Bottger)发明了电镀镍技术。1852 年,在英国公布了铁上镀锌的专利。1866 年,美国人亚当斯(Adams)博士在气喷灯嘴上电镀了镍,成为第一位使镀镍工业化的人。1890 年,Placet 和 Bonnet 获得了铬酸溶液电镀铬的第一个专利。1908 年,美国芝加哥 Meaker 公司的化学家 Broad 首先获得了光亮镀镍的专利,采用了 1,5 - 萘二磺酸和锌盐。1860 年,英国科学家 Baldwin 首次申请了以糖浆和植物

6

油的混合物为配方的铁板酸洗的缓蚀剂专利,开创了从环境介质角度出发进行材料防护的先例。1880 年,发现了材料的应力腐蚀开裂现象和材料的氢脆现象。从 20 世纪初到 20 世纪 50 年代,不锈钢和各种耐蚀合金得到迅速发展。1923 年,英国现代腐蚀科学的先驱 Vernon 博士提出了大气腐蚀的"临界湿度"概念。1929 年,英国冶金科学家 U. R. Evans 建立了腐蚀极化图,提出了混合电位理论。1932 年,Evans 和 Hoar 用实验证明了腐蚀发生时金属表面存在腐蚀电流,并指出阳极区和阴极区之间流过的电量与腐蚀失重存在定量关系。1938 年,比利时科学家 M. Pourbaix 建立了电位—pH 值($E-pH$)图,奠定了近代腐蚀科学的热力学理论基础。1970 年,Epellboin 首次用电化学阻抗谱研究腐蚀过程,丰富了腐蚀研究方法,加深了对腐蚀机理的认识。此后,科学家们就金属的点蚀、缝隙腐蚀、应力腐蚀、晶间腐蚀、湍流腐蚀、微生物腐蚀及各种实际介质中的腐蚀等的机理、规律、原因进行了系统的理论和实验研究,奠定了材料腐蚀学科的基础理论体系,发展了材料防护技术。1949 年后,我国的材料腐蚀理论研究和防护技术得到迅速发展,张文奇、肖纪美、曹楚南、左景伊等一代科学家建立了我国材料腐蚀学科理论体系、防护技术体系和人才培养体系。几十年来,随着国家经济持续高速增长,与其相适应的腐蚀科学理论和各种防护技术得到迅速发展。

# 0.4 电化学保护的历史

1936 年,在伊拉克巴格达市附近的胡约拉布尔发现了几个约 14cm 高的陶罐,罐内是用沥青密封的细铜管,内装已经锈蚀的铁芯。在底格里斯河对岸的塞琉西王国废墟里也发现了类似的陶罐。人们推断陶罐为罗马帝国时代(公元前 27 年至公元 395 年)的物品,巴格达文物管理局局长威尔海姆·昆尼格认为,这些陶罐是用来给小件镀金的电池,比意大利科学家伽伐尼 1789 年发现伽伐尼电流早一两千年。

古时候,人们已经知道经过摩擦的琥珀会相互吸引,也了解其他电的效应。从旧沉船里发现的钉子,可以知道古罗马人已经知道接触腐蚀时伴随着电流流动。为防止蛀虫啃食船板,当时人们在木船壳上贴上铅护板,用铜螺钉固定,在铅板和铜螺钉之间形成伽伐尼电偶,钉子周围的铅板在海水里腐蚀脱落。后来,造船厂找到了解决办法,用铅皮包住铜螺钉头部,消除了两种金属之间伽伐尼电流的流动,阻止了电偶腐蚀的发生。

1761 年,英国科学家汉佛莱·戴维爵士接受了海军任务,对铜包木船进行防腐保护。他进行了大量实验室实验,发现用锌或铁可以对铜实施阴极保护。1812 年,戴维已经提出假说,即化学变化与电变化是出于同一原因,或者至少由同一材料特性引起的。并相信,通过改变某一材料的电荷状态,能够增加或减少化学反应驱动力。只有带有不同电荷材料组合在一起,才能引起化学、电变化。假如原先是带正电荷的材料被人为改变成带负电荷,那么,这样的约束就可以打破,再也不能参与腐蚀反应。

1791 年,伽伐尼发表了《论在肌肉运动中的电力》论文,描述当时的经历:"我把青蛙放在桌上,注意到了完全是意外的一种情况,在桌子上还有一台起电机,我的一个助手偶然把解剖刀的刀尖碰到青蛙腿上的神经,另一个助手发现,当起电机上的导体发出火花时,这个青蛙抽动了一下,因这现象而惊异的他立即引起了我的注意,虽然我当时考虑着完全另外的事情,并且是全神贯注于自己的思想的。"伽伐尼的青蛙实验,发现了伽伐尼电流,认识了电解质。伽伐尼的实验使许多科学家感到惊奇。意大利物理学家伏特在1792—1796年重复伽伐尼的实验时发现,只要有两种不同金属互相接触,中间隔以湿的硬纸、皮革或其他海绵状的东西,不管有没有蛙腿,都有电流产生,从而否定了动物电的观点。伏特认识到,蛙腿收缩只是放电过程的一种表现,两种不同金属的接触才是产生电流现象的真正原因,提出了著名的伏打序列,即锌-铁锡-铅-铜-银-金。其中两种金属相接触时,位于序列前面的都带负电(作电源负极)、后面的带正电(作电源正极)。1800年,伏特用锌片与铜片夹以盐水浸湿的纸片叠成电堆产生了电流,这个装置后来称为伏打电堆。他还把锌片和铜片放在盛有盐水或稀酸的杯中,将多个这样的小杯子串联起来组成电池。伏特电堆(电池)的发明,提供了产生恒定电流的电源——化学电源。人们为了纪念他们的功绩,就把这种电池称为伽伐尼或伏特电池,并把电压的单位用"伏特"表示。

伽伐尼—伏特电池的发现并没有上升到电化学理论的高度,但戴维所做的解释依然是令人惊叹的。他确定铜在伽伐尼电势序中是带有弱正电荷的金属,并推断,假如将铜变成带有弱负电荷的状态,则铜在海水中的腐蚀就被阻止了。假如铜变成负极(阴极),那么所有化学反应,包括腐蚀都被阻止。为了验证这一假设,戴维进行了实验,将焊接有锡块的铜抛光试片和另一铜抛光试片分别浸在弱酸性的海水中,三天后,焊接有锡块的铜试片没有任何腐蚀迹象,而没有焊接锡块的铜试片发生了明显的腐蚀。戴维由此得出结论,锌或铁等较活泼的金属可以用于腐蚀防护。戴维在其弟子迈克尔·法拉第(Michael Faraday)的协助下继续研究,将一块焊有铁片的铜片与锌块用导线连接,结果,铜片没有腐蚀,铁片得到保护,从而得出锌在什么位置对防护都不重要的结论。

戴维将他的研究成果报告给英国海军部,1824年,获准在包有铜板的战舰上实验。戴维把锌板和铸铁板焊接在包有铜板的军舰上防止铜板发生腐蚀。他认定铸铁是最经济的材料,所用的铸铁板厚5cm、长60cm,在9艘军舰上获得了满意的防护效果。铸铁板的面积相当于铜板面积的1.2%,且分别固定在船首和船尾。在达恩利伯爵的"伊丽莎白"号游艇和650t"卡拉伯拉城堡"号货船上取得了同样良好的效果。每条船的船首和船尾都配备了两块锌板,锌板面积相当于包覆铜板面积的1%,其中货船从印度加尔各答港返航后,铜包皮看起来完好如初。

在戴维去世后若干年,法拉第查验了铸铁在海水中的腐蚀状况,他发现铸铁在水面的腐蚀速率比深水里的腐蚀速率快。1833年,他发现了腐蚀质量损耗与电流之间的定量关系——法拉第电解定律。正是这项伟大的发现奠定了电解理论和阴极保护原理的科学基础。

1856年,在汉诺威举行的建筑工程师协会会议上,德国电报检查员福里勒报告了他在很长时间里进行的广泛实验探索结果,他把锌块焊在铁构件上或用螺钉固定在铁件上,防止了铁件在海水里的腐蚀,并得出结论,由于伽伐尼电流的影响,铁件受到有效保护。很明显,他对戴维的研究不甚了解。

1890年,美国发明家爱迪生曾尝试用外加电流对船只实施阴极保护,因为没有合适的电源和阳极材料,所以他的设想没有成功。1902年,K.科恩用外加直流电成功实现了实际的阴极保护。1906年,赫伯特·波盖特在德国西南部城市卡尔斯鲁厄(Karlsruhe)建造了第一座管道的阴极保护装置。他采用10V/12A的直流发电机,能够保护电车轨道范围内的300m煤气和供水管道,图0-3为其阴极保护原理。1913年秋季在日内瓦举行的金属学大会上,自耗式阳极(今天的牺牲阳极)保护被称为"电化学保护"。

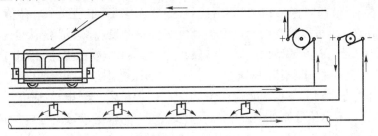

图 0-3  阴极保护原理(赫伯特·波盖特)

1905 年,E. G. 坎伯兰(美国)使用外加电流对蒸汽锅炉实施了阴极保护,图 0-4 为锅炉阴极保护原理。1924 年,芝加哥铁路公司对数台机车锅炉进行了阴极保护,解决了蒸汽锅炉加热管频繁更换问题(每年 9 月份更换一次),降低了使用成本。丹麦的 A. 加尔代格尔用铝阳极和外加直流电对热水供水装置进行了阴极保护。

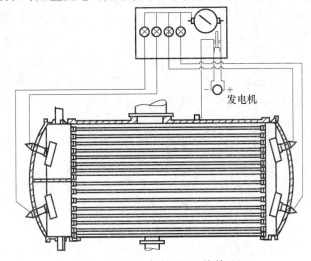

图 0-4  阴极保护原理(坎伯兰)

在 19 世纪,阴极保护获得成功还有很大的偶然性。1906 年,德国物理化学家 F. 哈伯和 L. 戈尔德史密斯,在德国煤气和水工工程师协会的倡导下,对阴极保护的原理进行了研究。他们认定阴极保护和杂散电流腐蚀均是电化学现象,建立了电流密度、土壤密度、土壤电阻及管地电位的测量方法,F. 哈伯还发明了不极化的锌/硫酸锌参比电极。两年后,麦克兰姆发明了铜/硫酸铜参比电极,自此,用硫酸铜电极测量埋地装置的电位获得普遍应用。1918 年,O. 鲍尔与 O. 佛格尔在柏林的材料测试站测定了阴极保护所需要的电流密度。

1928 年,管道阴极保护首先在美国得到应用。美国"阴极保护之父"罗伯特·J·柯恩于 1928 年在新奥尔良的输气管道上安装了第一台阴极保护整流器,开始了管道阴极保护的应用,并通过实验发现 -0.85V(相对于饱和硫酸铜电极)钢铁土壤阴极保护的保护电位,奠定了阴极保护的技术基础。柯恩的实验表明,平均 10～20mA/m² 的保护电流密度就足以将管道电位控制在不发生点蚀的电位。有些专家对柯恩的实验仍持怀疑态度,直到 1954 年初,I. 丹尼森获得美国腐蚀工程师协会的惠特尼奖,在颁奖致辞时说:"在

9

1929 年第一次腐蚀与防护会议上是柯恩讲述了如何用直流整流器把管道的电位控制在 -0.85V(相对于饱和硫酸铜电极)。我不必提醒大家了,正是这个电位值今天已被世界各地广泛采纳作为可以接受的阴极保护电位。"柯恩的发现得到广泛认可。

在 20 世纪初,随着不锈钢的发展,金属的钝性在技术上变成腐蚀与防护的重要因素。1958 年,在法兰克福的国际化工展览会上的成果表明,正是有了金属的钝性,才使人类有可能从石器时代进化到金属技术时代。20 世纪三四十年代,金属钝性研究进入了电化学领域,并且已经知道电位是腐蚀反应中一个重要变量。50 年代,随着恒电位仪的开发,测量技术取得重大进展,在世界范围开始系统研究腐蚀参数与电位的相关性,通过测定某些腐蚀现象(如点蚀、应力腐蚀)发生的极限电位,得出了保护电位的概念。这些成果奠定了通用电化学保护的科学基础。

钝性不锈钢使发展阳极保护成为可能。高合金钢与碳钢不能在强酸中进行阴极保护,因为析氢阻止了必要的电位降。但是,用阳极保护能使高合金钢钝化并保持钝态。1950 年,C. 艾德里努最早实验证明阳极极化能够保护铬镍钢泵送系统免遭浓硫酸的腐蚀。洛克与森布雷研究了不同的金属/介质系统,并在这些系统中采用了相应的阳极保护。1960 年,在美国有多座阳极保护装置投入使用,如磺化及中和装置中的储罐和反应器。结果不但延长了装置的使用寿命,而且获得了更高纯度的产品。1961 年,阳极保护首次在埃及阿斯旺的苛性钠电解厂使用以防止应力腐蚀破坏。自 20 世纪 60 年代起,氢氧化钠储槽已经大规模使用阳极保护,电化学腐蚀与防护方法已成为工业装置长期采用的重要技术。

1952 年,美国在新奥尔良的天然气管道阴极保护中,柯恩首次使用深井阳极,其深度达 90m。1962 年,F. 沃尔夫在德国汉堡首次安装了深井阳极。

1939 年,苏联已安装了 500 多个阴极保护装置,主要是实施牺牲阳极,阴极保护。英国 1940 年以后才实施牺牲阳极,阴极保护。1949 年,德国 W. 乌弗尔曼用锌板对布伦瑞克褐煤矿的供水管网实施了牺牲阳极,阴极保护。1953 年和 1954 年,分别在杜伊斯堡 - 汉波恩和汉堡安装了外加电流阴极保护系统。1955 年后,德国将阴极保护技术推广到所有管道上,特别是新建的长距离输气管道,1972 年制订出有关阴极保护的技术规程。

20 世纪 30 年代,欧洲已关注杂散电流腐蚀保护问题。1939 年,德国对杂散电流保护的描述:"对杂散电流应首先采取以下预防措施,防止电流从轨道泄漏到周围的大地。在管道穿越铁路轨道大约 200m 的距离,管道两端最好有双重屏蔽层,并选用电绝缘接头以提高绝缘电阻。必须非常小心地在管道与轨道之间实现导电性连接,绝不可产生有害影响。"1934 年,地区煤气公司的总工程师拉·德·布鲁威尔在布鲁塞尔附近的冯腾 - 伊文尼安装了首批排流器,解决了杂散电流腐蚀问题。1942 年,在柏林一处临时排流处,安装了整流器(极性排流器),防止了电流的反向流动。柯恩安装在管道与铁轨之间的阴极保护整流器是现代极性排流技术的先驱。目前主要使用可控制电位的整流器来排除杂散电流。

## 0.5　本书的内容

"金属腐蚀与防护"学科的任务:研究由于金属和环境介质相互作用而发生在金属表面的物理化学破坏;研究破坏的现象、过程、机理和规律;提出抗腐蚀的原理和在各种环境

条件下抗腐蚀的方法和措施;为金属材料的合理使用提供理论依据。本书的主要内容如下:

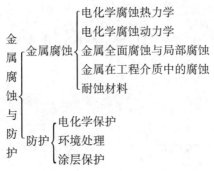

## 思 考 题

1. 何谓金属腐蚀?何谓材料腐蚀?二者有何关系?

2. 中国古代对金属腐蚀是如何描述的?如何理解?

3. 古希腊哲学家柏拉图及西方国家对金属腐蚀(生锈)是如何描述的?如何理解?

4. 何谓广义材料腐蚀?岩石风化、木材腐朽、塑料老化等是否是腐蚀?如何定义腐蚀?

5. 简述腐蚀与防护的历史。

6. 简述金属材料发展和腐蚀与防护技术演化的关系。

7. 伽伐尼和伏特对电化学腐蚀的主要贡献是什么?

8. 简述阴极保护的发展历史,并指出进行实用化最早的科学家以及应用领域。

9. 阴极保护的最小保护电位(以饱和硫酸铜电极为参比电极)和最小保护电流密度是多少?

10. 阳极保护发展的条件是什么?是谁首先进行了阳极保护应用?

11. 秦兵马俑出土的青铜剑与湖北江陵出土的越王勾践剑为什么不腐蚀?从腐蚀定义加以说明。

12. 阳极保护、牺牲阳极阴极保护、深井阳极三者有何异同?

13. 举例说明研究腐蚀的重要意义。

14. 举出一些在腐蚀科学发展史上的重要科学家,说明他们的主要贡献。

15. 简要说明腐蚀的分类。

16. 化学腐蚀和电化学腐蚀有何区别?

# 第1章　电化学腐蚀热力学

金属材料与电解质溶液相互接触时,在界面上将发生有自由电子参加的广义氧化和还原反应,导致接触面处的金属变为离子、络离子而溶解,或者生成氢氧化物、氧化物等稳定化合物,从而破坏了金属材料的特性,这个过程称为电化学腐蚀。它是以金属为阳极的腐蚀原电池过程。

本章讨论原电池过程中分子、离子、电子的活动规律及相关的腐蚀热力学。

## 1.1　电　池　过　程

### 1.1.1　原电池

最简单的电池就是人们日常生活中所用的干电池,它是由中心碳棒(正电极)、外包锌皮(负电极)及两极间的电解质($NH_4Cl$)溶液组成,如图 1-1 所示。当外电路接通时,灯泡即通电发光。

电极过程如下:

阳极(锌皮)上发生氧化反应,使锌原子离子化,即

$$Zn \rightarrow Zn^{2+} + 2e^-$$

阴极(碳棒)上发生还原反应消耗电子,即

$$2H^+ + 2e^- \rightarrow H_2$$

随着反应的不断进行,锌不断地被离子化,释放电子,在外电路中形成电流。锌离子化的结果,使锌被腐蚀。

在进一步讨论原电池反应之前,先讨论电极系统的概念。

能够导电的物体称为导体。但从导体中形成电流的荷电粒子来看,一般将导体分为两类:一类是电子导体,在电场作用下沿一定方向运动的荷电粒子是电子或电子空穴,它包括金属导体和半导体;另一类导体是离子导体,在电场的作用

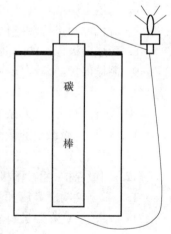

图 1-1　干电池示意图

下沿一定方向运动的荷电粒子是离子,电解质溶液就属于这类导体。

如果系统由两个相组成(一个是电子导体,称为电子导体相;另一个是离子导体,称为离子导体相),且当有电荷通过它们互相接触的界面时,有电荷在两个相间转移,这个系统就称为电极系统。

电极系统的主要特征:伴随着电荷在两相之间的转移,不可避免地同时会在两相的界面上发生物质的变化——由一种物质变为另一种物质,即化学变化。

如果接触的两个相都是电子导体相,则在两相之间有电荷转移时,只不过是电子从一

个相穿越界面进入另一个相,在界面上并不发生化学变化。如果接触的是两种不同类的导体时,则在电荷从一个相穿越界面转移到另一个相中时,必然依靠两种不同的荷电粒子(电子和离子)之间互相转移电荷来实现。这是物质得到或释放外层电子的过程,是电化学变化的基本特征。

因此,电极反应可定义为在电极系统中,伴随着两个非同类导体相之间的电荷转移,两相界面上所发生的电化学反应。

**例 1.1**:将一块金属铜浸入无氧的 $CuSO_4$ 水溶液中,此时,电子导体相是铜,离子导体相是 $CuSO_4$ 的水溶液,构成了电极系统。当两相之间发生电荷转移过程时,在两相界面,即在与溶液接触的铜表面,同时发生如下物质变化:

$$Cu_M \Leftrightarrow Cu_{sol}^{2+} + 2e_M^- \tag{1-1}$$

伴随着正电荷从电子导体相(金属相)转移到离子导体相(溶液相),在铜的表面 Cu 原子失去两个电子变成 $Cu^{2+}$ 进入溶液,式(1-1)朝着正反应方向进行;随着正电荷从离子导体相转移到电子导体相,相应地发生还原反应,式(1-1)朝着逆反应方向进行。该反应过程,就是一个电极反应。

**例 1.2**:将一块铂片浸在氢气气氛下的 HCl 溶液中,所构成电极系统是电子导体相 Pt 和离子导体相 HCl 的水溶液。在两相界面上有电子转移时发生的物质变化:

$$H_{2g} \Leftrightarrow 2H_{sol}^+ + 2e_M^- \tag{1-2}$$

**例 1.3**:将一块铂片浸在含有铁离子($Fe^{3+}$)和亚铁离子($Fe^{2+}$)的水溶液中,构成的电极系统所发生的电极反应:

$$Fe_{sol}^{2+} \Leftrightarrow Fe_{sol}^{3+} + e_M^- \tag{1-3}$$

因此,电极系统与电极反应的区别是明显的,但对电极含义还不清楚。实际上,电极具有两个不同的含义。

(1)在多数情况下,电极仅指组成电极系统的电子导体相或电子导体材料。例如,铝电极、汞电极、石墨电极等。

(2)在少数场合当谈到电极时,是指电极反应或整个电极系统,而不是仅指电极材料。例如,"氢电极"表示在某种金属(如铂)表面上进行的氢与氢离子互相转化的电极反应。又如,"参比电极"是指某一物质的电极系统及相应的电极反应,而不是仅指电子导体材料。

原电池的电化学过程由阳极的氧化过程、阴极的还原过程以及电子和离子的输运过程组成。电子和离子的运动构成了电回路。

## 1.1.2 腐蚀原电池

腐蚀原电池实质上是一个短路原电池,即电子回路短接,电流不对外做功(如发光、驱动电机等),而自耗于腐蚀电池内阴极的还原反应中。如图 1-2 所示,将锌与铜接触并置于盐酸的水溶液中,就构成了锌为阳极、铜为阴极的原电池。阳极锌失去的电子流向与锌接触的阴极铜,并与阴极铜表面上溶液中的氢离子结合,形成氢原子并聚

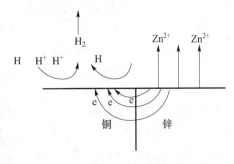

图 1-2 腐蚀原电池示意图

合成氢气逸出。腐蚀介质中氢离子($H^+$)的不断消耗,是借助于阳极(锌)离子化提供的电子。这种短路电池就是腐蚀原电池。

将一块金属置于电解质溶液中,也会发生同样的氧化、还原反应,构成腐蚀原电池,只不过这种电池的阳极、阴极很难用肉眼区分。

### 1.1.3 腐蚀原电池的化学反应及理论

无论何种类型的腐蚀电池,都必须包括阳极、阴极、电解质溶液和电路四个组成部分,缺一不可。这四个组成部分构成了腐蚀原电池工作的基本过程:

(1)阳极过程:金属溶解,以离子形式进入溶液,并把等量电子留在金属上。

(2)转移过程:电子通过电路从阳极转移到阴极。

(3)阴极过程:溶液中的氧化剂接收从阳极流过来的电子后本身被还原。

由此可见,腐蚀金属的表面上至少同时进行两个电极反应,一个是金属阳极溶解的氧化反应,另一个是氧化剂的还原反应。

如果将锌片放入盐酸溶液中,就会发现有气体逸出,锌溶解并形成氯化锌,化学反应方程式为

$$Zn + 2HCl \rightarrow ZnCl_2 + H_2$$

离子方程式为

$$Zn + 2H^+ \rightarrow Zn^{2+} + H_2$$

即锌被氧化成锌离子($Zn^{2+}$),而氢离子被还原成氢气。

也可以将此反应写成两个局部反应:

氧化(阳极)反应 $\qquad Zn \rightarrow Zn^{2+} + 2e^-$

还原(阴极)反应 $\qquad 2H^+ + 2e^- \rightarrow H_2$

两个反应在金属锌表面同时发生且反应速率相同,保持电荷守恒。凡是能分成两个或更多个氧化、还原分反应的腐蚀过程,都可称为电化学反应。钢铁、铝等在酸中腐蚀反应均属于电化学反应。腐蚀原电池的阳极反应可写成通式:

$$Me \rightarrow Me^{n+} + ne^-$$

每个反应中单个原子产生的电子数($n$)等于元素的价数。腐蚀原电池的阴极反应可写成通式

$$D + ne^- \rightarrow [D \cdot ne^-]$$

其中:D为能吸收电子的物质。

除$H^+$外,能吸收电子的阴极反应还有

$$O_2 + 4H^+ + 4e^- \rightarrow 2H_2O \qquad \text{(在含氧酸性溶液中)}$$

$$O_2 + 2H_2O + 4e^- \rightarrow 4OH^- \qquad \text{(在碱性或中性溶液中)}$$

$$Me^{3+} + e^- \rightarrow Me^{2+} \qquad \text{(金属离子的还原反应)}$$

$$Me^+ + e^- \rightarrow Me \qquad \text{(金属沉淀反应)}$$

总之,阴极反应是消耗电子的还原反应。

在金属和合金的实际腐蚀中,可以发生一个以上的氧化反应。例如,当合金中有几个组元时,它们的离子可分别进入溶液中。当腐蚀发生时,也可发生一个以上的还原反应。如工业盐酸中常见杂质是$FeCl_3$,腐蚀过程中的三价铁离子比氢离子更易消耗电子,因此

在工业盐酸中,同时有 $Fe^{3+}$ 离子和 $H^+$ 离子消耗电子的反应。

### 1.1.4 腐蚀的次生过程

在腐蚀过程中,靠近阴极区的溶液里还原产物的离子(如在中性和碱性溶液中的 $OH^-$ 离子)浓度增加(溶液的 pH 值将升高)。将铁电极与铜电极短接之后放入 3% 氯化钠溶液中,阳极区即产生大量 $Fe^{2+}$ 离子,阴极区产生大量 $OH^-$ 离子,由于扩散作用,亚铁离子($Fe^{2+}$)与 $OH^-$ 离子在溶液中可能相遇发生如下反应:

$$Fe^{2+} + 2OH^- \rightarrow Fe(OH)_2$$

这种反应产物称为次生过程产物。当溶液呈碱性时,$Fe(OH)_2$ 会以沉淀的形式析出。如果阴极和阳极直接接触,该次生产物就沉淀在电极表面,形成氢氧化物膜,即腐蚀产物膜。若这层膜比较致密,则可起保护作用。

铁在中性介质中生成的腐蚀产物 $Fe(OH)_2$ 若进一步被氧化,则 $Fe(OH)_2$ 转变为 $Fe(OH)_3$,反应方程式如下:

$$4Fe(OH)_2 + O_2 + 2H_2O \rightarrow 4Fe(OH)_3$$

$Fe(OH)_3$ 部分脱水而成为铁锈,一般用 $FeOOH$、$Fe_2O_3 \cdot H_2O$ 或 $xFeO \cdot yFe_2O_3 \cdot 2H_2O$ 表示,它质地疏松起不到保护作用。

### 1.1.5 宏观电池与微观电池

金属腐蚀是由氧化和还原反应组成的电极反应过程实现的。根据氧化与还原电极的尺寸以及肉眼的可分辨性,将电池分为宏观电池与微观电池两种。

**1. 宏观电池**

1)两种不同金属构成的电偶电池

当两种具有不同电极电位的金属或合金相互接触(或用导线连接起来),并处于电解质溶液中时,电位较负的金属遭受腐蚀,而电位较正的金属得到保护,这种腐蚀原电池称为电偶电池。例如,锌与铜相连浸入稀硫酸中,船舶的钢壳与铜合金推进器等均构成这类腐蚀原电池。此外,化工设备中金属的组合件如螺钉、螺母、焊接材料等和主体设备连接也形成电偶腐蚀。

形成电偶腐蚀的主要原因是异类金属的电位差。两种金属的电极电位相差越大,电偶腐蚀越严重。此外,电池中阴极与阳极的面积比和电解质的导电性及温度等对腐蚀也有重要影响。

2)浓差电池和温差电池

同类金属浸于同一种电解质溶液中,由于溶液的浓度、温度或介质与电极表面的相对速度不同,可构成浓差或温差电池。

(1)盐浓差电池。将长铜棒的一端与稀硫酸铜溶液接触,另一端与浓硫酸铜溶液接触,与稀硫酸铜接触的一端因其电极电位较负,作为电池的阳极将遭到腐蚀,而与浓硫酸铜接触的一端,因其电极电位较正,作为电池的阴极,$Cu^{2+}$ 离子将在这一端的铜表面上析出:

$$Cu \mid CuSO_{4稀} \mid\mid CuSO_{4浓} \mid Cu$$

在稀 $CuSO_4$ 溶液中,Cu 电极为阳极,其反应方程式为

$$Cu \rightarrow Cu^{2+} + 2e^-$$

在浓 $CuSO_4$ 溶液中,Cu 电极为阴极,其反应方程式为

$$Cu^{2+} + 2e^- \rightarrow Cu$$

被还原的铜沉积于电极表面。

(2)氧浓差电池。这是由于金属与含氧量不同的溶液相接触而形成的。位于高氧浓度区域的金属为阴极,位于低浓度区域的金属为阳极,阳极金属将被溶液腐蚀。例如,工程部件多用铆、焊、螺纹等方法连接,若连接处理不当,就有缝隙,在缝隙深处氧气补充较困难,形成浓差电池,导致缝隙处的严重腐蚀。埋在不同密度或深度的土壤中的金属管道及设备也因为土壤中氧的充气不均匀而形成氧浓差电池腐蚀。海船的水线腐蚀等均属于氧浓差电池腐蚀。

(3)温差电池。这类电池往往是浸入电解质溶液的金属处于不同温度的情况下形成的。它常发生在换热器、蒸煮器、浸入式加热器及其他类似的设备中。铜在硫酸盐的水溶液中,高温端为阴极,低温端为阳极,组成温差电池后,使低温端的阳极溶解,高温端得到保护。铁在盐溶液中高温端为阳极,低温端为阴极,高温端被腐蚀。例如,检修不锈钢换热器时,发现其高温端比低温端腐蚀更严重,这就是温差电池造成的。

**2. 微观电池**

微观电池是用肉眼难以分辨出电极的极性,但确实存在着氧化和还原反应过程的原电池。微观电池是由金属表面的电化学的不均匀性引起的,不均匀性的原因是多方面的,这里重点介绍四种。

1)化学成分不均匀性形成的微观电池

众所周知,工业上使用的金属常含有各种各样的杂质,当金属与电解质溶液接触时,这些杂质则以微电极的形式与基体金属构成了许多短路微电池。若杂质作为微阴极,则它将加速基体金属的腐蚀;若杂质作为微阳极,则基体金属会受到保护而减缓腐蚀。例如,Cu、Fe、Sb 等金属加速 Zn 在硫酸中的腐蚀,Fe、Cu 等杂质加速 Al 在盐酸溶液中的腐蚀。

钢和铸铁是制造工业设备常用的材料,由于成分不均匀性,存在着第二相碳化物和石墨,在它们与电解质溶液接触时,第二相的电位比铁正,成为无数个微阴极,从而加速基体金属铁的腐蚀。

2)组织结构的不均匀性形成的微观电池

金属和合金的晶粒与晶界的电位不完全相同,往往以晶粒为阴极,晶界是缺陷、杂质、合金元素富集的地方,导致比晶内更为活泼,具有更负的电极电位,成为阳极,构成微观电池,发生沿晶腐蚀。单相固溶体结晶时,由于成分偏析,形成贵金属富集区和贱金属富集区,则贵金属富集区成为阴极,贱金属富集区成为阳极,构成微观电池加剧腐蚀。此外,合金存在第二相时,多数情况下第二相充当阴极,加速了基体腐蚀。

3)物理状态的不均匀性形成的微观电池

金属在加工或使用过程中往往产生部分变形或受力不均匀,以及在热加工冷却过程中引起的热应力和相变产生的组织应力等,都会形成微观电池。一般情况下,应力大的部位成为阳极,在铁板弯曲处和铆接处容易发生腐蚀就是这个原因。另外,由于温差、光照的不均匀性也会形成微观电池。

4）金属表面膜不完整形成的微观电池

金属的表面一般存在一层初生膜，如果这种膜不完整、有孔隙或破损，孔隙或破损处的金属相对于表面膜来说，电极电位较负，就会成为微电池的阳极，腐蚀将从这里开始发生。这是小孔腐蚀和应力腐蚀的主要原因。

在生产实践中，整个金属的物理和化学性能、金属各部位所接触的介质的物理和化学性能完全相同，以及金属表面各点的电极电位完全相同是不可能的。由于各种因素，金属表面的物理和化学性能存在着差异，使金属表面上各部位的电位不相等，把这些情况统称为电化学不均匀性，它是形成腐蚀原电池的基本原因。

综上所述，腐蚀原电池的原理与一般原电池的原理一样，它只不过是将外电路短路的电池。它工作时也产生电流，只是其电能不能被利用，而是以热的形式散失掉，其工作的直接结果只是加速了金属腐蚀。

## 1.1.6 化学腐蚀与电化学腐蚀的比较

化学腐蚀和电化学腐蚀一样，都会引起金属失效。在化学腐蚀中，电子传递是在金属与氧化剂之间直接进行，没有电流产生。在电化学腐蚀中，电子传递是在金属和溶液之间进行，对外显示电流。化学腐蚀与电化学腐蚀的比较见表1-1。

表1-1 化学腐蚀与电化学腐蚀的比较

| 比较项目 | 化学腐蚀 | 电化学腐蚀 |
|---|---|---|
| 介质 | 干燥气体或非电解质溶液 | 电解质溶液 |
| 反应式 | $\sum r_i \cdot M_i = 0$<br>（$r_i$ - 系数；$M_i$ - 反应物质） | $\sum r_i M_i \pm ne = 0$<br>（$n$ - 离子价数；$e$ - 电子；<br>$r_i$ - 系数；$M_i$ - 反应物质） |
| 腐蚀过程驱动力 | 化学位不同 | 电位不同的导体间的电位差 |
| 腐蚀过程规律 | 化学反应动力学 | 电极过程动力学 |
| 能量转换 | 化学能与机械能、热能 | 化学能和电能 |
| 电子传递 | 反应物直接传递，测不出电流 | 电子在导体及阴、阳极上流动，可测出电流 |
| 反应区 | 在碰撞点上瞬时完成 | 在相互独立的阴、阳极区域独立完成 |
| 产物 | 在碰撞点上直接生成产物 | 一次产物在电极表面；二次产物在一次产物相遇处 |
| 温度 | 高温条件下为主 | 低温条件下为主 |

# 1.2 电化学位

## 1.2.1 化学位

化学位是物理化学中的一个重要概念，应用这个概念可以推导出化学变化的一些重要关系式，因此有必要介绍化学位的概念。而化学位是自由焓的偏克分子量，因此首先介绍偏克分子量的概念。

设由组元1,2,3,…,$i$所组成的多元体系，体系的任一容量性质为$x$，则

$$\left(\frac{\partial x}{\partial n_i}\right)_{T,P,n_j} \equiv \bar{x}_i \qquad (1-4)$$

在等温等压下，有

$$dx = \bar{x}_1 dn_1 + \bar{x}_2 dn_2 + \cdots = \sum \bar{x}_i dn_i \qquad (1-5)$$

式(1-2)为偏克分子量的定义式，其中：$\bar{x}_i$ 为 $i$ 物质某种性质的偏克分子量；$n_j$ 为除 $i$ 以外，其他组元保持不变时，组元 $i$ 的摩尔数。$\bar{x}_i$ 的物理意义是等温、等压条件下，在大量的体系中，除组元 $i$ 以外，保持其他组元的数量不变，加入 1 克分子质量（或 1mol）$i$ 物质时所引起的体系容量性质 $x$ 的改变量，或者是在有限的体系中加入 $dn_i$ 摩尔 $i$ 物质后，体系容量性质改变为 $dx$，$dx$ 与 $dn_i$ 的比值。

应强调的是，只有在等温、等压条件下，体系容量性质随某组分摩尔数的变化率才称为该性质的偏克分子量。在一定温度、压力和浓度下的体系偏克分子量是一个恒定的数值：

$$G = G(T,P,n_i)$$

$$dG = \left(\frac{\partial G}{\partial T}\right)_{P,\sum n_i} dT + \left(\frac{\partial G}{\partial P}\right)_{T,\sum n_i} dP + \sum_{i=1}^{k}\left(\frac{\partial G}{\partial n_i}\right)_{T,P,n_j} dn_i$$

因为

$$\left(\frac{\partial G}{\partial T}\right)_{P,\sum n_i} = \left(\frac{\partial G}{\partial T}\right)_{P} = -S$$

$$\left(\frac{\partial G}{\partial P}\right)_{T,\sum n_i} dP = \left(\frac{\partial G}{\partial P}\right)_{T} = V$$

所以

$$dG = -SdT + VdP + \sum_{i=1}^{k}\bar{G}_i dn_i \qquad (1-6)$$

在等温、等压时，因为 $dT = 0$，$dP = 0$，所以式(1-6)可写为

$$dG = \sum_{i=1}^{k}\bar{G}_i dn_i \qquad (1-7)$$

式中：$\bar{G}$ 为偏克分子自由焓，又称为化学位 $\mu_i$，即

$$\mu_i = \bar{G}_i = \left(\frac{\partial G}{\partial n_i}\right)_{T,P,n_j} \qquad (1-8)$$

它的物理意义是当体系的量为无限大，温度和压力保持不变时，仅组分 $i$ 增加 1mol 所引起的自由焓的变化。

在等温、等压时，式(1-7)可写为

$$dG = \sum \mu_i dn_i \qquad (1-9)$$

根据平衡条件，$dG = 0$，即

$$\sum \mu_i dn_i = 0 \qquad (1-10)$$

又根据 $dG < 0$ 是自发过程的条件，同样有

$$\sum \mu_i dn_i < 0 \qquad (1-11)$$

也就是自发过程的条件。因此，化学位 $\mu_i$ 是过程自发或平衡的判据。

## 1.2.2 化学平衡的条件

根据化学位的基本方程，讨论等温、等压条件下化学反应的方向和平衡条件。设有下

述化学反应：

$$bB + dD = gG + rR$$

式中：$b$、$d$、$g$、$r$ 为反应物与生成物的摩尔数。

反应过程中如 B 物质消耗了 $dn$ 摩尔，即 $-dn_B$，则 D 相应为 $-dn_D$，生成物相应增加 $dn_G$、$dn_R$，其比值为

$$-dn_B : -dn_D : dn_G : dn_R = b : d : g : r$$

$$\frac{-dn_B}{b} = \frac{-dn_D}{d} = \frac{dn_G}{g} = \frac{dn_R}{r} = d\alpha$$

式中：$\alpha$ 为反应度。当 $d\alpha = 1$ 时，表示体系内 $b$ 摩尔 B 和 $d$ 摩尔 D 反应后消失，而生成 $g$ 摩尔 G、$r$ 摩尔 R。当反应度为无限小时，则体系各组分的浓度及化学位均可视为不变，因此，在等温、等压的过程中有

$$(dG)_{P,T} = \sum \mu_i dn_i = \mu_R dn_R + \mu_G dn_G - \mu_B dn_B - \mu_D dn_D \qquad (1-12)$$

将生成物的系数规定为正，反应物的系数规定为负。因 $\alpha > 0$，所以 $(dG)_{P,T}$ 的符号 $\sum \gamma_i \mu_i$（$\gamma_i$ 为反应式中物质 $i$ 的计量系数）是一致的。根据自由焓判据：

$$(dG)_{P,T} \begin{cases} < 0 & \text{（自发过程）} \\ = 0 & \text{（平衡状态）} \\ > 0 & \text{（非自发过程）} \end{cases} \qquad (1-13)$$

与用 $\sum \gamma_i \mu_i$ 判据是一致的，即

$$\sum \gamma_i \mu_i \begin{cases} < 0 & \text{（自发过程）} \\ = 0 & \text{（平衡状态）} \\ > 0 & \text{（非自发过程）} \end{cases} \qquad (1-14)$$

例如，在反应 $N_2 + 3H_2 = 2NH_3$ 中，当

$$(\mu_{H_2} + 3\mu_{H_2}) > 2\mu_{NH_3}$$

即

$$\sum \gamma_i \mu_i = 2\mu_{NH_3} - (\mu_{N_2} + 3\mu_{H_2}) < 0$$

$N_2$ 与 $H_2$ 能自发地化合成 $NH_3$。当 $\sum \gamma_i \mu_i = 0$ 时，化学反应达到平衡；当 $\sum \gamma_i \mu_i > 0$ 时，反应不可能自发进行。因此，$\sum \gamma_i \mu_i$ 可用来判断化学反应的方向和限度，并可视为化学反应的推动力。

## 1.2.3 电化学位

既然一个化学反应的平衡条件可以用式（1-14）表示，那么电极反应的平衡条件应怎样来表示呢？

电极反应即是化学反应，与一般的化学反应不同，在电极反应中，除了物质变化外，还有电荷在两相之间的转移，故在电极反应过程中，除化学能的变化外，还有电能的变化。因此，在电极反应平衡的能量条件下，除考虑化学能之外，还考虑荷电粒子的电能。

如果将单位克离子的（阳离子）$M^{n+}$ 加入大体系中，需做的化学功就是 $M^{n+}$ 在系统中的化学位 $\mu_M^{n+}$，要做的电功是单位克离子 $M^{n+}$ 所带的电量与系统内电位 $\phi$ 的乘积。1 克离子的 $M^{n+}$ 只携带 $nF$ 库仑的正电荷的电量，相应的电功为 $+nF\phi$。因此，将单位克离子的

$M^{n+}$ 移入溶液时,系统的自由焓变化为

$$\left(\frac{\partial G}{\partial M_{M^{n+}}}\right)_{T,P,M_j} = \mu_{M^{n+}} + nF\phi = \bar{\mu}_{M^{n+}} \tag{1-15}$$

式中:$\bar{\mu}_{M^{n+}}$ 为 $M^{n+}$ 离子在上述系统中的电化学位。

式(1-15)所定义的电化学位可看作包括化学位的更广泛的定义。对于纯化学反应,$n = 0$,从式(1-15)就得出化学位的定义式(1-14)。

如果是负离子(阴离子)$A^{n-}$,则 1 克离子所带电量为 $nF$ 库仑的负电荷,应在 $nF$ 中前取负号"$-$"。

定义电化学位以后,就可以像式(1-14)表达化学反应式的平衡一样,电极反应式的平衡条件也可表示为

$$\sum_j \gamma_j \bar{\mu}_j = 0 \tag{1-16}$$

也就是说,一个电极反应若从反应式一侧的体系向另一侧的体系转化时,自由焓的变化为零,这个反应处在平衡状态。如果不满足上述条件,这个电极反应就会自发向某个方向进行。下面举几个电极反应的例子,具体了解电极反应的平衡条件。

**例 1.4:**

$$Cu \Leftrightarrow Cu^{2+}_{sol} + 2e^-_M \tag{1-17}$$

$$\bar{\mu}_{Cu} = \mu_{Cu} (\text{Cu 为原子}, n = 0)$$

$$\bar{\mu}_{Cu^{2+}} = \mu_{Cu^{2+}} + 2F\phi_{sol} (\text{Cu}^{2+} \text{为阳离子}, n = 2, \text{存在于溶液中})$$

$$\bar{\mu}_{e_M} = \mu_{e_M} - F\phi_M (\text{每一电子带单位电荷}, n = 1)$$

式(1-17)的平衡条件为

$$\bar{\mu}_{Cu^{2+}} + 2\bar{\mu}_{e_{(M)}} - \bar{\mu}_{Cu} = 0$$

将上列各物质的电化学位代入平衡条件,整理后,可得

$$\phi_M - \phi_{sol} = \frac{\mu_{Cu^{2+}} - \mu_{Cu}}{2F} + \frac{\mu_{e_M}}{F} \tag{1-18}$$

**例 1.5:**

$$Ag_M + Cl^-_{sol} \Leftrightarrow AgCl_s + e^-_M \tag{1-19}$$

式(1-19)反应的平衡条件为

$$\bar{\mu}_{AgCl} + \bar{\mu}_{e_M} - \bar{\mu}_{Ag} - \bar{\mu}_{Cl^-} = 0$$

式中

$$\bar{\mu}_{AgCl} = \mu_{AgCl} \quad (n = 0)$$

$$\bar{\mu}_{e_M} = \mu_{e_M} - F\phi_M \quad (n = -1)$$

$$\bar{\mu}_{Ag} = \mu_{Ag}$$

$$\bar{\mu}_{Cl-sol} = \mu_{Cl^-} - F\phi_{sol} \quad (n = -1)$$

将上列物质的电化学位代入平衡条件后,可得

$$\phi_M - \phi_{sol} = \frac{\mu_{AgCl} - \mu_{Ag} - \mu_{Cl^-}}{2F} + \frac{\mu_{e_M}}{F} \tag{1-20}$$

**例 1.6:**

$$\frac{1}{2}H_{2g} \Leftrightarrow H^+_{sol} + e^-_M \tag{1-21}$$

式(1-21)反应的平衡条件为

$$\bar{\mu}_{H_{sol}^+} + \bar{\mu}_{e_M} - \frac{1}{2}\bar{\mu}_{H_2} = 0$$

式中，
$$\bar{\mu}_{H_2} = \mu_{H_2} \qquad\qquad (n = 0)$$
$$\bar{\mu}_{e_M} = \mu_{e_M} - F\phi_M \qquad (n = -1)$$
$$\bar{\mu}_{H^+} = \mu_{H^+} + F\phi_{sol} \qquad (n = 1)$$

将上列各物质的化学位代入平衡条件,可得

$$\phi_M - \phi_{sol} = \frac{\mu_{H^+} - \frac{1}{2}\mu_{H_2}}{F} + \frac{\mu_{e_M}}{F} \qquad\qquad (1-22)$$

讨论电极反应的平衡条件是为了能够根据一些测量结果来判断所研究的电极反应是否处于平衡,若没有达到平衡时,判断反应进行的方向。下面介绍根据什么样的测量值来进行这方面的判断。

## 1.3 电 极 电 位

### 1.3.1 绝对电极电位

从1.2.3节中三个电极反应例子的讨论可以看出,每一个电极反应的平衡条件都可以表达成这样一个公式:在等式的一边是电极材料(电子导体相)的内电位与溶液(离子导体相)的内电位差;等式的另一边则分成两项,一项是参与电极反应的各物质(除电子外)的化学位的代数和除以伴随1克分子物质变化时在两种导体之间转移的电量的库仑数,另一项则总是$\frac{\mu_{e_M}}{F}$。因此,式(1-16)可以改写为

$$\Phi_e = [\phi_{电极材料} - \phi_{sol}]_e = \frac{\sum \gamma_j \mu_j}{F} + \frac{\mu_{e电极材料}}{F} \qquad\qquad (1-23)$$

式中:$\Phi_e = \phi_{电极材料} - \phi_{sol}$为该电极系统的绝对电极电位,故一个电极系统的绝对电极电位就是电极材料相与溶液相之间的电位差。

式(1-14)中在绝对电极电位$\Phi$的右下角特意注明"e",以表示这个等式只有在电极反应达到平衡时才成立。这就是说,每一个电极反应的平衡条件可以用电极系统的两个导体相的内电位差或电极系统的绝对电极电位来表征。在一定条件(温度、压力、反应物的浓度或活度等)下,电极反应达到平衡时,电极系统的绝对电位应等于定值。原则上,已知某一电极反应在某种条件下达到平衡时的$\Phi_e$的数值,只要测量这个电极系统的绝对电位,就可根据测量值与$\Phi_e$的关系判断这个电极反应是否达到平衡或反应进行的方向。

实际上,无论是一个相的内电位$\phi$的数值,还是两个相的电位之差的绝对值$\Phi$,都是无法测得的。下面讨论:为什么无法测量两个相的内电位之差的绝对值,以及如何判断电极反应是否达到平衡。

以铜电极为例(例1.4)。在这个电极系统中,电极材料是铜,离子导体是水溶液。为了测量铜电极和水溶液两相之间的电位差,需要电位差计(或万用表),而任何测量电位

差的仪表都有两个输入端,如图1-3所示,V代表测量仪表,它的一个输入端用铜导线与铜电极相连,另一端与电极系统的水溶液相连接。但这种方法是无法实现的,唯一的测量办法是用另一种金属 M,如图1-3中的虚线表示的那样,将金属 M 的一端插入溶液中,另一端通过铜导线与测量仪表 V 的另一端连接。这样,仪表 V 的读数为 $E$,把图1-3等效地画成图1-4。可以看出,$E$ 包含了 Cu/M、M/溶液和溶液/Cu 三个绝对电极电位,即

$$E = \left[ \phi_{Cu} - \phi_{sol} \right] + \left[ \phi_{sol} - \phi_M \right] + \left[ \phi_M - \phi_{Cu} \right] \tag{1-24}$$

其中,Cu 与 M 的接触是两个电子导体间的接触,只传输电荷而不引起物质变化,因此不能看成电极系统。而 Cu/溶液和 M/溶液均构成电极系统。在 Cu/溶液的界面上进行的电极反应为

$$Cu \Leftrightarrow Cu_{sol}^{2+} + 2e_M^-$$

在 M/溶液界面上进行的电极反应为

$$M \Leftrightarrow M_{sol}^{n+} + ne_M^-$$

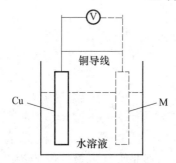
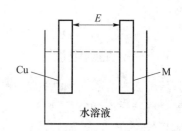

图1-3 无法测量一个电极系统的绝对电位的示意图　　图1-4 测量 Cu/M 电动势的示意图

当它们都处于平衡时,有

$$\phi_{Cu} - \phi_{sol} = \frac{\mu_{Cu^{2+}} - \mu_{Cu}}{2F} + \frac{\mu_{e_{Cu}}}{F} \tag{1-25}$$

$$\phi_M - \phi_{sol} = \frac{\mu_{M^{n+}} - \mu_M}{nF} + \frac{\mu_{e_M}}{F} \tag{1-26}$$

$$\phi_M - \phi_{Cu} = \frac{\mu_{e_M} - \mu_{e_{Cu}}}{F} \tag{1-27}$$

将式(1-25)~式(1-27)代入式(1-24)得

$$E = \frac{\mu_{Cu^{2+}} - \mu_{Cu}}{2F} - \frac{\mu_{M^{n+}} - \mu_M}{nF} \tag{1-28}$$

式(1-28)在 Cu/水溶液和 M/水溶液两个电极系统中的电极反应都达到平衡时才成立。这个 $E$ 值就是两个电极系统构成的原电池的电位差。

通过以上讨论可以看出:电极系统的绝对电极电位是无法测量的,但是可将电极系统的绝对电位的相对变化用原电池的电动势反映出来。

虽然一个电极系统的绝对电极电位本身是无法测量的,但它的变化量是可以测量的。这并不影响我们的研究工作,因为我们后面就会看到,对电极反应进行的方向和速度大小发生影响的,不是绝对电位本身,而是绝对电位的变化量。

## 1.3.2　参比电极与平衡电极电位

**1. 参比电极**

为了测量绝对电极电位的相对值,应选择电极系统与被测电极系统组成原电池。所选择的电极系统,电极反应要保持平衡,且与该电极反应有关的各反应物的化学位应保持恒定,这样的电极系统称为参比电极。

由参比电极与被测电极系统组成的原电池的电动势,习惯地称为被测电极系统的电极电位。写出电极电位时,一般应说明是用哪种参比电极测得的。

**2. 电极电位**

1)平衡电极电位

平衡电极电位是指当金属电极与溶液界面的电极过程建立起平衡时,电极反应的电量和物质量在氧化、还原反应中都达到平衡的电极电位。所以,当谈到电极电位时,总是同一定的电极反应相联系的。通常用 $E_e$ 表示平衡电位。有时需要在 $E_e$ 的下方用必要的符号来说明是什么电极反应,例如:

$$E_{e(Cu/Cu^{2+})} = \frac{\mu_{Cu^{2+}} - \mu_{Cu}}{2F} - \frac{\mu_{M^{n+}} - \mu_M}{nF}(以 M/M^{n+} 电极系统作为参比电极)$$

2)标准电极电位

由化学热力学可知,对于溶液相和气相中的物质,化学位与它的活度和逸度的关系分别为

$$\mu = \mu^0 + RT\ln a$$
$$\mu = \mu^0 + RT\ln f$$

式中:$a$ 为溶液相物质的活度;$f$ 为气相物质的逸度。在稀溶液以及气体压力不很大的情况下,可以用物质的重量克分子浓度 $C$ 来代替 $a$ 或用它的分压 $P_i$ 来代替 $f$。$\mu^0$ 是 $a$ 或 $f$ 为单位值时的化学位,称为标准化学位,它的数值仅与温度 $T$ 和压力 $P$ 有关,而与物质在该相中的浓度和分压无关。对只由一种物质组成的固体相来说,这一物质的 $\mu$ 就等于 $\mu^0$。

于是电极反应式(1 – 17)的平衡电位(以 $M/M^{n+}$ 电极系统为参比电极)可以写为

$$E_{e(Cu/Cu^{2+})} = \frac{\mu_{Cu^{2+}} - \mu_{Cu}}{2F} + \frac{RT}{2F}\ln a_{Cu^{2+}} - \frac{\mu_{M^{n+}} - \mu_M}{nF} \qquad (1-29)$$

令

$$E^0_{(Cu/Cu^{2+})} = \frac{\mu_{Cu^{2+}} - \mu_{Cu}}{2F} \qquad (1-30)$$

则式(1 – 29)可写为

$$E_{e(Cu/Cu^{2+})} = E^0_{(Cu/Cu^{2+})} + \frac{RT}{2F}\ln a_{Cu^{2+}} - \frac{\mu_{M^{n+}} - \mu_M}{nF} \qquad (1-29')$$

$E^0$ 称为标准电位,即通常所说的电极电位,指参加电极反应的物质都处于标准状态,即 25℃ 和 1atm(1atm = 101.325kPa)下测得的电动势(氢标电极作参比电极)的数值。

式(1 – 29′)中最后一项与被测电极无关,而只与用来进行测量的参比电极系统有关。用不同的参比电极系统对同一被测电极系统所测得的电极电位数值,相互之间有一个差

值,这个差值只取决于参比电极系统。测定这些差值后,用不同的参比电极测出的电极电位值可以互相换算。

3)氢标电极

在各种参比电极中,最重要的是标准氢电极。标准氢电极是将镀了铂黑的 Pt 片浸在氢的分压为 1atm 和 $H^+$ 活度为 1 克离子/L 的溶液中构成的电极系统。结构如图 1-5 所示。这个电极系统的电极反应就是式(1-21),即

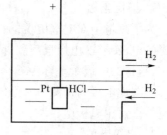

图 1-5　标准氢电极的结构

$$\frac{1}{2}H_{2g} \Leftrightarrow H_{sol}^+ + e_{Pt}^-$$

在用这个参比电极来测量 $Cu/Cu^{2+}$ 电极系统的电位时,从式(1-29′)可得

$$E_{e(Cu/Cu^{2+})} = E^0_{(Cu/Cu^{2+})} + \frac{RT}{2F}\ln a_{Cu^{2+}} - \frac{\mu_{H^+} - \frac{1}{2}\mu_{H_2}}{F}$$

由于 $P_{H_2} = 1$ 和 $a_{H^+} = 1$,因此

$$\mu_{H^+} = \mu^0_{H^+} + RT\ln a_{H^+} = \mu^0_{H^+}$$

$$\mu_{H_2} = \mu^0_{H_2} + RT\ln P_{H_2} = \mu^0_{H_2}$$

但化学热力学中规定

$$\mu^0_{H^+} = 0, \quad \mu^0_{H_2} = 0$$

故在用标准氢电极作为参比电极时,式(1-29′)可简化为

$$E_{e(Cu/Cu^{2+})} = E^0_{(Cu/Cu^{2+})} + \frac{RT}{2F}\ln a_{Cu^{2+}} \qquad (1-31)$$

氢标电极作为参比电极计算最为方便,它成为最主要的参比电极。文献中和数据表中的各种电极电位的数值,除特殊标明者外,一般是以标准氢电极作为参比电极的数值。

在实际测量中,用氢标电极作参比电极很不方便,而常采用其他参考电极。常用参考电极的电位值仍以氢标准电极电位为基准。表 1-2 列出了常用的参考电极系统及电位。

表 1-2　常用参考电极在 25℃ 时对于标准氢电极的电位

| 电极系统 | $E/V$ | 电极系统 | $E/V$ |
|---|---|---|---|
| $Pt(H_2, 1atm)/HCl(1N)$ | 0.000 | $Ag/(AgCl)/Cl^-(a_{Cl^-} = 1)$ | 0.2224 |
| $Hg/(Hg_2Cl_2)/KCl$ | 0.2438 | $Ag/(AgCl)/KCl(0.1N)$ | 0.2900 |
| $Hg/(Hg_2Cl_2)/KCl(1N)$ | 0.2828 | $Hg/(Hg_2SO_4)/H_2SO_4(a_{SO_4^{2-}} = 1)$ | 0.6515 |

设参考电极是为了测量方便,其电位值大小无关紧要,最终都可换算成氢标电位或相互换算。

例 1.7:某一金属放在盐溶液中,用饱和甘汞电极测得它的电位为 -1.9015V。计算该金属相对于氢标电位为多少? 相对于铜/硫酸铜溶液电极它的电极电位又是多少?

解:饱和甘汞电极的氢标电位为 0.2415V。这种金属在它的盐溶液中的电位相对于氢标电位 = 相对饱和甘汞电位 + 饱和甘汞相对氢标的电位,即

$$E = -1.9015 + 0.2415 = -1.6600(V)$$

饱和硫酸铜的氢标电极电位为 $-0.316V$, 相对于硫酸铜的电位 = 相对于氢标电位 - 硫酸铜电位, 即

$$E = -1.6600 - 0.316 = -1.976(V)$$

常见金属的标准电极电位见表 1-3。位于氢以上的金属为负电性贱金属, 它的电位为负值; 位于氢以下的金属称为正电性贵金属, 它的标准电位为正值。

表 1-3 常见金属在 25℃ 时的标准电极电位

| 电极过程 | $E^0/V$ | 电极过程 | $E^0/V$ |
|---|---|---|---|
| $Li \Longrightarrow Li^+ + e^-$ | $-3.045$ | $In \Longrightarrow In^{3+} + 3e^-$ | $-0.342$ |
| $K \Longrightarrow K^+ + e^-$ | $-2.925$ | $Tl \Longrightarrow Tl^+ + e^-$ | $-0.336$ |
| $Ca \Longrightarrow Ca^{2+} + 2e^-$ | $-2.870$ | $Mn \Longrightarrow Mn^{3+} + 3e^-$ | $-0.283$ |
| $Na \Longrightarrow Na^+ + e^-$ | $-2.714$ | $Co \Longrightarrow Co^{2+} + 2e^-$ | $-0.277$ |
| $La \Longrightarrow La^{3+} + 3e^-$ | $-2.520$ | $Ni \Longrightarrow Ni^{2+} + 2e^-$ | $-0.250$ |
| $Mg \Longrightarrow Mg^{2+} + 2e^-$ | $-2.370$ | $Mo \Longrightarrow Mo^{3+} + 3e^-$ | $-0.200$ |
| $Am \Longrightarrow Am^{3+} + 3e^-$ | $-2.320$ | $Sn \Longrightarrow Sn^{2+} + 2e^-$ | $-0.136$ |
| $Al \Longrightarrow Al^{3+} + 3e^-$ | $-1.660$ | $Pb \Longrightarrow Pb^{2+} + 2e^-$ | $-0.126$ |
| $Ti \Longrightarrow Ti^{2+} + 2e^-$ | $-1.630$ | $Fe \Longrightarrow Fe^{3+} + 3e^-$ | $-0.036$ |
| $Zr \Longrightarrow Zr^{4+} + 4e^-$ | $-1.530$ | $H_2 \Longrightarrow 2H^+ + 2e^-$ | $0.000$ |
| $Ti \Longrightarrow Ti^{3+} + 3e^-$ | $-1.210$ | $Cu \Longrightarrow Cu^{2+} + 2e^-$ | $+0.337$ |
| $V \Longrightarrow V^{2+} + 2e^-$ | $-1.180$ | $O_2 + 2H_2O + 4e^- \Longrightarrow 4OH^-$ | $+0.401$ |
| $Mn \Longrightarrow Mn^{2+} + 2e^-$ | $-1.180$ | $Cu \Longrightarrow Cu^+ + e^-$ | $+0.521$ |
| $Nb \Longrightarrow Nb^{3+} + 3e^-$ | $-1.100$ | $Hg \Longrightarrow Hg^{3+} + 3e^-$ | $+0.789$ |
| $Cr \Longrightarrow Cr^{2+} + 2e^-$ | $-0.931$ | $Ag \Longrightarrow Ag^+ + e^-$ | $+0.799$ |
| $V \Longrightarrow V^{3+} + 3e^-$ | $-0.876$ | $Rh \Longrightarrow Rh^{2+} + 2e^-$ | $+0.800$ |
| $Zn \Longrightarrow Zn^{2+} + 2e^-$ | $-0.762$ | $Hg \Longrightarrow Hg^{2+} + 2e^-$ | $+0.854$ |
| $Cr \Longrightarrow Cr^{3+} + 3e^-$ | $-0.740$ | $Pd \Longrightarrow Pd^{2+} + 2e^-$ | $+0.987$ |
| $Ga \Longrightarrow Ga^{2+} + 2e^-$ | $-0.530$ | $Ir \Longrightarrow Ir^{2+} + 2e^-$ | $+1.000$ |
| $Te \Longrightarrow Te^{3+} + 3e^-$ | $-0.510$ | $Pt \Longrightarrow Pt^{2+} + 2e^-$ | $+1.190$ |
| $Fe \Longrightarrow Fe^{2+} + 2e^-$ | $-0.441$ | $Au \Longrightarrow Au^{3+} + 3e^-$ | $+1.500$ |
| $Cd \Longrightarrow Cd^{2+} + 2e^-$ | $-0.403$ | $Au \Longrightarrow Au^+ + e^-$ | $+1.680$ |

表 1-4 列出了常见金属的阴极系统的平衡电极电位。

表 1-4 常见金属的阴极系统的平衡电极电位

| 阴极反应 | 电位/V |
|---|---|
| $Al(OH)_3 + 3e^- \Longrightarrow Al + 3OH^-$ （中性介质, pH = 7） | $-1.94$ |
| $TiO_2 + 2H_2O + 4e^- \Longrightarrow Ti + 4OH^-$ | $-1.27$ |
| $FeS + 2e^- \Longrightarrow Fe + S^{2-}$ | $-1.00$ |
| $Fe(OH)_2 + 2e^- \Longrightarrow Fe + 2OH^-$ | $-0.463$ |
| $H^+ + H_2O + 2e^- \Longrightarrow H_2 + OH^-$ | $-0.414$ |

| 阴 极 反 应 | 电位/V |
|---|---|
| $Co(OH)_2 + 2e^- \rightleftharpoons Co + 2OH^-$ | -0.316 |
| $Fe(OH)_3 + e^- \rightleftharpoons Fe(OH)_2 + OH^-$ | -0.146 |
| $PbO + H_2O + 2e^- \rightleftharpoons Pb + 2OH^-$ | -0.136 |
| $Cu_2O + H_2O + 2e^- \rightleftharpoons 2Cu + 2OH^-$ | +0.056 |
| $CuO + H_2O + 2e^- \rightleftharpoons Cu + 2OH^-$ | +0.156 |
| $O_2 + H_2O + 2e^- \rightleftharpoons H_2O_2 + 2OH^-$ | +0.268 |
| $Fe(CN)_6^{3-} + e^- \rightleftharpoons Fe(CN)_6^{4-}$ | +0.36 |
| $Mn(OH)_3 + e^- \rightleftharpoons Mn(OH)_2 + OH^-$ | +0.514 |
| $O_2 + 2H^+ + 4e^- \rightleftharpoons 2OH^-$ | +0.815 |
| $H_2O_2 + 2e^- \rightleftharpoons 2OH^-$ | +1.09 |
| $2H^+ + 2e^- \rightleftharpoons H_2$ （酸性介质,pH = 0） | 0.00 |
| $Fe^{3+} + e^- \rightleftharpoons Fe^{2+}$ | +0.771 |
| $NO_3^- + 4H^+ + 3e^- \rightleftharpoons NO + 2H_2O$ | +0.96 |
| $ClO_3^- + 3H^+ + 2e^- \rightleftharpoons HClO_2 + H_2O$ | +1.21 |
| $O_2 + 4H^+ + 4e^- \rightleftharpoons 2H_2O$ | +1.229 |
| $Cr_2O_7^{2-} + 14H^+ + 6e^- \rightleftharpoons 2Cr^{3+} + 7H_2O$ | +1.33 |
| $PbO_2 + 4H^+ + 2e^- \rightleftharpoons Pb^{2+} + 2H_2O$ | +1.455 |
| $Mn^{3+} + e^- \rightleftharpoons Mn^{2+}$ （碱性介质,pH = 14） | +1.51 |
| $Mg(OH)_2 + 2e^- \rightleftharpoons Mg^{2+} + 2OH^-$ | -2.69 |
| $H_2AlO_3^- + H_2O + e^- \rightleftharpoons Al + 4OH^-$ | -2.35 |
| $Mn(OH)_2 + 2e^- \rightleftharpoons Mn + 2OH^-$ | -1.55 |
| $2H_2O + 2e^- \rightleftharpoons H_2 + 2OH^-$ | -0.828 |
| $FeCO_3 + 2e^- \rightleftharpoons Fe + CO_3^{2-}$ | -0.756 |
| $ClO_3^- + H_2O + 2e^- \rightleftharpoons ClO_2^- + 2OH^-$ | +0.33 |
| $ClO_4^- + H_2O + 2e^- \rightleftharpoons ClO_3^- + 2OH^-$ | +0.36 |
| $O_2 + 2H_2O + 4e^- \rightleftharpoons 4OH^-$ | +0.401 |
| $ClO_2^- + H_2O + 2e^- \rightleftharpoons ClO^- + 2OH^-$ | +0.66 |
| $O_3 + H_2O + 2e^- \rightleftharpoons O_2 + 2OH^-$ | +1.24 |

### 1.3.3 稳态电位(非平衡电位)

如果在一个电极表面上同时进行两个不同质的氧化、还原过程的条件下,由电荷平衡建立起来的电位称为稳态电位。例如,铁浸在 1N 的 HCl 溶液中,阳极过程为

$$Fe \xrightarrow{i_a} Fe^{2+} + 2e^-$$

阴极过程为

$$2H^+ + 2e^- \xrightarrow{i_c} H_2$$

与上述两个过程相对应的阳极电流密度为 $i_a$，阴极电流密度为 $i_c$。达到平衡时只可能是交换电荷的平衡，即 $i_a = i_c$，而无物质量的平衡。说明这种不可逆电极反应的电极电位为非平衡电极电位。

通过建立一个稳定的状态——金属表面所带电荷数不变,故相应的电极电位值也不变。由实验可测出这个稳定电极电位为 $-2.5V$。

必须注意,通常是将金属置于含有该金属离子的溶液中,当采用补偿法测量电极的平衡电极电位时,如果溶液中含有少量氧化剂(如溶解氧),则测得结果往往不是金属的平衡电极电位,而是它的稳态电极电位。

实际中,金属通常很少处于自己离子的溶液中,所涉及的不是平衡可逆的电极体系,其电位也属非平衡电极电位。但这种非平衡电极电位一般可以达到一个完全稳定的数值,均为稳态电位。表 1-5 列出了一些金属在三种溶液中的稳态电位。

若电极系统反应中,电荷和物质均未达到平衡,电荷交换无恒定值,也无恒定电位,这种电位称为非稳态电位。

表 1-5　一些金属在三种溶液中的稳态电位　　　　　单位:V

| 金　属 | 3% NaCl 溶液 | 0.05M Na$_2$SO$_4$ | 0.05M Na$_2$SO$_4$ + H$_2$S |
|---|---|---|---|
| Mg | -1.6 | -1.36 | -1.65 |
| Al | -0.6 | -0.47 | -0.23 |
| Mn | -0.91 | — | — |
| Zn | -0.83 | -0.81 | -0.84 |
| Cr | +0.23 | — | — |
| Fe | -0.50 | -0.50 | -0.50 |
| Cd | -0.52 | — | — |
| Co | -0.45 | — | — |
| Ni | -0.02 | +0.035 | -0.21 |
| Pb | -0.26 | -0.26 | -0.29 |
| Sn | -0.25 | — | — |
| Sb | -0.09 | — | — |
| Be | -0.18 | — | — |
| Cu | +0.05 | +0.24 | -0.51 |
| Ag | +0.20 | +0.31 | -0.27 |

## 1.3.4　能斯特方程

对于电极反应式(1-15),如果以标准氢电极作为参考电极,则式(1-28)可写为

$$E_{e(Cu/Cu^{2+})} = \frac{\mu_{Cu^{2+}} - \mu_{Cu}}{2F} \tag{1-28'}$$

式(1-28')可以推广到一般情况,对电极反应的一般式:

$$(-\nu_R)R + (-\nu_1)S_1 + (-\nu_2)S_2 + \cdots$$
$$\Leftrightarrow \nu_0 0 + \nu_l S_l + \nu_m S_m + \cdots + ne^- \tag{1-32}$$

平衡电位为

$$E_e = \frac{\sum_j v_j \mu_j}{nF} \qquad (1-33)$$

如果参加反应的物质都存在于溶液中,那么它们的化学位可以表示为

$$\mu_j = \mu_j^0 + RT\ln a_j$$

上式代入式(1-33),可得

$$E_e = \frac{\sum_j v_j \mu_j^0}{nF} + \frac{RT}{nF}\sum_j v_j\ln a_j$$

$$= \frac{\sum_j v_j \mu_j^0}{nF} + \frac{RT}{nF}\ln\left(\prod_j a_j^{v_j}\right)$$

定义标准电位

$$E^0 = \frac{\sum_j v_j \mu_j^0}{nF} \qquad (1-34)$$

则可得

$$E_e = E^0 + \frac{RT}{nF}\sum_j v_j\ln a_j = E^0 + \frac{RT}{nF}\ln\left(\prod_j a_j^{v_j}\right) \qquad (1-35)$$

这就是著名的能斯特方程。

应用式(1-33)要注意:参与反应的物质为气体时,应以气体的逸度代替式中的活度;参与反应的物质为由它单独组成的固体时,它的活度等于1。反应式中左边还原剂及同侧物质的化学计量系数都取负号。

与电化学腐蚀过程有关的电极反应的能斯特方程的具体形式,同电化学腐蚀过程有关,阳极反应主要有如下两种:

第一类金属电极反应:这种反应只涉及金属与溶液两个相。其反应式为

$$M_M \Leftrightarrow M_{sol}^{n+} + ne^- \qquad (1-36)$$

根据能斯特方程,其平衡电位为

$$E_e = E^0 + \frac{RT}{nF}\ln a_m^{n+} \qquad (1-37)$$

这种电极反应的特点是,它的平衡电位由溶液中金属离子的活度决定。

第二类金属电极反应:如果溶液中的阴离子能与金属离子形成难溶化合物,则在电极反应中,除了涉及金属电极材料和溶液两个相外,还出现金属的难溶化合物。其反应式为

$$mM_M + nX_{sol}^{m-} \Leftrightarrow M_mX_{nsol} + nme_M^- \qquad (1-38)$$

根据能斯特方程,其平衡电位为

$$E_e = E^0 - \frac{RT}{mF}\ln a_{x^{m-}} \qquad (1-39)$$

这种电极反应的特点是,它的平衡电位只取决于溶液中阴离子的活度。

关于电化学腐蚀过程的阴极反应,绝大多数是涉及氢气或氧气的电极反应。下面主要讨论这两个气体电极反应的能斯特方程:

关于氢的气体电极反应:

$$\frac{1}{2}H_{2g} \Leftrightarrow H_{sol}^+ + e_M^-$$

这个电极反应的标准电位 $E^0 = 0$。故按照能斯特方程，其平衡电位为

$$E_{e(H_2/H^+)} = \frac{RT}{F}\ln\frac{a_{H^+}}{P_{H_2}^{\frac{1}{2}}} \qquad (1-40)$$

溶液的 pH 值与 $H^+$ 活度之间的关系为

$$pH = -\lg a_{H^+} = -\frac{1}{2.303}\ln a_{H^+} \qquad (1-41)$$

将式(1-41)代入式(1-40)，可得

$$E_{e(H_2/H^+)} = -\frac{2.303RT}{F}(pH + \lg P_{H_2}) \qquad (1-42)$$

在 25℃时，$2.303RT/F = 0.0591(V)$，则有

$$E_{e(H_2/H^+)} = -0.0951pH - 0.0591\lg P_{H_2} \qquad (1-43)$$

如果 $P_{H_2} = 1atm$，式(1-43)可写为

$$E_{e(H_2/H^+)} = -0.0951pH \qquad (1-44)$$

关于氧的电极反应：

$$4OH_{sol}^- \Leftrightarrow O_{2g} + 2H_2O + 4e_M^- \qquad (1-45)$$

在稀溶液中，可以认为 $a_{H_2O}$ 为定值，将其归入标准电位中，应用能斯特方程可得

$$E_{e(OH^-/O_2)} = E_{(OH^-/O_2)}^0 + \frac{RT}{4F}\ln\frac{P_{O_2}}{a_{OH^-}^4} \qquad (1-46)$$

已知：$E_{(OH^-/O_2)}^0 = 0.401V$，在 25℃ 时，$2.303RT/4F = 0.0148(V)$，故在 25℃ 时，式 (1-46)可写为

$$E_{e(OH^-/O_2)} = 0.401 - 0.0591\lg a_{OH^-} + 0.0148\lg P_{O_2} \qquad (1-47)$$

由于在 25℃ 的水溶液中，$a_{OH^-}$ 与溶液的 pH 值之间有下列关系：

$$\lg a_{OH^-} = pH - 14$$

故式(1-47)可以写为

$$E_{e(OH^-/O_2)} = 1.229 - 0.0591pH + 0.0148\lg P_{O_2}$$

在 $P_{O_2} = 1atm$ 时，上式可简化为

$$E_{e(OH^-/O_2)} = 1.229 - 0.0591pH \qquad (1-48)$$

总之，有了能斯特方程，就很容易得到各种非标准状态下电极体系的电位，且为研究金属腐蚀提供了方便。

## 1.4　金属电化学腐蚀倾向的判断

在生产实践中，经常会遇到判断腐蚀过程会不会发生的问题。而腐蚀过程是由于金属与周围介质构成了一个热力学上不稳定的体系，此体系有从不稳定趋于稳定的倾向。不同的金属，这种倾向差异很大，可以根据腐蚀反应的自由焓变化 $(\Delta G)_{T,P}$ 来衡量。若腐蚀反应的 $(\Delta G)_{T,P} < 0$，则腐蚀反应可以进行，自由能变化的负值越大，表示金属越不稳定；若腐蚀反应的 $(\Delta G)_{T,P} > 0$，则表示腐蚀反应不可能进行。自由能变化的正值越大，金

属越稳定。有关 $\Delta G$ 的计算,在物理化学中已学过,这里不再赘述。

对于电化学腐蚀过程,除了用 $\Delta G$ 来判断反应能否进行外,还可采用电极电位来判断。由热力学可知,在等温和等压下,可逆过程所做的最大非膨胀功等于反应自由焓变,即

$$W' = \Delta G \tag{1-49}$$

式中:$W'$ 为非膨胀功。

如果非膨胀功只有电功,则

$$W' = QE = nFE \tag{1-50}$$

式中:$Q$ 为电池反应提供的电量;$E$ 为电池的电动势;$n$ 为电池反应中得失电子数;$F$ 为法拉第常数。

式(1-50)代入式(1-49),可得

$$\Delta G = nFE \tag{1-51}$$

式(1-51)表明,可逆过程所做的最大功(电功)等于该体系的自由能。可逆电池需要满足如下条件:

(1)电池中的化学反应同时达到物质和电荷平衡;

(2)电池反应在接近平衡的条件下充放电。

可逆电池的电动势值与化学反应中参加反应物质的活度有关。铜 – 锌可逆电池可写为

$$( - )Zn \mid ZnSO_4(a_{Zn}^{2+}) \parallel CuSO_4(a_{Cu}^{2+}) \mid Cu( + )$$

左边(阳极反应):

$$Zn \Longleftrightarrow Zn^{2+} + 2e^-$$

右边(阴极反应):

$$Cu \Longleftrightarrow Cu^{2+} + 2e^-$$

电极反应:

$$Zn + Cu^{2+} \Longleftrightarrow Zn^{2+} + Cu$$

这个电池的电动势就是它正、负两极的相对电极电位差,则

$$E = \Phi_+ - \Phi_- = \Phi_{Cu} - \Phi_{Zn} \tag{1-52}$$

根据能斯特方程可得

$$\Phi_{Cu} = \Phi_{Cu}^0 + \frac{RT}{nF}\ln a_{Cu}^{2+} \tag{1-53a}$$

$$\Phi_{Zn} = \Phi_{Zn}^0 + \frac{RT}{nF}\ln a_{Zn}^{2+} \tag{1-53b}$$

式(1-53a)和式(1-53b)代入式(1-52),可得

$$E = (\Phi_{Zn}^0 - \Phi_{Cu}^0) + \frac{RT}{nF}\ln\frac{a_{Zn}^{2+}}{a_{Cu}^{2+}} \tag{1-54}$$

当 $a_{Cu^{2+}} = 1$ 和 $a_{Zn^{2+}} = 1$ 时,有

$$E = (\Phi_{Zn}^0 - \Phi_{Cu}^0) = E^0 = E_{Zn}^0 - E_{Cu}^0 \tag{1-55}$$

$E_{Cu}^0$ 和 $E_{Zn}^0$ 可查表 1-3,电极电位为 $E_{Cu}^0 = 0.34V, E_{Zn}^0 = -0.76V$,计算得 $E^0 = -1.10V$。

$$\Delta G = nFE^0 = 2 \times 96500 \times (-1.1) = -2.13 \times 10^5 (\text{J})$$

此结果说明,在标准状态下,由于锌的标准电极电位比铜伏标准电极电位更负,因此会自发地进行下列取代反应:

$$Zn + Cu_{(Cu^{2+}=1)}^{2+} = Zn_{(Zn^{2+}=1)}^{2+} + Cu$$

即锌在硫酸铜溶液中的腐蚀是可以发生的。可见,若金属的标准电极电位比介质中某一物质的标准电极电位更负(表1–3和表1–4),则可能发生腐蚀;反之,则不能被腐蚀。这样,可以方便地利用标准电极电位数据判断金属腐蚀倾向。

例如,铁在酸中的腐蚀,实际上是两个电极反应:

$$2H^+ + 2e^- \Leftrightarrow H_2 , \quad E_{H_2}^0 = 0.00V$$

$$Fe^{2+} + 2e^- \Leftrightarrow Fe , \quad E_{Fe}^0 = -0.44V$$

由于$E_{Fe}^0 < E_{H_2}^0$,所以,铁在酸中发生腐蚀。

又如,铜在酸中可能发生的电化学反应为

$$2H^+ + 2e^- \Leftrightarrow H_2 , \quad E_{H_2}^0 = 0.00V$$

$$Cu^{2+} + 2e^- \Leftrightarrow Cu , \quad E_{Cu}^0 = 0.337V$$

$$1/2 O_2 + 2H^+ + 2e^- \Leftrightarrow H_2O , \quad E_{O_2}^0 = 1.22V$$

由于$E_{H_2}^0 < E_{Cu}^0 < E_{O_2}^0$,因此铜在不含氧酸中不会被腐蚀;若含氧,则发生腐蚀。

上面都是采用标准状态的电极电位值比较而言的,若不在标准状态下,溶液中的离子活度不为1,温度不为25℃等,上述的电动次序一般不会有太大变动(因为活度对电极电位的影响一般不是很大)。例如,在25℃,对一价的金属离子,当其活度变化10倍,根据能斯特方程可计算出,其电极电位变化为0.0591V。若活度变化100倍,电极电位变化为$0.0591 \times 2V$。对于两价金属,活度变化10倍,电极电位变化$0.0591 \times 2V$。所以,只有当两个反应的电极电位很接近,而浓度变化不很大时,电动次序才可能因活度而发生变化,所以利用标准电极电位表粗略地判断金属的腐蚀倾向是很方便的。

使用表1–3和表1–4判断金属腐蚀倾向情况,应注意它的粗略性和局限性以及被判断金属所处条件和状态。实际电偶腐蚀中,电极反应不一定是可逆的,尤其是两种成分以上的合金电极,因此,使用时应注意条件。又如,从标准电极电位表中可看出,铝比锌有着更不稳定的倾向,但铝在大气中因易生成具有保护性的氧化膜,故它比锌更稳定(这是由于金属所处的状态不同所致)。

判断电化学腐蚀倾向还可采用查阅法,一般用$E$–pH图,这将在后面讨论。

# 1.5 电 极

电池、电极电位、参比电极等都涉及电极,尽管在普通化学、物理化学等课程中已经接触到电极,但由于电化学腐蚀的研究、测量及控制都涉及电极,因此有必要对腐蚀电极进行讨论。

实际上,电极是一个半电池,一般是由金属和溶液构成的体系。电极又分为单电极和多重电极两种。单电极是指在电极的相界面(金属/溶液)上只进行单一的电极反应。多重电极可能发生多个电极反应,在一个电极上发生两个反应的称为二重电极,如在无氧的盐酸溶液中的锌电极。

电极还可分为可逆电极和不可逆电极。单电极往往可以做到电子交换和物质交换的平衡,成为可逆电极。因此,只有单电极才可能是可逆电极,有平衡电位可言。多重电极一般是不可逆电极,只能建立非平衡电位。

## 1.5.1 单电极

单电极包括金属电极、气体电极和氧化还原电极三种。

### 1. 金属电极

金属在含有自己离子的溶液中构成的电极称为金属电极。此时金属离子可以超过相界面,并建立起电极平衡。铜在硫酸溶液中建立起来的平衡电极即为这种电极,其反应式可写为

$$Cu \Leftrightarrow Cu^{2+} + 2e^-$$

在 $Cu/CuSO_4$ 的相界面只发生 $Cu^{2+}(Cu) \Leftrightarrow Cu^{2+}_{(sol)}$ 的迁跃,如果是正反应 $Cu^{2+}(Cu) \rightarrow Cu^{2+}_{(sol)}$,则电极的金属部分溶解,电流为 $i_+$;反之,若进行 $Cu^{2+}_{(Cu)} \leftarrow Cu^{2+}_{(sol)}$,则金属离子沉积于金属电极上,电流为 $i_-$。当正向和反向反应达到平衡时,便建立起平衡电极电位。离子交换迁跃的同时伴随着电荷的交换。平衡时,$i_+ = i_- = i_0$,$i_0$ 为交换电流密度,它表示平衡时氧化和还原反应的速度。其实,"交换电流密度"这个词并不恰当,在平衡态时没有净电流存在,$i_0$ 仅表示平衡态下氧化和还原反应速度的一种简便形式。交换电流密度随着金属电极不同而异,表 1-6 列出了某些金属电极的交换电流密度的实验值。

表 1-6  某些金属电极的交换电流密度的实验值

| 金属电极 | 交换电流密度/($A/cm^2$) | 金属电极 | 交换电流密度/($A/cm^2$) |
|---|---|---|---|
| 过氯酸盐溶液 | | 2N $H_2SO_4$ 溶液 | |
| $Zn/Zn^{2+}$ | $3 \times 10^{-8}$ | $Al_{H_2/H^+}$ | $10^{-10}$ |
| $Pb/Pb^{2+}$ | $8 \times 10^{-4}$ | $Fe_{H_2/H^+}$ | $10^{-6}$ |
| $Ti/Ti^+$ | $10^{-3}$ | 1N HCl 溶液 | |
| $Ag/Ag^+$ | $1.0$ | $Au_{H_2/H^+}$ | $10^{-6}$ |
| $Bi/Bi^{3+}$ | $10^{-5}$ | $Ag_{H_2/H^+}$ | $2 \times 10^{-12}$ |
| 氯化物溶液 | | $Pb_{H_2/H^+}$ | $2 \times 10^{-13}$ |
| $Sb/Sb^{3+}$ | $2 \times 10^{-5}$ | $Ni_{H_2/H^+}$ | $4 \times 10^{-6}$ |
| $Zn/Zn^{2+}$ | $3 \times 10^{-4} \sim 7 \times 10^{-1}$ | $Sn_{H_2/H^+}$ | $10^{-8}$ |
| $Sn/Sn^{2+}$ | $3 \times 10^{-3}$ | $Pt_{H_2/H^+}$ | $10^{-3}$ |
| $Bi/Bi^{3+}$ | $3 \times 10^{-2}$ | 5N HCl 溶液 | |
| 硫酸盐溶液 | | $Hg_{H_2/H^+}$ | $4 \times 10^{-11}$ |
| $Ni/Ni^{2+}$ | $2 \times 10^{-9}$ | 0.6N HCl 溶液 | |
| $Fe/Fe^{2+}$ | $10^{-8} \sim 2 \times 10^{-9}$ | $Pd_{H_2/H^+}$ | $2 \times 10^{-4}$ |
| $Zn/Zn^{2+}$ | $3 \times 10^{-5}$ | 0.1N HCl 溶液 | |
| $Ti/Ti^+$ | $2 \times 10^{-3}$ | $Cu_{H_2/H^+}$ | $2 \times 10^{-7}$ |
| $Cu/Cu^{2+}$ | $4 \times 10^{-3} \sim 3 \times 10^{-2}$ | 0.1N NaOH 溶液 | |
| | | Au(氧去极化) | $5 \times 10^{-13}$ |

交换电流密度大的金属(如铜、锌、银、铂、汞)容易建立稳定的平衡电位,而交换电流密度较小的金属(如铁、镍、钨)难以建立起稳定的平衡电位。一般来说,交换电流密度小的金属,其耐蚀性能好。交换电流密度对电化学腐蚀速率有着重要的意义,将在第3章介绍。

**2. 气体电极**

某些贵金属或某些化学稳定性高的金属,当把它们浸入不含有自己离子的溶液中时,它们不能以离子形式进入溶液,溶液中也没有能沉积到电极上的物质,只有溶于溶液中的一些气体吸附在电极上,并使气体离子化,而在电极上只交换电子,不交换离子,这种电极称为气体电极。气体电极包括氢电极、氧电极、氯电极等。

1)氢电极

标准氢电极,其电极反应为

$$H_2 \Leftrightarrow 2H^+ + 2e^-$$

氢电极的电位为

$$E = E^0 + \frac{T}{nF} \ln \frac{[H^+]^2}{P_{H_2}} \tag{1-56}$$

当温度为25℃,$P_{H_2} = 1atm$ 时,$E^0 = 0$,则

$$E = -0.0591pH \tag{1-57}$$

当氢离子的浓度很高,即$[H^+] > P_{H_2}$时,电极电位显正,呈阴极反应;当氢的分压很高,即$P_{H_2} > [H^+]$时,电极电位显负,呈阳极反应。很多活性相对较弱的阴极性金属其表面与溶液构成电极,界面无离子交换,只有电子得失,这些金属在实际腐蚀中作为放氢电极——阴极。

2)氧电极

金属铂在溶液中吸附溶解氧形成氧电极。在氧电极上建立的平衡方程为

$$O_2 + 4e^- + 2H_2O \Leftrightarrow 4OH^-$$

氧电极电位为

$$\begin{aligned} E &= E^0 + \frac{RT}{4F} \ln \frac{[O_2]}{[OH^-]^4} \\ &= E^0 + \frac{RT}{4F} \ln \frac{P_{O_2}}{[OH^-]^4} \end{aligned} \tag{1-58}$$

当温度为25℃,$P_{O_2} = 1atm$ 时,$E^0 = 0.401V$,则

$$\begin{aligned} E &= 0.401 - 0.0591(pH - 14) \\ &= 1.229 - 0.0591pH \end{aligned} \tag{1-59}$$

3)氯电极

金属铂在含有 $Cl^-$ 的溶液中,电极上反应为

$$Cl_2 + 2e^- \Leftrightarrow 2Cl^-$$

氯电极电位为

$$E = E^0 + \frac{RT}{2F} \ln \frac{P_{Cl_2}}{[Cl^-]^2}$$

在25℃时,$E^0 = 1.36V$,则

$$E = 1.36 + 0.02951 \lg P_{Ci_2} - 0.0591 \lg a_{Cl^-} \qquad (1-60)$$

**3. 氧化还原电极**

金属/溶液界面上只有电子可以交换,只有电子可迁跃相界面的金属电极称为氧化还原电极,也称为惰性金属电极。将铂置于三氧化铁溶液中,$Fe^{3+}$ 离子在铂片上取得电子还原成 $Fe^{2+}$ 离子,即

$$Fe^{3+} + e^- \Leftrightarrow Fe^{2+}$$

$Fe^{3+}$ 离子是氧化剂,而 $Fe^{2+}$ 离子是其还原态,当氧化剂与它的还原态建立起平衡时就有一定的电位,该电位称为氧化还原电位。

如果将铂浸入某还原性溶液中,则还原剂与它的氧化态也会建立起平衡,同样形成氧化还原电位。在 $SnCl_2$ 溶液中浸入铂片,溶液中的 $Sn^{2+}$ 将电子给铂,本身氧化成 $Sn^{4+}$,即

$$Sn^{2+} - 2e^- \Leftrightarrow Sn^{4+}$$

式中:$Sn^{2+}$ 离子是还原剂;$Sn^{4+}$ 离子是其氧化态。

任意氧化剂和还原剂活度下的氧化还原电位可由能斯特方程求出:

$$E = E^0 + \frac{0.0591}{n} \lg \frac{[氧化态]}{[还原态]} \qquad (1-61)$$

式中:[氧化态]、[还原态]为氧化态物质及还原态物质的活度或逸度积;$E^0$ 为标准氧化还原电位;$n$ 为离子得失电子数目。

以上讨论了三种不同的电极及其电极电位。它们都是平衡可逆电极(半电池),这三种电极分别为金属与含有自己离子的溶液组成的金属电极、金属在溶液中吸附气体和离子所建立起来的电极(气体电极)及惰性金属在氧化剂或还原性溶液中构成的氧化还原电极。

## 1.5.2 多重电极

二重电极在实际腐蚀中是常见的。将锌板插入盐酸中,可发生两个电极反应:

$$Zn \rightarrow Zn^{2+} + 2e^-$$

$$2H^+ + 2e^- \rightarrow H_2$$

反应均发生在锌板上,虽然没有宏观电流通过,却由于放氢反应,而使两个有电子参与的化学反应得以持续进行,其总反应为

$$Zn + 2H^+ \rightarrow Zn^{2+} + H_2 \uparrow$$

这是一种非平衡态不可逆的电极。

# 1.6 $E-pH$ 图及应用

## 1.6.1 $E-pH$ 图简介

$E-pH$ 图是以纵坐标表示电极反应的平衡电极电位、横坐标表示溶液 pH 值的热力学平衡图,它显示出各类氧化还原反应中不同价态物质所处的状态,利用水平线、垂直线和斜线将整个坐标面划分成若干区域,各区域代表不同物质的热力学稳定区域,图中的线段、交点表示两种及两种以上不同价态物质共存的情况,虚线表示没有价态变化的反应,

并且都是溶液相物质的反应。

$E$ – pH 图首先由比利时学者波尔贝克斯（M. Pourbaix）等人在 20 世纪 30 年代用于金属腐蚀问题的研究。最简单的 $E$ – pH 图仅涉及一种金属元素（及其氧化物和氢氧化物）与水构成的体系，目前已有 90 多种元素与水构成的 $E$ – pH 图汇编成册。用这些图来判断金属腐蚀的热力学倾向，使 $E$ – pH 图成为分析和研究金属腐蚀的重要工具。

### 1. 克拉克（Clark）图

氢的平衡电极电位和氧的平衡电极电位分别为（25℃，$P_{H_2} = 1 \text{atm}$，$P_{O_2} = 1 \text{atm}$）

$$E_{e(H_2/H^+)} = -0.0591 \text{pH}$$

$$E_{e(OH^-/O_2)} = 1.229 - 0.0591 \text{pH}$$

由此可见，在保证相应的气体分压不变时，这两个气体电极反应的平衡电位与溶液的 pH 值之间都存在着直线关系，且斜率相同。如果以平衡电位 $E_e$ 为纵坐标，溶液的 pH 值为横坐标，可以将氢和氧的电极电位与 pH 关系表示成如图 1 – 6 所示的 $E$ – pH 图。无论溶液的 pH 值如何变化，图上两条直线所代表的平衡电位都相差 1.229V。

金属的电化学腐蚀绝大部分是金属与水溶液接触时发生腐蚀的过程，而作为离子导体相的水溶液中的带电荷的粒子，除了其他离子外，还有 $H^+$ 离子和 $OH^-$ 离子，而且这两种离子的活度之间存在以下关系：

$$a_{H^+} \cdot a_{OH^-} = K_w$$

在室温下，$K_w \approx 10^{-14}$。知道了一种离子的活度，就可以求另一种离子的活度。一个电极反应中，只要有 $H^+$ 或 $OH^-$ 参加，这个电极的平衡电位就同溶液的 pH 值有关。而金属腐蚀过程中，许多电极反应与 $H^+$ 或 $OH^-$ 有关。因此，利用 $E$ – pH 图来研究金属腐蚀过程的热力学条件颇为方便。最早应用于腐蚀研究的是克拉克图（图 1 – 7）。图 1 – 7 与图 1 – 6 相同，只表示氢的气体电极反应和氧的气体电极反应两者的平衡电位与溶液 pH 值的关系。但图 1 – 6 中只有两条直线，分别代表 $P_{O_2}$、$P_{H_2}$ 为 1atm，而图 1 – 7 则用很多条线表示 $P_{O_2}$ 和 $P_{H_2}$ 不同数值时的平衡电位，其中，实线代表氢的气体电极反应，虚线代表氧的气体电极反应。这样，根据实际系统中 $H_2$ 或 $O_2$ 的分压和电极电位，就可以判断相应

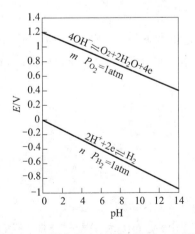

图 1 – 6    氧电极和氢电极的 $E$ – pH 图

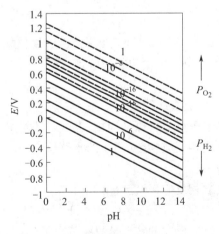

图 1 – 7    克拉克图

的电极反应的方向。或根据溶液的 pH 值和电极电位,也可以从图上估计出反应

$$H_2 \Leftrightarrow 2H^+ + 2e^-$$

$$O_2 + 4e^- + 2H_2O \Leftrightarrow 4OH^-$$

达到平衡时,相应 $H_2$ 和 $O_2$ 的分压。但克拉克图仅限于两个气体的电极反应,波尔贝克斯对于 $E - pH$ 图的发展做出了重要贡献,使 $E - pH$ 图成为分析、研究金属腐蚀过程的重要工具。

**2. 波尔贝克斯图**

金属在水溶液中的腐蚀过程所涉及的化学反应,参加反应的物质不同,$E - pH$ 图上的线段有三种类型(图 1 - 8),现以 $Fe - H_2O$ 系统所涉及的化学反应为例,推导出普通公式。

1)水平线段

均相反应:

$$Fe^{2+} \Leftrightarrow Fe^{3+} + e^-$$

复相反应:

$$Fe \Leftrightarrow Fe^{2+} + 2e^-$$

这个电极反应的特点是只出现电子,而没有氢离子或氢氧根离子出现,即整个反应与 pH 值无关。其平衡电位($Fe/Fe^{2+}$)可写为

$$E_{e(Fe/Fe^{2+})} = E^0_{e(Fe/Fe^{2+})} + \frac{RT}{2F}\ln\frac{a_{Fe^{2+}}}{a_{Fe}}$$

$$= -0.44 + \frac{0.0591}{2}\lg a_{Fe^{2+}}$$

将上述反应式写成通式

$$xR \Leftrightarrow yO + ne^-$$

式中:O 为物质的氧化态;R 为物质的还原态;$x$、$y$ 分别为反应物质的化学计量系数;$n$ 为还原态物质失去电子数。

平衡电位的通式可写为

$$E_{e(O/R)} = E^0_{e(O/R)} + \frac{RT}{nF}\ln\frac{a_0^y}{a_R^n} \tag{1-62}$$

此类电极反应的电极电位与 pH 值无关,在一定温度下,只要 $E_{e(O/R)}$ 与 $a_0^y/a_R^n$ 中有一个给定,则另一个也相应确定,在 $E - pH$ 图上为一水平线。图 1 - 8(a)为这种线段的示意图。

2)垂直线段

电极反应可以是均相,也可以是复相反应。

均相反应(金属离子的水解反应):

$$Fe^{3+} + H_2O \Leftrightarrow FeOH^{2+} + H^+$$

复相反应(沉淀反应):

$$Fe^{2+} + 2H_2O \Leftrightarrow Fe(OH)_2 + 2H^+$$

这些反应的特点是只有氢离子(或氢氧根离子)出现,而无电子参与反应,不构成电极反应,不能用能斯特方程表示电位与 pH 值的关系。对复相反应,可以从反应的平衡常

36

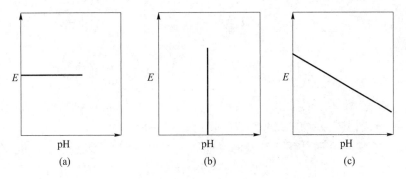

图 1 - 8  $E$ - pH 图上三种不同的线段

(a) $E$ - pH 图上与 pH 值无关的水平线段; (b) $E$ - pH 图上与 $E$ 无关的垂直线段;

(c) $E$ - pH 图上与 pH 值和 $E$ 都有关的斜线段。

数表达式得到表示 $E$ - pH 图上相应曲线的方程。

在一定温度下, 平衡常数 $K = \dfrac{a_{H^+}^2}{a_{Fe^{2+}}}$, 并对上式两边取对数可得

$$\lg K = 2\lg a_{H^+} - \lg a_{Fe^{2+}} = -2pH - \lg a_{Fe^{2+}}$$

查表得反应 $\lg K$ 值为 -13.29, 则

$$pH = 6.65 - \frac{1}{2}\lg a_{Fe^{2+}}$$

此类反应的通式可写为

$$rA + zH_2O = qB + mH^+$$

$$pH = -\frac{1}{m}\lg\left[\frac{Ka_A^r}{a_B^q}\right] \tag{1-63}$$

可见, 此类反应的 pH 值与电位无关, 在一定温度下 ( $K$ 一定), 给定了 $a_A^r/a_B^q$, 则 pH 值为定值, 反之亦然。在 $E$ - pH 图上此类反应表示为一垂直线段, 如图 1 - 8(b) 所示。

3) 斜线段

均相反应:

$$Fe^{2+} + 2H_2O \Leftrightarrow FeO_2H^- + 2H^+ + e^-$$

复相反应:

$$Fe(OH)_3 + 3H^+ + e^- = Fe^{2+} + 3H_2O$$

$$Fe + 2H_2O \Leftrightarrow Fe(OH)_2 + 2H^+ + 2e^-$$

这些反应的特点是既有氢离子 (或氢氧根离子) 又有电子出现, 以 $Fe(OH)_3 + 3H^+ + e = Fe^{2+}$ 为例, 其平衡电位为

$$E_{e[Fe(OH)_3/Fe^{2+}]} = E_{e[Fe(OH)_3/Fe^{2+}]}^0 + \frac{RT}{nF}\ln\frac{a_{H^+}^3}{a_{Fe^{2+}}}$$

$$= 1.057 - 0.0591\lg a_{Fe^{2+}} - 0.1773pH$$

若 R、O 分别表示物质还原态 (如 $Fe^{2+}$) 和氧化态物质 (如 $Fe(OH)_3$), 则这类电极反应的普遍形式为

$$yO + mH^+ + ne^- \Leftrightarrow xR + zH_2O$$

其平衡电极电位为

$$E_{e(O/R)} = E_{(O/R)}^0 + \frac{RT}{nF}\ln\frac{a_O^y \cdot a_{H^+}^m}{a_R^x \cdot a_{H_2O}^z}$$

$$= E_{(O/R)}^0 - \frac{mRT}{nF} \times 2.303\text{pH} + 2.303\frac{RT}{nF}\lg\frac{a_O^y}{a_R^x} \qquad (1-64)$$

式(1-64)表明,在一定温度下,给定 $a_O^y/a_R^x$,平衡电位随 pH 值升高而降低,在 $E$ - pH 图上为一斜线,其斜率为 $-2.303mRT/nF$,如图 1-8(c)所示。

如果将一金属 - 介质体系所涉及的反应连同式(1-57)所表示的氢的气体电极反应和式(1-58)所表示的氧的气体电极反应的平衡线都画在同一 $E$ - pH 图上,就是波尔贝克斯图。下面以 Fe - $H_2O$ 系为例,画出铁的波尔贝克斯图。

表 1-7 列出了铁及其氧化物、氢氧化物和水有关物质的标准化学位。表 1-8 列出了 Fe - $H_2O$ 系中,铁被腐蚀时可能发生的一些化学和电化学反应以及相应于 $E$ - pH 图上的线段的表达式。

表 1-7　铁及其氧化物、氢氧化物和与水有关的物质的标准化学位

| 形态 | 名称 | 化学符号 | 价态 | $\mu_i^0(25℃)/(\text{J/mol})$ |
|---|---|---|---|---|
| 固态 | 金属铁 | Fe | 0 | 0 |
| | 四氧化三铁 | $Fe_3O_4$ | 2,3 | -1015000 |
| | 三氧化二铁 | $Fe_2O_3$ | 3 | -741500 |
| | 氢氧化铁 | $Fe(OH)_3$ | 3 | -695000 |
| 液态 | 氢氧化亚铁 | $Fe(OH)_2$ | 2 | -484000 |
| | 二价铁离子 | $Fe^{2+}$ | 2 | -84500 |
| | 三价铁离子 | $Fe^{3+}$ | 3 | -105900 |
| | 铁酸根离子 | $FeO_4^{2-}$ | 6 | -468100 |
| | 铁氢酸根离子 | $FeO_2H^-$ | 2 | -377900 |
| | 氢离子 | $H^+$ | 1 | 0 |
| | 氢氧根离子 | $OH^-$ | -2, +1 | -157500 |
| | 水 | $H_2O$ | +1, -2 | 0 |
| 气态 | 氢气 | $H_2$ | 0 | 0 |
| | 氧气 | $O_2$ | 0 | 0 |

表 1-8 中:①⑩在 Fe - $H_2O$ 系 $E$ - pH 图上表示为水平线,与 pH 无关,代表的是电化学反应;⑥⑦⑧在 Fe - $H_2O$ 系 $E$ - pH 图上为垂直线,与 $E$ 无关,代表的是化学反应;②③④⑤⑨ 在 Fe - $H_2O$ 系 $E$ - pH 图上为斜线,代表的是与 pH 值及 $E$ 值有关的电化学反应。将以上①~⑩及式(1-57)和式(1-58)绘制到同一幅 $E$ - pH 图上,就得到铁的波尔贝克斯图,如图 1-9 所示。

在各个反应中,各物质的活度均选用 $10^{-6}\text{mol/L}$ 作为临界浓度,这是因为对于一般的化学分析的分辨率为 $10^{-6}\text{mol/L}$。根据临界浓度的选择不同,可以做出无数条反应平衡线。习惯上只标出 0、-2、-4 和 -6,表明:如果反应是液相与固相的多相反应,则相应于溶液中有关物质的活度为 $10^0\text{mol/L}$、$10^{-2}\text{mol/L}$、$10^{-4}\text{mol/L}$ 和 $10^{-6}\text{mol/L}$ 时的平衡线;如果反应是溶液中的均相反应,则相应于两个反应的活度比值为 $10^0\text{mol/L}$、$10^{-2}\text{mol/L}$、$10^{-4}$

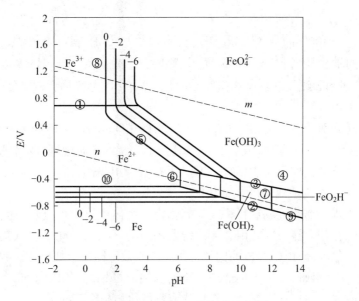

图 1-9 Fe-$H_2O$ 系的 E-pH 图

mol/L 和 $10^{-6}$ mol/L 的平衡线。下面具体讨论图 1-9 中各条线段的含义。

（1）将 $a_{Fe^{2+}}$ 分别为 $10^0$ mol/L、$10^{-2}$ mol/L、$10^{-4}$ mol/L、$10^{-6}$ mol/L 代入⑩中,得到图 1-9 中平行于横坐标的一组水平线段。将 $a_{Fe^{2+}} = 10^{-6}$ mol/L 代入,$E_{e⑩} = -0.62$V,这一水平线段为分界线。当 $E > -0.62$V 时,则 $a_{Fe^{2+}} < 10^{-6}$ mol/L,相应的区域是铁的不稳定区。当 $E < -0.62$V 时,则 $a_{Fe^{2+}} > 10^{-6}$ mol/L,认为是 $a_{Fe^{2+}}$ 的稳定区,即 Fe 的免腐蚀区。

表 1-8 Fe-$H_2O$ 系中,铁被腐蚀时可能发生的一些化学和电化学平衡反应(25℃)以及相应于 E-pH 图上的线段的表达式

| 序号 | 反应式 | 价态变化 | 平衡电位或平衡常数 K |
|---|---|---|---|
| | 二组元均为可溶性的 | | |
| 1 | $Fe^{3+} + e \longleftrightarrow Fe^{2+}$ | 3→2 | $E_{e1} = 0.771 + 0.0591 lg(a_{Fe^{3+}}/a_{Fe^{2+}})$ |
| | 二组元均为固态 | | |
| 2 | $Fe(OH)_2 + 2H^+ + 2e \longleftrightarrow Fe + 2H_2O$ | 2→0 | $E_{e2} = -0.045 - 0.0591 pH$ |
| 3 | $Fe(OH)_3 + H^+ + e \longleftrightarrow Fe(OH)_2 + H_2O$ | 3→2 | $E_{e3} = 0.271 - 0.0591 pH$ |
| | 固态组分和可溶性组分 | | |
| 4 | $Fe(OH)_3 + e \longleftrightarrow FeO_2H^- + H_2O$ | 3→2 | $E_{e4} = -0.810 - 0.0591 lg a_{FeO_2H^-}$ |
| 5 | $Fe(OH)_3 + 3H^+ + e \longleftrightarrow Fe^{2+} + 3H_2O$ | 3→2 | $E_{e5} = 1.057 - 0.1773 pH - 0.0591 lg a_{Fe^{2+}}$ |
| 6 | $Fe(OH)_2 + 2H^+ \longleftrightarrow Fe^{2+} + 2H_2O$ | | $lg a_{Fe^{2+}} = 13.29 - 2pH$ |
| 7 | $Fe(OH)_2 \longleftrightarrow FeO_2H^- + H^+$ | | $lg a_{FeO_2H^-} = -18.30 + pH$ |
| 8 | $Fe(OH)_3 + 3H^+ \longleftrightarrow Fe^{3+} + 3H_2O$ | | $lg a_{Fe^{3+}} = 4.84 - 3pH$ |
| 9 | $FeO_2H^- + 3H^+ + 2e \longleftrightarrow Fe + 2H_2O$ | 2→0 | $E_{e9} = 0.493 - 0.0886 pH + 0.0295 lg a_{FeO_2H^-}$ |
| 10 | $Fe^{2+} + 2e \longleftrightarrow Fe$ | 2→0 | $E_{e10} = -0.44 + 0.0295 lg a_{Fe^{2+}}$ |

（2）将 $a_{Fe^{2+}} = 10^{-6}$ mol/L 代入⑤中,$E_{e⑤} = 1.411 - 0.1773 pH$,得到一条斜率为 -0.1773 的斜线,因为 $Fe(OH)_3$ 是稳定的固相,所以斜线成为腐蚀区和钝化区的分界线。

于 pH = 11.5 处，⑩线与⑤线相交。

(3) 将 $a_{Fe^{2+}} = 10^{-6}$ mol/L 代入⑥，$\lg a_{Fe^{2+}} = 13.29 - 2pH$，pH = 9.645，⑥是一条位于 pH = 9.645 处的垂线。当 pH > 9.645 时，出现 Fe(OH)$_2$ 沉淀；当 pH < 9.645 时，$a_{Fe^{2+}} > 10^{-6}$ mol/L。⑥线和⑩线及⑤线都相交，⑤⑥⑩围成一个腐蚀区的大概轮廓。⑩和⑤线转折处的 pH = 9.645。

(4) ②和⑨分别是在 Fe 和 Fe(OH)$_2$ 之间及 Fe 和 FeO$_2$H$^-$ 之间的平衡线。这两个电化学反应连同⑩的反应平衡线，组成了 $E-pH$ 图上完整的免腐蚀区（⑩②⑨的下方）。在此范围内所有离子浓度均小于 $10^{-6}$ mol/L。反之，金属阳离子、阴离子、复合离子的浓度均大于 $10^{-6}$ mol/L，则构成腐蚀区或钝化区。

(5) 反应②④⑤都能生成氧化物或氢氧化物等固体产物，这一层固体膜覆盖于铁的表面，可能使铁的溶解受阻，因此由②④⑤线段围成的区域为钝化区。从热力学讲，此区属于不稳定的活化区，但由于生成的固体产物膜能有效地阻碍金属腐蚀过程，即从动力学上讲，金属腐蚀受到阻碍，使金属免遭进一步的腐蚀。可见，钝化区内，金属是不稳定的，而相应的金属腐蚀产物——固体金属氧化物或氢氧化物是稳定的。

(6) 反应⑦是 Fe(OH)$_2$ 和 FeO$_2$H$^-$ 之间的平衡。当 FeO$_2$H$^-$ 浓度为 $10^{-6}$ mol/L 时，体系的 pH 值可由 $\lg a_{FeO_2H^-} = -18.30 + pH$ 求得，pH = 12.30。由⑦可知：当体系的 pH > 12.30 时，发生 Fe(OH)$_2$ 重新溶解为 FeO$_2$H$^-$；当 pH > 12.30 时，$a_{FeO_2H^-} > 10^{-6}$ mol/L。反应式④是 Fe(OH)$_3$ 与 FeO$_2$H$^-$ 之间的平衡，⑨是 Fe 与 FeO$_2$H$^-$ 之间的平衡，所以⑦④⑨构成了 $E-pH$ 图上铁的又一个腐蚀区（在此腐蚀区内，钢铁材料可能发生碱脆）。在此区域内铁的氧化物和氢氧化物都不稳定，铁也可直接转化为 FeO$_2$H$^-$。

(7) 反应①是 Fe$^{3+}$ 与 Fe$^{2+}$ 之间的平衡。当体系电位高于 0.771V 时，则出现 Fe$^{2+}$ 和 Fe$^{3+}$ 的转化，电位越高，Fe$^{3+}$ 量越大。

将图 1-9 中各离子浓度均取为 $10^{-6}$ mol/L，即把 $E-pH$ 图中相应于这个临界条件的液相-固相复相反应的平衡线作为一种分界线看待。在分界线的一侧，溶液中金属离子或金属络离子的活度小于 $10^{-6}$ mol/L，就认为相应的固相是"稳定相"。这样，这些"分界线"就将 $E-pH$ 图分为"稳定区""钝化区"和"腐蚀区"。这种简化了的 $E-pH$ 图称为腐蚀状态图。

### 1.6.2 $E-pH$ 图的应用

有了 $E-pH$ 图，便可以从理论上预测金属的腐蚀倾向和选择控制腐蚀的途径。为了说明这个问题，仍以 Fe-H$_2$O 系为例，图 1-10 给出了 25℃ 下，溶液中金属离子浓度为 $10^{-6}$ mol/L，平衡固相为 Fe、Fe(OH)$_2$、Fe(OH)$_3$ 的 $E-pH$ 简化图。虚线 $m$、$n$ 分别代表与 H$_2$、O$_2$ 呈平衡时溶液的氧化还原电位。

由图可见，$n$ 线在所有 pH 范围内都处于 Fe 的稳定区之上，也就是说，在所有 pH 值的无氧溶液中，Fe 的腐蚀产物不同：当 pH < 9.6 时，产物为可溶性的 Fe$^{2+}$；当 pH = 9.6 ~ 12.5 时，形成 Fe(OH)$_2$ 固体膜；当 pH 值更高时，Fe(OH)$_2$ 转化成 FeO$_2$H$^-$，这是通常所说的碱脆，也是应力腐蚀的一个例子。下面分析图 1-11 中 A、B、C、D 所代表的各体系的情况。

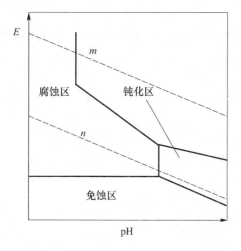

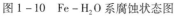

图 1 - 10　Fe - $H_2O$ 系腐蚀状态图

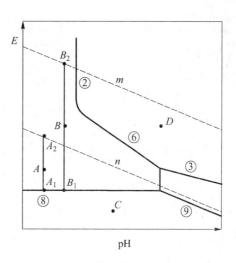

图 1 - 11　由 Fe - $H_2O$ 系 $E$ - pH 图
说明 Fe 的腐蚀过程

（1）$A$ 点为 Fe 样品处在 $n$ 线以下，pH = 0 的无氧溶液中，该体系上可能进行的两个平衡反应为

$$2H^+ + 2e^- \Leftrightarrow H_2 \quad （A_2 \text{ 点的反应}）$$

$$Fe^{2+} + 2e^- \Leftrightarrow Fe \quad （A_1 \text{ 点的反应}）$$

$A_2$ 点的电位高，应发生还原反应，$A_1$ 点电位低，应发生氧化反应，并且两个反应相互耦合，电位高的体系反应结果使电位降低，电位低的体系反应结果使电位升高，最后稳定在同一个数值上。

阴极反应：$\qquad\qquad\qquad 2H^+ + 2e^- \rightarrow H_2$

阳极反应：$\qquad\qquad\qquad Fe \rightarrow Fe^{2+} + 2e^-$

全电池反应：$\qquad\qquad Fe + 2H^+ \rightarrow H_2 + Fe^{2+}$

阴、阳极反应偏离平衡的结果是耦合为一个共同的稳定电位，这个电位又称为体系的腐蚀电位或混合电位。这种现象就是以后要专门介绍的电极的极化现象。产生电位耦合的原因可以这样来说明：铁样品是一块良导体，其表面应只存在一个共同的稳定值，而不可能在同一处保持两个不同的电位值。因此，$A$ 点上的两个反应将都偏离各自的平衡电位，耦合到一个居中的稳定电位值 $A$ 上。$A$ 点还可以代表 $n$ 线和⑧线所包围的区域的情况，在此区域中，铁都处于腐蚀区，腐蚀产物为 $Fe^{2+}$，阴极反应均为 $H_2$ 的析出反应。

（2）$B$ 点在 $m$、⑧、⑥、$n$ 线围成的区域内，此区域内可能发生以下反应：

阴极反应：$\qquad\qquad \frac{1}{2}O_2 + 2e^- + 2H^+ \rightarrow H_2O$

阳极反应：$\qquad\qquad Fe \rightarrow Fe^{2+} + 2e^-$

总电极反应：$\qquad\quad 2H^+ + Fe + \frac{1}{2}O_2 \rightarrow Fe^{2+} + H_2O$

因为 $B$ 点在 $n$ 线之上，所以不发生 $H^+$ 的还原反应，或者说 $B$ 点在 $H^+$ 稳定区内。但是 $H^+$ 参与了吸氧反应。在 $A$ 点，有 $H^+$ 参与腐蚀反应是这样进行的：

$$2H^+ + Fe \rightarrow Fe^{2+} + H_2$$

$$2H_{吸}\rightarrow H_2$$

当 $H_2$ 超过 1atm 时,则逸出;反应继续进行,铁不断受腐蚀,而在 $B$ 点则是生成 $H_{吸}$ 之后和溶解 $O_2$ 发生反应:$2H_{吸}+\frac{1}{2}O_2\rightarrow H_2O$,从而使腐蚀继续进行。

(3) $C$ 点在⑧②⑨线以下,落在铁的热力学稳定区,处在热力学的稳定状态,不发生反应。

(4) $D$ 点在②③⑦线内,$n$ 线的上方,可能发生以下反应:

阴极反应: $\qquad\qquad \frac{1}{2}O_2+H_2O+2e^-\Leftrightarrow 2OH^-$

阳极反应: $\qquad\qquad Fe+2H_2O\Leftrightarrow Fe(OH)_2+2H^++2e^-$

总电极反应: $\qquad\qquad Fe+\frac{1}{2}O_2+H_2O\Leftrightarrow Fe(OH)_2$

这里的阳极反应实际上由三个反应组成:

$$Fe\rightarrow Fe^{2+}+2e^-$$
$$2H_2O\Leftrightarrow 2H^++2OH^-$$
$$Fe+2OH^-\Leftrightarrow Fe(OH)_2$$

如果体系电位升高至 $D$ 点,实际上是升高了氧的平衡分压,这时可能发生如下反应:

阴极反应: $\qquad\qquad \frac{1}{2}O_2+H_2O+2e^-\Leftrightarrow 2OH^-$

阳极反应: $\qquad\qquad 2Fe(OH)_2+2H_2O\Leftrightarrow 2Fe(OH)_3+2H^++2e^-$

总电极反应: $\qquad\qquad 2Fe(OH)_2+\frac{1}{2}O_2+H_2O\Leftrightarrow 2Fe(OH)_3$

在溶解氧少的情况下,既有 $Fe(OH)_3$ 生成,也有 $Fe(OH)_2$ 存在,二者还可以发生反应:

$$Fe(OH)_2+Fe(OH)_3\Leftrightarrow Fe_3O_4+4H_2O$$

即形成绿色含水的铁氧化物。

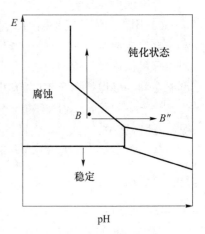

图 1-12 Fe-H₂O 系的
腐蚀行为估计图

综述所述,利用 $E-pH$ 图可以找到在 Fe-H₂O 系中处在不同位置的各体系的状态:$A$ 点时体系遭受析氢腐蚀;$B$ 点时使体系遭受吸氧腐蚀;$C$ 点时体系不受腐蚀;$D$ 点时使体系上有固体产物膜,可能处在钝化状态。也就是说,可以根据体系在 $E-pH$ 图上所处的位置判断体系所处的状态,通过改变体系所处的位置来达到避免腐蚀的目的。如图 1-12 所示,如果要把 Fe 从 $B$ 点移出腐蚀区,从 $E-pH$ 图来看,可以采取三种措施:

(1) 保证体系 pH 值不变,降低体系电位 $E_B$,进入免蚀区,这可以通过将体系接电源负极,或与电位更负的金属连接,例如与 Al、Mg、Zn 等连接,使体系成为这个原电池的阴极,Al、Mg、Zn 等金属为腐蚀原电池的阳极,又称牺牲电极。以上两种手段都是使体系电位朝负方向移动,从而达到免蚀的目的。此种方法称为阴极保护。

(2) 保持体系 pH 值不变,提高体系电位 $E_B$,使其进入钝化区。为达到此目的,可以通过两种手段来进行:一种是体系与电源的正极相连接,使体系成为阳极,电位升高,进入钝化区,此方法称为阳极保护(这种方法仅适合于易于钝化的金属或有利于钝化的溶液中使用,否则反而会加剧金属的腐蚀作用);另一种是给体系添加有利于钝化的合金成分,使体系易于钝化。

(3)保护体系电位不变,提高体系的 pH 值,使体系进入钝化区,从 $B$ 点至 $B''$ 点,即体系表面形成固体膜,该固体膜有效地降低或阻止了阳极反应的继续进行,达到了保护金属材料的腐蚀状态,并且找到了适当的防腐途径。

### 1.6.3  应用 $E-pH$ 图的局限性

因为 $E-pH$ 图是根据热力学数据绘制的,所以也称为理论 $E-pH$ 图。如上所述,借助于这种理论可以方便地研究许多金属腐蚀问题,但必须注意,此图也有它的局限性。

(1)金属的理论 $E-pH$ 图是以热力学数据绘制的电化学平衡图,因此只能用来预示金属腐蚀倾向的大小,而无法预测金属腐蚀速率大小。

(2)它是热力学平衡图,因此表示的都是平衡状态的情况,而实际腐蚀体系往往是偏离平衡状态的。利用表示平衡状态的热力学平衡图来分析非平衡状态的情况,必然存在一定的误差。

(3) $E-pH$ 图只考虑了 $OH^-$ 离子对平衡产生的影响。但在实际腐蚀环境中,往往存在 $Cl^-$、$SO_4^{2-}$、$PO_4^{2-}$ 等离子,这些阴离子对平衡的影响未加考虑,同样也会引起误差。

(4) $E-pH$ 图中溶液的浓度是溶液的平均浓度,而不能代表金属反应界面上的真实浓度和局部反应浓度。

(5) $E-pH$ 图上的钝化区,指出金属表面生成了固体产物膜,如氧化物或氢氧化物等,至于这些固体产物膜对于金属基体的保护性能如何并未涉及,相当于只提供了基体金属受保护的必要条件,并不能确保满足充分条件,固体产物是否具有保护金属的作用,还需根据实际情况来定。

虽然理论 $E-pH$ 图有如上所述的局限性,但若补充一些金属钝化方面的实验或实验数据,就可以得到经验或实验 $E-pH$ 图,并综合考虑有关动力学因素,那么它将在金属腐蚀研究中发挥更广泛的作用。

### 思 考 题

1. 腐蚀倾向的热力学判据是什么? 以铁为例,说明它在潮湿大气中可否自发生锈。

2. 如何用电化学判据说明金属电化学腐蚀的难易,有何局限性? 以 Fe、Cu 及 16MnCu 钢(含 0.12% ~ 0.20% C,0.20% ~ 0.60% Si,1.20% ~ 1.60% Mn,0.20% ~ 0.40% Cu)为例说明它们在大气中的耐蚀性。

3. 腐蚀原电池分类的根据是什么? 它可分成哪几大类?

4. 什么是异类金属接触电池、浓差电池和温差电池? 并给出实例。

5. 什么是电极体系? 它与电极有何区别与联系?

6. 什么是电极、可逆电极和不可逆电极?

7. 什么是标准电极电位、相对电极电位、平衡电极电位和非平衡电极电位?

8. 什么是标准电极电位？试指出标准电位序与电偶序的区别。

9. 什么是 $E$—pH 图？举例说明其用途及局限性。

10. 什么是腐蚀原电池？有哪些类型？举例说明可能引起的腐蚀种类。

11. 举例说明腐蚀原电池的工作历程。

12. 有人说,工业纯锌在稀硫酸中的腐蚀属于电化学腐蚀,是由于锌中含有杂质形成微电池引起的。这种说法对吗？为什么？

13. 金属化学腐蚀与电化学腐蚀的基本区别是什么？

14. 通过本章学习,如何理解在电子导体/离子导体界面上若有电子转移发生,必然导致净的化学反应发生？

15. 如何理解电极电位的形成及绝对电极电位的不可测？

# 习　题

1. 计算 25℃ 和 50℃ 下的 $2.3RT/F$ 值。

2. 计算 Zn 在 0.3mol/L $ZnSO_4$ 溶液中的电极电位(相对于氢标准电极),再将你的答案换成相对于氢标准电极的电位值。

3. 根据标准化学位计算下列单电极体系的标准电极电位,并与电位序中的数据进行比较:(1) $Fe/Fe^{2+}$;(2) $Cu/Cu^{2+}$。

4. 计算下列电极体系的标准平衡电位:

(1) $Fe/Fe_2O_3/H^+$(溶液);(2) $Pb/PbO_2/H^+$(溶液)。

5. 计算离子活度为 $10^{-6}$mol/L 时,$Ag/Ag^{1+}$、$Cu/Cu^{2+}/H^+$ 的平衡电极电位。

6. 计算 40℃,氢分压 $P_{H_2} = 0.5$atm 时,氢电极在 pH =7 的溶液中的电极电位。

7. 计算 25℃ 时,铁在 pH =9.2 的 0.5M NaCl 溶液中的电极电位。

8. Zn(阳极)与氢电极(阴极)在 0.5M $ZnCl_2$ 溶液中组成电池的电动势为 +0.590V,求溶液的 pH 值。

9. 把 Zn 浸入 pH =2 的 0.001M $ZnCl_2$ 溶液中,计算该金属发生析氢腐蚀的理论倾向(以电位表示)。

10. 计算镍在 pH =7 的充空气的水中的理论腐蚀倾向。假定腐蚀产物为 $H_2$ 和 $Ni(OH)_2$,后者的溶度积为 $1.6 \times 10^{-16}$。

11. 铜电极和氢电极($P_{H_2}$ =2atm)浸在 $Cu^{2+}$ 的活度为 1mol/L 且 pH =1 的硫酸铜溶液中组成电池,求该电池的电动势,并判断电池的极性。

12. 计算在 pH =0 的充空气的 $CuSO_4$ 溶液中,Cu 是否腐蚀而生成 $Cu^{2+}$(活度为 1mol/L)和 $H_2$(1atm);并以电位差表示腐蚀倾向的大小。

13. 计算铜电极在 0.1M $CuSO_4$ 和 0.5M $CuSO_4$ 中构成的浓差电池的电动势,忽略液界电位。写出该电池的自发反应,并指出哪个电极为阳极。

14. 计算 40℃ 时下列电池的电动势:

$P_t$ | $O_2$(1atm), $H_2O$, $O_2$(0.1atm) | Pt

并指出该电池的极性,何电极为阳极？

15. 计算由氢电极($P_{H_2}$ =1atm)和氧电极($P_{O_2}$ =0.5atm)在 0.5M NaOH 溶液中组成

电池的电动势,并指出该电池的极性,何电极为阳极?

16. 计算银浸在 0.2M $CuCl_2$ 中是否会腐蚀而生成固态 AgCl,其腐蚀倾向多大(以电位表示)?

17. Zn 浸在 $CuCl_2$ 溶液中将发生什么反应? 当 $Zn^{2+}/Cu^{2+}$ 的活度比是多少时此反应将停止?

18. 计算由铁和铅电极在等活度的 $Fe^{2+}$ 和 $Pb^{2+}$ 溶液中组成电池的电动势。当此电池短路时,哪个电极倾向于腐蚀?

19. 已知 $Fe^{2+} + 2e^- = Fe$, $E^0 = -0.440V$

$\qquad Fe^{3+} + e^- = Fe^{2+}$, $E^0 = 0.771V$

计算 $Fe^{3+} + 3e^- = Fe$ 的标准电位 $E^0$。

20. 已知 $O_2 + 2H_2O + 4e^- = 4OH^-$, $E^0 = -0.440V$,计算 $O_2 + 4H^+ + 4e^- = 2H_2O$ 的 $E^0$。

21. 计算使 Fe 在 pH = 3 的 0.1M $FeCl_2$ 溶液中腐蚀停止所需要的氢气压力(逸度)。

22. 计算 21 题中使铁在充空气的水中具有腐蚀产物 $Fe(OH)_2$ 的腐蚀停止所需的氢气压力。$Fe(OH)_2$ 的溶度积为 $1.8 \times 10^{-15}$。

23. 计算停止镉在 25℃ 充空气的水中腐蚀所需的氢气压力。作为腐蚀产物,$Cd(OH)_2$ 的溶度积为 $1.8 \times 10^{-14}$。

24. 在装有 pH = 0.1 的稀硫酸并有 1atm 氢气覆盖的铜槽中,酸中 $Cu^{2+}$ 的最大污染量是多少? 如果氢分压减小到 10atm,求相应的 $Cu^{2+}$ 污染量(单位为 mol/L)。

25. 根据 $E - pH$ 图,写出对应于 Fe 和 $Fe(OH)_2$、$Fe(OH)_2$ 和 $Fe(OH)_3$ 及 $Fe^{2+}$ 与 $Fe(OH)_3$ 之间的平衡反应。计算每条线的斜率(设 $Fe^{2+}$ 的活度为 $10^{-6}$mol/L)。

26. 设计如下电池反应:

Hg(l) | 0.001M 硝酸亚汞 || 0.01M 硝酸亚汞 | Hg(l),实际测得 25℃下,电池的电动势为 0.029V。

(1) 判断硝酸亚汞的存在形式是 $HgNO_3$ 还是 $Hg_2(NO_3)_2$?

(2) 若原负极侧硝酸亚汞的浓度增大至 0.1M,试问电池的电动势将变为多少? 电池的正负极会否发生对调?

27. 根据 25℃时 $Fe - H_2O$ 系的 $E - pH$ 图,当溶液的 pH = 7,Fe 在该溶液中分别在 -0.6V、-0.5V、-0.3V、+0.8V、+1.4V 等电位时,分别写出电极反应,说明 Fe 所处的腐蚀状态。

# 第 2 章　双电层理论

电极系统为什么会存在电极电位？为什么会出现正电位或负电位？电位为什么有大有小等？要回答此类问题，就必须研究电极与溶液相互作用的问题。本章介绍的双电层理论就是有关这方面较成熟的理论。

## 2.1　界面与相际

一个相的表面称为"界面"。界面的轮廓明显，并限定在不超过一个原子层的范围内，可以看成与另一相相互接触的表面。"相际"是指两相之间性质变化的区域，宽窄不等，其范围小至两个分子直径，大到数百纳米，其性质与两相中任意一相的本体性质都有所不同。图 2－1 为水溶液的相际与界面。

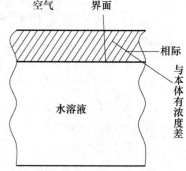

图 2－1　水溶液的相际与界面

同样，一个电极系统也存在界面和相际，如图 2－2 所示。相际内溶液的性质发生变化，如溶液浓度与本体浓度不同。当溶液中含有表面活性物质时，表面活性物质的表面吸附使 $C_{表} > C_{本体}$，如图 2－3 所示。在相际内，除了浓度随着距离改变外，还有许多别的特征：各类双电层电位差在相际建立；各类吸附现象在相际发生；大多数电化学反应（电极反应）在相际进行等。电极系统的各种特性都将在相际中充分反映出来。

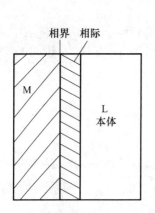

图 2－2　电极系统的相、相界和相际
M—金属相；L—电解质溶液相。

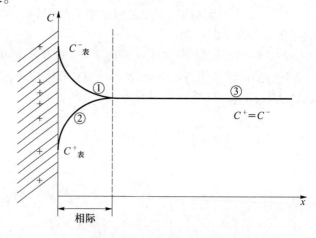

图 2－3　相际中浓度随距离电极界面距的变化
（无特征吸附，阳离子被排斥，阴离子被吸附）
①—阴离子浓度；②—阳离子浓度；③—本体浓度。

## 2.2　双电层的形成

金属是具有一定结合力的原子或离子结合而成的晶体。晶体点阵上的质点离开点阵变成离子需要能量,需要外力做功。任何一种金属与电解质溶液接触时,其界面上的原子(或离子)之间必然发生相作用,形成双电层。

在自然界的各种相界面处广泛存在着双电层,只要存在相界面,就伴随着双电层,如图 2-4 所示。

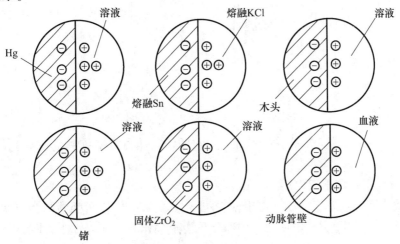

图 2-4　固体与电解质溶液界面上广泛存在的双电层

### 2.2.1　离子双电层的形成

金属电极与电解质溶液接触,可以自发形成双电层,也可以在外电源作用下强制形成双电层。自发形成离子双电层的过程非常迅速,一般可以在 $1\mu s$ 内完成。

**1. 形成电负性离子双电层**

金属表面上的金属正离子,由于受到溶液中极性水分子的水化作用,克服了晶体中原子间的结合力,而进入溶液被水化成阳离子,这样在 M/溶液的相界面上就发生了带电粒子在金属相和溶液相之间的转移过程。有下面的反应发生:

$$M \Leftrightarrow M^{n+} + ne^- \tag{2-1}$$

$$M^{n+} + ne^- + nH_2O \Leftrightarrow M + nH_2O \tag{2-2}$$

并且瞬时达到平衡。作为溶剂的水分子,在此过程起着重要的作用,极性水分子吸引金属晶格中的 $M^{n+}$ 离子,金属 M 中的电子阻止 $M^{n+}$ 迁出晶格,矛盾作用的结果,使晶格中总有部分金属离子具有较高的能量,足以摆脱自由电子的库仑引力,在极性水分子的作用下进入溶液相,将电子留在金属上,结果出现金属一边带负电荷,溶液一边带正电荷的情况,进入溶液相的则由于表面过剩电子的库仑引力作用,被吸附在电极表面附近,如图 2-5(a)所示。双电层的建立,引起了电位差,这种电位差对 $M^{n+}$ 继续转入溶液有阻滞作用,相反有利于返回金属表面。这两个相反的过程逐渐趋于速度相等的状态,即达到动态平衡,最终在相界面建立起稳定的离子双电层,这就是自发形成的离子双电层和建立了离子双电层的电位差。

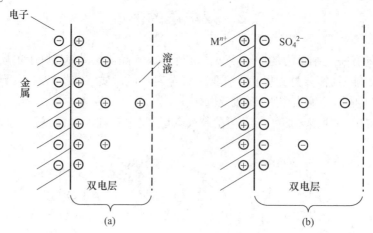

图 2-5　金属表面离子双电层示意图
(a)电负性离子双电层；(b)电正性离子双电层。

电负性较强的金属(如锌、镉、镁、铁等)在酸、碱、盐类的溶液中都形成这种类型的双电层。

**2. 形成电正性离子双电层**

电解质溶液与金属表面相互作用,如不能克服金属晶体原子间的结合力就不能使金属离子脱离金属。相反,电解质溶液中部分负离子沉积在金属表面上,使金属带正电性,而紧靠金属的溶液层中积累了过剩的阴离子,使溶液带负电性,这样就形成了双电层,如图 2-5(b)所示。这类双电层是由正电性金属在含有正电性金属离子的溶液中形成的,如铜在铜盐溶液中、汞在汞盐溶液中、铂在铂盐溶液中或铂在金或银盐溶液中形成的双电层。

综上所述,离子双电层的建立是带电粒子通过两相界面迁移的结果。产生迁移的推动力是带电粒子在两相的电化学位($\bar{\mu}_i$)不等,带电粒子从电化学位高的相转入电化学位低的相,同时随着带电粒子的转移,使得它们在两相中的电化学位逐渐趋于相等。当电化学位相等时,不再出现带电粒子在两相的净转移,此时则建立起稳定的动态平衡。例如,锌电极上,固相锌(M)的 $\bar{\mu}_{Zn^{2+}}$ 高于溶液(L)相中 $\bar{\mu}_{Zn^{2+}}$,所以,锌离子从锌块上转移进溶液,即发生氧化反应,金属锌溶解:

$$Zn_{(M)} \Leftrightarrow Zn^{2+}_{(L)} + 2e^- \qquad (2-3)$$

结果,在两相界面的金属表面带负电荷,溶液带正电荷,形成离子双电层。又如,铜在铜盐中,溶液(L)中 $\bar{\mu}_{Cu^{2+}}$ 高于铜(M)电极上 $\bar{\mu}_{Cu^{2+}}$,则有溶液中的 $Cu^{2+}$ 向铜电极上转移,发生还原反应,金属铜离子沉积:

$$Cu^{2+}_{(L)} + 2e \Leftrightarrow Cu_{(M)} \qquad (2-4)$$

结果是在两相界面的金属表面带正电荷,溶液带负电荷,形成离子双电层。

## 2.2.2　溶剂极性分子在相界面竞争吸附的双电层

极性水分子在溶液/电极界面竞争吸附形成吸附双电层,它的定向排列如图 2-6 所示。极性水分子在界面吸附的倾向受电极表面带电状态的影响。当电极上不带电荷时,

48

极性水分子带正电荷的一端朝向金属电极。水的定向排列随机性大,定向吸附能力最弱,无机阳离子及中性活性分子最易取代水分子吸附于电极表面。此时,由吸附水分子形成的双电层电位差较小(图2-6(a))。如果电极表面带过剩负电荷或正电荷,则促使水分子定向排列,双电层电位差较大(图2-6(b)、(c))。

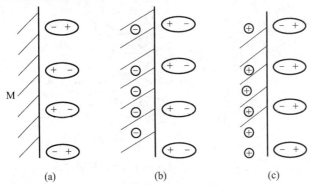

(a)                    (b)                    (c)

图2-6 极性水分子在电极表面吸附形成的双电层

(a)金属表面不带电荷;(b)金属表面带负电荷;(c)金属表面带正电荷。

### 2.2.3 溶液中无机阴离子特征吸附双电层

无机阴离子如 $Cl^-$、$F^-$、$Br^-$、$I^-$、$CN^-$ 及 $SO_4^{2-}$ 等都可能发生特征吸附,即非库仑力吸附,排挤掉部分电极表面的水偶极子,直接靠到电极的表面。如果电极表面带过剩正电荷,则这种具有特征吸附的阴离子的电荷量将大于电极表面的正电荷,所以又称为超载吸附,如图2-7(a)所示。如果电极表面带过剩负电荷,并不影响阴离子的特征吸附,它们仍然可以被吸附到紧靠电极表面的液层中,由于它们的吸附并不依靠库仑力的作用,而是由近程力引起的,阴离子水化程度低,易冲破水化外壳,被特征吸附于表面,因此,大多数阴离子比阳离子具有更强的特征吸附能力,如图2-7(b)所示。

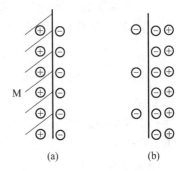

(a)        (b)

图2-7 无机阴离子
吸附的双电层

### 2.2.4 氧电极和氢电极的双电层

还有一些正电性金属或非金属(如石墨)在电解质溶液中,既不能被溶液水化成正离子,也没有金属离子沉积其上,此时将出现另一种双电层。如将铂放入溶解有氧的水溶液中,铂上将吸附一层氧分子或原子,氧从铂上取得电子并和水作用生成氢氧根离子存在于溶液中,使溶液带负电性,而铂金属失去电子带正电性(图2-8(a)),这种电极称为氧电极。当溶液中有足够的氢离子时,也会夺取铂的电子,而使氢离子还原成氢。这时金属铂也带正电性,而紧靠金属的溶液中积累过剩的阴离子(该阴离子是溶液中与 $H^+$ 离子匹配的阴离子):

$$OH^- + H^+ \rightleftharpoons H_2O$$

$$Cl^- + H^+ \Leftrightarrow HCl$$
$$SO_4^{2-} + 2H^+ \Leftrightarrow H_2SO_4$$

这种双电层所构成的电极称为氢电极,如图2-8(b)所示。

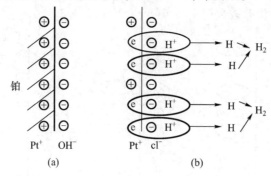

铂

(a)            (b)

图2-8  氧电极和氢电极的双电层示意图

由以上双电层建立过程可以看出,金属本身是电中性的,电解质溶液也是电中性的。但当金属以阳离子形式进入溶液,溶液中正离子在金属表面上沉积,溶液中极性分子在电极表面的吸附,阴离子的特征吸附,溶液中离子、分子被还原等,都将使金属表面与溶液的电中性遭到破坏,形成带异种电荷的双电层。

电极与溶液界面上的双电层电位差由四部分电位差加和而成(首先是离子双电层电位差,其次是三种特征吸附双电层电位差,它们共同作用对界面电位差做出贡献):

$$\Delta\Phi = \Delta\Phi_{离子双电层} + \Delta\Phi_{溶解水分子特征吸附} + \Delta\Phi_{无机阴离子特征吸附} + \Delta\Phi_{有机活性分子吸附}$$
$$= \Delta\Phi_1 + \Delta\Phi_2 + \Delta\Phi_3 + \Delta\Phi_4 \tag{2-5}$$

式中:$\Delta\Phi_1$为库仑力作用引起的静电吸附过剩离子双电层电位差,满足库仑定律,电位差建立于相界面的两侧;$\Delta\Phi_2$、$\Delta\Phi_3$、$\Delta\Phi_4$分别为近程力作用引起的特征吸附双电层电位差,不满足库仑定律,电位差建立于溶液相一侧。

当$\Delta\Phi_1 = 0$时,即电极界面上过剩离子双电层电位差为零,则有

$$\Delta\Phi = \Delta\Phi_0 = \Delta\Phi_2 + \Delta\Phi_3 + \Delta\Phi_4 \tag{2-6}$$

式中:$\Phi_0$为电极的零电荷电位。因为特征吸附的双电层电位差不会都等于零,所以$\Phi_0$不等于零。例如,只要有溶液水存在,$\Delta\Phi_2$就不会为零,所以$\Phi_0$也不会为零。

### 2.2.5  双电层可能达到的最大场强

双电层是金属/电解液界面的一种普通性质。由于双电层的厚度很小,所以在双电层内会产生很大的电场强度。这里给出的最大场强,仅以离子双电层为例,且只考虑一维空间$x$轴方向,即垂直于电极表面,指向溶液深处的方向为$x$轴的正方向,如图2-9所示。由电学可知,电场强度为

$$E = -\frac{d\Phi}{dx}$$

双电层通常涉及电位差为$0.1 \sim 1.0V$,假设$\Delta\Phi =$

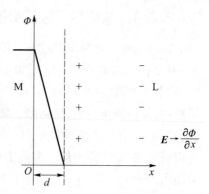

图2-9  双电层的电场示意图

1V,双电层厚度为 $10^{-9}$m,代入上式可得

$$E = -\frac{\mathrm{d}\Phi}{\mathrm{d}x} = 1/10^{-9} = 10^{9}(\mathrm{V/m})$$

$10^{9}$V/m 是一个惊人的电场强度,它将引起电子跃迁,穿过晶界,产生一个非常大的加速度。从而可以理解,电化学反应及双电层建立的速度。除电化学以外,没有一种实际的电场能产生如此大的电场强度。如果考虑将双电层厚度延伸至 $10^{-8}$m,则电场强度也可以达到 $10^{8}$V/m,也仍然是一个相当可观的数值。

# 2.3　双电层结构

关于电极/电解质溶液界面离子双电层结构模型的设想,经过两个世纪的研究,逐渐接近实际,提出了不少模型,解释了部分实验中的问题,但仍不够完善,有待于继续发展。本节主要介绍三种模型,分别为紧密双电层模型、分散双电层模型和紧密－分散双电层模型。

## 2.3.1　紧密双电层模型

紧密双电层模型是 1853 年由 Helmholtz 和 Perin 提出的,他们认为电极/溶液界面的双电层类似于平行板电容器,如图 2 - 10 所示。带电离子的半径为双电层厚度,集中分布在电容器的两个极板上,两个极板分别在两相表面,因此,双电层电位差建立在相界面上,双电层之外不存在过剩离子电荷。

绝对电位及电容分别为

$$\Phi = Ed = \frac{qd}{\varepsilon\varepsilon_0} \qquad (2-7)$$

$$C = \frac{Q}{\Phi} = \frac{1}{d}\varepsilon\varepsilon_0 \qquad (2-8)$$

由此可见,紧密双电层模型中,双电层电容 $C$ 是与电位 $\Phi$ 无关的常数,只取决于双电层的厚度和介电常数。

该模型在溶液浓度很高(每升几摩尔),电极表面的电荷密度较大时,理论值与实验值吻合较好。此时,电容的量值为恒定值,原因是电极表面电荷密度大,库仑作用力强,使得过剩电荷难以扩散远离电极表面以外,只能紧靠着界面形成紧密双电层结构。实际上,其忽略了热运动使离子扩散到溶液深处的作

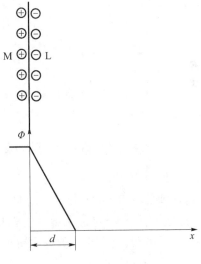

图 2 - 10　紧密双电层模型

用。事实上,溶液中的带电粒子是按照位能场中粒子的分布律分布于邻近液体中的,所以将双电层视为紧密结构,显然是一种近似处理。

## 2.3.2　分散型模型

1901 年 Gouy 和 1913 年 Chapman 考虑到溶液中粒子的热运动,认为离子有力图均匀

地分布在溶液中的倾向,同时又受到异号电荷的吸引作用,约束着离子不能无规则地分布在溶液之中,矛盾作用的结果,最终是按位能场中粒子的分布律,即玻耳兹曼(Boltzmann)分布律排列。分散层分散性随溶液的温度、浓度而变化。温度越高,即热运动越强烈,分散性越大;而浓度越高,界面电荷密度越大,则库仑作用力越大,分散性越小。因此,分散层厚度有很大差别,在纯水中,分散层厚度可达 $1\mu m$,而在浓的电解质溶液中只有几十埃甚至几埃。分散层结构模型如图 2-11 所示。

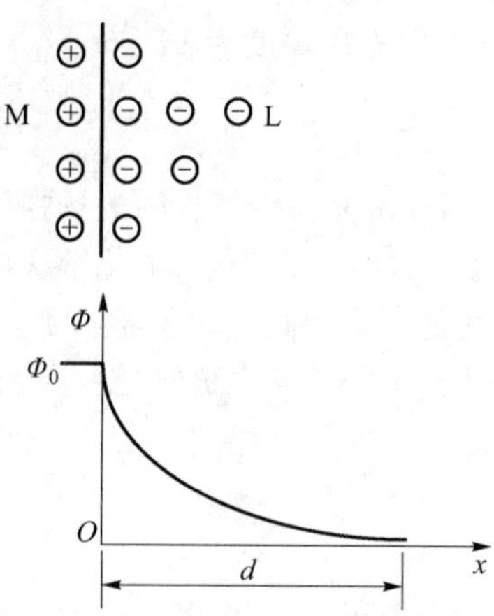

图 2-11　分散层结构模型

设溶液中距电极表面 $x$ 处的液层为等电位面,记为 $\psi$,溶液中各种带电粒子浓度服从玻耳兹曼分布:

$$C_{+(x)} = C^0 \exp \frac{-n_+ F\psi}{RT} \qquad (2-9)$$

$$C_{-(x)} = C^0 \exp \frac{-n_- F\psi}{RT} \qquad (2-10)$$

式中:$C^0$ 为双电层区域外,本体溶液的浓度($mol/dm^3$);$n_+$、$n_-$ 分别为正、负离子带电数目;$C_{+(x)}$、$C_{-(x)}$ 分别为 $x$ 处正、负离子的浓度。

分层理论的重要公式:

$$\frac{\mathrm{d}\psi}{\mathrm{d}x} = -\sqrt{\frac{8C_0 RT}{\varepsilon\varepsilon_0}} \sin \frac{nF\Phi_0}{2RT}$$

$$q_{\mathrm{M}} = \sqrt{8C_0 RT\varepsilon\varepsilon_0} \sin \frac{nF\Phi_0}{2RT}$$

$$C_{\mathrm{d}} = \sqrt{\frac{2C_0 \varepsilon\varepsilon_0 n^2 F^2}{RT}} \cos \frac{nF\Phi_0}{2RT}$$

该理论对于稀溶液体系可以应用,而对于浓溶液出现较大的偏差。该理论模型完全不考虑紧密双电层的存在,显然与实际不符,必然不能对实验事实做出满意的解释。

### 2.3.3　紧密-分散层模型

1924 年,斯特恩(Stern)综合了紧密层和分散层模型的合理部分,建立了紧密-分散层模型。他认为双电层应由紧密层和分散层两部分组成。紧密层($x \leqslant d$)处不存在离子电荷,且介电常数为恒定值,紧密层电场强度为定值($E = \dfrac{q}{\varepsilon\varepsilon_0}$,$\Phi = \dfrac{q}{\varepsilon\varepsilon_0}d$),近似于平行板电容器。考虑离子是半径为 $d$ 的粒子,不是点电荷,在 $x > d$ 范围内,与分散层理论相似,随 $x$ 增大,$\Phi$ 减少,直至逐渐趋于零,如图 2-12 所示。电极体系的电位由两部分组成:

$$\Phi = (\Phi - \psi_1) + \psi_1 \qquad (2-11)$$

式中:$\Phi - \psi_1$ 为紧密层原电池电位差;$\psi_1$ 为分散层电位差。

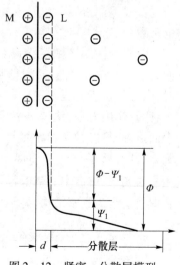

图 2-12　紧密-分散层模型

52

该理论能较好地解释实验观察,但对不同粒径的带电离子的微分电容与实际相差甚远,因此,该理论还有待于进一步完善。

## 2.4 特征吸附对界面参数的影响

### 2.4.1 具有特征吸附的物质

带电离子在电极界面的吸附依靠的是库仑力;而偶极溶剂水分子、无机阴离子(如 $Cl^-$、$Br^-$、$I^-$、$SO_4^{2-}$ 等)以及表面活性有机分子(阴离子型表面活性物质,如硫酸盐、磺酸盐、$R-SO_4Na$ 等;阳离子型表面活性物质,如季胺盐;两性表面活性物质,如多元醇等)都可以在电极表面发生特征吸附(非库仑力吸附),并且由于它们的吸附使电极过程受到很大的影响,如电镀,阳极氧化过程使用一些添加剂,为防止腐蚀而添加的一些缓蚀剂等,它们都属于具有特征吸附的表面活性物质,虽然用量很少,却能取得明显效果。

### 2.4.2 发生特征吸附的原因

水在电极表面的吸附使体系总的自由能降低,并且是瞬间的自发过程,这已经被许多实验证明。水在电极表面的覆盖率达到80%左右。无机阴离子和有机活性分子也具有特征吸附,并且必须与水分子相互竞争,只有排挤掉水分子,它们才能吸附于电极表面。竞争吸附时,它们排挤掉水分子的条件是,使体系总的自由能降低(与吸附水分子时相比)。如果不能满足,则无机阴离子及活性有机分子不能取代水分子吸附于电极表面。无机阴离子竞争吸附的步骤:首先无机阴离子脱除自己部分的水化外壳,然后排挤掉原来吸附于电极表面的水分子,这两个过程都将使体系的自由能增大;无机阴离子与电极表面的相互作用,包括镜像力和色散力引起的物理作用,或者与化学键类似的化学作用,其中有的是形成与化学键性质和强度接近的吸附键,有的则形成共价键、离子键或配位键,此时粒子与电极之间已发生了电子转移。以上几个过程是使体系自由能降低的过程。综合这几个步骤的结果,若能使体系总的自由能降低,则会发生无机阴离子的吸附;反之,不能发生无机阴离子取代水分子的特征吸附。总而言之,只要有水分子,首先是水分子的特征吸附,如果还有其他表面活性物质,如无机阴离子或表面活性分子,就会发生它们与水分子的竞争吸附,从而取代部分水分子。

### 2.4.3 考虑特征吸附后的双电层结构

紧密 - 分散模型虽然比紧密模型及分散模型能够解释更多的实验事实,但是它仍然无法解释微分电容值与离子半径及价态基本无关的实验事实。因此,人们逐渐认为相界面带电的结构应该更为复杂,即不能仅考虑粒子间的库仑力作用,还要考虑到非库仑力的特征吸附对界面带电结构造成的影响,特别是溶剂水分子在电极表面上有高达80%的覆盖率,以及无机阴离子和有机活性分子的特征吸附作用。因此,在建立界面结构模型时,必须考虑特征吸附双电层。鉴于以上认识,Bockris 等人于20世纪60年代提出了带电界面的现代轮廓,如图 2-13 所示。它是一个三层电结构:第一层为金属电极表面的过剩离子电荷层;第二层为特征吸附层,包括溶剂水分子和特征吸附粒子,紧靠电极表面,称为内紧密层;第三层在第二层的外侧,远离电极表面,它由水化离子组成,称为外紧密层。第二层和第三层位于溶液的一侧,称为液相紧密层。三层电结构又可分为以下几种情况。

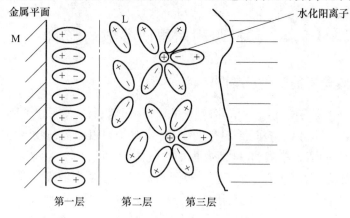

图 2 – 13  Bockris 模型示意图

（1）金属表面带负电荷,溶液中除溶剂水分子外无其他特征吸附粒子(图2 – 14(a)),紧密层由内层和外层构成。

（2）金属表面带正电荷,溶液中除溶剂水分子外无其他特征吸附粒子(图2 – 14(b)),紧密层只有内层。

（3）金属表面带负电荷,溶液中除溶剂水分子外还有其他特征吸附粒子(图2 – 14(c)),双电层具有三电层结构。

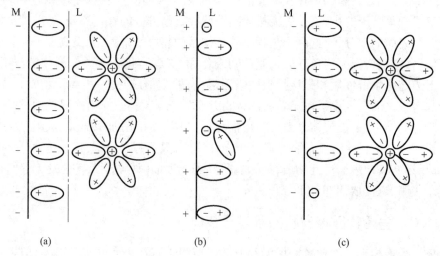

图 2 – 14  Bockris 三电层结构模型示意图
(a)电极表面带负电的内、外紧密层结构；(b)电极表面带正电的内紧密层结构；
(c)电极表面带负电的三电层结构及分散层结构。

紧密层由内层和外层构成,同时还存在分散层结构。金属表面带负电荷时,出现的三电层结构,就使在电极表面和外紧密层之间,串联了一个由水分子组成的偶极层,在分散层可以忽略的情况下,双电层的微分电容 $C_d$ 由水的偶极层电容 $C_水$ 和外紧密层电容 $C_紧$ 组成(图2 – 15),有以下关系：

$$\frac{1}{C_d} = \frac{1}{C_{水}} + \frac{1}{C_{紧}} = \frac{d_{水}}{\varepsilon_0 \varepsilon_{水}} + \frac{\delta - d_{H_2O}}{\varepsilon_0 \varepsilon_{水化离子}} \tag{2-12}$$

由于水偶极子的介电饱和现象,第一层水分子的介电常数 $\varepsilon_{水}$ 下降至5,第二层水化离子的介电常数 $\varepsilon_{水化离子}$ 为40,只有远离电极表面,水分子的介电常数 $\varepsilon_{水}$ 才恢复到正常值80左右,由于 $d_{水} = 2.8 \times 10^{-10}$ m,$\varepsilon_0 = 8.85 \times 10^{-12}$ F/m,代入式(2-12)中,右边第二项与第一项相比,显然小得多,将其忽略,即有

$$C_d = \frac{\varepsilon_0 \varepsilon_{水}}{d_{水}} = 160 \times 10^{-3} (\text{F/m}^2) \tag{2-13}$$

该计算值与测量值很接近。三电层结构较为完整地解释了微分电容不随水化离子半径改变的实验现象。同时,该模型也能解释出现 $\psi_1$ 和 $\varPhi$ 反号的实验事实(图2-16),即在电极表面带过剩正电荷时,溶液中离子的表面过剩量有可能不是负的而是正的,这是因为负离子在电极表面出现"超载"吸附,超载的负离子又吸引了溶液中的阳离子,形成三电层,并出现了 $\psi_1$ 与 $\varPhi$ 符号相反的现象。三电层模型要比紧密层模型、分散层模型以及紧密-分散层模型更为接近实验事实,是目前较为完善的电极/溶液界面带电理论模型。

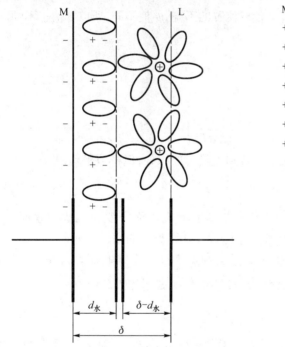

图2-15 第一层水分和水化离子层组成的
微分电容($\varepsilon_{水} = 5$, $\varepsilon_{水化离子} = 40$)

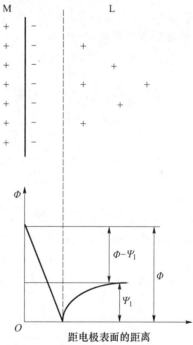

图2-16 三电层中 $\psi_1$ 与 $\varPhi$ 符号相反

## 2.5 双电层与动电位

研究双电层就绕不过动电现象,还有一个可以测量的电位——动电位,这些概念对理解双电层和电化学腐蚀具有重要意义,同时对材料的湿化学法制备、粉末材料在介质中分散也是不能或缺的。

## 2.5.1 Gouy – Chapman 扩散型双电层的数学描述

为了得到双电层内的电荷与电位的分布函数,Gouy – Chapman 做了如下的假设:

(1) 固体表面是无限大的平面,表面电荷均匀分布;

(2) 扩散层中的带电离子视为点电荷,其分布服从玻耳兹曼能量分布定律;

(3) 正、负离子所带的电荷数目相等,整个体系为电中性;

(4) 溶液的介电常数在整个扩散层内处处相等。

根据上述假设,正、负离子带电荷数目相等,整个体系为电中性。由于靠近固体表面区域正离子的数量超过负离子(如负电性双电层),因此存在净电荷。溶液中的净电荷总数与固体表面所带电荷相等,符号相反。在距离固体表面 $x$ 处,体积电荷密度为

$$\rho = C_{+(x)} - C_{-(x)} \tag{2-14}$$

将式(2-9)、式(2-10)代入式(2-14),可得

$$\rho = C^0 \left[ \exp\left(\frac{n_+ F\psi}{RT}\right) - \exp\left(\frac{-n_+ F\psi}{RT}\right) \right] \tag{2-15}$$

由式(2-15)可以看出,随着溶液中各点位置的不同,$\psi$ 值不同,所以 $\rho$ 值也不同。根据双曲正弦函数的定义

$$\sinh x = \frac{1}{2}(e^x - e^{-x})$$

可将式(2-15)表示为

$$\rho = 2C^0 \sinh\left(\frac{n_+ F\psi}{RT}\right) \tag{2-16}$$

固体表面电荷密度 $\sigma$ 应等于 $\rho$ 从零一直到无限远处积分,但符号相反,即

$$\sigma = \int_0^\infty \rho \mathrm{d}x$$

这就表示了两个带电层的情况:一个电荷层是具有电荷面密度 $\sigma$ 的固体表面;另一个带电层是朝着溶液方向扩散分布,体积电荷密度 $\rho$ 随距离 $x$ 的增大而减小。

溶液中某点的电位 $\Phi_x$ 与离开固体表面距离的关系是一个静电学的问题,常用泊松方程来表示体积电荷密度 $\rho$ 和局部电位梯度的散度 $\nabla^2\psi$ 之间的关系:

$$\nabla^2\psi = -4\pi\frac{\rho}{\varepsilon} \tag{2-17}$$

式中: $\nabla^2$ 为拉普拉斯算子, $\nabla^2 = \partial^2/\partial x^2 + \partial^2/\partial y^2 + \partial^2/\partial z^2$ ; $\varepsilon$ 为溶液的介电常数, $\varepsilon = \varepsilon_r \cdot \varepsilon_0$ 。

溶液内某点的电荷密度 $\rho$ 与该点的电位 $\psi$ 也符合泊松方程。将式(2-16)代入式(2-17),可得

$$\nabla^2\psi = -8\pi\frac{C^0}{\varepsilon}\sinh\left(\frac{n_+ F\psi}{RT}\right) \tag{2-18}$$

对扩散双电层的数学处理,通常是在适当的边界条件下对式(2-18)求解。该方程比较复杂,但当固体表面无限大且具有均匀的电荷密度时,Gouy – Chapman 近似认为 $\psi$ 仅与 $x$ 有关,$x$ 为在垂直于固体表面方向上溶液中的某点与固体表面的距离。这样 $\nabla^2\psi$ 即

可简化为$\dfrac{\mathrm{d}^2\psi}{\mathrm{d}x^2}$,则

$$\frac{\mathrm{d}^2\psi}{\mathrm{d}x^2} = -\frac{8\pi C^0}{\varepsilon}\sinh\left(\frac{n_+F\psi}{RT}\right) \tag{2-19}$$

在低电位条件下的近似解,如果双电层内各处的电位$\psi$都很低,则式(2-19)求解可大大简化。对于常见的1-1型电解质水溶液(25℃),$\dfrac{n_+F\psi}{RT} \ll 1$,即$\psi \ll 25.66\mathrm{mV}$。

将$\mathrm{e}^{-n_+F\psi/RT}$按泰勒级数展开,在$\dfrac{n_+F\psi}{RT} \ll 1$的条件下可以只取前两项,从而得到方程的解为

$$\psi = \psi_0\mathrm{e}^{-\kappa x} \tag{2-20}$$

式中

$$\kappa = \left(\frac{8\pi C^0 n_+^2 F^2}{\varepsilon RT}\right)^{1/2}$$

式(2-20)表明,扩散层内的电位随距离$x$的增加而指数下降,下降快慢由$\kappa$决定。当$x = 1/\kappa$时,电位为$\psi_0/\mathrm{e}$。由此可见,$1/\kappa$具有长度的量纲,通常称$1/\kappa$为有效扩散层厚度。在SI单位制中$1/\kappa$的量纲是m。对称型电解质双电层的有效厚度与溶液离子价数$n$成反比,与溶液中离子浓度$C^0$的平方根成反比。由式(2-20)还可以计算出各种电解质溶液在不同浓度时$1/\kappa$的值,例如,1-1型电解质$0.001\mathrm{mol/dm^3}$、$0.01\mathrm{mol/dm^3}$、$0.1\mathrm{mol/dm^3}$的溶液,溶液介电常数$\varepsilon = 81$,其有效扩散层厚度$1/\kappa$的值分别为9.26nm、2.93nm、0.93nm;也可以计算出同一浓度下不同类型的电解质的$1/\kappa$的值,例如$0.001\mathrm{mol/dm^3}$的溶液,1-1型、2-2型、3-3型电解质的$1/\kappa$值分别为9.26nm、4.63nm、3.07nm。电解质浓度或离子价数的增大使$1/\kappa$减小,使双电层的有效厚度明显减少,这就是电解质对双电层的压缩作用。

若带电固体表面的表面电位$\psi_0$很高,$\dfrac{n_+F\psi_0}{RT} \gg 1$,在$x \gg 1/\kappa$时,$\dfrac{n_+F\psi}{RT} \ll 1$,式(2-20)的解可简化为

$$\psi = \frac{4RT}{n_+F}\mathrm{e}^{-\kappa x} \tag{2-21}$$

式(2-21)表明,在与带电固体表面一定距离处,电位仍随与表面距离指数下降。远离表面处的电位$\psi$不再与实际的表面电位$\psi_0$有关,而是有$\dfrac{4RT}{n_+F}$的表观电位。如一价离子,室温时的表观电位为102.6mV。

以下讨论固体表面电荷密度$\sigma$和表面电位$\psi_0$的关系。为了保持体系电中性,固体表面的电荷总量应该与溶液中的相等,符号相反。对于平板型带电表面,表面电荷密度$\sigma$与溶液中的体积电荷密度$\rho$之间有以下关系:

$$\sigma = \int_0^\infty \rho\mathrm{d}x$$

则

$$\sigma = -\frac{\varepsilon}{4\pi}\int_0^\infty \frac{\mathrm{d}^2\psi}{\mathrm{d}x^2}\mathrm{d}x = \frac{\varepsilon}{4\pi}\left(\frac{\mathrm{d}\psi}{\mathrm{d}x}\right)_{x=0} \tag{2-22}$$

式(2-22)表明,双电层的表面电荷密度 $\sigma$ 与表面处($x=0$)的电位梯度成正比。因此,由 $\psi(x)$ 曲线的初始部分的斜率可以得到固体的表面电荷密度:

$$\left(\frac{\mathrm{d}\psi}{\mathrm{d}x}\right)_{x=0} = \frac{-2\kappa RT}{n_+ F}\left(-2\kappa\sinh\frac{n_+ F\psi_0}{2RT}\right)$$

将 $\kappa = \left(\dfrac{8\pi C^0 n_+^2 F^2}{\varepsilon RT}\right)^{1/2}$ 代入上式,可得

$$\left(\frac{\mathrm{d}\psi}{\mathrm{d}x}\right)_{x=0} = -4\left(\frac{2\pi C^0 RT}{\varepsilon}\right)^{1/2}\left(\sinh\frac{n_+ F\psi_0}{2RT}\right)$$

则

$$\sigma = -\left(\frac{2\varepsilon C^0 RT}{\pi}\right)^{1/2}\sinh\frac{n_+ F\psi_0}{2RT} \qquad (2-23)$$

电位很低时,式(2-23)可简化为

$$\sigma = \frac{\varepsilon\psi_0}{4\pi(1/\kappa)}$$

与平行板电容器的公式相比不难看出,当表面电位很小时,双电层可以看作具有固定电容的平行板电容器。$1/\kappa$ 与平行板电容器两板间距 $\delta$ 相当,这就是习惯上将 $1/\kappa$ 称为双电层厚度的原因。

## 2.5.2 斯特恩对扩散型双电层的发展

Gouy-Chapman 的扩散型双电层理论模型对认识双电层结构和解释电动现象取得非常好的效果,但也遇到不少困难,尤其是在高表面电位情况下,例如,当 $\psi_0 = 300\mathrm{mV}$,$C^0 = 1\times10^{-3}\mathrm{mol/dm^3}$ 时,由

$$C_{+(x)} = C^0\exp\frac{-n_+ F\psi}{RT}$$

可以计算出表面附近离子浓度高达 $160\mathrm{mol/dm^3}$。这种现象的原因是电荷的点电荷假设,没有考虑带电粒子的大小,即忽略了离子半径。由式(2-23)的计算也可发现同样的问题,如对 1-1 型电解质,$C^0 = 0.1\mathrm{mol/dm^3}$,假定 $\psi_0 = 250\mathrm{mV}$,则可计算出表面电荷密度为 23 个离子/$0.01\mathrm{nm^2}$。显然,这样的电荷密度,即离子的面密度,在物理意义上是不可能的。

斯特恩指出,Gouy-Chapman 模型的问题在于点电荷的假设。实际上溶液中的电荷都是以离子的形式存在的。对于真实离子,斯特恩认为:①真实离子有一定的大小,因此限制了它们在表面上的最大浓度和离固体表面的最近距离;②真实离子与带电固体表面之间除静电作用外,还存在非静电的相互作用,如范德华吸引力,这种吸引力作用与离子的特性有关,称为特征吸附作用。由此可见,Gouy-Chapman 模型必须进行修正,但引入离子真实半径又使双电层处理过程变得十分困难。

为此斯特恩提出了改进型模型,用一个假想平面把双电层的溶液分为两部分,此平面称为斯特恩平面,并认为该平面与固体平面之间的区域,由于静电引力和足够大的范德华引力克服了热运动,使离子连同一部分溶剂分子与表面牢固结合,称为斯特恩层。这个层中的离子成为特征吸附离子,这些特征吸附离子的电性中心构成假想的斯特恩平面。这

些离子的分布不符合玻耳兹曼能量分布定律,而是遵循朗缪尔(Langmuir)等温吸附理论,即离子在固体表面为单层吸附。在紧密层内电位从 $\psi_0$(表面电位)降到 $\psi_d$,即斯特恩平面上的电位,这个电位变化是线性的。在斯特恩层之外,离子在溶液中呈扩散分布,构成扩散层。在扩散层内,电位从 $\psi_d$ 一直减小到零。扩散层的电荷和电位分布完全可以按照 Gouy – Chapman 理论处理,只要用 $\psi_d$ 代替相应公式中的 $\psi_0$。这类体系发生动电现象时,固 – 液之间的剪切面与溶液体相之间的电位差称为 $\zeta$ 电位。根据斯特恩模型,没有理由认为剪切面恰好处在斯特恩平面上,可能处于斯特恩平面略靠外一点的溶液中。但由于剪切面的位置很难确定,常常近似地将 $\zeta$ 电位看作斯特恩平面上的电位 $\psi_d$,而不做严格区分。斯特恩双电层的结构示意图如图 2 – 17 所示。

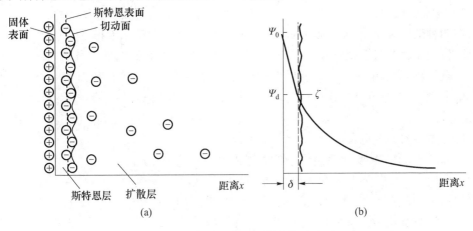

图 2 – 17　斯特恩双电层模结构示意图

带电固体表面溶液一侧,第一层是紧密层,紧密层中的离子是靠静电吸引、范德华引力和溶剂化作用牢固吸附的,它使电位从 $\psi_0$ 下降到 $\psi_d$。在外面是剪切面(切动面),剪切面上的电位称为 $\zeta$ 电位,是与动电现象有关的电位。

第二层是从斯特恩平面向溶液深处的整个区域,为扩散层,扩散分布着正、负离子,且与固体表面电荷相反的离子相对多一些,随着与固体表面距离的增大,过剩的反离子也逐渐减少,到某个距离时,反离子的过剩量等于零。自固体表面至反离子的过剩量为零处即为整个双电层的范围。

斯特恩的双电层模型考虑了离子的大小,且符合朗缪尔等温吸附理论,这样就决定了紧密层中反离子存在最大吸附量,避免了 Gouy – Chapman 模型得出的反离子在固体表面附近的离奇高浓度。斯特恩模型区分了静电吸附与非静电性吸附,使 Gouy – Chapman 理论无法解释的某些动电现象得到合理解释。斯特恩模型的数学处理过于复杂,加上双电层的扩散部分完全可用 Gouy – Chapman 理论处理,因此,在定量处理动电现象问题时,依然采用 Gouy – Chapman 理论,只是将 $\psi_0$ 换成 $\psi_d$ 而已。

### 2.5.3　动电现象

动电现象是由于双电层中带电体表面与大量溶液之间的相对剪切运动而引起的带电粒子的运动现象。带电体表面与溶液之间做相对剪切运动时,剪切面与溶液之间的电位差称为动电位,用 $\zeta$ 表示,也称 $\zeta$ 电位。如沿着带电表面切线方向加一个电场,就有电场力施加在双电层的两个部分,在电场力作用下,带电固体表面含紧密层向一个方向运动,而剪切面以外扩散层中的反离子则带着部分溶剂向相反方向运动。或者沿着带电表面切线方向加一个外力,带电表面与双电层中的扩散层部分将发生相对运动,结果诱导产生一个电场。因此,根据不同情况,可有四种动电现象:①电泳现象,在外加电场作用下,带电表面(胶体粒子、带电颗粒)相对静止不动的液相做相对运动;②电渗现象,在外加电场作用下液相相对于静止不动的带电表面(毛细管、多孔塞)运动;③层流电位现象,在外力作用下,液相相对于静止不动的带电表面流动而诱导产生电场和电位,这种现象称为层流电位现象,其电位称为层流电位;④沉降电位现象,在外力作用下,带电表面相对于静止不动的液相运动而诱导产生电场和电位,这种现象称为沉降电位现象,该电位称为沉降电位。

**1. 电泳现象**

在四种动电现象中,电泳现象最实用,研究也最广泛,电渗现象和层流电位现象次之,沉降电位现象因实验上困难较大,研究较少。在每种动电现象中,所涉及的电位都是剪切面上的电位,称为 $\zeta$ 电位,又称动电位。而固体表面电位 $\psi_0$ 则称为热力学电位。在双电层模型中,唯有 $\zeta$ 电位可以运用动电现象直接测定,而其他电位的实验测量比较困难。双电层理论还是憎液溶胶稳定理论的基础,因此研究动电现象和 $\zeta$ 电位对双电层理论、胶体理论具有重要的实践意义。

假如外电场的电场强度为 $E$,带电体表面(或液体)运动速度为 $v$,推导 $E$、$v$ 和 $\zeta$ 电位之间的定量关系式。如图 2 – 18 所示,考虑固体表面为平面,在距离固体表面 $x$ 处的溶液内取面积为 $A$、厚度为 $\mathrm{d}x$ 的体积元,当该体积元与固体表面发生相对运动时,在最靠近固体表面的一个面上,黏滞力为

$$F_x = \eta A \left( \frac{\mathrm{d}v}{\mathrm{d}x} \right)_x \qquad (2-24)$$

作用在体积元另一个面上的黏滞力为

$$F_{x+\mathrm{d}x} = \eta A \left( \frac{\mathrm{d}v}{\mathrm{d}x} \right)_{x+\mathrm{d}x} \qquad (2-25)$$

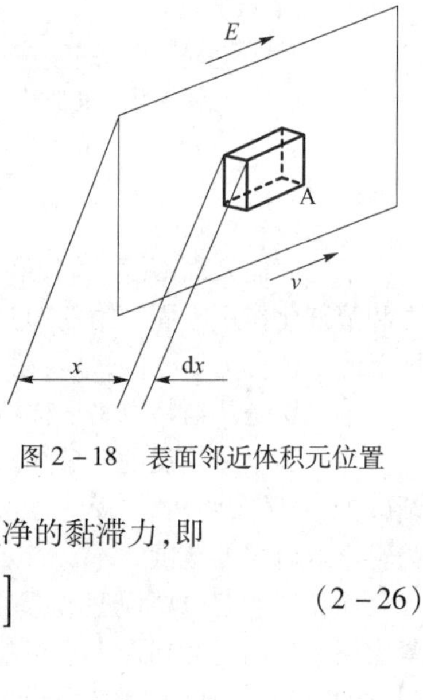

图 2 – 18  表面邻近体积元位置

式(2 – 24)和式(2 – 25)之差等于作用在该体积元上净的黏滞力,即

$$F_{\text{黏}} = \eta A \left[ \left( \frac{\mathrm{d}v}{\mathrm{d}x} \right)_{x+\mathrm{d}x} - \left( \frac{\mathrm{d}v}{\mathrm{d}x} \right)_x \right] \qquad (2-26)$$

当 $x$ 很小时,有

$$\left( \frac{\mathrm{d}v}{\mathrm{d}x} \right)_{x+\mathrm{d}x} = \left( \frac{\mathrm{d}v}{\mathrm{d}x} \right)_x + \left( \frac{\mathrm{d}^2 v}{\mathrm{d}x^2} \right)_x \mathrm{d}x \qquad (2-27)$$

因此,式(2 – 26)可写为

$$F_{\text{黏}} = \eta A \left( \frac{\mathrm{d}^2 v}{\mathrm{d}x^2} \right)_x \mathrm{d}x \qquad (2-28)$$

又由于该体积元内的离子受电场力的作用,使其上还作用一个电场力,当达到平衡时,电场力与黏滞力大小相等、方向相反。电场力等于电场强度与静电荷的乘积,而体积元所带的净电荷等于体积电荷密度 $\rho$ 与体积元体积之积,因此有

$$F_{\text{电}} = E\rho A \mathrm{d}x \qquad (2-29)$$

60

根据泊松方程

$$\rho = -\frac{\varepsilon}{4\pi}\nabla^2\psi = -\frac{\varepsilon}{4\pi}\cdot\frac{d^2\psi}{dx^2} \qquad (2-30)$$

将式(2-30)代入式(2-29)，由 $F_{黏} = F_{电}$，可得

$$\eta\frac{d^2v}{dx^2} = -\frac{\varepsilon E}{4\pi}\times\frac{d^2\psi}{dx^2} \qquad (2-31)$$

将上式两次积分便可得到 $v$ 和 $\psi$ 的关系。积分时假定 $\eta$ 和 $\varepsilon$ 都是常数。对式(2-31)积分一次，可得

$$\int\frac{d}{dx}\left(\frac{\eta dv}{dx}\right) = \int -\frac{E}{4\pi}\times\frac{d}{dx}\left(\frac{\varepsilon d\psi}{dx}\right)$$

则

$$\eta\frac{dv}{dx} = -\frac{E\varepsilon}{4\pi}\times\frac{d\psi}{dx} + c_1 \qquad (2-32)$$

当 $x\to\infty$ 时，$\frac{d\psi}{dx}=0$，$\frac{dv}{dx}=0$，代入式(2-32)，得 $c_1=0$。将式(2-32)再积分一次，考虑 $v=0$，$\psi=0$，$v=v$，$\psi=\zeta$，可得

$$\int_0^v\eta dv = -\frac{E\varepsilon}{4\pi}\int_0^v d\psi$$

即

$$\eta v = \frac{E\varepsilon\zeta}{4\pi} \qquad (2-33)$$

令 $u = \dfrac{v}{E}$（$u$ 为电泳淌度，即单位电场强度下的电泳速度），则

$$u = \frac{\varepsilon\zeta}{4\pi\eta} \qquad (2-34)$$

式(2-34)为亥姆霍兹-斯莫鲁霍夫斯基(Hemhotz-Smoluchowski)公式，公式推导中假定固体表面为平面，对于其他几何形状，只要曲率半径 $R$ 比双电层有效厚度 $1/\kappa$ 大得多，即 $\kappa R$ 的乘积很大，这个公式就适用。一般来说，当 $\kappa R > 100$ 时，可用式(2-34)。

单位电场下的电泳速度称为淌度。在无限稀释溶液中(稀溶液数据外推)测得的淌度称为绝对淌度。电场中带电离子运动除受到电场力的作用外，还会受到溶剂阻力的作用。一定时间后，两种力的作用就会达到平衡，此时带电粒子做匀速运动，电泳进入稳态。实际溶液的活度不同，特别是酸、碱度的不同，带电粒子表面电荷也将发生变化，这时的淌度称为有效电泳淌度。一般来说，粒子所带电荷越多、体积越小，电泳速度就越快。

动电位($\zeta$ 电位、Zeta 电位)可以通过测量稳态下的有效电泳淌度，利用 Hemhotz-Smoluchowski 公式求出：

$$\zeta = \frac{4\pi\eta u}{\varepsilon} = \frac{4\pi\eta u}{\varepsilon_{r\cdot H_2O}\cdot\varepsilon_0} \qquad (2-35)$$

式中　$\eta = \eta_{H_2O\cdot 20℃} = 0.001Pa\cdot s$；

$\varepsilon_{r\cdot H_2O} = 80$；

$\varepsilon_0 = 8.854\times10^{-12}F/m$。

动电位的测量除采用电泳法外,电渗法、流动电位法及沉降电位法也常作为动电位测量方法。基于上述方法的原理做成了多种动电位测量仪。动电位在医学、造纸、化工、精细化工等方面得到了广泛的应用。动电位对理解双电层理论有很大的实践意义,随着腐蚀科学的发展,动电位将会逐渐受到重视。

**2. 电渗现象**

在电场中,由于多孔支持物吸附水中的正、负离子,使溶液相对带电,在电场作用下,溶液朝一定的方向移动,这就是电渗现象。如纸张作为多孔支持物,由于纸张吸附氢氧根离子而带负电荷,而与纸张接触的水溶液则带正电荷,使溶液朝负极运动。另外,溶液移动时可携带颗粒同时移动,所以电泳时颗粒泳动的表观速度是颗粒本身的泳动速度和由于电渗而被携带的移动速度两者的总和。

电渗实验装置如图 2−19 所示,用电极施加外电场,回路上接一根毛细管,通过毛细管内气泡的移动来观察和测量液体通过管子的流量 $Q$,即单位时间流过多孔塞的电解质体积,与回路毛细管半径 $r$ 的关系为

$$Q = \pi r^2 v \tag{2-36}$$

式中:$v$ 为电解质溶液在毛细管中的流动速度。

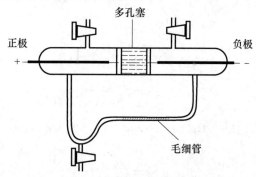

图 2−19　电渗实验装置示意图

通过多孔塞电解质的流量 $Q$ 与多孔塞两端电场强度 $E$ 成正比,与多孔塞材料的动电位 $\zeta$ 成正比,与电解质的介电常数 $\varepsilon$ 成正比,与电解质的黏度 $\eta$ 成反比,即

$$Q = \frac{E\varepsilon\zeta}{4\pi\eta} \tag{2-37}$$

式(2−37)为电渗公式,如果通过两极间的电流强度为 $I$,电解质的电导率为 $K$,则式(2−37)可写为

$$Q = \frac{\varepsilon I\zeta}{4\pi\eta K} \tag{2-38}$$

将式(2−36)代入式(2−37)或式(2−38),可得出多孔塞材料的动电位为

$$\zeta = \frac{4\pi^2 r^2 \eta v}{E\varepsilon}$$

或

$$\zeta = \frac{4\pi^2 r^2 \eta K v}{I\varepsilon} \tag{2-39}$$

于是,由液体的流速、电导率、黏度、介电常数及电场强度或电流强度可求出动电

位值。

### 3. 层流电位现象

固－液相界面形成了双电层,在电场的作用下产生了电泳和电渗现象。那么,在外力的作用下使固－液相发生相对运动,也能形成电场吗?会产生电流吗?前者的结论是肯定的,后者的结论比较复杂。奎克在1861年发现,若用压力将电解质压过由毛细管或粉末压成的多孔塞,则在毛细管或多孔塞的两端产生了电位差,此即电渗的反过程,称为流动电位现象,该电位差称为流动电位。图2－20为流动电位现象实验装置,在直径10cm、长度100cm的圆柱筒内装上粉末,如细砂、黏土等。实验前先从底部进水口进电解质(如水),排除粉末中的空气,并使粉末完全润湿,继续从底部进水口进水,从上部排水口排水,观察进水压力$P$与多孔塞两端电压$V$的变化,当进水压力$P$保持不变时,经过一段时间,就会有一个稳定的电压值,$P$改变,则$V$也随着改变,一般有

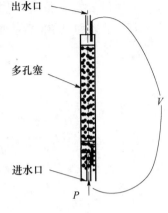

图2－20 流动电位现象
实验装置

$$V = \frac{\varepsilon \zeta P}{4\pi \eta K} \qquad (2-40)$$

式(2－40)为流动电位公式,流动电位的大小与电解质的压力$P$成正比,与电解质的介电常数$\varepsilon$成正比,与多孔材料或毛细管材料的动电位$\zeta$成正比,与电解质的黏度$\eta$、电导率$K$成反比。

通过测量电解质压力、多孔材料两端的电压及电解质相关物理性能,代入式(2－40)可求出动电位,即

$$\zeta = \frac{4\pi \eta K V}{\varepsilon P} \qquad (2-41)$$

奎克于1880年发现了沉降电位现象,即粉末或胶体粒子在电解质中下沉,同样可以在液体中产生电位变化,其电位称为该条件下的沉降电位。

## 思 考 题

1. 描述形成双电层所需要的条件。
2. 什么是界面?什么是相际?什么是表面?说明它们之间的区别与联系。
3. 举例说明双电层存在的普遍性。
4. 举例说明负电性双电层的形成过程。
5. 举例说明正电性双电层的形成过程。
6. 举例说明极性分子吸附形成双电层过程。
7. 举例说明无机阴离子吸附形成双电层过程。
8. 举例说明氢电极双电层形成过程。
9. 双电层结构模型有哪几种?画出紧密－分散层模型的结构示意图,并给出主要参数。

10. 金属离子是如何离开金属表面的？
11. 什么是动电现象？什么是 $\zeta$ 电位？
12. 什么是电泳现象？有何应用？
13. 什么是电渗现象？有何应用？
14. 什么是流动电位现象？有何应用？
15. 简述动电位的测量原理和方法。

# 第3章 电化学腐蚀动力学

第1章我们已经学习了电化学腐蚀的热力学,即金属腐蚀的趋势大小是由其电极电位值决定的。只要把两块不同的金属置于电解质溶液中,两个电极的电位差就是腐蚀的原动力,腐蚀就一定会发生。认识金属材料腐蚀的本质和腐蚀倾向固然重要,但更重要的是认识金属材料腐蚀速率的大小及其影响因素。热力学没有考虑到时间因素及腐蚀反应过程的细节,只能给出材料腐蚀倾向大小,而不能给出金属腐蚀速率的快慢,腐蚀倾向大并不能判断腐蚀速率快。例如,金属铝、钛的标准电极电位都很低,说明热力学上铝、钛的腐蚀倾向很大,然而,铝在大气环境中非常耐蚀,钛是酸、碱、盐等苛刻环境中的耐蚀材料。实际工程中,人们总是希望将金属的腐蚀速率减到最小,以延长其使用寿命。为了准确地预测和控制腐蚀速率,有必要对金属腐蚀的机理、腐蚀过程、腐蚀影响因素等相关的电化学腐蚀的动力学进行探讨。

## 3.1 极 化

极化是电极反应过程的阻力项,也是伴随电池过程普遍存在一种现象,是电化学腐蚀动力学的重要内容,是研究金属腐蚀机理、腐蚀过程、腐蚀速率、腐蚀影响因素等不可或缺的内容。下面将通过极化、极化现象、极化原因和极化规律的顺序,由浅至深,引出极化相关的概念。

由第1章我们知道利用能斯特方程计算电极电位时,要求电极体系中的电化学反应必须是可逆的。若用电极反应式表示应为

$$M \Leftrightarrow M^{n+} + ne^-$$

即同类型离子($M^{n+}$)通过电极/电解液界面在两个相反方向上的迁移速度相等,即$I_- = I_+$,没有净反应发生。

但实际应用中遇到的电化学体系总是按一定的方向和一定的速度进行着的化学反应相联系的,如各种类型的化学电源和电解池,金属在电解质溶液作用下发生的电化学腐蚀等。这些电化学体系都处在非平衡状态,与此相联系的电极体系称为不可逆电极。不可逆电极一般具有下列特征:

(1)一个电极反应在两个相反的方向(阳极方向和阴极方向)上的电化学反应速度不等,即$I_- \neq I_+$。若电极反应主要朝阳极的反应方向进行,则$I_- < I_+$;若反应主要朝阴极方向进行,则$I_- > I_+$。

(2)由于电极反应主要朝某一方向进行,因此体系的定性、定量、组成都随时间变化。该体系的电极电位已不等于平衡电极电位,不能用能斯特方程进行计算。

对于不可逆电极而言,其净电流强度$I$应等于两个相反方向绝对电流强度之差。这

样的电极组成的电池,其电位差值是不稳定的,当电极上有电流通过时,就会引起电极电位的变化。这种由于有电流流动而造成的电极电位变化的现象,称为电极的极化。

### 3.1.1 极化现象

将面积为 $5cm^2$ 的锌片和铜片浸在 3% 的 NaCl 溶液中,并用导线把两个电极、开关(K)和电流表(A)串联起来,如图 3-1 所示。实际上,这是一个原电池装置。在闭合开关前,两个电极各自建立起某种不随时间变化的稳定电位,其中,$E^0_{Cu,c} = 0.05V$,锌的起始电位 $E^0_{Zn,a} = -0.83V$。原电池的内阻 $R_{内} = 110\Omega$,外阻 $R_{外} = 120\Omega$,在电池刚接通时,电流表指示的起始电流为 $I_0$,如图 3-2(a)所示。其大小可按下式计算:

$$I_0 = \frac{E^0_{Cu,c} - E^0_{Zn,a}}{R_{内} + R_{外}} = \frac{0.05 - (-0.83)}{110 + 120} = 3820(\mu A)$$

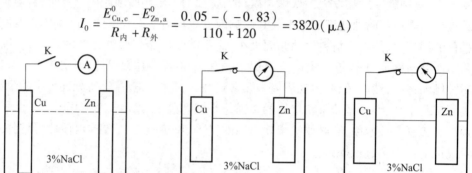

图 3-1　极化现象实验装置示意图　　　　图 3-2　腐蚀电池极化现象

经过一段时间 $t$,电流表指示值急剧减小,稳定后的电流 $I_t = 200\mu A$,如图 3-2(b)所示,约为起始电流 $I_0$ 的 1/20。如果用函数记录仪记录电流随时间的变化,可得到图 3-3 所示的 $I-t$ 曲线。

电流为什么会减小呢? 回路中总电阻并没有变化,根据欧姆定律,电流的急剧下降只可能是两电极间的电位差发生了变化,即在有一定电流通过的两电极的端电压之差将小于开始的原电池的电动势($V < E^0_{Cu,c} - E^0_{Zn,a}$)。

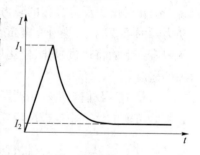

图 3-3　电极极化的 $I-t$ 曲线

电极上有电流通过而造成电位变化的现象称为极化现象。由于电极上有电流通过而发生的电极电位偏离原电极电位 $E_{(i=0)}$ 的变化值,可用超电压表示,即

$$\eta = E - E_{(i=0)} \tag{3-1}$$

通过电流而引起原电池两极间电位差减小的现象称为原电池极化。通过阳极电流时,阳极电位朝正方向变化,称为阳极极化;通过阴极电流时,阴极电位朝负方向变化,称为阴极极化。极化的结果,都使腐蚀原电池两极间的电位差减小,导致腐蚀原电池所流过的电流减小。即使腐蚀速率减小,也应认真讨论。

### 3.1.2 产生极化的原因

**1. 阳极极化的原因**

(1)阳极过程是金属失去电子而溶解成水化离子的过程。在腐蚀原电池中,金属失

66

掉的电子迅速由阳极流至阴极,但一般金属的溶解速度跟不上电子的迁移速度,这必然破坏了双电层的平衡,使双电层的内层电子密度减小,阳极电位就朝正方向移动,产生阳极极化。这种由于阳极过程进行缓慢而引起的极化称为金属的活化极化,或电化学极化,用超电压($\eta_a$)表示。

(2)由于阳极表面金属离子扩散缓慢,会使阳极表面的金属离子浓度升高,阻碍金属继续溶解。如果近似理解为平衡电极,由能斯特公式可知,金属离子浓度增加,必然使金属的电位朝正方向移动,产生阳极极化,称为浓差极化($\eta_c$)。

(3)在腐蚀过程中,由于金属表面生成了保护膜,阳极过程受到膜的阻碍,金属的溶解速度大为降低,结果使阳极电位朝正方向剧烈变化,这种现象称为钝化。例如,铝和不锈钢等在硝酸中就是借助于钝化而耐蚀。由于金属表面膜的产生,使得电池系统中的内电阻随之而增大,这种现象称为电阻极化($\eta_r$)。

阳极极化中,活化极化和电阻极化及钝化对实际腐蚀有重要意义。

**2. 阴极极化的原因**

(1)阴极过程是得到电子的过程,若由阳极来的电子过多,阴极接收电子的物质由于某种原因,与电子结合的速度(消耗电子的反应速度)进行得慢,使阴极处有电子堆积,电子密度增大,使阴极电位越来越负,即产生了阴极极化。这种由阴极过程缓慢所引起的极化称为阴极活化极化,用超电压($\eta_a$)表示。氢离子生成氢分子的放氢阴极过程进行缓慢所引起的极化称为析氢超电压,简称氢超电压。吸氧生成氢氧根离子的阴极过程进行缓慢所引起的极化称为吸氧超电压,简称氧超电压。这些都属于电化学超电压之类。

(2)阴极附近反应物或生成物扩散较慢也会引起极化。例如,氧或氢离子到达阴极的速度跟不上反应速度,造成氧或氢离子补充不上去,引起极化。又如,阴极反应产物氢氧根离子离开阴极的速度缓慢会直接影响和妨碍阴极过程的进行,使阴极电位朝负的方向移动,这种极化均为浓差极化($\eta_c$)。阴极一般无电阻极化。

总极化($\eta$)由电化学活化极化$\eta_a$、浓差极化$\eta_c$,电阻极化$\eta_r$构成,即

$$\eta = \eta_a + \eta_c + \eta_r \qquad (3-2)$$

实际腐蚀会因具体条件而异,可能以某种或某几种超电压(极化)对腐蚀起控制作用。

### 3.1.3 极化的规律

对于一个普遍表达式为

$$\nu_a A + \nu_b B + \cdots = \nu_c C + \nu_d D + \cdots + ne$$

的电极反应,如果体系的自由能改变量为零,即

$$\Delta G = \sum_i \nu_i \bar{\mu}_i = 0$$

则体系处于平衡状态;否则,电极反应将由反应式的一侧朝反应式另一侧进行。因此,体系自由能的变化反映了一个体系进行电极反应的能力和方向。

在化学热力学中,化学亲和势定义为

$$A = -\Delta G = -\sum_i \nu_i \bar{\mu}_i \qquad (3-3)$$

因此,可以用化学亲和势$A$来判断一个体系进行化学反应的能力和方向。当$A > 0$时,反应将朝正向进行;当$A < 0$时,反应朝逆向进行;当$A = 0$时,反应达到平衡。

对于一个电极反应,可以类似地定义一个电化学亲和势:

$$\bar{A} = - \sum_i \nu_i \bar{\mu}_i \qquad (3-4)$$

同理,也可用电化学亲和势$\bar{A}$来判断一个体系进行电化学反应的能力和方向。当$\bar{A} > 0$时,电极反应将正向进行;当$\bar{A} < 0$时,电极反应将逆向进行;当$\bar{A} = 0$时,电极反应达到平衡。

根据电化学亲和势和电化学位的定义,式(3-4)可改写为

$$\bar{A} = -\sum_i \nu_i \bar{\mu}_i + nF(\Phi_M - \Phi_L)$$
$$= A + nF(\Phi_M - \Phi_L) \qquad (3-5)$$

若$(\Phi_M - \Phi_L)_e$表示电极反应处在平衡时电极系统的绝对电极电位,则电极反应达到平衡时,有

$$\bar{A} = A + nF(\Phi_M - \Phi_L)_e = 0$$

整理可得

$$A = -nF(\Phi_M - \Phi_L)_e \qquad (3-6)$$

因化学亲和势$A$只是与电位有关,如果只考虑外加电位或电流而引起的电极反应,则对于同一电极体系,可以用平衡状态时的化学亲和势$A$代替非平衡状态时的化学亲和势,式(3-5)可以改写为

$$\bar{A} = -nF(\Phi_M - \Phi_L)_e + nF(\Phi_M - \Phi_L) \qquad (3-7a)$$

若以$E$和$E_e$分别表示用某一条件下参比电极测得的非平衡电位和平衡电位,式(3-7a)进一步改写为

$$\bar{A} = nF(E - E_e) = nF\eta \qquad (3-7b)$$

或

$$\eta = \frac{\bar{A}}{nF} \qquad (3-7c)$$

因此,电极反应的过电位实际是电极反应电化学亲和势的反映。电极反应进行的方向也可以通过过电位$\eta$加以判断。若$\eta = 0$,即$E = E_e$,则电极处于平衡状态;若$\eta > 0$,即$E > E_e$,则电极发生阳极反应;若$\eta < 0$,即$E < E_e$,则电极发生阴极反应。

过电位$\eta$不仅与一定的电极反应体系相联系,并且与相应的电流密度之间存在一定的函数关系。

当$\eta > 0$时,电极发生阳极反应。此时,有正电荷(离子)从材料相转移到溶液相,或有负电荷(电子)从溶液相转到材料相,这就是阳极电流$I_a$,并规定为正值,即$I_a > 0$。

当$\eta < 0$时,电极发生阴极反应。此时,正电流从溶液相转到材料相,这就是阴极电流$I_c$,并规定为负值,即$I_c < 0$。

由此可见,在电极反应中,过电位与电流之间存在下列关系:

$$\eta \cdot I \geqslant 0 \qquad (3-8)$$

式(3-8)恰恰说明了电极反应推动力$\eta$与反应速度$I$的方向是一致的。

同样,对于一个非平衡的稳定电极系统,其电极的极化值$\Delta E$与极化电流$I$之间也存在着类似的关系,即

$$\Delta E \cdot I \geqslant 0 \qquad (3-9)$$

极化值$\Delta E$则是促进非平衡体系朝某个方向进行电极反应的动力。

若用电流密度表示电流的大小,用超电压表示 $\Delta E$,则有

$$\eta \cdot i \geqslant 0 \tag{3-10}$$

这就是极化规律。它将电极反应的驱动力和电极反应速度有机地联系起来,是电化学腐蚀研究的主要工具。

### 3.1.4 极化曲线

表示电极电位和电流之间关系的曲线称为极化曲线。阳极电位和电流的关系曲线称为阳极极化曲线,阴极电位和电流的关系曲线称为阴极极化曲线。

极化曲线又分为表观极化曲线和理论极化曲线。表观极化曲线表示在通过外电流(或接触电偶)时的电位和电流的关系,也称为实测的极化曲线,可借助参比电极实测出。理论极化曲线表示在腐蚀原电池中,局部阴极和局部阳极的电流和电位变化。在实际腐蚀中,有时局部阴极和局部阳极很难分开,理论极化曲线无法直接测得。

一个任意电极的实测(表观)极化曲线均可分解成两个局部极化曲线,即阳极极化曲线和阴极极化曲线。图3-4(a)表示 Fe 在 HCl 溶液中的实测极化曲线 cwrjb。它可分解成 cwqo(阴极 $2H^+ + 2e \rightarrow H_2$ 反应)的 $I_c - E$ 极化曲线和 apjb(阳极 $Fe \rightarrow Fe^{2+} + 2e$ 反应)的 $I_a - E$ 极化曲线。若电流用绝对值表示,即相当于将图3-4(a)横坐标下部沿电位 $E$ 轴翻转180°,将得到图3-4(b)。两条局部极化曲线的交点 $P$ 相应表示出腐蚀电流值 $I_{corr}$ 和腐蚀电位值 $E_{corr}$。电流用电流密度的绝对值并取对数求得,如图3-4(c)所示。

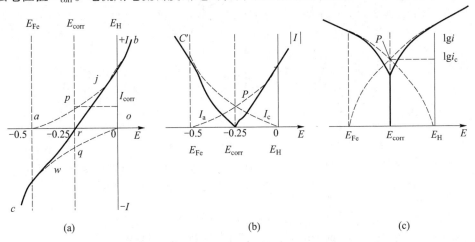

图3-4 Fe/HCl(1M 无 $O_2$)体系的极化曲线示意图

### 3.1.5 塔费尔关系

对于活化极化控制的腐蚀体系,当极化电位偏离自然腐蚀电位足够远时,电极电位与极化电流密度的函数关系可表示为

$$E - E_{corr} = a + b\lg i \tag{3-11}$$

式(3-11)表明,在半对数坐标系中,强极化区极化曲线呈线性关系,这就是塔费尔(Tafel)关系,该直线称为塔费尔直线。$a$、$b$ 称为塔费尔常数。阳极和阴极塔费尔直线相交于自然腐蚀电位 $E_{corr}$ 处,此时 $i_c = i_a = i_{corr}$。因此,从塔费尔直线延伸到 $E_k$ 处的交点就

可以求出该体系的自然腐蚀电流密度 $i_{corr}$（图 3-5），即极化曲线外延法或称塔费尔外延法求腐蚀速率。

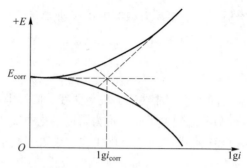

图 3-5　极化曲线外延法测定金属腐蚀速率

## 3.1.6　典型的阳极极化曲线

金属电极的阳极过程比阴极过程复杂得多，一般把它分为活化溶解过程和钝化过程两方面来进行研究。如图 3-6 所示，整个阳极过程可以分为 6 个阶段。

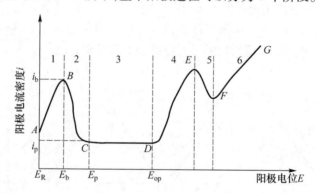

图 3-6　典型的阳极极化曲线

$i_b$—临界钝态电流密度（致钝电流密度）；$i_p$—钝态电流密度（维钝电流密度）；

$E_R$—稳态电位（开路电位）；$E_p$—钝态电位（钝化起始电位）；$E_{op}$—过钝化电位。

1 阶段——$AB$：金属阳极活化溶解阶段，称为活化区。

2 阶段——$BC$：金属表面发生钝化，电流急剧下降，称为钝化区。

3 阶段——$CD$：金属处于稳定的钝化状态，其溶解速度受钝化态电流密度控制，而与电位无关，为稳定的钝化区。

4 阶段——$DE$：溶解电流再次上升，发生一些新的溶解反应，形成高价离子，视电位高低也可能发生吸氧反应，为过钝化区。

5 阶段——$EF$：为二次钝化区。

6 阶段——$FG$：为二次过钝化区。

生成或还原钝化膜的最低电位，即活态和钝态平衡共存的电位称为法拉弟电位，用 $E_F$ 表示，其值大小在 $E_b \sim E_p$，$E_F$ 左移意味着易钝化而不易活化。在 3.10 节中将进一步讨论法拉弟电位。在实际腐蚀中，极化、钝化均对提高材料耐蚀性有着重要意义。

70

### 3.1.7  极化曲线的测量

极化电位与极化电流或极化电流密度之间的关系曲线称为极化曲线。通过实验可以测出极化电位与极化电流两个变量之间的对应数据。根据这些实验数据就能绘制需要的极化曲线。

图 3-7 为恒电流法测定不同极化曲线的装置。其中电极 1 为待测的研究电极,电极 2 为辅助电极。两电极间通过的电流大小由可变电阻 4 来调节,其数值可由电流表 6 读取,换向开关 5 可改变电流方向,以决定对研究电极的电位,必须选用一个参比电极(例如甘汞电极)以与之构成另一通路,参比电极 8 通过盐桥 9 和鲁金(Luggin)毛细管 10 连通,用电位差计 7 测出这两个电极之间的电位差。因为参比电极的电位是已知的,所以可求出研究电极的电位。为了消除鲁金毛细管口与研究电极间溶液欧姆电位降对电极电位测量的影响,毛细管 10 的尖端应尽量靠近研究电极的表面,实践证明该距离为 2mm 为宜。

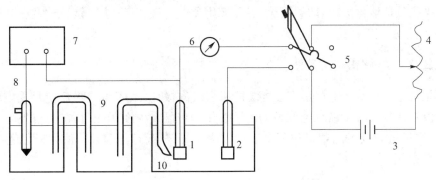

图 3-7  恒电流法测量极化曲线的装置示意图

1—研究电极;2—辅助电极;3—直流电源;4—可变电阻;5—换向开关;6—电流表;

7—电位差计;8—参比电极;9—盐桥;10—鲁全毛细管。

从图 3-7 还可以看出,在整个测量装置中有两个测量回路:一个是有电流流过,当接通电路后,改变可变电阻,可以调节所需的极化电流值;另一个是无电流流过,可以由电位差计测量出研究电极的静止电位(无外加极化电流通过时研究电极的稳态电位)和在各种大小的极化电流密度(研究电极的面积是已知的)时的电极电位。因此,前者称为极化回路,后者称为测量回路。

上述测量方法是在给定的电流密度下测量电极电位,电流或电流密度是主变量,电极电位是因变量,是电流密度的函数,即 $E = f(i)$,这种方法称为恒电流法。还有一种测量方法是在给定的电极电位下测量其相应的电流密度,电极电位是主变量,电流密度是因变量,是电极电位的函数,即 $i = g(E)$,这种方法称为恒电位法。如果 $E = f(i)$ 和 $i = g(E)$ 都是单值函数,则恒电位法和恒电流法所得到的结果是完全一致的,若 $E = f(i)$ 是单值函数,而 $i = g(E)$ 是多值函数,则两种测量方法得出的结果差异很大。在这种情况下,只有恒电位法才能测出连续完整的极化曲线。恒电流法在实验装置上虽然比较简单,但不能用以测量 $E = f(i)$ 是多值函数的极化曲线(如典型的阳极极化曲线)。恒电位法则不受此限制,但需要恒电位仪来控制电位。

从测得的数据绘制极化曲线时,根据需要可以采用普通坐标或半对数坐标。

在上述测量方法中,电极电位和电流密度不随时间而变化,属于稳态测量。稳态测量是在逐渐测量过程中,要到达稳态不变值时,再记录数据。一般腐蚀研究中所用的极化曲线若不加说明,则都是稳态极化曲线。

极化曲线在金属腐蚀研究中具有重要的意义。测量腐蚀体系的阴极极化曲线和阳极极化曲线,可以揭示腐蚀的控制因素及缓蚀剂的作用机理。分别测量两种金属的极化曲线,就可以了解这两种金属的接触腐蚀情况。测量阴极区和阳极区的极化曲线,可以研究局部腐蚀。在腐蚀电位附近及极化区进行极化测量可以快速求得腐蚀速率,有利于鉴定和筛选金属材料和缓蚀剂。通过测量极化曲线还可获得阳极保护和阴极保护的重要参数。总之,测量极化曲线是腐蚀与防护研究中的重要手段。

## 3.2 典型极化形式与表达式

总极化包括活化极化、浓差极化、混合极化和电阻极化等,为了认识这些极化的本质特征,下面分别予以讨论。

### 3.2.1 活化极化

活化极化是指由于电极反应速度缓慢所引起的极化,或者说电极反应是受电化学反应速度控制,因此,活化极化也称为电化学极化。它可发生在阳极过程,也可发生在阴极过程中,在析氢和吸氧的阴极过程中表现尤为明显,其反应速度 $i$ 与活化极化超电压 $\eta_a$ 之间关系如下:

$$\eta_a = \pm\beta\lg\frac{i}{i_0} \qquad (3-12)$$

式中:$\eta_a$ 为活化极化超电压;$\beta$ 为塔费尔常数或直线斜率;$i$ 为以电流密度表示的阳极或阴极反应速度;$i_0$ 为交换电流密度;" + "表示阳极极化;" - "表示阴极极化。

塔费尔公式是一个经验公式,该公式与电极动力学推导的结果完全一致:

$$\begin{cases} \eta_a = -2.3\dfrac{RT}{\beta nF}\lg i_0 + 2.3\dfrac{RT}{\beta nF}\lg i_a \\ \eta_t = 2.3\dfrac{RT}{\alpha nF}\lg i_0 - 2.3\dfrac{RT}{\alpha nF}\lg i_c \end{cases} \qquad (3-13)$$

式中:$\alpha$、$\beta$ 分别为影响阴极反应的传递系数和阳极反应的传递系数,$\alpha$、$\beta$ 均为小于 1 的正数,并且 $\alpha+\beta=1$。这就是人们所熟知的塔费尔公式,式中 $a$ 为 $-2.3\dfrac{RT}{\beta nQF}\lg i_0$ 或 $2.3\dfrac{RT}{\alpha nF}\lg i_0$,$b$ 为 $2.3\dfrac{RT}{\beta nF}$ 或 $\dfrac{2.3RT}{\alpha nF}$,$i$ 为极化电流密度 $i_a$ 或 $i_c$。

图 3-8 给出了 $i$、$i_a$、$i_c$、$i_0$ 及 $E_e$、$\eta_c$ 各参数之间的关系,即表示极化方程曲线与动力学方程曲线之间的关系。

图 3-9 为氢电极的活化极化曲线。由图可知,超电压 ($\eta_a$) 变化很小,而腐蚀电流密度($i$) 变化很大。必须指出,电极过程超电压除取决于极化电流外,还与交换电流密度 ($i_0$) 有关,而 $i_0$ 是与电极成分、温度、电极表面粗糙度有关的特定氧化 - 还原反应的特征

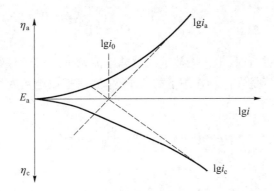

图 3 - 8  过电位与阳极极化电流密度 $i_a$ 和阴极极化电流密度 $i_c$ 之间的关系

函数。微量的砷、锑离子存在也会降低 $2H^+ + 2e = H_2$ 体系的交换电流密度 $i_0$。交换电流密度 $i_0$ 越小,超电压 $\eta_a$ 越大,则耐蚀性越好。交换电流密度 $i_0$ 越大,则超电压越小,说明电极反应的可逆性大,基本可以保证稳定平衡态。

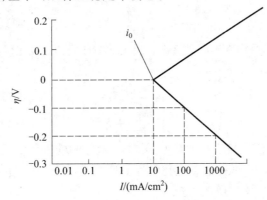

图 3 - 9  氢电极的活化极化曲线

## 3.2.2  浓差极化

电极反应过程中,由于反应速度快,而反应物扩散移动速度不能满足电极反应速度的需要,于是在电极附近反应物浓度 $C_e$ 小于电解质溶液本体的反应物质浓度 $C$,电极反应速度受到物质扩散的控制。

**1. 浓差极化极限电流密度 $i_d$**

以氧阴极还原速度为例,氧向阴极的扩散速度由 Fick 扩散第二定律得到

$$V_1 = \frac{D}{X}(C - C_e) \qquad (3-14)$$

式中:$X$ 为扩散层厚度;$C$ 为溶液本体氧的浓度;$C_e$ 为电极表面氧的浓度;$D$ 为扩散系数。

电极反应速度可由法拉第电解定律得到

$$V_2 = \frac{i_{扩}}{nF}$$

若扩散控制着电极反应速度,则 $V_1 = V_2$。于是

$$i_{扩} = \frac{nFD}{X}(C - C_e) \tag{3-15}$$

当电极反应稳定进行时,电极上放电物质总电流密度应等于该物质的迁移电流和扩散电流之和。迁移电流是在电场作用下的离子移动,而扩散电流密度则是因浓差引起离子扩散形成的电流。

$$\begin{cases} i = i_{迁} + i_{扩} = i \cdot t_i + \frac{nFD}{X}(C - C_e) \\ i = \frac{nFD}{(1 - t_i)X}(C - C_e) \end{cases} \tag{3-16}$$

式中:$t_i$ 为 $i$ 离子的迁移数。

通电前,$i = 0$,$C = C_e$,电极表面浓度与溶液本体浓度一样。

通电后,$i \neq 0$,$C > C_e$,随着电极反应的进行,电极附近正离子或氧分子不断消耗,$C_e$ 减小。当 $C_e \to 0$ 时,$i$ 值达到最大,为 $i_d$,即

$$i_d = \frac{nFD}{(1 - t_i)X}C \tag{3-17}$$

由于 $C_e \to 0$,电极表面趋于无反应离子或无氧分子存在,因此该离子的迁移数很小,$t_i \to 0$,故

$$\begin{cases} i_d = \frac{nFD}{X}C \\ i_d = KC \end{cases} \tag{3-18}$$

式中:$i_d$ 为极限扩散电流密度,它间接地表示了扩散控制的电化学反应速度。

由式(3-18)可知,扩散控制的电化学反应速度与反应物质的扩散系数 $D$、反应物质在主体溶液中的浓度 $C$ 及交换电子数 $n$ 成正比,与扩散层的厚度 $X$ 成反比。因此,有以下特性:

(1)降低温度,使扩散系数减小,$i_d$ 也减小,腐蚀速率减小。

(2)减少反应物浓度 $C$,如减少溶液中的氧,氢离子的浓度,腐蚀速率 $i_d$ 减小。

(3)通过搅拌或改变电极的形状,减少扩散层的厚度 $X$,会增加极限电流密度 $i_d$,因而加剧阳极溶解,提高腐蚀速率;反之,增加 $X$,减少极限扩散电流密度 $i_d$,提高材料的耐蚀性。

极限扩散电流密度通常只在还原过程(阴极过程)中显示重要作用,在阳极溶解过程中并不重要,可以忽略。

**2. 浓差极化超电压 $\eta_c$**

浓差极化是由电极附近的反应离子与溶液本体中反应离子浓度差引起的,这里以氢电极为例。

反应前,氢电极电位为

$$E_H = E_H^0 + \frac{0.059}{n}\lg C_{H^+}$$

反应后,氢电极电位为

$$E_{H'} = E_{H'}^0 + \frac{0.059}{n}\lg C_{eH^+}$$

反应进行中由阴极消耗了反应离子,造成阴极区离子浓度 $C_{eH^+} < C_{H^+}$ ,促成浓差极化超电压:

$$\eta_c = E_{H'} - E_H = \frac{0.059}{n} \lg \frac{C_{eH^+}}{C_{H^+}} \qquad (3-19)$$

$\eta_c$ 为负值,并由式(3-16)和式(3-17)之比,可得

$$\frac{i}{i_d} = 1 - \frac{C_{eH^+}}{C_{H^+}}$$

则

$$\frac{C_{eH^+}}{C_{H^+}} = 1 - \frac{i}{i_d} \qquad (3-20)$$

将式(3-20)代入式(3-19),可得到阴极浓差超电压为

$$\eta_c = \frac{0.059}{n} \lg \left( 1 - \frac{i}{i_d} \right) \qquad (3-21)$$

由此可见,只有当还原电流密度 $i$ 增加到接近极限电流密度 $i_d$ 时,浓差极化才显示出来。在 $i \ll i_d$ 时,$\eta_c \rightarrow 0$ ,这可由图3-10看出。

环境的改变(溶液流速、反应物浓度、温度的增加)都会导致扩散极限电流密度 $i_d$ 的增加,使阴极极化曲线 $\eta_c - \lg i$ 发生如图3-11所示的变化,可以加剧腐蚀。因此,对于扩散控制的腐蚀过程,降低溶液流速,不搅拌,降低反应物浓度,降低温度对腐蚀是有利的。

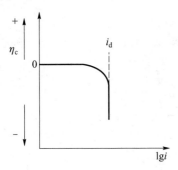

图3-10　浓差极化曲线(还原过程)

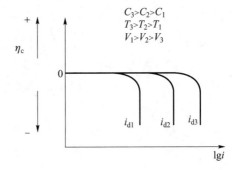

图3-11　环境变量对浓差极化曲线的影响

### 3.2.3　混合极化

实际腐蚀过程中,经常在一个电极上同时出现活化极化和浓差极化,在低反应速度下,常表现为以活化极化为主,而在较高的反应速度下,才表现为以浓差极化为主,如图3-12所示。因此,一个电极的总极化由浓差极化和活化极化之和构成,即

$$\eta_T = \eta_c + \eta_a \qquad (3-22)$$

$$\eta_T = \pm \beta \lg \frac{i}{i_0} + 2.3 \frac{RT}{nF} \lg \left( 1 - \frac{i}{i_d} \right) \qquad (3-23)$$

式中:$\eta_T$ 为混合极化超电压。

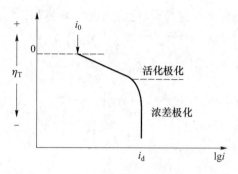

图 3 - 12　混合极化曲线

应该着重指出,活化极化和混合极化超电压公式是电化学腐蚀的两个最重要的基本方程式。除了具有钝化行为的金属腐蚀问题外,所有的腐蚀反应动力学方程均可由 $\beta$、$i_d$ 和 $i_0$ 反映出来,并用其表达腐蚀反应中的复杂现象。

### 3.2.4　电阻极化

在电极表面由于电流通过可生成能使欧姆电阻增加的物质(如钝化膜),由此而产生的极化现象称为电阻极化,由此引起的超电压称为电阻超电压,$\eta_r = iR$,如图 3 - 13 所示。超电压和电流密度呈直线关系。凡能形成氧化膜、盐膜、钝化膜,增加阳极电阻的均构成电阻极化。

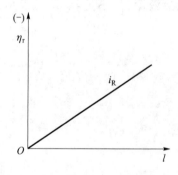

图 3 - 13　电阻极化的极化曲线

## 3.3　共轭体系与腐蚀电位

前面讨论了单一电极体系的平衡及偏离平衡的情况。单一电极是在一个电极表面上只进行一个电极反应的电极体系。处于平衡状态的单一金属电极是不发生腐蚀的。

一种金属腐蚀时,即使在最简单的情况下,金属表面也至少同时进行两个不同的电极反应,一个是金属电极反应,另一个是溶液中的去极剂在金属表面进行的电极反应。由于这两个电极反应的平衡电位不同,因此它们将彼此相互极化。例如,浸在被氢气饱和的非氧化性酸溶液中的某种电负性金属,若其在该溶液中的平衡电位比其在表面形成的氢电极的平衡电位低,则在其表面同时进行两个电极反应:

$$M^{n+} + ne^- \rightarrow M \qquad\qquad (3-24)$$

$$nH^+ + ne^- \rightarrow \frac{1}{2}nH_2 \qquad (3-25)$$

它们进行的情况与短路电池作用的情况类似,式(3-24)主要按阳极反应方向进行,与短路原电池阳极上的反应相当;式(3-25)主要按阴极反应方向进行,与短路原电池阴极的反应相当。它们反应的结果是金属腐蚀溶解和在金属表面析出氢气。

金属溶解速度为

$$i_a = \overleftarrow{i}_{a1} - \overrightarrow{i}_{k1} \qquad (3-26)$$

氢气析出速度为

$$i_k = \overleftarrow{i}_{k2} - \overrightarrow{i}_{a2} \qquad (3-27)$$

因为该金属体系没有接在电路中,没有电流进出体系,所以金属溶解速度与氢气析出速度相等,即

$$i_a = i_k = i_c \qquad (3-28)$$

式中:$i_c$为金属自溶解电流密度或自腐蚀电流密度,简称腐蚀电流密度。

式(3-28)表明式(3-24)的净阳极反应速度与式(3-25)的净阴极反应速度相等。在一个孤立金属电极上同时以相等速度进行一个阳极反应和一个阴极反应的现象称为电极反应的耦合。互相耦合的反应称为共轭反应,相应的腐蚀体系称为共轭体系。在两个电极反应耦合成共轭反应时,平衡电位高的电极的反应成为阴极反应,平衡电位低的电极的反应成为阳极反应。如果$E_{e1}$和$E_{e2}$分别表示式(3-24)和式(3-25)的平衡电位,则它们耦合的条件为

$$E_{e2} - E_{e1} > 0$$

如图3-14所示,在它们耦合成共轭反应时,由于互相极化,都将偏离各自的平衡电位而相向极化到一个共同的电位$E_c$。因为$E_{e2} > E_{e1}$,所以$E_c$必然位于$E_{e1}$与$E_{e2}$之间,即

$$E_{e1} < E_c < E_{e2}$$

将式(3-26)和式(3-27)代入式(3-28),可得

$$\overleftarrow{i}_{a1} + \overrightarrow{i}_{a2} = \overrightarrow{i}_{k1} + \overleftarrow{i}_{k2} \qquad (3-29)$$

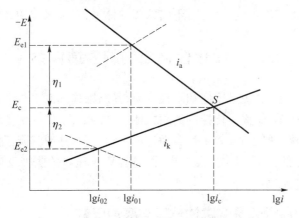

图3-14 共轭体系及其电位

即在共轭体系中,总的阳极反应速度与总的阴极反应速度相等。阳极反应释放的电子恰好为阴极所消耗,电极表面没有电荷积累,其带电状况不随时间改变,电极电位也不随时间

改变,这个状态称为稳定状态,其电极电位称为稳定电位。因为稳定电位既不是式(3-24)的平衡电位,也不是式(3-25)的平衡电位,而且其值位于式(3-24)和式(3-25)的平衡电位之间,所以又称混合电位。与稳定状态对应的电流密度 $i_c$ 就是该腐蚀体系的腐蚀电流密度。

共轭体系的稳定状态与平衡体系的平衡状态是完全不同的。平衡状态是单一电极反应的物质交换与电荷交换都达到平衡因而没有物质积累和电荷积累的状态;而稳定状态则是两个(或更多个)电极反应构成的共轭体系没有电荷积累却有产物生成和积累的非平衡状态。

综上所述,可以把式(3-24)和式(3-25)构成的共轭体系的腐蚀过程用一个电化反应表示,即

$$M + nH^+ \rightarrow M^{n+} + \frac{n}{2}H_2 \qquad (3-30)$$

即一个腐蚀电化学反应是由一个阳极反应和一个阴极反应的两个局部反应构成的。

实际上,任何一个电化学反应都可以分成两个或两个以上的局部反应过程,而且一般总会达到一个稳定状态。在这个状态下,各局部反应的总的阳极反应速度与总的阴极反应速度相等,体系中没有电荷积累,形成一个稳定电位,即各局部阳极和各局部阴极反应的混合电位。

混合电位 $E_c$ 和 $E_{e1}$、$E_{e2}$ 之间的距离与式(3-24)和式(3-25)的交换电流密度有关,如果式(3-24)的交换电流密度 $i_{01}$ 大于式(3-25)的交换电流密度 $i_{02}$,$E_c$ 就接近 $E_{e1}$,而离 $E_{e2}$ 较远;反之亦然。这是交换电流密度大的电极反应的极化率小,而交换电流密度小的电极反应的极化率大所致。

在金属腐蚀学中,混合电位通常称为金属的自腐蚀电位或腐蚀电位,用 $E_c$ 表示。腐蚀电位在金属腐蚀与防护的研究中作为一个重要的参数而经常使用,可以直接测量。腐蚀电位是在没有外加电流时金属达到一个稳定的腐蚀状态时测得的电位,它是被自腐蚀电流所极化的阳极反应和阴极反应的混合电位。由于金属材料和溶液的物理及化学方面的因素都会对其数值发生影响,因此对不同的腐蚀体系,腐蚀电位的数值也不同。

# 3.4  活化极化控制的腐蚀体系

对于一个腐蚀体系,含阴极反应和阳极反应,其腐蚀速率由电化学步骤控制的称为活化极化控制的腐蚀体系,简称活化控制的腐蚀体系。例如,金属在不含溶解氧及其他去极剂的非氧化性酸溶液中腐蚀时,如果其表面上没有钝化膜,一般就属于活化控制的腐蚀体系。此时唯一的去极剂是溶液中的氢离子,而且氢离子还原的阴极反应与金属溶解的阳极反应都由活化极化控制。

## 3.4.1  活化控制体系的腐蚀速率与腐蚀电位

**1. 活化体系的腐蚀速率及影响因素**

与处于平衡状态的单一电极体系不同,处于稳定状态的腐蚀体系的净阳极反应和净阴极反应继续进行,金属不断溶解(腐蚀)。图3-15表示一对共轭反应均受活化控制的

腐蚀体系,不论对均匀的电化学历程还是对局部的电化学历程来说,图 3 - 15 都是适用的。只是对局部腐蚀历程来说,因阴、阳极的面积不相等,所以要用电流强度来代替电流密度。

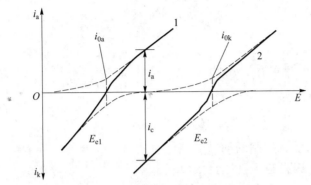

图 3 - 15　活化控制的腐蚀体系示意图

图 3 - 15 中,曲线 1 为金属的单电极反应的 $i - E$ 曲线,$E_{e1}$ 和 $i_{0a}$ 分别为其平衡电位和交换电流密度;曲线 2 是去极化剂的单电极反应的 $i - E$ 曲线,$E_{e2}$ 和 $i_{0k}$ 分别为其平衡电位和交换电流密度。

因为阴极和阳极反应都由活化控制,所有对于单电极的阳极可由电极过程动力学公式推导出:

$$i_a = i_{0a}(e^{\frac{(1-\alpha_1)n_1F}{RT}\eta_a} - e^{\frac{\alpha_1n_1F}{RT}\eta_k}) \tag{3-31}$$

$$i_k = i_{0k}(e^{\frac{\alpha_2n_2F}{RT}\eta_k} - e^{\frac{(1-\alpha_2)n_2F}{RT}\eta_a}) \tag{3-32}$$

对于大多数腐蚀体系而言,腐蚀电位 $E_c$ 与平衡电位 $E_{e1}$ 和去极化剂的平衡电位 $E_{e2}$ 相距都较远,以至在腐蚀电位下,式(3 - 31)和式(3 - 32)中的第二项都远小于第一项,故可略去不计,于是可得

$$i_a = i_{0a}(e^{\frac{(1-\alpha_1)n_1F}{RT}\eta_a}) = i_{0a}e^{\frac{E_e-E_{e1}}{\beta_a}} \tag{3-33}$$

$$i_k = i_{0k}e^{\frac{\alpha_2n_2F}{RT}\eta_k} = i_{0k}e^{\frac{E_{e1}-E_c}{\beta_k}} \tag{3-34}$$

式中:$\beta_a$、$\beta_k$ 分别为金属阳极反应和去极剂阴极反应的自然对数塔费尔斜率,且有

$$\beta_a = \frac{RT}{(1-\alpha_1)n_1F}$$

$$\beta_k = \frac{RT}{\alpha_2n_2F}$$

如果金属的阳极反应和去极剂的阴极反应在整个金属表面上都是均匀分布的,则称为均匀腐蚀,在稳态条件下:

$$i_a = i_k = i_c \tag{3-35}$$

将式(3 - 35)分别代入式(3 - 33)和式(3 - 34),可得

$$E_c = \beta_a\ln\frac{i_c}{i_{0a}} + E_{e1}$$

$$E_c = E_{e1} - \beta_k\ln\frac{i_c}{i_{0k}}$$

于是可得

$$\beta_a \ln \frac{i_c}{i_{0a}} + \beta_k \ln \frac{i_c}{i_{0k}} = E_{e2} - E_{e1}$$

$$\frac{\beta_a}{\beta_a + \beta_k} \ln \frac{i_c}{i_{0a}} + \frac{\beta_k}{\beta_a + \beta_k} \ln \frac{i_c}{i_{0k}} = \frac{E_{e2} - E_{e1}}{\beta_a + \beta_k}$$

$$\ln i_c = \frac{\beta_a}{\beta_a + \beta_k} \ln i_{0a} + \frac{\beta_k}{\beta_a + \beta_k} \ln i_{0k} + \frac{E_{e2} - E_{e1}}{\beta_a + \beta_k}$$

$$i_c = i_{0a} \frac{\beta_a}{\beta_a + \beta_k} \cdot i_{0k} \frac{\beta_k}{\beta_a + \beta_k} \cdot e^{\frac{E_{e2} - E_{e1}}{\beta_a + \beta_k}} \tag{3-36}$$

式(3-36)表明,活化控制的均匀腐蚀体系的腐蚀电流密度 $i_c$ 与其内在因素有下列关系:

(1)阳极反应和阴极反应的交换电流密度越大,$i_c$ 越大。图 3-16 表示在 $i_{0k}$ 不变的情况下,$i_{0a}$ 增大时,$i_c$ 增大。阳极反应和阴极反应的交换电流密度都与溶液的组成有关,如果改变溶液的组成,减少它们或它们中的一个数值,就可以降低腐蚀速率。

(2)动力学参数 $\beta_a$ 和 $\beta_k$ 对 $i_c$ 的影响主要是通过 $e^{\frac{E_{e2}-E_{e1}}{\beta_a+\beta_k}}$ 因子体现的,所以 $\beta_a$ 和 $\beta_k$ 的数值越大,$i_c$ 就越小。图 3-17 表示,在其他条件相同时,阴极反应的塔费尔常数对 $i_c$ 的影响,当 $\beta_{k1} > \beta_{k2}$ 时,$i_{c1} < i_{c2}$。阳极反应的塔费尔常数对 $i_c$ 的影响也是这样。

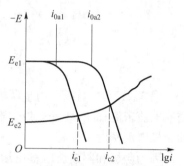

图 3-16　阳极反应的交换电流
密度对腐蚀速率 $i_c$ 的影响

另外,从图 3-17 还可看出,$\beta_k$ 越小,$E_c$ 越正,越接近阴极反应的平衡电位 $E_{e2}$。相反,在 $\beta_k$ 固定不变时,$\beta_a$ 越小,$E_c$ 越负,越接近阳极的平衡电位 $E_{e1}$。因此,腐蚀电位的数值与腐蚀速率之间并无一定的关系,不能单凭腐蚀电位的数值来估计腐蚀速率的大小。

(3)一般来说,阴、阳极反应的起始电位差越大,腐蚀速率越大。$E_{e1}$ 和 $E_{e2}$ 虽然是热力学参数,但它们的差值与动力学有直接的关系,是腐蚀过程中的驱动力。所以在动力学参数相同的条件下,$E_{e1} - E_{e2}$ 的数值越大,腐蚀速率就越大。图 3-18 表示出阳极反应的起始电位对腐蚀速率的影响。不同的阴极起始电位对腐蚀速率的影响与此类似。

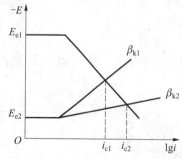

图 3-17　阴极反应的塔费尔常数 $\beta_k$
对腐蚀速率 $i_c$ 的影响

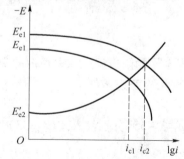

图 3-18　阳极反应的起始电位对
腐蚀速率的影响

## 2. 腐蚀电位的计算

在腐蚀电位 $E_c$ 时，$i_a = i_k$，由式(3-35)和式(3-36)可得

$$i_{0a}e^{\frac{(1-\alpha_1)n_1F}{RT}(E_c-E_{e1})} = i_{0k} \cdot e^{\frac{\alpha_2 n_2 F}{RT}(E_{e2}-E_c)}$$

公式两边取对数，可得

$$\ln i_{0a} + \frac{(1-\alpha_1)n_1F}{RT}(E_c-E_{e1}) = \ln i_{0k} + \frac{\alpha_2 n_2 F}{RT}(E_{e2}-E_c)$$

整理后，可得

$$E_c = \frac{RT}{[(1-\alpha_1)n_1+\alpha_2 n_2]F}\ln\frac{i_{0k}}{i_{0a}} + \frac{(1-\alpha_1)n_1 E_{e1}}{(1-\alpha_1)n_1+\alpha_2 n_2} + \frac{\alpha_2 n_2 E_{e2}}{(1-\alpha_1)n_1+\alpha_2 n_2}$$

设 $n_1 = n_2 = n$，且因 $1-\alpha_1$ 和 $\alpha_2$ 都接近 0.5，令 $1-\alpha_1 = \alpha_2 = 0.5$，则有

$$E_c = \frac{RT}{nF}\ln\frac{i_{0k}}{i_{0a}} + \frac{1}{2}E_{e1} + \frac{1}{2}E_{e2} \tag{3-37}$$

由式(3-37)可见，阴、阳极反应的交换电流密度对于腐蚀电位的数值有决定性的影响：当 $i_{0k} \gg i_{0a}$ 时，腐蚀电位 $E_c$ 非常接近阴极反应平衡电位 $E_{e2}$；当 $i_{0k} \ll i_{0a}$ 时，腐蚀电位 $E_c$ 非常接近阳极反应的平衡电位 $E_{e1}$。$E_c$ 与 $i_{0k}$ 和 $i_{0a}$ 的这种关系如图 3-19 所示。

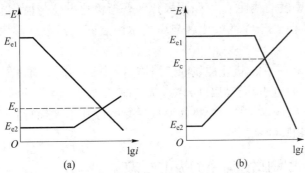

图 3-19　腐蚀电位与阴、阳反应交换电流密度的关系

(a) $i_{0k} \gg i_{0a}$；(b) $i_{0a} \gg i_{0k}$。

对于大多数腐蚀体系来说，阴、阳极反应的交换电流密度相差不大，因此腐蚀电位多位于其阴极反应和阳极反应的平衡电位之间并与它们相距较远。

### 3.4.2　活化控制腐蚀体系的极化曲线

均匀腐蚀处于稳态时，$i_a = i_k = i_c$。由于 $i_c$ 与 $i_a$ 和 $i_k$ 的关系与 $i_{0a}$ 与 $\vec{i}_{a1}$ 和 $\overleftarrow{i}_{k1}$ 的关系及 $i_{0k}$ 与 $\vec{i}_{a2}$ 和 $\overleftarrow{i}_{k2}$ 的关系非常相似，因此可以将腐蚀电流密度 $i_c$ 看作腐蚀体系的共轭反应之间的交换电流密度。于是式(3-33)和式(3-34)可写为

$$i_a = i_c e^{\frac{\Delta E_a}{\beta_a}} \tag{3-38}$$

$$i_k = i_c e^{-\frac{\Delta E_k}{\beta_k}} \tag{3-39}$$

式中：$\Delta E_a$ 为从 $E_c$ 开始的阳极极化值；$\Delta E_k$ 为从 $E_c$ 开始的阴极极化值。

当通过外电流时，电极电位偏离稳定电位的现象称为腐蚀体系的极化，相应的外电流称为腐蚀体系的外加极化电流。

当从 $E_c$ 开始进行阳极极化时,电位从 $E_c$ 朝正的方向移动,$\Delta E_a = E - E_c$,为正值,流经体系的外加阳极电流密度为

$$i_A = i_a - i_k = i_c \left( e^{\frac{\Delta E_a}{\beta_a}} - e^{-\frac{\Delta E_k}{\beta_k}} \right) \qquad (3-40)$$

当从 $E_c$ 开始进行阴极极化时,电位从 $E_c$ 朝负的方向移动,$\Delta E_k = E - E_c$,为负值,流经体系的外加阴极电流密度为

$$i_k = i_c \left( e^{-\frac{\Delta E_k}{\beta_k}} - e^{\frac{\Delta E_a}{\beta_a}} \right) \qquad (3-41)$$

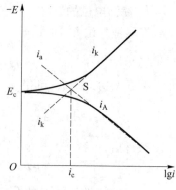

图 3 – 20　活化控制的
腐蚀体系的极化曲线

图 3 – 20 是将 $i_a$ 和 $i_k$ 作为同方向,按式(3 – 38)~式(3 – 41)绘制的极化曲线。两条虚线分别表示 $i_a$ 和 $i_k$ 与电位 $E$ 的关系,称为理想极化曲线。两条实线分别表示从腐蚀电位 $E_c$ 出发对该体系进行外加电流极化时,极化电流密度 $i_A$ 和 $i_k$ 与电位 $E$ 的关系,称为实测极化曲线。在极化电流的绝对值较大的区域,理想极化曲线与实测极化曲线都呈直线并且互相重合。

根据极化电位与极化电流密度的关系,可将极化曲线分为三个区域:微极化区是指极化电位与极化电流密度的线性极化区;强极化区是指极化电位与极化电流密度的对数呈线性关系的塔费尔区;处于线性极化区与塔费尔区之间的过渡区称为非线性区或弱极化区。

图 3 – 20 和图 3 – 9 中的极化曲线固然因描述的体系不同而有本质的差别,但它们的图形非常相似,这说明对于共轭(腐蚀)体系从其稳定(腐蚀)电位开始极化时极化电位和极化电流密度的关系,与对于单一电极体系从平衡电位开始极化时的极化电位和电流密度的关系之间有着相同的规律性。

### 3.4.3　活化控制腐蚀体系的极化公式

**1. 强极化时的近似公式**

根据式(3 – 40)和式(3 – 41),相对于 $i_A$ 和 $i_K$ 来说,将 $i_a$ 和 $i_k$ 称为分支电流。在阳极极化曲线的塔费尔区,阴极分支流 $i_k = 0$,由式(3 – 40)可得

$$i_A = i_a = i_c e^{\frac{\Delta E_a}{\beta_a}} \qquad (3-42)$$

在阴极极化曲线的塔费尔区,阳极分支电流 $i_a = 0$,由式(3 – 41)可得

$$i_K = i_k = i_c e^{-\frac{\Delta E_k}{\beta_k}} \qquad (3-43)$$

式(3 – 42)、式(3 – 43)可写为

$$\Delta E_a = \beta_a \ln i_A - \beta_a \ln i_c = \beta_a \ln \frac{i_A}{i_c} \qquad (3-44)$$

$$\Delta E_k = \beta_k \ln i_c - \beta_k \ln i_c = -\beta_k \ln \frac{i_A}{i_c} \qquad (3-45)$$

式(3 – 44)、式(3 – 45)是腐蚀体系从 $E_c$ 强极化时的极化公式,也称塔费尔公式,从图 3 – 20 中的极化曲线的塔费尔区外推到腐蚀电位 $E_c$ 处,得到交点 $S$ 所对应的横坐标就是 $\lg i_c$。

图 3 – 21 是铁在 0.52N 硫酸中的实测极化曲线。铁在该溶液中的腐蚀属于活化极化的控制过程。测得的腐蚀电位 $E_c = -0.515V$（相对于饱和甘汞电极），用外推法求得的腐蚀电流密度 $i_c = 4.64 \times 10^{-4} A/cm^2$。

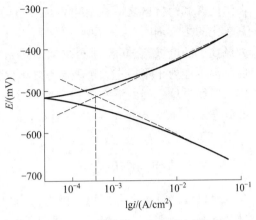

图 3 – 21　铁在 0.52N 硫酸中的
实测极化曲线

**2. 微极化的近似公式**

当极化的绝对值小于 0.01V 时，$\dfrac{\Delta E_a}{\beta_a} \ll 1$ 和 $\dfrac{\Delta E_k}{\beta_k} \ll 1$，将式（1 – 40）和式（1 – 41）右边的指数项按级数展开并略去高次方项，可得近似公式：

$$\Delta E_a = \frac{\beta_a \beta_k}{2.3(\beta_a + \beta_k)} \cdot \frac{i_A}{i_c} \qquad (3 – 46)$$

$$\Delta E_k = \frac{\beta_a \beta_k}{2.3(\beta_a + \beta_k)} \cdot \frac{i_k}{i_c} \qquad (3 – 47)$$

式（3 – 46）、式（3 – 47）是腐蚀体系微极化时的极化公式，常称为线性极化方程式。

令 $B = \dfrac{\beta_a \cdot \beta_k}{2.3(\beta_a + \beta_k)}$，则

$$i_c = \frac{B \cdot i_A}{\Delta E_a} = -\frac{B \cdot i_k}{\Delta E_k} = \frac{B}{R_p} \qquad (3 – 48)$$

式中：$R_p$ 为线性极化区的极化曲线斜率，称为极化率（$\Omega \cdot cm^2$），且有

$$R_p = \frac{\Delta E_a}{i_A} = -\frac{\Delta E_k}{i_k}$$

式（3 – 48）表明，腐蚀速率 $i_c$ 与微极化时的极化率成反比，根据这个规律制定了快速腐蚀速率测定的线性极化技术。

## 3.5　实测极化曲线与理想极化曲线及其相互关系

实测极化曲线是研究腐蚀过程的实验极化曲线，是研究的第一手资料，而理论极化曲线不能直接测量，但又是分析腐蚀过程的重要工具，为此有必要研究实测极化曲线与理想极化曲线的关系。

### 3.5.1　实测极化曲线

用恒电流法或恒电位法直接测量的极化曲线称为实测极化曲线或实验极化曲线。实测的阴、阳极极化曲线的起点都是被测电极的混合电位。这是因为实际的金属，由于各种原因不可能绝对的完全均匀，而只是含有一定量的杂质组分和电化学性质不均匀的区域，在溶液中就形成无数微观的不可分开的阳极区和阴极区构成的微观电池，

在阳极区和阴极区之间就有电流流动。即使很纯的金属,当它所处的溶液中含有能使其氧化的去极剂时,会发生自溶解而出现自腐蚀电流,实际的金属一进入溶液中就成为极化了的电极,在其表面至少同时进行两个相互共轭的电极反应,并且这两个电极反应都不能处于平衡态,而只能各自单向进行达到稳定态,形成一个位于两个电极反应的平衡电位之间的混合电位。所以实际金属电极的开路电位不是平衡电位,而是它的混合电位,即自腐蚀电位 $E_c$。当对它外加极化时,其实测的阳极极化曲线和阴极极化曲线的起点都是 $E_c$。

### 3.5.2 理想极化曲线

理想极化曲线是在理想电极上得到的极化曲线。理想电极是指不仅处在平衡状态时电极上只发生一个电极反应,而且处在极化状态时电极上仍然只发生原来的那个电极反应的电极。因此,对于理想电极来说,它的开路电位就是平衡电位,当它作为阳极时电极上只发生它原有的阳极反应,当它作为阴极时电极上只发生它原来的阴极反应。这样当对一个理想电极进行阳极极化时,同时对另一个理想电极进行阴极极化,这时,阳极极化曲线和阴极极化曲线将从各自的理想电极的平衡电位出发,沿不同的途径发展,阳极电位朝正方向增加,阴极电位朝负方向增加,若 $E_{ek} > E_{ea}$,则它们必然相交,其交点所对应的电位就是它们的混合电位 $E_c$,过了交点后它们必然按各自的方向继续延伸。

### 3.5.3 实测极化曲线与理想极化曲线的关系

由前面分析可知,实测极化曲线与理想极化曲线在强极化区相互重合,而且理想极化曲线的起点是平衡电位,而实测极化曲线的出发点是混合电位,这个混合电位就是阳极极化曲线和阴极极化曲线的交点所对应的电位。这里以金属在非氧化性酸中作为理想电极时理想阳极曲线和该金属表面形成的氢电极作为理想电极时的理想阴极极化曲线,以及该金属在该溶液中形成的腐蚀体系,以外加电流极化时相应的实测极化曲线用图 3-22 表示。图中,$E_{e1}AB(I_1)$ 与 $E_{e2}CD(I_2)$ 分别表示理想阳极极化曲线与理想阴极极化曲线;$E_cAB(I_A)$ 与 $E_cCD(I_k)$ 分别表示实测阳极极化曲线和实测阴极极化曲线;$E_{e1}$ 为金属电极的反应平衡电位;$E_{e2}$ 为氢电极反应的平衡电位;$E_c$ 为该腐蚀体系的混合电位;$I_c$ 为腐蚀电流。

图中横坐标采用电流强度具有很大的优越性。由于局部腐蚀中,阳极区和阴极区的面积不相等,则电流密度不相等,其理想极化曲线的交点失去原有的意义。但局部腐蚀时,阳极区与阴极区所通过的电流是相同的,因此,此图采用电流强度作为横坐标,不仅运用于均匀腐蚀,也可运用于局部腐蚀。

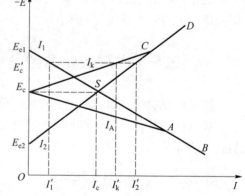

图 3-22 实测极化曲线与理想极化曲线

当外加电流为零时,金属在酸中发生自腐蚀,这时在金属表面上同时进行着两个共轭

84

反应:一个是金属的氧化溶解反应 $M \rightarrow M^{n+} + ne^-$,反应速度为 $I_1$;另一个是氢离子还原析出氢气的反应 $2H^+ + 2e^- \rightarrow H_2$,反应速度为 $I_2$。当电量平衡时,$I_1 = I_2 = I_c$,体系的电位为 $E_c$。

当外加电流不为零时,电量平衡就被破坏,$I_1$ 和 $I_2$ 之间的差值就由外电流来补偿。如采用外加阴极电流 $I_k$ 使体系阴极极化,电极电位将从 $E_c$ 开始朝负方向偏移,而电极电位比 $E_c$ 负时,与之对应的 $I_2 > I_1$,外加阴极极化电流 $I_k = I_2 - I_1$。例如,用外加电流 $I_k'$ 使体系从 $E_c$ 阴极极化至 $E_c'$ 时,金属的溶解速度从 $I_c$ 降低到 $I_1'$,氢气析出速度则由 $I_c$ 升高到 $I_2'$,外加极化电流 $I_k' = I_2' - I_1'$,(图 3 – 22)。当外加阴极电流很大,以至于使电位达到 $E_{e1}$ 时,$I_1 = 0$,$I_k = I_2$,这时,金属的溶解(腐蚀)就停止了,此即外加电流法阴极保护作用的原理。

同样,若采用外加阳极电流 $I_A$ 使体系阳极极化,电极电位将从 $E_c$ 开始朝正方向偏移,当电位比 $E_c$ 更正时,外加的阳极极化电流 $I_A = I_1 - I_2$;当外加阳极极化电流很大时,以至于使电位达到 $E_{e2}$ 时,$I_2 = 0$,$I_k = I_1$,这时,氢气的析出便停止。

外加电流对体系进行极化,当 $I_k \geq I_2$ 或 $I_A \geq I_1$ 时,进一步增加阴极极化电流或阳极极化电流,则仍然保持 $I_k = I_2$ 或 $I_A = I_1$ 的关系,实测极化曲线与理想极化曲线重合。这就是实测极化曲线与理想极化曲线的关系。知道了这种关系,就可以通过实测极化曲线比较方便地对金属的腐蚀过程进行分析研究。

### 3.5.4 用实测极化曲线绘制理想极化曲线

理想极化曲线不能直接测量出来,它是在测得实测极化曲线的基础上得到的,通常用下面的方法进行绘制。

**1. 根据实验数据的计算绘制出理想极化曲线**

在测量实测极化曲线时,除记录每一外加电流值及其对应的电位外,同时用失重法或容量法准确测出金属电极在该电位下单位时间内的溶解量或氢气析出量,用法拉第定律换算成相应的 $I_1$ 或 $I_2$ 值,然后利用 $I_A = I_1 - I_2$ 和 $I_k = I_2 - I_1$ 的关系求出 $I_2$ 和 $I_1$。这样,就可根据实测阳极极化曲线的数据及与之相应的 $I_1$ 和 $I_2$ 的数据,绘制出理想阳极极化曲线的 $SAB$ 段和理想阴极极化曲线的 $E_{e2}S$ 段(图 3 – 22);而根据实测阴极极化曲线的数据及与之对应的 $I_1$ 和 $I_2$ 的数据,就可绘制出理想阳极极化曲线的 $E_{e1}S$ 和理想阴极极化曲线的 $SCD$ 段。

**2. 实测极化曲线的外推法**

对于活化极化控制的体系,根据塔费尔区理想极化曲线和实测极化曲线重合的关系,可以用实测极化曲线外推法作图得到理想极化曲线,如图 3 – 23 所示。

如果实测极化曲线的塔费尔区已经确定,在半对数坐标图上就可以把实测的阳极和阴极极化曲线的直线部分外推到较小的电流密度(如 $10^{-5} A/cm^2$)处。为了在电流为零的纵坐标上得到平衡电位 $E_{e1}$ 和 $E_{e2}$ 的值,必须在普通坐标下进一步外推,这是因为在较小的电流密度下,电极电位与电流密度之间已不是对数关系而是线性关系。

外推法的优点是避免了繁杂的实验操作,用实测极化曲线的数据,就可以得到理想极化曲线。它的缺点是在较小电流密度范围内用外推法作图时会产生较大的误差,而且只适用于活化极化控制的腐蚀体系。

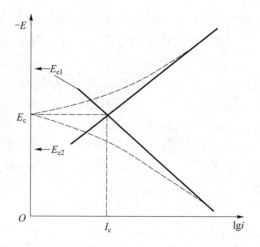

图 3 – 23  用外推法作理想极化曲线示意图

在金属的腐蚀与防护研究中,大量应用的是实测极化曲线。对腐蚀过程的机理及控制因素进行分析时,则经常采用理想极化曲线。

## 3.6  腐蚀极化图及应用

### 3.6.1  腐蚀极化图

在研究金属腐蚀过程中,用图解法来分析腐蚀过程的影响因素和腐蚀速率的大小,尤其是在讨论个别因素对腐蚀速率的影响时,图解法的应用非常广泛。腐蚀极化图就是简化的理想极化曲线图,是图解法的重要工具。

在不考虑电极电位及电流变化的具体过程的前提下,只从极化性能相对大小、电位和电流的状态出发,伊文思(Evans)根据电荷守恒定律和完整的原电池中电极是串联于电路中,电流流经阴极、电解质溶液、阳极,其电流强度相等的原理,提出了如图 3 – 24 所示的直线腐蚀图,也称为 Evans 极化图。

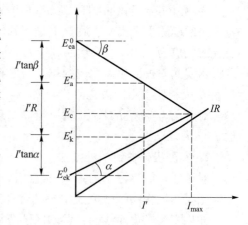

图 3 – 24  Evans 极化图

在一个均相的腐蚀电极上,如果只进行两个电极反应,则金属阳极溶解的电流值 $I_a$ 一定等于氧化剂还原反应电流值 $I_k$。如果腐蚀原电池的内阻等于零,那么两条极化曲线必然相交,其交点所对应的电位和电流即为混合电位(腐蚀电位)和腐蚀电流。若腐蚀原电池电阻不等于零(如宏观腐蚀原电池),则阴、阳极区的电位值不等,其差值即为腐蚀原电池的欧姆电位降 $I'R$。

在腐蚀电流为 $I'$ 时,阳极极化电位降为

$$E_a' - E_a^0 = \Delta E_a = I'\tan\beta \qquad\qquad (3-49)$$

86

式中:斜率 $\tan\beta = P_a'$,称为阳极极化率。

$$E_a' - E_a^0 = I'P_a$$

此时,阴极极化电位降为

$$\Delta E_k = E_k' - E_k^0 = I'\tan\alpha \qquad (3-50)$$

式中:斜率 $\tan\alpha = P_k$,称为阴极极化率。

因此

$$P_a = \frac{\Delta E_a}{I'}, P_k = \frac{\Delta E_k}{I'}$$

$P_a$、$P_k$ 分别表示阳极、阴极的极化性能。

电阻电位降为

$$\Delta E_r = E_k' - E_a' = I'R \qquad (3-51)$$

对于原电池电阻 $R \neq 0$ 的电池回路,存在阳极极化、阴极极化、电阻电位降三种电流的阻力,其总电位降为

$$E_k^0 - E_a^0 = I'\tan\beta + I'\tan\alpha + I'R = I'P_a + I'P_k + I'R \qquad (3-52)$$

式(3-52)表明,腐蚀原电池的初始电位差 $E_k^0 - E_a^0$ 系统的电阻 $R$ 和电极的极化性能 $P_a$、$P_k$ 将影响腐蚀电流 $I'$ 的大小。当 $R = 0$ 时,即忽略了溶液的电阻降(一般短路电池),腐蚀电流为

$$I_{\max} = \frac{E_k^0 - E_a^0}{P_a + P_k} \qquad (3-53)$$

即阴极极化和阳极极化控制直线交于一点 $B$,$B$ 点对应的 $I_{\max}$ 为最大腐蚀电流($I_{corr}$),电位为混合电位($E_R$)或腐蚀电位($E_{corr}$)。

### 3.6.2 腐蚀的控制因素

由式(3-52)可得

$$I' = \frac{E_k^0 - E_a^0}{P_a + P_k + R} \qquad (3-54)$$

可以看出,腐蚀原电池的腐蚀电流大小取决于初始的电位差 $E_k^0 - E_a^0$、电阻 $R$、阳极极化率 $P_a$、阴极极化率 $P_k$,它们是控制腐蚀的因素。下面分四种情况进行讨论。

(1)$R = 0, P_a \gg P_k$。如图 3-25(a)所示,腐蚀电流的大小取决于 $P_a$,即取决于阳极极化性能,称为阳极控制。腐蚀电位靠近阴极电极电位。

(2)$R = 0, P_a \ll P_k$。如图 3-25(b)所示,为阳极极化控制腐蚀。腐蚀电位偏向阳极电位。

(3)$R = 0, P_a = P_k$。如图 3-25(c)所示,为阳极和阴极极化联合控制,腐蚀电位位于初始电极电位的中间位置。

(4)$R \gg P_a + P_k$。如图 3-25(d)所示,腐蚀受电阻控制,即欧姆控制。

总之,$P_a$、$P_k$、$R$ 对腐蚀而言均为阻力,起控制作用。

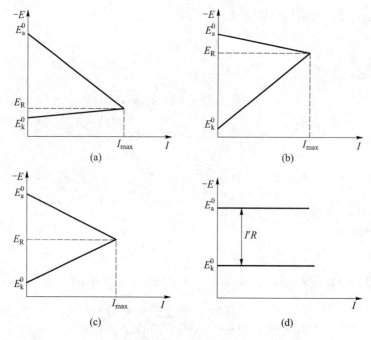

图 3 - 25　不同控制因素的腐蚀极化图

### 3.6.3　腐蚀极化图的应用

**1. 用极化图分析各项阻力的作用大小**

利用实测的极化图可以判断 $P_a$、$P_k$、$R$ 的大小,用上述讨论结果进行分析。

当 $R = 0$,$P_a \gg P_k$ 时,即阳极极化曲线很陡而阴极极化曲线很平,$E_R$ 接近于 $E_{ek}$,这时阳极极化是影响腐蚀的关键因素。任何促进阴极反应的因素都不会使腐蚀电流显著增加。这从图 3 - 26 中的 $S$ 点增加到 $S'$ 点的横坐标可以看出。

金属或合金在电解质溶液中形成稳定的动态腐蚀一般是阳极控制的腐蚀过程。铝在弱酸中的腐蚀、铁在稀碱液中的腐蚀、钢在有缓蚀剂的盐溶液中的腐蚀等都属于阳极控制过程。如果实测极化曲线满足 $R = 0$,$P_a \ll P_k$ 时,该腐蚀体系由阴极过程控制。这时腐蚀电位 $E_c$ 接近平衡电位 $E_{ea}^0$,腐蚀电流的大小主要取决于 $P_k$,同样可由图 3 - 27 看出。

因为氧扩散缓慢而引起的阴极控制的腐蚀过程是很普通的。例如,铁和碳钢在天然水或氯化物溶液中的腐蚀就属于阴极控制。又如,锌在硫酸溶液中的腐蚀也属于阴极控制的腐蚀。

当测出的极化曲线,其 $R = 0$,$P_a$ 与 $P_k$ 比较接近时,这时腐蚀是由阴、阳极混合控制的腐蚀。在阴、阳极混合控制的条件下,任何促进阴、阳极反应的因素都将使腐蚀电流显著增加,而任何增大 $P_k$ 或 $P_a$ 的因素都将使腐蚀电流显著较小。若 $P_k$ 或 $P_a$ 以相近的比例增加,则虽然腐蚀电位 $E_c$ 基本上不变,但腐蚀电流都会都明显减小,如图 3 - 28 所示。

当溶液的电阻很大,或当金属表面上有一层电阻很大的隔离膜时,不可能有很大的腐蚀电流经过,极化作用很小,腐蚀电流的大小主要由欧姆电阻决定,这时的极化图如图 3 - 29 所示。

88

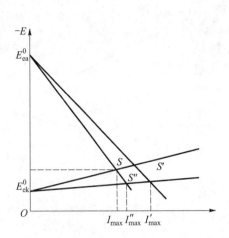

图 3-26　阳极控制的腐蚀过程

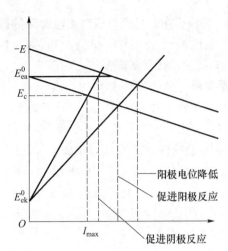

图 3-27　阴极控制的腐蚀过程

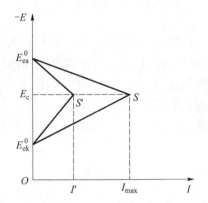

图 3-28　阴、阳极混合控制的腐蚀过程

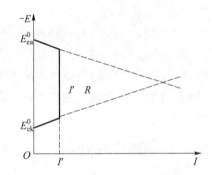

图 3-29　欧姆电阻控制的过程

地下管道或土壤中的金属结构件的腐蚀,处于高电阻率的溶液中金属构件,腐蚀偶相距较远时,所发生的腐蚀都属于欧姆控制的腐蚀。

**2. 用腐蚀极化图分析初始电位对腐蚀电流的影响**

当腐蚀电池的欧姆电阻 $R\rightarrow 0$,阳极、阴极的极化率相等时,在不同的电极初始电位下,$P_a = P_a'$,$P_k = P_k'$,初始电位大者,腐蚀电流大。如图 3-30 和图 3-31 所示,即腐蚀原电池的初始电位差是腐蚀的驱动力。

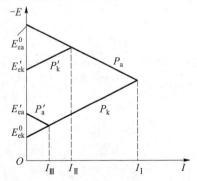

图 3-30　初始电位差对腐蚀速率的影响

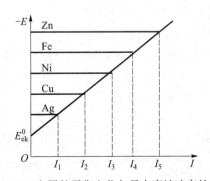

图 3-31　金属的平衡电位与最大腐蚀速率的关系

**3. 用极化图分析超电压对腐蚀速率的影响**

在还原酸性介质中，Zn、Fe、Pt 的腐蚀图如图 3-32 所示。按平衡电位 $E_{Zn} < E_{Fe} < E_{Pt}$，腐蚀趋势的顺序应为 Zn > Fe > Pt。然而由于锌上放氢超电压大于在铁上放氢超电压，锌比铁反而更耐蚀（$I_{Zn} < I_{Fe}$），氢在 Pt 上的超电压更小，故加铂盐在盐酸溶液中，会使锌、铁腐蚀速率加大。超电压大，意味着电极过程阻力大。超电压越大，腐蚀电流越小。

另外，起始电位差大不一定腐蚀速率大，还应考虑动力学因素。

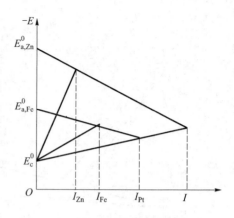

图 3-32 超电压对腐蚀速率的影响

# 3.7 金属的去极化

去极化是极化的相反过程，是消除或减少极化所造成的原电池阻滞作用。去极化起加速腐蚀的作用。充当去极化作用的物质称为去极剂。人们日常生活中所使用的干电池，为了在使用过程中保持恒定的电压，需加去极剂 $MnO_2$，以消除极化作用带来的电压降低。显然，为了提高耐蚀性，应尽量减少去极剂的去极化作用。

对腐蚀电池阳极起去极化作用称为阳极去极化；对腐蚀电池阴极起去极化作用称为阴极去极化。

## 3.7.1 阳极去极化

**1. 去阳极活化极化**

阳极钝化膜被破坏。例如，氯离子能穿透钝化膜，引起钝化的破坏，活化阳极，实现阳极去极化。

**2. 去阳极浓差极化**

阳极产物金属离子加速离开金属溶液界面，一些物质与金属离子形成络合物，使金属离子密度降低，浓度的降低加速了金属的进一步溶解。例如，铜离子与 $NH_3$ 结合的铜氨离子 $[Cu(NH_2)_4]^{2+}$ 促进了铜的溶解，加速腐蚀。

## 3.7.2 阴极去极化

**1. 去阴极活化极化**

阴极上积累的负电荷得到了释放，所有能在阴极上获得电子的过程，都能使阴极去极化，使阴极电位朝正方向变化。阴极上的还原反应是去极化反应，是消耗阴极电荷的反应。

（1）离子的还原反应：

$$2H^+ + 2e^- \rightarrow H_2$$
$$Fe^{3+} + e^- \rightarrow Fe^{2+}$$
$$Cu^{2+} + 2e^- \rightarrow Cu$$
$$Cu^{2+} + e^- \rightarrow Cu^+$$

$$Cr_2O_7^{2-} + 14H^+ + 6e^- \rightarrow 2Cr^{3+} + 7H_2O$$

$$NO_3^- + 2H^+ + 2e^- \rightarrow NO_2^- + H_2O$$

（2）中性分子的还原反应：

$$Cl_2 + 2e^- \rightarrow 2Cl^-$$

$$O_2 + 2H_2O + 4e^- \rightarrow 4OH^-$$

（3）不溶解膜（氧化物）的还原反应：

$$Fe(OH) + e^- \rightarrow Fe(OH)_2 + OH^-$$

$$MnO_2 + H_2O + 2e^- \rightarrow MnO + 2OH^-$$

$$Fe_3O_4 + H_2O + 2e^- \rightarrow 3FeO + 2OH^-$$

其中,最重要的是氢离子和氧原子、分子的还原,通常称为氢去极化和氧去极化。

**2. 去阴极浓差极化**

使去极化剂容易达到阴极表面以及阴极反应产物容易离开阴极,如搅拌、加络合剂可使阴极过程进行得很快。阴极去极化作用对腐蚀影响很大,成为影响腐蚀的重要因素。

在实际的金属腐蚀中,绝大多数的阴极去极剂是氢离子和氧原子、分子,例如,铁、锌、铅在稀酸中的腐蚀。电池的阴极过程为氢离子的去极化反应,称为析氢腐蚀。而铁、锌、铜在海水、大气、土壤中的腐蚀,其阴极过程就是氧的去极化反应,称为吸氧腐蚀。总之,去极化反应与金属材料、溶液的性质及外界条件有密切关系。

# 3.8 析 氢 腐 蚀

金属在酸中腐蚀时,如果酸中没有其他氧化剂,则析氢反应 $H^+ + e^- \rightarrow H$ 和 $2H^+ + 2e^- \rightarrow H_2$ 是电极反应中唯一的阴极反应,这种腐蚀称为析氢腐蚀。

## 3.8.1 析氢腐蚀的条件

氢电极在一定的酸浓度和氢气压力下,可建立如下平衡方程：

$$2H^+ + 2e^- \Leftrightarrow H_2$$

这个氢电极的电位称为氢的平衡电位（$E_H$）,它与氢离子浓度和氢分压有关。

在腐蚀原电池中,因为阳极的电位比氢的平衡电位正,阴极平衡电位当然比氢的平衡电位更正,所以腐蚀电位 $E_c$ 比氢的平衡电位正（图 3–33）,不能发生析氢腐蚀。

当阳极电位比氢的平衡电位负时,腐蚀电位 $E_c$ 才有可能比氢的平衡电位负（图 3–34）,才有可能实现氢去极化和析氢腐蚀。

总之,氢的平衡电位成为能否发生析氢腐蚀的重要基准,而 $E_H = -0.059pH$,酸性越强,pH 值越小,氢的平衡电位越高（$E_{eH}$ 越正）。氢的平衡电位越正和阳极电位越负,对于氢去极化腐蚀可能性的增加具有等效作用。

因此,许多金属之所以在中性溶液中不发生析氢腐蚀,是因为溶液中氢离子浓度太低,氢的平衡电位较低,阳极电位高于氢的平衡电位。但是当选取电位更负的金属（镁及合金）作阳极时,它们的电位比氢的平衡电位负,又发生析氢腐蚀,甚至在碱性溶液中也发生氢去极化腐蚀。

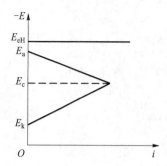 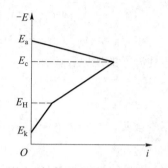

图 3 – 33 　阳极电位比氢的平衡　　　图 3 – 34 阳极电位比氢的平衡
正时不发生析氢腐蚀　　　　　电极电位负时发生析氢腐蚀

### 3.8.2　析氢腐蚀过程中的析氢形式

析氢腐蚀过程中的析氢形式依据溶液的性质,表现不同。

在酸性溶液中,水化氢离子在阴极上放电生成氢气:

$$2H_3O^+ + 2e^- \Leftrightarrow 2H_2O + H_2$$

在碱性溶液和中性溶液中,水分子在阴极上放电生成氢气:

$$2H_2O + 2e^- \Leftrightarrow 2OH^- + H_2$$

在碱性溶液中,金属与氢氧根离子反应生成氢气:

$$Zn + 2OH^- \Leftrightarrow ZnO_2^{2-} + H_2$$

在电流密度较高时,酸性溶液中的析氢反应也可能是水分子在阴极上放电生成氢气。在有些情况下,氢气可直接从酸中析出:

$$2HA + 2e^- \Leftrightarrow 2A^- + H_2$$

在碳酸溶液中,汞电极上发生的析氢反应就属于这种情况。

### 3.8.3　析氢反应的步骤

以上介绍的是在不同介质条件下阴极析氢反应的总过程。实际上,氢离子被还原成氢分子要经历一系列的过程,主要步骤如下:

(1)氢离子、水化的氢离子、水分子向电极表面传输:

$$H^+、H_3O^+ 或 H_2O \rightarrow H^+、H_3O^+ 或 H_2O(金属)$$

(2)氢离子、水化的氢离子、水分子在电极表面上放电,脱水生成氢原子吸附在电极上:

$$H^+ + e^- \rightarrow H$$
$$H_3O + e^- \rightarrow H + H_2O$$
$$H_2O + e^- \rightarrow H + OH^-$$

(3)吸附在电极上的氢原子结合成氢分子:

$$H(吸附) + H(吸附) \rightarrow H_2(吸附)$$
$$H(吸附) + [H^+ 电极 + e^-] \rightarrow H_2(吸附)$$

(4)电极表面氢分子的脱附,氢分子通过扩散、聚集成氢气泡逸出。

以上四个步骤实际是连续进行的,其中任何一个步骤受阻,此步骤将成为氢去极化的控制步骤。考虑到 $H^+$ 的迁移率比其他所有离子的迁移率都高,可以忽略扩散作用。在碱性溶液中,虽然放电质点是水分子,但是它的浓度都很高。因此,析氢反应的浓差极化一般较轻微,析氢超电压 $\eta_H$ 表现为电化学极化特征。研究表明,在整个过程中阻滞作用最大的步骤是 $H^+$ 的放电过程,即第二个步骤起控制作用,构成电化学极化。

### 3.8.4 氢去极化的阴极极化曲线

由上面的分析可知,氢去极化的阴极极化曲线表现为活化极化曲线的特征。图3-35是在没有任何其他氧化剂存在时的氢去极化的阴极极化曲线。当电极上电流为零时,氢的平衡电位为 $E_{eH}^0$。当有阴极电流($-i$)通过时,发生阴极极化。阴极电流 $-i$ 值增加,其极化作用也随着增加,阴极电位也越负,当电位变到某一数值 $E_H'$ 时,即会有氢气逸出。这一电位($E_H'$)称为析氢电位。析氢电位($E_H'$)与氢的平衡电位($E_{eH}$)差为氢的超电压($\eta = E_H' - E_{eH}$)。超电压增加意味着在一定条件下,析氢电位降低,腐蚀原电池的电位差减小,腐蚀过程减缓。

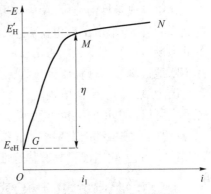

图3-35 氢的去极化过程的
阴极极化曲线($GMN$)

在不同的金属电极上,析氢的极化曲线不同。有的金属如 Hg、Zn 具有很低的析氢电位和很高的超电压。有的金属如 Pt 极化很小,超电压很小,电流很大,如图3-36所示。从图中还可以看出,对于 Zn、Mg,当电极电位较小时(小于$-0.8V$),阴极电流增加很慢,甚至接近于零;而当极化电位达到 $b$ 点以后一定数值时,阴极电流才有所增加,如 $obc$ 线。

1905年,塔费尔在大量的实验中发现,在许多金属表面上的析氢超电压服从实验公式 $\eta = a + b\lg i$,也说明了许多金属电极上的析氢反应的控制步骤是电化学反应。图3-37表示在不同金属电极上析氢反应过电位 $\eta_H$ 与反应电流密度 $i$ 的对数呈直线关系。

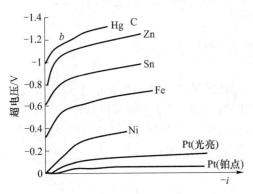

图3-36 各种金属氢电极的
极化曲线示意图

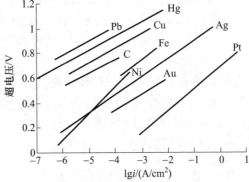

图3-37 同金属上氢的超电压与
电流密度的关系

### 3.8.5 控制氢去极化腐蚀的措施

根据析氢腐蚀的特点,可采取以下措施控制金属腐蚀:

（1）提高金属材料的纯度（消除或减少杂质）；

（2）加入超电压大的组分，如 Hg、Zn、Pb；

（3）加缓蚀剂，减少阴极有效面积，增加超电压 $\eta_H$；

（4）降低活性阴离子成分等。

# 3.9　吸氧腐蚀

在中性或碱性溶液中，由于氢离子的浓度小，析氢反应的电位较负。对某些不太活泼的金属，其阳极溶解平衡电位 $E_{eM}$ 又比较正，则这些金属在中性或碱性介质中的腐蚀溶解的共轭反应往往不是氢的析出反应，而是溶解氧的还原反应，即氧去极化反应促使阳极金属不断地被腐蚀。这种腐蚀过程称为氧去极化腐蚀或吸氧腐蚀。

因为氧的标准平衡电极电位 $E_{eO2}^0$ 总是比氢的标准电极电位 $E_{eH}^0$ 正 1.28V，所以氧的还原反应可以在更正的电位下发生。因此，许多金属在中性或碱性水溶液、潮湿的大气、海水、潮湿的土壤中都能发生吸氧腐蚀，甚至在稀酸介质中也发生部分吸氧腐蚀。与析氢腐蚀相比，氧去极化腐蚀更具有普遍性。

## 3.9.1　氧向金属（电极）表面的输运

氧去极化的阴极过程，浓差极化占主导地位，这是作为去极剂的氧分子本性决定的。

（1）氧分子向电极表面的输运只能依靠对流和扩散；

（2）由于氧的溶解度不大，所以氧在溶液中的浓度很小；

（3）没有气体的析出，不存在附加搅拌，反应产物只能依靠扩散的方式离开金属表面。

在一定的温度和压力下，氧在各种溶液中有着相应的溶解度。腐蚀过程中，溶解氧不断地在金属表面还原，大气中的氧就不断地溶入溶液并向金属表面输送。

氧向金属表面的输运是一个复杂的过程，可以分成以下四个步骤：

（1）氧通过空气－溶液界面溶入溶液，以补足它在该溶液中的溶解度；

（2）以对流和扩散方式通过溶液的主要厚度层；

（3）以扩散方式通过金属表面溶液的静止层而达到金属表面；

（4）氧在电极表面上吸附。

在上述输运步骤中，进行最慢的是步骤（3），即氧通过静止层的扩散步骤，静止层又称为扩散层，其厚度为 $10^{-5} \sim 10^{-2}$ cm。虽然扩散层不厚，但由于氧只能以唯一的扩散方式通过，所以一般情况下扩散步骤是最慢的步骤，以致使氧向金属表面的输送速度低于氧在金属表面的还原速度，故此步骤成为整个阴极过程的控制步骤。

## 3.9.2　氧还原反应的机理

反应过程有不稳定的中间过程出现，实验事实表明，氧还原反应因溶液的性质而分两类：一类为酸性溶液中的氧还原反应；另一类为碱性溶液中的氧还原反应。氧阴极的总反应如下：

在酸性溶液中，有

$$O_2 + 4H^+ + 4e^- \rightarrow 2H_2O$$

在碱性溶液中,有

$$O_2 + 2H_2O + 4e^- \rightarrow 4OH^-$$

第一类的中间产物为过氧化氢和二氧化氢离子,其基本步骤如下:

(1)形成半价氧离子:

$$O_2 + e^- \rightarrow O_2^-$$

(2)形成二氧化氢:

$$O_2^- + H^+ \rightarrow HO_2$$

(3)形成二氧化氢离子:

$$HO_2 + e^- \rightarrow HO_2^-$$

(4)形成过氧化氢:

$$HO_2^- + H^+ \rightarrow H_2O_2$$

(5)形成水:

$$H_2O_2 + 2H^+ + 2e^- \rightarrow 2H_2O$$

或

$$H_2O_2 \rightarrow \frac{1}{2}O_2 + H_2O$$

第二类的产物中间体为二氧化氢离子,其反应基本步骤如下:

(1)形成半价氧离子:

$$O_2 + e^- \rightarrow O_2^-$$

(2)形成二氧化氢离子:

$$O_2^- + H_2O + e^- \rightarrow HO_2^- + OH^-$$

(3)形成氢氧根离子:

$$HO_2^- + H_2O + 2e^- \rightarrow 3OH^-$$

或

$$HO_2^- \rightarrow \frac{1}{2}O_2 + OH^-$$

在上述反应的基本步骤中,一般倾向于在第一类反应中步骤(1)是控制步骤,在第二类反应中的步骤(2)是控制步骤。总之,控制步骤是一个接收电子的还原步骤。

### 3.9.3 氧去极化的阴极极化曲线

因为氧去极化的阴极过程的速度与氧的离子反应以及氧向金属表面的输送过程都有关系,所以氧还原反应过程的阴极极化曲线较复杂。

**1. 阴极过程由氧离子反应的速度控制**

如果阴极过程在不大的电流密度下进行,并且阴极表面氧供应充分,则阴极过程的速度由氧离子化过电位所控制。在一定的阴极电流密度下,氧还原反应的实际电位与该溶液中氧电极平衡电位间的电位差称为该电流密度下氧离子化过电位,简称氧超电压,用 $\eta_{O_2}$ 表示。

由于是活化极化,同氢的超电压一样,可用塔费尔公式表达:

$$\eta_{O_2} = E_{eO_2} - E_{kO_2} = a_0' + b_0'\lg i \qquad (3-55)$$

常数 $a_0'$ 与电极材料及表面状态有关,在数值上等于单位电流密度(通常为 $1A/cm^2$)时的超电压。常数 $b_0'$ 与电极材料无关,对于许多金属,因 $\alpha \approx 0.5$,所以 $b_0 = \frac{2.3RT}{\alpha n'F} =$

$\dfrac{4.6RT}{n'F}$，其中 $n'$ 为控制步骤中参加反应的电子数。在 $n'=1, T=25℃$ 时，$b_0 = 0.118V$。

在电流密度较小时，氧过电位与电流密度成直线关系：

$$\eta_{O_2} = R_F \cdot i \tag{3-56}$$

氧离子化超电压与电流密度的关系如图 3-38 所示。不同金属的阴极超电压是不同的，图 3-39 是不同金属的氧离子化实验曲线。金属的阴极超电压越大，则氧去极化活化腐蚀速率越小。反之，腐蚀速率越大。

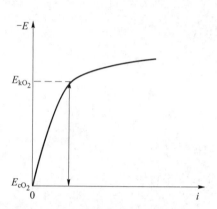

图 3-38　氧离子化超电压与电流密度的关系　　图 3-39　不同金属的氧离子化实验曲线

## 2. 氧的阴极还原反应受氧的离子化反应和氧的扩散的混合控制

当阴极极化电流较大时，一般为 $\dfrac{i_d}{2} < |i| < i_d$ 时，由于 $V_反 \approx V_扩$，使氧总的还原过程与氧的离子化反应和氧的扩散过程都有关系，即氧的阴极还原反应受氧的离子化反应和氧的扩散的混合控制。根据浓差极化超电压 $\eta_c$ 和活化极化超电压 $\eta_{O_2}$，可得出吸氧腐蚀的电位与电流的关系式：

$$E_k = E_{eO_2}^0 - (a' + b'\lg i) - b'\lg\left(1 - \frac{i}{i_d}\right) \tag{3-57}$$

图 3-40 为氧化还原反应的总的极化曲线。其中混合控制为 $E_{eO_2}PF$ 段。

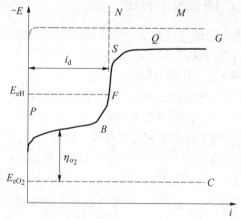

图 3-40　氧化还原反应总极化曲线

**3. 阴极过程由氧的扩散控制**

随着电流密度的增大,由于扩散过程的阻滞引起的极化不断增加,使极化曲线更陡地上升。当 $i=i_d$ 时,极化曲线走向为 $FSN$,式(3-57)中浓差极化项 $-b\lg\left(1-\dfrac{i}{i_d}\right)\to\infty$,因此 $\eta_c\to\infty$,即氧的还原反应超电压完全取决于极限电流密度 $i_d$ 而与电极材料无关。吸氧阴极还原反应超电压的增加,使氧离子化反应大大活化,此时,氧得电子的电化学步骤与氧的扩散相比已不再是缓慢步骤,而整个阴极反应仅由氧的扩散过程控制。其超电压为

$$\eta_c = -b'\lg\left(1-\frac{i}{i_d}\right) = b'\lg\left(\frac{i_d}{i_d-i}\right)$$

**4. 氧阴极与氢阴极联合控制的阴极过程**

在完全浓差极化下,即 $i=i_d$ 时,$\eta$ 可以趋于无穷大。但在实际上,当阴极电位负移到一定程度时,在电极上除了氧的还原反应以外,就有可能开始进行某种新的电极反应过程。在水溶液中,当氧还原反应电位负移到低于析氢反应平衡电位 $E_{eH}$ 一定值时,在发生吸氧还原反应的同时,还可能出现析氢反应。这时总的阴极电流密 $i$ 由氧还原反应电流密度 $i_{O_2}$ 和氢离子还原反应电流密度 $i_{H_2}$ 共同组成,即

$$i_k = i_{O_2} + i_{H_2} \tag{3-58}$$

此时,总的阴极极化曲线为 $E_{eO_2}PFSQG$,这是氧还原反应极化曲线 $E_{eO_2}PFSN$ 和氢离子还原极化曲线 $E_{eH}NM$ 相叠加的结果。

### 3.9.4 氧去极化腐蚀的一般规律

(1)若金属在溶液中的平衡电位较正,则阳极反应的极化曲线与氧的阴极还原反应的极化曲线在氧的离子化超电压控制区相交(图3-41中的交点1),这时的腐蚀电流密度小于氧的极限扩散电流密度的 $1/2$。如果阴极极化率不大,则氧离子化反应是腐蚀过程的控制步骤。金属腐蚀速率主要取决于金属表面上氧的离子化过程。

(2)若金属在溶液中的电位较负,并处于活性溶解状态,而氧向金属表面扩散与氧在该金属表面上的离子化反应相比是最慢的步骤,则阳极极化曲线与阴极极化曲线相交于氧的扩散控制区,此时腐蚀过程由氧的扩散过程控制,金属腐蚀电流密度等于氧的极限扩散电流密度(图3-41中的交点2和交点3):

$$i_k = i_d = nFDC/\delta$$

式中:$\delta$ 为扩散层厚度。

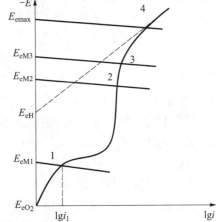

图3-41 吸氧腐蚀极化图

在一定范围内,许多金属及其合金浸入静止或轻微搅拌的中性盐水溶液或海水中时,一般是按这种历程进行腐蚀的。

在氧的扩散控制腐蚀条件下,金属腐蚀速率主要受溶解氧传质速度的影响,电极材料及阴极性杂质对腐蚀速率影响很小。这可以从下面的事实得到印证:不同成分的钢在海

水中的腐蚀速率相同,低合金钢在海水中的全浸腐蚀与低合金钢的成分(一定范围)、冷热加工和热处理状态无关。

(3)若金属在溶液中的电位很负,如 Mg、Mn 等,则金属阳极溶解极化曲线与去极剂的阴极极化曲线有可能相交于吸氧反应和析氢反应同时起作用的电位范围(图 3-41 中的交点 4),此时,电极上总的阴极电流密度由氧去极化作用的电流密度与氢去极化作用的电流密度共同组成,即

$$i_k = i_{O_2} + i_{H_2}$$

金属的腐蚀速率 $i_k$ 既受溶液 pH 值、溶解氧浓度的影响,也与金属材料本身的性质有关。

### 3.9.5 影响吸氧腐蚀的因素

**1. 溶解氧的影响**

溶解氧的浓度增大时,氧的极限扩散电流密度将增大$\left(因为 i_d = nFD \dfrac{C}{\delta}\right)$。当金属处于扩散控制的活性溶解条件下,则吸氧腐蚀速率随扩散电流密度增加而增加。

加入某些阴极性缓蚀剂——氧的吸收剂,其作用是减少溶液中的氧含量,从而降低吸氧腐蚀速率。例如,在封闭的腐蚀体系中加入亚硫酸钠,$Na_2SO_3$ 能与溶解氧发生反应生成 $Na_2SO_4$ 降低溶解氧浓度,起到缓蚀的作用。

某些高价的可变价离子起到氧的输运作用,从而加速金属的腐蚀。例如,在酸性溶液中加入 $FeCl_3$,$Fe^{3+}$ 很容易在金属表面得电子还原生成 $Fe^{2+}$($Fe^{3+} + e^- \rightarrow Fe^{2+}$),而 $Fe^{2+}$ 在溶液中能直接与溶解氧发生氧化反应生成 $Fe^{3+}$($2Fe^{2+} + 1/2O_2 + 2H^+ \rightarrow 2Fe^{3+} + H_2O$),其最终结果相当于 $Fe^{3+}$ 将溶解氧输送到金属表面,使金属发生吸氧腐蚀,而溶液中的 $Fe^{3+}$ 浓度几乎没变。

**2. 溶液流速的影响**

在氧浓度一定的条件下,极限扩散电流密度与扩散层厚度成反比,溶液流速越大,扩散层厚度越小,氧的极限电流密度就越大,腐蚀速率越大。在层流区,扩散极限电流密度的大小总是随溶液流速的增加而上升(图 3-42),当流速变化为 $V_1 > V_2 > V_3$ 时,相极限电流密度变化为 $i_{d3} > i_{d2} > i_{d1}$。溶液流速对金属腐蚀速率的影响还与材料自身的阳极极化性能有关。当金属阳极极化曲线为 N 时,随着液流速度的增加,其腐蚀速率变化为 $i_{d3} < i_{d2} < i_{d1}$。如果金属阳极极化曲线为 M,则当液流速度由 $V_1$ 增加到 $V_2$ 时,金属腐蚀已由氧扩散控制转化为氧放电步骤控制,此时腐蚀速率变化甚微。如果进一步增加液流速度到 $V_3$ 时,由于腐蚀控制条件已发生变化,液流速度的变化对腐蚀速率几乎没有影响。图 3-43 表示海水流速的变化对低碳钢腐蚀速率的影响。

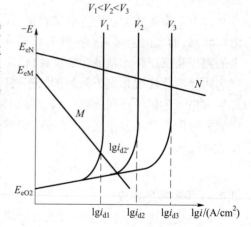

图 3-42 流速 $V$ 对吸氧腐蚀速度的影响

对于可钝化性金属,液流速度对其腐蚀速率的影响如图 3-44 所示。在氧扩散控制

条件下,随着溶液流速的增加,扩散电流 $i_d$ 增加,金属腐蚀速率增加。当流速继续增大以至极限电流密度 $i_d$ 大于致钝电流密度时,电极表面造成足够强的氧化条件,从而使金属由活性溶解转入钝化状态,金属腐蚀由氧扩散控制转入为金属阳极溶解控制,此时腐蚀速率反而下降(图 3 – 44 中 BC 段)。当溶液流速继续增加,使液流由层流向湍流转变时,腐蚀速率又急剧上升,此时发生冲击腐蚀或气泡腐蚀。

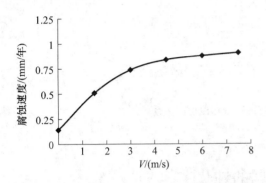
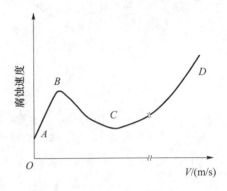

图 3 – 43　海水流速对低碳钢腐蚀速率的影响　　图 3 – 44　流速对可钝化性金属腐蚀速率的影响

**3. 盐浓度的影响**

随着盐浓度的增加,溶液导电性增加,腐蚀速率增加;同时,随着盐量的增加,氧在溶液中溶解度降低,从而降低腐蚀速率。盐量的这种双重作用导致金属腐蚀速率在某个盐浓度时出现极大值(图 3 – 45)。在盐浓度很低时,氧的溶解度比较大,供氧充分,此时随着盐浓度的增加,由于电导率增加,吸氧腐蚀速率增加。当盐浓度进一步增加,会使氧的溶解度显著降低,从而吸氧腐蚀速率也降低。

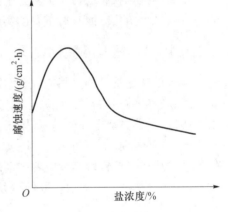

图 3 – 45　盐浓度对吸氧腐蚀速率的影响

**4. 温度对吸氧腐蚀速率的影响**

溶液温度升高将使氧的扩散过程和电极反应速度加快,因此在一定的温度范围内,腐蚀速率将随温度的升高而加快,如图 3 – 46 所示。但温度升高又使溶解氧的浓度降低,使吸氧腐蚀速率降低。在敞开体系中,在低温区,随着温度升高,电极反应的基本过程加强,腐蚀速率增加。当进一步提高温度时,溶解氧浓度降低导致吸氧阴极反应速度降低,从而引起腐蚀速率的减少(图 3 – 46 中的 1 线)。对于封闭系统(图 3 – 46 中的 2 线),随着体系温度的升高,气相中氧的分压增加,加强了气相中的氧气向溶液中溶解,抵消了温度升高对溶解氧浓度的影响,所以腐蚀速率将一直随温度的升高而增加。

以上主要从溶液的角度出发,讨论以氧的扩散为控制步骤的腐蚀过程中几项主要因素。氧去极化腐蚀大多数属于氧扩散控制的腐蚀过程,但也有一部分属于氧离子化反应控制的或阳极钝化控制的。对于阳极控制的过程,还须考虑金属材料本身及其表面状态的影响。

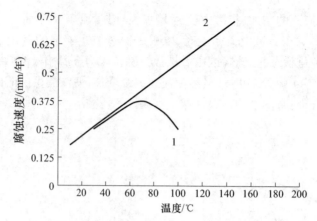

图 3 – 46　铁在水中的腐蚀速率与温度的关系
1—封闭系统；2—敞开系统。

# 3.10　金属的钝化

金属的钝化在腐蚀与防护科学中具有重要的地位,它不仅具有重大的理论意义,而且在指导耐蚀合金化方面具有重要的实际意义。

## 3.10.1　金属的钝化现象

金属的钝化是某些金属或合金腐蚀时观察到的一种特殊现象。最初的观察来自法拉第的纯铁在硝酸中的腐蚀实验,即在室温下,将一块纯铁浸泡在 70% 的浓硝酸中,铁没有发生腐蚀,仍然具有金属光泽,如图 3 – 47(a)所示。向容器中缓慢加水,使硝酸溶液稀释到 1∶1(约 35% 时),仍无腐蚀发生,如图 3 – 47(b)所示,铁块表现出贵金属一样的惰性。但用玻璃棒擦一擦铁块表面或者摇动烧杯使铁块碰撞杯壁时,铁块就迅速溶解,放出大量气泡,如图 3 – 47(c)所示。取纯铁块,直接放入 35% 的稀硝酸溶液中,立即发生剧烈反应。

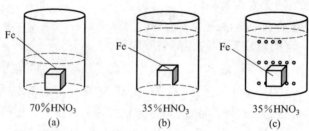

图 3 – 47　法拉第的纯铁在硝酸中的腐蚀实验示意图
(a)无反应；(b)无反应；(c)剧烈反应。

用失重的方法研究硝酸浓度对纯铁腐蚀速率的影响,其结果如图 3 – 48 所示。可以看出,在硝酸溶液中,纯铁的腐蚀速率随硝酸浓度的提高而增大。然而,当硝酸的浓度超过某一临界值(大于 35% )后,腐蚀速率迅速降低,再继续增加硝酸浓度,腐蚀速率降低到很小,甚至到可以忽略的程度。

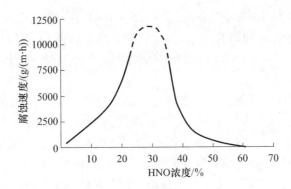

图 3 - 48　硝酸浓度对纯铁腐蚀速率的影响

经浓硝酸处理过的纯铁放入 30% $HNO_3$ 溶液中,其腐蚀速率远低于未处理的铁块,或者将处理过的铁块再浸入 $CuSO_4$ 溶液中,铁也不会将铜离子置换出来。

除了铁具有上述现象外,后来的研究发现,几乎所有的金属都有不同程度的上述现象,最明显的有铬、铅、钛、镍、铁、钽和铌等。除了硝酸以外,一些强氧化剂,如氯酸钾、重铬酸钾、高锰酸钾等都能使金属的腐蚀速率降低。

金属在一定条件下,或经过一定处理,其腐蚀速率明显降低的现象称为钝化现象。金属或合金在一定条件下所获得的耐蚀状态称为钝态。金属或合金在某种条件下,由活化态转为钝化态的突变过程称为金属或合金的钝化。金属或合金钝化后所获得的耐蚀性称为金属或合金的钝性。

钝化按形成原因分为化学钝化和电化学钝化两类,下面分别讨论。

## 3.10.2　金属或合金的化学钝化

由纯化学因素引起的钝化称为化学钝化。它一般是由强氧化剂,如硝酸、硝酸银、氯酸钾、重铬酸钾、高锰酸钾及氧等引起的,它们统称为钝化剂。但是,在个别场合下,某些金属也可以在非氧化性介质中发生钝化,如镁在氢氟酸,钼和铌在盐酸中的钝化。

铁在硝酸中的氧化作用很强,不仅使溶解出来的 $Fe^{2+}$ 离子和置换出来的 H 原子发生氧化,甚至氧能和铁的表面直接发生作用。在氧的化学势与中等浓度硝酸相当的强腐蚀液中,随着上述的氧化作用,将同时发生氧向铁表面的化学吸附的反应:

$$\begin{cases} HNO_3 \rightarrow O + HNO_2 \\ HNO_3 \rightarrow O + NO_2^- + H^+ \\ O + e^- (Me) \Leftrightarrow O^- (吸附) \end{cases} \quad (3-59)$$

在化学吸附中,氧对电子亲和力很大,可以从金属夺取电子形成 $O^{2-}$ 离子,进一步形成氧化物,在表面形成一层致密的氧化物膜,成为离子迁移和扩散的阻力层,导致金属钝化。

## 3.10.3　金属的电化学钝化

由电化学因素引起的金属钝化称为金属的电化学钝化。金属电化学钝化出现的一个普遍规律是,金属由活化态变成钝化态的过程中,其电极电位总是朝贵金属的方向移动。

例如,铁的电位从 $-0.5 \sim 0.2V$ 升高到 $+0.5 \sim 1.0V$,铬的电位从 $-0.6 \sim 0.4V$ 升高到 $+0.8 \sim 1.0V$。钝化后的电位正移,几乎接近贵金属的电位值($E_{e,Cu} = +0.521V$,$E_{e,Ag} = +0.799V$,$E_{e,Au} = +1.68V$)。如果能够维持已提高的电位,即可实现钝化,提高金属或合金的耐蚀性。

上述现象说明,具有电化学钝化性能的金属一定具有独特的阳极极化曲线。图3-49是反映钝态金属阳极极化一般特征的极化曲线,整个曲线可以分成四个区:

(1)$A-B$ 区,随着电位升高,阳极电流密度增大,金属发生活性溶解。

(2)$B-C$ 区,随着电位升高,电流密度迅速降低,金属发生钝化。

(3)$C-D$ 区,当电位高于 $E_p$ 时,阳极电流降至很低($10^{-4} \sim 10^{-6}A$),并维持(在一般电位升高的情况下)在很低的电流密度值 $i_p$。这是因为金属表面生成了致密的、难以溶解的薄膜,致使阳极电流显著下降。金属被认为处于钝化状态。

(4)$D-E$ 区,当电位超过 $E_{op}$ 时,随着电位升高,阳极电流密度迅速增大,称为过钝化区。在钝化区生成保护模,因氧化作用的加强,又被氧化成可溶性的高价化合物,加速了金属的溶解。

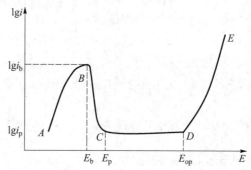

图3-49 一个可钝化电极的极化曲线特征

在含氧酸中,阳极极化保持了高的氧化电位,溶液中的阴离子容易失去电子,即阴离子容易被氧化:

$$2OH^- \rightarrow O + H_2O + 2e^-$$
$$SO_4 \rightarrow O + SO_3 + 2e^-$$
$$O + e^-(Me) \rightarrow O^- (吸附)$$
$$O^- + e^- \rightarrow O^{2-} (化合物)$$

在阳极上也可以发生如下的反应:

$$2OH^- + Me \rightarrow MeO + H_2O + 2e^-$$
$$2OH^- + Me \rightarrow Me(OH)_2 + 2e^-$$

这些氧化物生成氢氧化物,成为离子迁移和扩展的阻力层,导致金属钝化。

无论是化学钝化还是电化学钝化,金属表面发生氧离子吸附,形成氧化物或氢氧化物,是导致钝化的重要条件。

## 3.10.4 钝化理论简介

有关钝化理论的很多,但目前被人们广泛接受的钝化理论主要有以下两种。

102

**1. 成相膜理论**

该理论认为钝化了的金属表面存在一种非常薄的、致密的而且覆盖性能良好的三维薄膜,通常是金属的氧化物,正是这层膜的作用使金属处于钝化状态,这些膜可视作独立的相(成相膜),它将金属和溶液隔离开。缓慢的金属离子扩散速度是引起反应速度大大下降的根本原因。所以,成相膜理论强调,膜对金属的保护是基于其对反应粒子扩散到反应区的阻挡作用。

虽然生成成相膜的先决条件是电极反应中有固态产物生成,但并不是所有的固体产物都能形成钝化膜。多孔、疏松的沉积层并不能直接导致金属钝化,但可能成为钝化的先导,当电位提高时,它可在强电场的作用下转变为高价的、具有保护特征的氧化膜,促使金属钝化的发生。

成相膜理论的直接证明是有人从钝化金属上剥下氧化膜,并用电子衍射法对膜进行了分析。此外,许多工作用 X 射线、电子探针、俄歇电子能谱、电化学方法等手段测定了钝化膜的结构、成分和厚度。

**2. 吸附理论**

吸附理论把发生金属钝化的原因归结为氧或含氧粒子在金属表面上吸附。这一吸附只有单分子层厚,它可以是原子氧或分子氧,也可以是 $OH^-$ 或 $O^-$。关于吸附层对反应活性的阻滞作用有三种观点:一是认为这些粒子在金属表面上吸附后,改变了金属/电解质溶液界面的结构,使金属阳极反应的活化能量显著升高,因而降低了金属的活性;二是认为吸附氧饱和了表面金属的化学亲和力,使金属原子不再从其晶格中溶解出来,形成钝化;三是认为含氧吸附粒子占据了金属表面的反应活性点,如边缘、棱角等处,因而阻滞了整个表面的溶解。可见,吸附理论强调吸附引起的钝化不是吸附粒子的阻挡作用,而是通过含氧粒子的吸附改变了反应的机制,减缓了反应速度。与成相膜理论不同,吸附理论认为,金属钝化是由于吸附膜存在使金属表面的反应能力降低了,而不是由于膜的隔离作用。

例如,金属铂在盐酸溶液中,吸附层仅覆盖 6% 的金属表面,就能使金属电极电位正移 0.12V,同时使溶解速度降低到 1/10。又如,在 0.05mol 的 NaOH 溶液中,用 $1 \times 10^{-5}$ $A/cm^2$ 的阳极电流使铁电极极化,只需要通过相当于 $0.3mC/cm^2$ 的电量就能使电极钝化。这均证明,金属表面所吸附的单分子层不一定需要覆盖全部表面,便能显著抑制金属阳极溶解过程,使金属钝化。

成相膜理论和吸附理论都有大量实验证据,证明这两种理论都部分地反映了钝化现象的本质。基本可以肯定,当在金属表面形成第一层吸附氧层后,金属的溶解速度就已大幅度下降。在这种吸附层的基础上继续生长形成成相氧化物层,进一步阻滞了金属的溶解过程,增加了金属钝态的不可逆性和稳定性。钝化的难易程度主要取决于吸附膜,而钝化状态的维持主要取决于成相膜。

## 3.10.5 钝化膜的破坏

**1. 化学、电化学因素引起钝化膜的破坏**

溶液中存在的活性阴离子或向溶液中添加活性阴离子(如 $Cl^-$、$SCN^-$ 和 $OH^-$),这些活性阴离子从膜结构有缺陷的地方(如位错区、晶界区)渗进去改变了氧化膜的结构,破坏了钝化膜。其中,$Cl^-$ 对钝化膜的破坏作用最为突出,这是氯化物溶解度特别大和 $Cl^-$

半径很小的缘故。

当 $Cl^-$ 与其他阴离子共存时,$Cl^-$ 在许多阴离子竞相吸附过程中能被优先吸附,使组成膜的氧化物变成可溶性盐,反应式如下:

$$Me(O^{2-}, 2H^+)_m + xCl^- \rightarrow MeCl_x + mH_2O \qquad (3-60)$$

同时,$Cl^-$ 离子进入晶格中代替膜中水分子、$OH^-$ 或 $O^{2-}$,并占据了它们的位置,降低电极反应的活化能,加速了金属的阳极溶解。

$Cl^-$ 离子对膜的破坏是从点蚀开始的。钝化电流 $I_p$ 在足够高的电位下,首先击穿表面膜有缺陷的部位(如杂质、位错、贫 Cr 区等),露出的金属便是活化 - 钝化原电池的阳极。由于活化区小,而钝化区大,构成一个大阴极、小阳极的活化 - 钝化电池,促成小孔腐蚀,钝化膜穿孔发生溶解所需要的最低电位值称为临界击穿电位,或者称为点蚀临界电位。击穿电位是阴离子浓度的函数,阴离子浓度增加,临界击穿电位减小。

**2. 机械因素引起钝化膜的破坏**

机械碰撞电极表面,可以导致钝化膜的破坏。膜厚度增加,使膜的内应力增大,也可导致膜的破坏。

膜的介电性质引起钝化膜的破坏。一般钝化膜厚度仅几纳米,膜两侧的电位差为十分之几到几伏。因此膜具有 $10^6 \sim 10^9$ V/cm 的极高电场强度,这种高场强诱发产生的电致伸缩作用是相当可观的,可达 $1000$kg/cm$^2$,而金属氧化物或氢氧化物的临界击穿压力在 $100 \sim 1000$kg/cm$^2$ 数量级,所以 $10^6$V/m 量级的场强已足以产生破坏钝化膜的压应力。

### 3.10.6 过钝化

溶液的氧化能力越强,金属越易发生钝化。然而,过高的氧化能力又会使已钝化的金属活化。例如,$KMnO_4$ 的氧化能力比 $K_2Cr_2O_7$ 强,但铁在 $KMnO_4$ 溶液中往往比在 $K_2Cr_2O_7$ 溶液中更难钝化。金属阳极极化时,电位超过过钝化电位 $E_{op}$,则已钝化的金属又发生活化溶解。已经钝化了的金属在强氧化性介质中或者电位明显提高时,又发生腐蚀溶解的现象称为过钝化。

过钝化的原因:在强氧化性的介质或电位很高的条件下,金属表面的不溶性保护膜(钝化膜)转变成易溶解而无保护性的高价氧化物。由于氧化物中的金属价态变化和氧化物的溶解性质变化,致使钝化性转向活性。

一般低价的氧化物比高价氧化物相对稳定,高价氧化物易于溶解。元素周期表中Ⅴ、Ⅵ、Ⅶ族金属是可以发生变价的金属,因此这些金属易于过钝化溶解(如钒、铌、钽、铬、钼、钨、锰、铁等)。含这些元素的合金也会出现过钝化现象。

## 3.11　金属腐蚀速率表示

金属遭受腐蚀后,其重量、厚度、机械性质、组织结构及电极过程等都会发生变化,这些物理和力学性能的变化可用来表示金属腐蚀的程度。在均匀腐蚀的情况下通常采用重量指标、深度指标和电流指标,并以平均腐蚀率的形式表示。

### 3.11.1 金属腐蚀速率的重量表示法

这种表示法的依据是金属被腐蚀前后的重量将发生变化。将这种变化换算成相当于单位金属面积在单位时间内的重量变化数值。

重量变化,在失重时,是指腐蚀前的重量与清除了腐蚀产物后的重量之间的差值;在增重时,是指腐蚀后带有腐蚀产物时的重量与腐蚀前的重量之间的差值。可根据腐蚀产物容易除去或完全牢固地附着在试样表面的情况选取失重或增重表示法。计算方法如下:

$$V_- = \frac{W_0 - W_1}{S \cdot t} \tag{3-61}$$

式中:$V_-$ 为失重时的腐蚀速率($g/(m^2 \cdot h)$);$W_0$ 为金属的初始重量($g$);$W_1$ 为清除了腐蚀产物后金属的重量($g$);$S$ 为金属的面积($m^2$);$t$ 为腐蚀进行的时间($h$)。

和

$$V_+ = \frac{W_2 - W_0}{S \cdot t} \tag{3-62}$$

式中:$V_+$ 为增重时的腐蚀速率($g/(m^2 \cdot h)$);$W_2$ 为带有腐蚀产物的金属的重量($g$)。

腐蚀速率的单位除采用 $g/(cm^2 \cdot h)$ 外,还可用 $g/(dm^2 \cdot 天)$、$g/(cm^2 \cdot 天)$、$g/(in^2 \cdot h)$、克分子$/(cm^2 \cdot h)$、$mg/(dm^2 \cdot 天)$ 等。

### 3.11.2 金属腐蚀速率深度表示法

将金属的厚度因腐蚀而减少的量以线量单位表示,并换算成单位时间内线量的减少:

$$D = \frac{V_-}{\rho} = \frac{V_- \times 24 \times 365 \times 10}{100^2 \times \rho} = 8.76\frac{V_-}{\rho} \tag{3-63}$$

式中:$V_-$ 为失重腐蚀速率($g/(m^2 \cdot h)$);$D$ 为腐蚀深度($mm/年$);$\rho$ 为金属的密度($g/cm^3$)。

腐蚀的深度指标对均匀的电化学腐蚀和化学腐蚀均匀可采用。为把小数变位整数,简便计算,常以 mil/年表示腐蚀速率($1mil = 0.025mm = 25.4\mu m$)。当前工程上实际常用的材料腐蚀速率均在 $1 \sim 200mil/年$ 范围内变动。

根据金属年腐蚀深度的不同,可将金属的耐蚀性分为十级标准和三级标准,如表3-1和表3-2所列。

表 3-1 均匀腐蚀的十级标准

| 耐蚀性评定 | 耐蚀性等级 | 腐蚀深度/(mm/年) | 耐蚀性评定 | 耐蚀性等级 | 腐蚀深度/(mm/年) |
|---|---|---|---|---|---|
| Ⅰ:完全耐蚀 | 1 | <0.001 | Ⅳ:尚耐蚀 | 6 | 0.1~0.5 |
| Ⅱ:很耐蚀 | 2 | 0.001~0.005 | | 7 | 0.5~1.0 |
| | 3 | 0.005~0.01 | Ⅴ:欠耐蚀 | 8 | 1.0~5.0 |
| Ⅲ:耐蚀 | 4 | 0.01~0.05 | | 9 | 5.0~10.0 |
| | 5 | 0.05~0.1 | Ⅵ:不耐蚀 | 10 | >10.0 |

表 3 – 2　均匀腐蚀的三级标准

| 耐蚀性评定 | 耐蚀性等级 | 腐蚀深度/(mm/年) |
|---|---|---|
| 耐蚀 | 1 | <0.1 |
| 可用 | 2 | 0.1 ~ 1.0 |
| 不可用 | 3 | >1.0 |

由表 3 – 1 和表 3 – 2 可以看出,十级标准分得很细,三级标准比较简单,应根据金属构件的使用要求合理选用。对一些精密部件或不允许尺寸有微小变化的金属构件,可用十级标准中的 2 ~ 3 级为标准。对于高压、易燃、易爆物质的容器等,对均匀腐蚀的深度的要求比普通设备要求严格得多,应取很耐蚀的材料。

### 3.11.3　金属腐蚀速率的电流表示法

在金属电化学腐蚀过程中,腐蚀电流密度($i_{corr}$)表示在金属电极上单位时间通过单位面积的电量(C)。可以由法拉第定律把电流指标和重量指标联系起来。

早在 1833—1834 年法拉第就提出,通过电化学体系的电量和参加电化学反应的物质的数量之间存在如下两条定量的规律:

(1)在电极上析出或溶解的物质的量与通过电化学体系的电量成正比,即

$$\Delta W = \varepsilon Q = \varepsilon It \qquad (3-64)$$

式中:$\Delta W$ 为析出或溶解的物质的质量(g);$\varepsilon$ 为比例常数(电化学当量)(g/C);$Q$ 为 $t$ 时间内流过的电量(C);$I$ 为电流强度(A);$t$ 为通电时间(s)。

从式(3 – 64)中可以看出,某物质的电化学当量在数值上等于通 1C 电量时在电极上析出或溶解该物质的量。

(2)在通过相同的电量条件下,在电极上析出或溶解的不同物质的量与其化学当量成正比,则

$$\varepsilon = \frac{1}{F} \times \frac{A}{n} \qquad (3-65)$$

式中:$F$ 为法拉第常数($F = 9.648 \times 10^4 \approx 96500 C/mol = 26.8 A \cdot h/mol$);$A$ 为原子质量;$n$ 为化合价。

由式(3 – 65)可以看出,析出或溶解 1 克当量(1 克化学当量)的任何物质所需的电量都是 1F,而与物质的本性无关。

若将法拉第的两条定律联合起来考虑,可得

$$\Delta w = \frac{A}{Fn} \times It \qquad (3-66)$$

至此,把电流与物质的变化量关联起来,所以腐蚀的电流法和重量法之间存在如下关系:

$$V_- = \frac{Ai_a}{Fn} \times 10^4 = \frac{Ai_a}{n \times 26.8} \times 10^4$$

或

$$i_a = V_- \frac{n}{A} \times 26.8 \times 10^{-4}$$

式中:$i_a$ 为腐蚀的电流指标,即阳极电流密度($A/cm^2$)。

前面不加区别地称电流或电流密度为腐蚀速率,就是这个原因。

若电流密度 $i_{corr}$ 单位取 $\mu A/cm^2$,金属腐蚀速率 $V_-$ 单位为 $g/(cm^2 \cdot h)$,则

$$V_- = \frac{i_{corr}}{F} \times \frac{A}{n} = \frac{i_{corr}}{F} N = 3.73 \times 10^{-4} i_{corr} N$$

式中:$A/n$ 为 $N$ 金属克当量($g$)。

当金属腐蚀速率取不同的单位时,可写成

$$V_- = 8.95 \times 10^{-3} i_{corr} N \ g/(cm^2 \cdot 天)$$

$$V_- = 8.95 \times 10^{-2} i_{corr} N \ mg/(dm^2 \cdot 天)$$

其通式为

$$V = K \cdot i_{corr} N \qquad (3-67)$$

式中:$K$ 为常数。

用深度表示腐蚀速率:

$$D_深 = \frac{V_-}{\rho}$$

可得

$$D_深 = 3.27 \times 10^3 i_{corr} N/\rho \ (mm/年)$$

$$D_深 = 3.27 \times 10^6 i_{corr} N/\rho \ (\mu m/年)$$

其通式为

$$D_深 = K \cdot i_{corr} N/\rho \qquad (3-68)$$

由上述分析可知,只要求得某金属均匀腐蚀的某种变化,即可以求得腐蚀速率、腐蚀深度、电流密度等。

### 3.11.4 塔费尔直线外推法测定金属腐蚀的速度

对于活化控制的腐蚀过程,阴极极化和阳极极化的测定给出了 $\eta_阳 = a + b\lg i_{corr}$ 和 $\eta_阴 = a' + b'\lg i_{corr}$ 的超电压关系曲线。一般多采用阴极极化曲线,因为它比较稳定,在强极化区外加极化电流密度 $i_A$ 或 $i_K$ 分别与金属阳极溶解电流密度 $i_a$ 和去极剂的还原反应电流密度 $i_k$ 重合。因此,阴、阳极塔费尔直线延长线的交点(或塔费尔直线延长线与 $E = E_k$ 的横线的交点),即为金属阳极溶解电流密度 $i_a$ 和去极剂的还原反应电流密度 $i_k$ 的交点。在交点处,$i_A = i_k$;外加极化电流密度为零,$E = E_R$,金属处于自然腐蚀状态,此点为金属阳极溶解电流密度(即金属在自然腐蚀状态时腐蚀电流密度)。图 3-50 为由极化曲线测定 $i_{corr}$。

图 3-51 是由塔费尔直线外推法求金属锌在未加缓蚀剂和加有缓蚀剂的 $NH_4Cl$ 溶液中的腐蚀速率。从图中可以看出,添加缓蚀剂后,阳极极化曲线和阴极极化曲线直线段

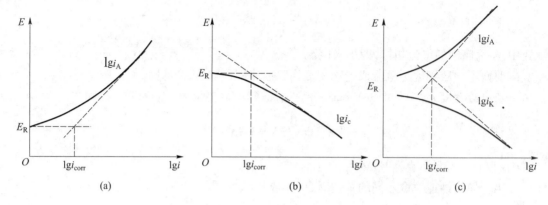

图 3 – 50　由极化曲线测定 $i_{corr}$

（a）阳极极化法；（b）阴极极化法；（c）双方向极化法。

外延的交点朝小电流方向移动,说明腐蚀电流明显减小,从而看出缓蚀剂的作用。因此,塔费尔直线外推法常用来筛选缓蚀剂。

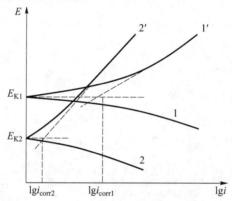

图 3 – 51　锌在 20% $NH_4Cl$ 溶液中的极化曲线

11′—无添加剂；22′—加 0.5% TX – 10 缓蚀剂。

## 3.12　腐蚀电化学测试方法

随着电子技术的发展,用于电化学腐蚀测试的技术和仪器也不断更新,恒电位仪的出现为电化学测试开启了新的一页,运算放大器在电化学测试仪器中的应用,使电化学测试仪器性能进一步得到提升,暂态测试仪器的出现,使得电化学腐蚀快速测量和暂态响应分析方法得到发展。近年来,计算机及其软件技术在腐蚀电化学测试仪器中广泛使用,电化学工作站已成为电化学测试必不可少的仪器,使腐蚀电化学测试变得更加快捷、准确、大信息量,并可实现多种腐蚀参量的同时或分时测量。腐蚀电化学测试方法可分为稳态测量和暂态测量两种。

### 3.12.1　电化学稳态测试方法

稳态和暂态是一个相对的概念。在指定时间内,电化学系统的参量(如电极电位、电流、反应物和生成物的浓度及分布、电极表面状态等)基本上不随时间变化,这种状态称为电化学稳态。电化学稳态可与热力学上的准静态过程相对应,要求测量过程的每一步都要达到平衡。暂态则是电化学系统或电极体系尚未达到平衡的过程,其测量的每一步均未实现平衡,是一种非平衡测试技术。一般来说,电极体系的电极电位 $E$ 和流过电极的电流 $i$ 的变化与否直接反映电极反应是否平衡,当电极电位和电流在一定时间内保持相对稳定,就认为该电化学系统达到稳态。一般认为,在电位、电流关系测量中,电位随时间变化率小于 5mV/min 时,电化学体系就达到平衡。

流向电极/溶液界面的电流可以分成两部分:

(1)参与界面电化学反应的电流,其大小服从法拉第电解定律,称为法拉第电流;

(2)双电层充电电流,改变电极/溶液界面电荷大小和结构,电流大小不符合法拉第电解定律,称为非法拉第电流或充电电流。

稳态时,电极/溶液界面的电位差和界面结构均不发生变化,双电层的充电电流为零,流过电极的电流全部为电化学反应产生的法拉第电流。

暂态时,流向电极表面的电流一部分用于双电层充电($i_c$),一部分用于电化学反应($i_r$),总的电流 $i = i_c + i_r$。从暂态到稳态的过渡过程,在初期,极化作用很小,用于电化学反应的法拉第电流很小($i_r = 0$),流过电极的电流主要用于双电层充电($i = i_c$),此后,随着极化作用逐渐增大,$i_c$ 逐渐减小,$i_r$ 逐渐增大,达到稳态时,双电层充电结束($i_c = 0$),流过电极的电流全部用于电化学反应($i = i_r$)。因此,暂态过程可以用来研究双电层结构,考虑暂态过程时间短,浓差极化影响小,也可用于研究电化学动力学参数。

稳态极化曲线的形状与时间无关,而暂态极化曲线的形状与时间有关,且随测试频率的不同,其极化曲线的形状也不同。暂态测试能反映电极过程的全貌,可实现快速测试,具有很多优点。稳态测量为基本方法,在腐蚀研究中更为重要。

稳态极化曲线测量按其控制方式,分为恒电位法和恒电流法两类。图 3 - 52 为稳态极化曲线测量的分类。

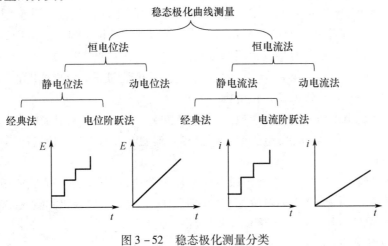

图 3 - 52  稳态极化测量分类

## 1. 恒电位法

以电极电位作主变量,测量时逐步改变电极电位,然后测量记录相应的极化电流值,作出电极电位与电流关系的极化曲线图。依据电位变化方式,可分为静电位和动电位两种极化方式。静电位法的电位给定可以是手动逐点供给(经典恒电位法),也可以是电脑仪器阶梯式供给(电位阶跃法),关键是间隔时间控制,要确保电极体系达到稳态。动电位法极化曲线的电位变化是电脑仪器以连续恒定速率提供,电位变化速率不能过大,必须保证测试体系达到稳态。

### 2. 恒电流法

以外加电流作为主变量,测量时逐步改变电流值,测定相应的电极电位值,进而作出恒电流法的表观极化曲线图。电流的变化可以是逐点改变,也可以是连续变化。逐点变化称为静电流法,采用手动给定称为经典法,采用电脑仪器自动阶跃式给定称为电流阶跃法。电流以恒定速率连续改变称为动电流法,或电流扫描法。

对于形状简单的极化曲线,即电极电位是其电流的单值函数,采用恒电位法和恒电流法得到的结果是相同的。对于形状复杂的阳极极化曲线,电极电位不是极化电流的单值函数,同一电流可能对应多个电位值,此时只能采用恒电位法测量,采用恒电流法则得不到完整的极化曲线。图3-53是采用恒电流法和恒电位法分别测得的极化曲线。用恒电位法进行测量,得到完整的极化曲线 abcdef。采用恒电流法进行测量,得到的极化曲线为 abef,be 段电位突然变化,不能反映出电位和电流的真实关系。

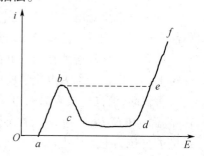

图3-53 采用恒电位法和恒电流法测得的极化曲线

### 3. 测量电解池

电化学测量需要电极和电解质溶液,常用三电极体系,即电解池中同时放三个电极,分别是研究电极(也称工作电极)、参比电极和辅助电极。

研究电极就是研究对象,要求具有一定的容易计算的表面积。首先,对电极表面进行打磨、抛光处理,达到表面光滑、洁净、无油污、无氧化皮;其次,对电极进行封样处理,对电极的非工作面(包括导线、试样与导线的接触面、试样的非工作侧面或背面等)进行封闭处理,达到与电解质隔离的目的。常用封样方法有涂料封闭、热塑性或热固性塑料镶样、聚四氟乙烯专用卡具压紧及最近常用的浸蜡法等。

参比电极的作用是提供一个稳定的电极电位,以便测量研究电极的电位,常用饱和甘汞电极、当量甘汞电极、银-氯化银电极。

辅助电极是用于和研究电极组成电回路的电极。辅助电极须用惰性材料制成,一般采用镀铂黑电极、石墨电极、镍电极或铅电极等。辅助电极的形状和位置应考虑电解池中电力线的均匀分布。

在测量过程中,电解池中溶液组成不应有显著变化,在保证测量精度的条下,尽量减小研究电极的面积或选择大的电解池和增加电解液的量。如果极化测量需要在一定气氛中进行,电解池应有气体进出管接口,同时应保持密封性。

### 4. 电位扫描法

电位扫描方法也称动电位方法,就是由恒电位仪输出的基准电压随时间呈线性变化,即

$$dE/dt = 常数$$

110

电位扫描又分单程扫描和多程扫描,单程线性扫描主要用于稳态阳极、阴极极化曲线的测定,多程扫描主要用于研究材料表面膜的性质、局部腐蚀及双电层结构参数等。电位扫描是通过电化学工作站完成的,可实现动电位扫描、线性伏安扫描、循环伏安扫描、电化学阻抗等多项电化学测量,借助于数据分析软件,可对极化曲线进行电化学参数解析,获得极化电阻、塔费尔斜率、腐蚀电流密度和腐蚀速率等参数。

稳态极化测量主要用于测量材料的自腐蚀电位和自腐蚀电流,研究材料的腐蚀机理、判断缓蚀剂效果及研究钝化膜稳定等。

### 3.12.2 电化学暂态测试方法

电化学暂态测试方法就是向研究电极体系施加一个电位、电流或电量扰动,获得电流、电位、电量的响应量和时间的关系。一般采用电位扰动和电流扰动的方法,电位扰动法是按指定规律控制研究体系电极电位的变化,并同时测量响应电流随时间或电量随时间的变化,也称计时电流法或计时电量法。电流扰动法是按指定规律控制施加于研究电极体系的电流变化,测量响应电位的变化,又称计时电位法。本节主要介绍循环伏安法和交流阻抗法。

**1. 循环伏安法**

循环伏安法属于电位扰动法中的一种,通过控制电极电位以不同的速率,随时间按三角波或正弦波形一次或多次反复扫描,电位范围考虑电极上能交替进行不同的氧化和还原反应,并记录电流电位曲线。根据循环伏安曲线的形状,可以判断电极反应的可逆成度、界面吸附或新相形成的可能性,判断反应控制步骤和反应机理,观察整个电位扫描范围内可能发生的反应与性质。

图 3-54(a)是脉冲电压加在工作电极上的三角波形图。其电流—电位曲线(循环伏安图)如图 3-54(b)所示,电流电位曲线包括两部分,如果前半部分电位向阳极方向扫描,活性物质将在电极上发生氧化反应,产生氧化波,而后半部分电位向阴极方向扫描时,氧化反应的产物又会在电极上发生还原反应,产生还原波。因此,一次三角波扫描,完成一个氧化和还原过程的循环,故该法称为循环伏安法。如果活性物质可逆性差,则氧化峰与还原峰的高度就不同,对称性也较差。循环伏安法中的电位扫描速率可从每秒数毫伏到1V,一般将扫描速率小于 5mV/s 认为是稳态循环伏安法,大于 10mV/s 为暂态循环伏安法。研究电极除明确的电极体系外,也可用悬汞电极、铂电极、玻碳电极及石墨电极等。

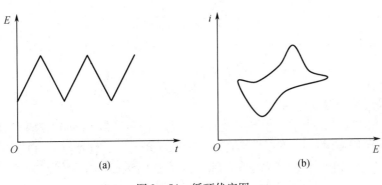

(a)          (b)

图 3-54　循环伏安图

电位线性扫描时，$i$—$E$ 曲线呈现峰值的定性解释：电位扫描时，随电极电位的增加，电极反应速率逐渐增大，极化电流也逐渐增大，但随着电位进一步增加，电极表面附近的反应物浓度迅速降低，致使反应速度随电位增加不增反降的现象，电流在电位单程增加过程中出现峰值。峰值前以活化极化为主，峰值后以浓差极化为主。电流峰值大小应与电位扫描速率、反应物的扩散系数、反应物浓度等有关。对于可逆电化学反应，可推导出峰值电流的定量关系

$$i_m = 2.69 \times 10^5 A D_0^{\frac{1}{2}} C_0 V^{\frac{1}{2}}$$

式中：$i_m$ 为峰值电流密度（A）；$n$ 为交换电子数或得失电子数；$A$ 为电极有效面积（$cm^2$）；$D_0$ 为反应物的扩散系数（$cm^2/s$）；$C_0$ 为反应物本体浓度（$mol/cm^3$）；$V$ 为电位扫描速率（V/s）。

循环伏安法是一种很有用的电化学研究方法，可用于电极反应的性质、机理和电极过程动力学参数的研究。

（1）电极可逆性判断：循环伏安法中电压的扫描过程包括阳极、阴极两个方向，因此从循环伏安曲线的氧化峰和还原峰的峰高和对称性，可判断电极反应的可逆程度。若反应是可逆的，则曲线上下对称；若反应不可逆，则曲线上下不对称。

（2）电极反应机理的判断：循环伏安法还可以研究电极吸附现象、电化学反应产物、电化学－电化学偶联反应等，也可用于研究有机物、金属有机物及生物物质的氧化还原机理等。

**2. 交流阻抗法**

1）交流阻抗

电化学交流阻抗是电极体系对于不同频率的小幅值正弦波激励信号的动力响应，一个正弦电压大小可用下式表示：

$$E(t) = E_0 \sin(\omega t + \varphi) \tag{3-69}$$

式中：$\omega = 2\pi f = \dfrac{2\pi}{T}$；$\varphi$ 为电压电流相位角。

其复数形式为

$$E = E_0 \cos(\omega t + \varphi) + jE_0 \sin(\omega t + \varphi) \tag{3-70}$$

依据欧拉公式，电压公式的复数形式可写成

$$E = E_0 \cdot e^{j(\omega t + \varphi)} \tag{3-71}$$

一个纯电阻的交流阻抗，相位差为 0，根据欧姆定律有

$$Z_R = \frac{E}{I_R} = \frac{E_0 \sin\omega t}{I_0 \sin\omega t} = R \tag{3-72}$$

一个纯电容电路，其电流为

$$I_C(t) = C\frac{dE}{dt} = j\omega C E_0 \cdot e^{jt} \sin(\omega t + \varphi)$$

1）电极过程的等效电路

用电子元件组成的电路来模拟等效发生在电极/溶液界面上的电学现象，称为电化学等效电路，属于随测量仪器进步而诞生的电化学研究手段。其特点是可用一个物理上正确的等效电路直观地预测或解释电化学系统对外加电流或电压的暂态响应，但又不能完全如实地描述实际的电化学过程。电化学等效电路是由各种 RC 网络组成。暂态过程的

总电流可由多路电流组成,在等效电路中可表示为几个并联的支路。图 3 – 55 为一个电极过程等效电路示意图。$BC$ 之间表示电极和溶液的界面,$C$ 相当于研究电极,$A$ 相当于参比电极。

电极过程的等效电路由以下各部分组成:

(1) $R_s$ 表示参比电极与研究电极之间的溶液的电阻,相当于溶液中离子电迁移过程的电阻。因离子电迁移发生在电极界面以外,因此在等效电路中 $R_s$ 应与界面等效电路相串联。$R_s$ 基本上是服从欧姆定律的纯电阻,其阻值可由溶液电阻率以及电极间的距离等参数计算或估计,也可实验测定。

(2) $C_d$ 表示电极/溶液界面的双电层电容。界面上电位差的改变将引起双电层上聚积电荷的变化,与电容的充/放电过程相似。因此,在等效电路中,电极界面上的双电层用一个跨接于界面的电容 $C_d$ 来表示。应当注意,双电层电容是与界面上进行的电极过程紧密地联系在一起的,当界面的电位差发生变化时,双电层结构也发生变化,$C_d$ 也改变。

(3) $Z_F$ 表示电极上进行某个独立的电化学反应的法拉第阻抗,由于它通常不是纯电阻或纯电容,因此用阻抗 $Z_F$ 来表示。一个腐蚀体系,电极表面上存在着两个以上独立的电化学反应,$Z_F$ 至少有两个并联的阻抗 $Z_1$ 和 $Z_2$。

在比较简单的情况下,$Z_F$ 又可分为活化极化电阻 $R_t$ 和浓差极化阻抗 $Z_c$,两者相互串联,如图 3 – 56 所示。

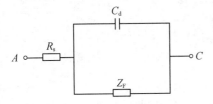

图 3 – 55　电极过程等效电路图

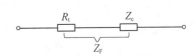

图 3 – 56　法拉第阻抗的组成

活化极化电阻 $R_t$ 用来等效电化学反应过程,故也称电化学反应电阻($R_r$)。对于单一电化学反应,$R_t$ 表示活化极化超电压 $\eta$ 和法拉第电流的比值,即

$$R_t = \frac{\mathrm{d}\eta}{\mathrm{d}I} \tag{3 – 74}$$

当超电压 $\eta$ 很小时,也就是在平衡电位附近,极化曲线是一条直线,即超电压与电流密度之间的关系符合塔费尔关系:

$$\eta = \beta\ln\left(\frac{i}{i_0}\right) = \beta\ln\left(\frac{I}{I_0}\right) \tag{3 – 75}$$

$$\mathrm{d}\eta = \beta \frac{1}{I}\mathrm{d}I \tag{3 – 76}$$

取 $I = I_0$,$\beta = \dfrac{RT}{nF}$ 为塔费尔常数,则

$$R_t = \frac{\mathrm{d}\eta}{\mathrm{d}I} = \frac{RT}{nF} \cdot \frac{1}{I_0} \tag{3 – 77}$$

上式表明,平衡电位附近 $R_t$ 近似为常数。故对于单电极反应,测定平衡电位时的 $R_t$,可以计算出交换电流强度 $I_0$,进而计算出重要的电化学动力学参数交换电流密度 $i_0$。当

极化很小时(腐蚀电位附近),电化学反应电阻 $R_t$ 近似等于极化电阻 $R_p$。

　　2)电化学阻抗谱

　　电化学阻抗谱测量方法是一种频率域的动态分析方法,它是根据电极体系对于不同频率的小幅值的正弦波激励信号的响应,推测等效电路和分析各个动力学过程的特点。可以在不同频率的范围内分别得到溶液电阻、双电层电容、弥散系数及电化学反应电阻的相关信息,还可获得阻抗谱的时间常数的个数及相关动力学过程信息,从而推断电极体系的动力学过程及机理。测量电极体系的电化学阻抗谱,一般来说有两个目的:①推断电极体系的动力学过程及机理,确定与之对应的物理模型或等效电路;②在确定了物理模型或等效电路之后,根据测得的电化学阻抗谱,求解物理模型中的各个参数,进而估算相关的电化学参数。

　　电极体系的等效电路如果为图 3-55 所示的电路,即该电路是一个串并联电路,图中 $C_d$ 为双电层电容,$Z_F$ 为法拉第阻抗,$R_s$ 为溶液电阻。根据电工学原理,电极体系的交流阻抗 $Z$ 的表达式为

$$Z = R_s + \cfrac{1}{j\omega C_d + \cfrac{1}{Z_F}} \tag{3-78}$$

　　在最简单情况下,即不考虑扩散及表面吸附等因素,法拉第阻抗 $Z_F$ 可用极化电阻或者电化学反应电阻 $R_t$ 来表示。因此,式(3-78)可写成

$$Z = R_s + \frac{R_t}{1 + j\omega R_t C_d} \tag{3-79}$$

复数形式为

$$Z = Z_{re} + jZ_{im} \tag{3-80}$$

式中,$Z_{re}$ 为总阻抗 $Z$ 的实部;$Z_{im}$ 为总阻抗 $Z$ 的虚部,它们分别由式(3-81)和式(3-82)表示。

$$Z_{re} = \frac{R_s + R_s R_t^2 \omega^2 C_d^2 + R_L}{1 + \omega^2 C_d^2 R_t^2} \tag{3-81}$$

$$Z_{im} = \frac{\omega C_d R_t^2}{1 + \omega^2 R_t^2 C_d^2} \tag{3-82}$$

　　削去 $\omega$ 和 $C_d$ 整理后得

$$\left[ Z_{re} - \left( R_s + \frac{R_t}{2} \right) \right]^2 + Z_{im}^2 = \left( \frac{R_t}{2} \right)^2 \tag{3-83}$$

　　这是一个以 $(R_s + R_t/2, 0)$ 为圆心,以 $R_t/2$ 为半径的圆的方程。由此确定的阻抗是阻抗复平面图,因由美国贝尔实验室的 Nyquist 工程师首先确定,所以该阻抗复平面图也叫 Nyquist 图,如图 3-57 所示。由图可知,半圆的直径表示电化学反应过程的电阻 $R_t$,由半圆的最高点可以确定双电层电容 $C_d$,即 $C_d = 1/\omega R_t$。

　　阻抗测量常见的另外一种表示方法是电压和电流相位角 $\varphi$ 与电源频率 $\lg\omega$ 之间的关系图,也叫 Bode 图,如图 3-58 所示,随着频率的由高到低变化,电压和电流的相位角 $\varphi$ 发生变化,根据相位角的变化可以确定电极体系的时间常数和弥散效应等,进一步确定电极表面成膜情况以及电极过程的机理。

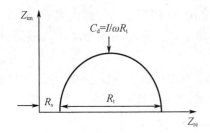

图 3 - 57　等效电路的 Nyquist 图

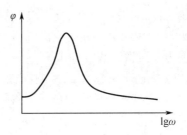

图 3 - 58　等效电路的 Bode 图

电化学交流阻抗谱测量是在一个很宽的频率范围内进行测量,可在不同频率范围获得相关电子元件性质及其参数信息。这使得电化学阻抗谱方法在电极过程动力学以及电极界面现象的研究中得到广泛应用。

3) 不同腐蚀体系的复数平面图

(1) 活化极化控制体系。若浓差极化可以忽略,等效电路可由图 3 - 55 表示,此时法拉第电阻就是电荷传递电阻 $R_t$,它反映了腐蚀反应的速率。由于所施加正弦极化值很小,因此,对于活化极化控制的体系 $R_t$ 等效于极化电阻 $R_p$。通过交流阻抗技术得出复数平面图求出 $R_p$ 后,可由式(3 - 84),即 Stern - Geary 方程计算出腐蚀电流密度 $i_{corr}$。

$$i_{corr} = \frac{b_a \cdot b_c}{2.3(b_a + b_c)} \cdot \frac{1}{C_p} \qquad (3 - 84)$$

式中:$b_a$、$b_c$ 为阳极、阴极的塔费尔常数。

在有些情况下,电化学阻抗谱图为圆心下降的半圆,如图 3 - 59 所示,也就是出现弥散效应(Dispersion),图中虚线 1 表示的是无弥散效应的阻抗弧,实线 2 表示的是有弥散效应的阻抗弧。

此时,电极阻抗不再由式(3 - 79)描述,通常可由下式表示:

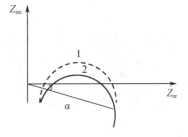

图 3 - 59　具有弥散效应的电化学阻抗谱

$$Z = R_s + \frac{R_t}{1 + (j\omega\tau)^n} \qquad (3 - 85)$$

式中:$\tau$ 为具有时间量纲的参数,称为时间常数;$n$ 为表示弥散效应大小的指数,称为弥散因子,它的数值在 0 ~ 1。

$n$ 值越小,弥散效应越大。$0 < n < 1$ 时,存在弥散效应;$n = 1$ 时,无弥散效应,此时 $\tau = R_t C_d$,式(3 - 85)变为式(3 - 79)。

弥散效应常由电极表面的粗糙度引起,在等效电路中采用常相位角元件(Constant Phase Angle Element,CPE),以 CPE 代替纯电容元件 C。CPE 的阻抗 $Z_Q$ 可以由下式表示:

$$Z_Q = \frac{1}{\omega^n Q} \left( \cos \frac{n\pi}{2} - j\sin \frac{n\pi}{2} \right) \qquad (3 - 86)$$

式中:$Q$ 和 $n$ 为 CPE 的常数;$n$ 为弥散因子。

这一等效元件的相位角为

$$\alpha = \frac{n\pi}{2} \qquad (3 - 87)$$

由于阻抗的数值是角频率 $\omega$ 的函数,而其相位角与频率无关,所以这种元件称为常相位角元件,如果弥散因子 $n$ 为1,说明电极表面光滑,$Q$ 相当于一个纯电容;如果弥散系数 $n$ 小于1,说明电极表面粗糙,$Q$ 相当于一增大的电容。由于相位角减小,在阻抗谱图上表现为一压扁了的容抗弧。

弥散效应对 Bode 图的影响如图 3-60 所示。图中虚线 1 为无弥散效应时的 Bode 图,实线 2 为有弥散效应时的 Bode 图。当存在弥散效应时,相位角减小,Bode 图也压缩,通过 Bode 图的变化也可说明电极表面粗糙度的变化。

(2)扩散控制体系。如果电极反应存在浓差极化,则在电极电位改变时,靠近电极表面的反应物浓度变化就不能忽略。可根据 Fick 第一定律,推导出法拉第阻抗为式(3-88),可以看出,法拉第阻抗由两部分组成,一部分是与电极反应相关的电荷传递电阻 $R_t$,一部分为浓差极化相关的阻抗,将后者称 Warburg 阻抗。Warburg 阻抗是反映扩散对电极过程影响的阻抗,具有复数形式。图 3-61 是有浓差极化时电极体系的等效电路图。

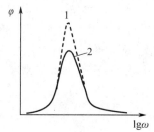

图 3-60 弥散效应对 Bode 图的影响

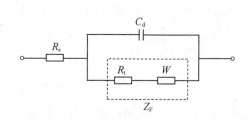

图 3-61 浓差极化的等效电路

Warburg 阻抗可由下式表示:

$$W = \frac{\sigma}{\sqrt{\omega}} - j\frac{\sigma}{\sqrt{\omega}} \tag{3-88}$$

式中:$\sigma$ 为 Warburg 系数,

$$\sigma = \frac{RT}{\sqrt{2}n^2F^2}\left(\frac{\sigma}{C_o\sqrt{D_o}} + \frac{\sigma}{C_R\sqrt{D_R}}\right) \tag{3-89}$$

式中:$C_o$、$D_o$、$C_R$、$D_R$ 为反应物和生成物的本体浓度、扩散系数;$n$、$F$ 为价电子数和法拉第常数。

式(3-88)表明,在任一频率 $\omega$ 时,浓差极化阻抗的实部和虚数部相等,即在复数平面图上 Warburg 阻抗是与横轴成45°的直线,且与 $1/\omega^{1/2}$ 成正比,如图 3-62 所示。高频时 $1/\omega^{1/2}$ 很小,因此它只有在低频时能观察到。

图 3-63 为有浓差极化阻抗的电化学等效电路的阻抗轨迹,在高频段是以 $R_t$ 为直径的半圆,半圆与实轴相交于 $R_s$ 处,在低频段,曲线从半圆转变成一条与横轴呈45°的直线,将这一直线延长到虚部为零时,与实轴相交于 $R_s + R_t - 2\sigma C_d$ 处。

(3)含有吸附型阻抗的体系。当反应物、生成物或缓蚀剂等活性物质在电极表面吸附时,阻抗谱图将会出现第二个半圆弧,它的大小、位置取决于电化学反应的时间常数或等效电路中电阻、电容的大小以及与吸附对应的容抗或感抗大小。

图 3-64 为吸附体系引起感抗的等效电路和相应的阻抗谱图。高频段的大容抗弧是由电化学反应电阻 $R_t$ 和双电层电容 $C_d$ 引起的。低频段负半周小半圆弧是由电感性

116

吸附体系结构引起的,低频时电极反应阻抗是由电极反应电阻 $R_t$ 和吸附电阻 $R_{od}$ 并联构成。

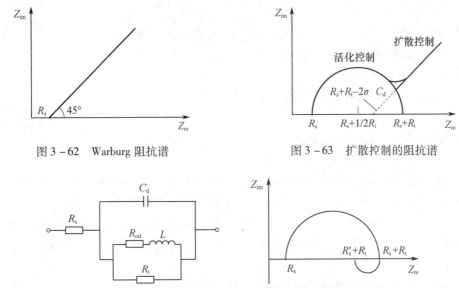

图 3 – 62　Warburg 阻抗谱　　　　　图 3 – 63　扩散控制的阻抗谱

图 3 – 64　电感性吸附体系的等效电路和阻抗谱图

图 3 – 65 为吸附体系引起容抗的等效电路图和相应的阻抗谱图。阻抗谱由两个容抗弧组成,高频段的大容抗弧是由电化学反应电阻 $R_t$ 和双电层电容 $C_d$ 引起的。低频段的小容抗弧是由电容性吸附体系结构引起的,低频时电极反应阻抗是由电极反应电阻 $R_t$ 和吸附电阻 $R_{od}$ 串联构成。

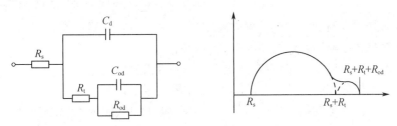

图 3 – 65　电容性吸附体系的等效电路和阻抗谱图

4）电化学阻抗谱测试技术特点

电化学阻抗谱测试技术是一种小幅值、宽频域扰动信号(如正弦波电位或电流)与研究电极体系响应之间关系的测量方法。可以获得更多的动力学信息及电极界面结构信息,通过阻抗谱图可以获得电极反应电阻、双电层的电容、参比电极与研究电极间溶液电阻、吸附体系的性质(电感性或电容性)、电极表面状态(是否出现弥散和弥散效应大小)、浓差控制的浓差极化阻抗等。

电化学阻抗谱测试技术一般针对可逆电极过程,如果偏离可逆过程,即对于不可逆电极过程,将会出现下列表现:可逆过程阻抗谱为单个容抗弧,不可逆过程则可能出现两个或两个以上的容抗弧。不可逆过程还可能引起感抗弧;不可逆过程,扩散的 Warburg 阻抗谱图形往往不像可逆电极过程那样典型,辐角往往偏离 π/4。

# 思 考 题

1. 什么是极化现象？什么是原电池极化？什么是电极极化？

2. 什么是阳极极化？什么是阴极极化？什么是电阻极化？

3. 简述引起阳极极化的原因。

4. 简述引起阴极极化的原因。

5. 简述极化规律。

6. 原电池在极化过程中，电流是增大还是减小？为什么？

7. 何谓去极剂？它对腐蚀有何贡献？

8. 举例说明有哪些可能的阴极去极剂。当有几种阴极去极剂同时存在时，如何判断哪一种发生还原的可能性最大？自然界中最常见的阴极去极化反应是什么？

9. 一般而言，若一个电极体系中没有净的化学反应（物质变化）发生，则此电极上将无净电流流过。反之，即一个电极体系中无净电流流过，是否意味着电极体系中一定没有净的化学反应发生呢？

10. 从腐蚀电池出发，分析影响电化学腐蚀速率的主要因素。

11. 什么是极化曲线？理论极化曲线与表观极化曲线（实测极化曲线）有何区别和联系？理论极化曲线如何绘制？

12. 什么是塔费尔关系？如何用其求腐蚀电位和腐蚀电流？

13. 塔费尔关系式中 $a$、$b$ 值的物理意义是什么？影响析氢超电压的因素有哪些？

14. 什么是典型的阳极极化曲线？试画出示意图，并标出各主要参数，说明其物理意义。

15. 什么是吸氧腐蚀？什么是氧去极化？

16. 什么是析氢腐蚀？什么是氢去极化？

17. 在活化极化控制下，决定腐蚀速率的主要因素是什么？

18. 在浓差极化控制下，决定腐蚀速率的主要因素是什么？

19. 混合电位理论的基本假设是什么？它在哪方面补充、取代或发展了经典微电池腐蚀理论？

20. 何谓腐蚀极化图？如何测得？举例说明其应用。

21. 试用腐蚀极化图说明电化学腐蚀的几种控制因素。

22. 何谓腐蚀电位？试用混合电位理论说明氧化剂对腐蚀电位和腐蚀速率的影响。

23. 试用混合电位理论说明铜在含氧酸和氰化物中的腐蚀行为。

24. 试用混合电位理论说明铁在含 $Fe^{3+}$ 的酸中的腐蚀行为。

25. 试用混合电位理论分析多电极腐蚀体系中各金属的腐蚀行为。

26. 何谓差异效应？产生负差异效应的原因是什么？

27. 何谓金属钝化？如何表征金属的钝性？

28. 简述金属化学钝化和电化学钝化的原因。

29. 发生析氢腐蚀的必要条件是什么？

30. 在稀酸中工业锌为什么比纯锌腐蚀速率快？酸中若含有 $Pb^{2+}$ 离子为什么会降低

锌的腐蚀速率?

31. 说明影响析氢腐蚀的主要影响因素及防止方法,并解释其理由。

32. 何谓吸氧腐蚀? 发生吸氧腐蚀的必要条件是什么?

33. 说明吸氧腐蚀的阴极控制过程及其特点。

34. 影响吸氧腐蚀的主要因素是什么? 为什么?

35. 比较析氢腐蚀和吸氧腐蚀的特点,并提出控制析氢腐蚀和吸氧腐蚀的技术途径。

36. 碳钢的成分和组织对其在酸中和海水中腐蚀的影响如何? 为什么?

37. 分析比较工业锌在中性 NaCl 和稀盐酸中的腐蚀速率及杂质的影响。

38. 何谓过钝化现象? 过钝化对金属腐蚀有何影响?

39. 何谓金属钝化? 金属的阳极钝化和自钝化的差别是什么?

40. 试对金属钝化、金属钝性和金属钝态给出一个确切的定义。

41. 画出金属的典型阳极极化曲线,并说明该曲线上各特性区和特性点的物理意义。

42. 何谓 Flade 电位? 有何物理意义? 从防腐角度出发,该电位大了好,还是小了好?

43. 衡量金属钝化性能好坏的电化学参数是什么?

44. 简要阐述钝化的成相膜理论和吸附膜理论,这两种理论有何不同之处?

45. Fe 在稀硝酸和浓硝酸中的腐蚀行为有何区别? 试用极化图分析之。

46. 金属发生自钝化的条件是什么? 试举例用极化图说明。

47. 若金属自钝化的阴极过程由扩散控制,试用极化图分析影响腐蚀速率的因素。

48. 试用极化图分析氧对金属腐蚀影响的双重性。

49. 试述 Cl⁻ 离子对金属钝化的影响,为什么?

50. 有哪些措施可使处于活化—钝化不稳定状态的金属进入稳定的钝态? 用极化图说明。

51. 试用腐蚀极化图解释如下的腐蚀实验现象:将铁与镍分别插入同一酸性溶液中,其表面分别发生金属的溶解与析氢反应。现将两金属通过导线短接,发现铁的溶解速度下降,而镍的溶解速度上升,同时铁表面的析氢速度上升,而镍表面的析氢速度下降。

52. 何谓稳态技术,何谓暂态技术?

53. 什么是控制电流法和控制电位法? 测定有钝化行为的阳极极化曲线应该选用其中哪一种方法? 为什么?

54. 为什么电化学测量要用三电极系统? 说明三种电极的名称和作用。

55. 电化学阻抗谱法可以获得哪些主要信息?

## 习　题

1. 计算25℃下,价电子数为1和价电子数为2时的阳极塔费尔常数 $b$,对每一过程的传递系数都取 $\alpha = 0.5$。

2. 计算下列过程的电荷传递超电压:

a) Zn 以 $10A/m^2$ 的速度溶解;

b) 氢在 Zn 上以 $10A/m^2$ 的速度析出。

对于 Zn 的溶解,取 $b$ 的算术平均值和 $i_0$ 的几何平均值(从有关表中查到 Zn 溶解反

应的 $b = 0.03 \sim 0.06\mathrm{V}, i_0 = 10^{-3} \sim 10^{-1}\mathrm{A/m^2}$)。

3. 金属在溶液中的平衡电位与该金属上阴极还原反应的平衡电位之差为 $-0.45\mathrm{V}$。假定 $|b_c| = 2b_A = 0.10\mathrm{V}$,每一过程的 $i_0 = 10^{-1}\mathrm{A/m^2}$,计算该金属的腐蚀速率。为了进行有效的计算需做什么假设?

4. $25℃$ 时,Zn 在海水中的腐蚀电位为 $-1.094\mathrm{V(SCE)}$,计算其腐蚀速率(认为 Zn 表面附近 $C_{Zn^{2+}} = 10^{-6}\mathrm{mol/L}$,$i_0$ 和 $b$ 值参考题6)。

5. 计算 $25℃$ 时,从 $1\mathrm{mol/kg}$ $CuSO_4$ 溶液中阴极电沉积时的极限电流密度。已知 $D_{Cu^{2+}} = 2 \times 10^{-10}\mathrm{m/s}$,扩散层的厚度 $\delta$ 为 $100\mu\mathrm{m}$。

6. 当 $50℃$ 的溶液轻微搅动时,从含 $Ni^{2+}$ 离子的溶液中沉积 Ni 的极限电流密度为 $500\mathrm{A/m^2}$。

(1)计算 $60℃$ 下反应活化能 $Q = 50\mathrm{kJ/mol}$ 时的 $i_d$;

(2)若溶液温度升高到 $65℃$,同时增加搅拌速度使扩散层厚度减半,计算这时的 $i_d$;

(3)计算 $50℃$ 下以 $480\mathrm{A/m^2}$ 的电流沉积的浓差超电压。

(提示:根据 Arrhenius 方程,反应速度常数 $k$ 与温度 $T$ 的关系为 $k = A\exp(-Q/RT)$,可以导出 $\ln(v_{T_2}/v_{T_1}) = \dfrac{Q}{R}\left(\dfrac{1}{T_2} - \dfrac{1}{T_1}\right)$,或 $\ln(i_{T_2}/i_{T_1}) = \dfrac{Q(T_2 - T)_1}{RT_1T_2}$,式中 $i_{T_1}, i_{T_2}$ 分别为温度 $T_1, T_2$ 下的反应电流,$Q$ 为活化能,$R$ 为气体常数)。

7. 将 Zn 电极和汞电极浸在 $\mathrm{pH} = 3.5$ 的除去空气的 HCl 溶液中短路,当每个电极的总暴露面积为 $10\mathrm{cm^2}$ 时,问通过电池的电流多大? Zn 相应的腐蚀速率多少?(以 gmd 为单位)? 已知 Zn 的腐蚀电位是 $-1.03\mathrm{V}$(相对 1N 甘汞电极)。

8. 低碳钢在 $\mathrm{pH} = 2$ 的除去空气的溶液中,腐蚀电位为 $-0.64\mathrm{V}$(相对饱和 $Cu - CuSO_4$ 电极)。对于同样的钢的析氢超电压(单位为 V)遵循下列关系:$\eta = 0.7 + 0.11gi$,式中 $i$ 单位为 $\mathrm{A/cm^2}$。假定所有的钢表面近似作阴极,计算腐蚀速率(以 mm/年为单位)。

9. Pt 在去除空气的 $\mathrm{pH} = 1.0$ 的 $H_2SO_4$ 中,以 $0.01\mathrm{A/cm^2}$ 的电流进行阴极极化时的电位为 $-0.334\mathrm{V(SCE)}$;而以 $0.1\mathrm{A/cm^2}$ 的电流阴极极化时的电位为 $-0.364(\mathrm{SCE})$。计算在此溶液中 $H^+$ 在 Pt 上放电的交换电流密度 $i_0$ 和塔费尔常数 $b_c$。

10. 对于小的外加电流密度 $i$,阳极超电压 $\eta$ 遵循关系式:$\eta = ki$,推导 $k$ 与交换电流密度 $i_0$ 的关系。假定塔费尔常数 $b_a = b_c = 0.1\mathrm{V}$。

11. $25℃$ 的 $0.5\mathrm{mol/L}$ 的硫酸,以 $0.2\mathrm{m/s}$ 的流速通过铁管。假定所有的铁表面作为阴极,塔费尔直线斜率为 $\pm 0.100\mathrm{V}$,而且 $Fe/Fe^{2+}$ 和氢在 Fe 上的交换电流密度分别为 $10^{-3}\mathrm{A/m^2}$ 和 $10^{-2}\mathrm{A/m^2}$,求铁管的腐蚀电位和腐蚀速率(以 mm/年为单位)。

12. Fe 在腐蚀溶液中,低电流密度下线性极化的斜率 $\mathrm{d}E/\mathrm{d}i = 2\mathrm{mV/(\mu A \cdot cm^{-2})}$,假定 $b_a = b_c = 0.1\mathrm{V}$,试计算其腐蚀速率(以 gmd 为单位)。

13. 假定所有的 Zn 表面起阴极作用,塔费尔直线斜率为 $\pm 0.10\mathrm{V}$,Zn 和 $H_2$ 在 Zn 上的交换电流密度分别为 $0.1\mathrm{A/m^2}$ 和 $10^{-4}\mathrm{A/m^2}$,求 Zn 在 1N 盐酸中的腐蚀电位和腐蚀速率(以 mm/年为单位)。

14. 含有 $5.50\mathrm{mL/L}$ 的 $O_2(25℃, 1\mathrm{atm})$ 的水以 $40\mathrm{L/min}$ 的流速进入钢管,流出的水中含 $0.15\mathrm{mL/L}$ 的氧。假定所有的腐蚀集中在 $30\mathrm{m^2}$ 的形成 $Fe_2O_3$ 的加热区域,求腐蚀速率

（以 $g/m^2 \cdot$ 天为单位）。

15. 浸在除去空气的稀硫酸中的两种钢以不同的速度腐蚀，当它们连成一个电池时，发现它们之间有小的电位差，试问在此电池中哪种钢为阳极，用极化图说明之。

16. 估算 Fe 和 45 钢在 20℃不加搅拌的 3% NaCl 溶液中的腐蚀速率。

17. 如果 Fe 上钝化膜的电阻率 $\rho$ 为 $10\Omega \cdot m$，平均厚度为 4nm。当电流密度 $i = 2Am$ 时，问跨越此膜的 $i_R$ 降多大？

18. 不搅拌的硝酸的还原极限电流密度可近似地由下式表示：

$$i_d = 15m^{5/3}$$

式中：$m$ 为 $HNO_3$ 的重量克分子浓度。如果 Ti 和 Fe 在此酸中的 $i_b$ 分别为 $5A/m^2$ 和 $2000A/m^2$，求钝化这两种金属各需多大浓度的硝酸。

19. 分别计算 Fe 和 1Cr18Ni8 不锈钢在 3% $Na_2SO_4$ 中钝化所必需的氧的最低浓度（以 mL/L 为单位计）。25℃下 $O_2$ 在溶液中的扩散系数 $D = 2 \times 10^{-5} cm^2/s$，从实验测得的 Fe 和 1Cr18Ni8 不锈钢在此溶液中的阳极钝化曲线中得到的临界钝化电流密度 $i_b$ 分别为 $10^4 A/m^2$ 和 $10A/m^2$。

20. 在 25℃除去空气的硫酸中，测得下列数据：

| 合金 | $E_b/V$ | $I_b/(A/m)$ | $I_p/(A/m)$ |
| --- | --- | --- | --- |
| Fe | $+0.52 \sim 1.00$ | $10^{4.0}$ | $10^{0.3}$ |
| Fe – 14Cr | $-0.10$ | $10^{3.0}$ | $10^{-1.3}$ |
| Fe – 18Cr | $-0.15$ | $10^{2.5}$ | $10^{-2.0}$ |
| Fe – 18Cr – 5Mo | $-0.20$ | $10^{0.3}$ | $10^{-1.7}$ |
| Fe – 18Cr – 8Ni | $-0.20$ | $10^{1.0}$ | $10^{-4.0}$ |

根据此表中数据，对 Fe – Cr 合金，可求出 $I_b$ 和 $I_p$ 对 Cr 含量的函数关系：

$$\lg i_b = 4.0 - 0.08[Cr]$$
$$\lg i_p = 0.3 - 0.12[Cr]$$

式中：$[Cr]$ 为 Cr 在钢中的重量百分数。从这两个表达式可以看出 $I_p$ 对 $[Cr]$ 的敏感性要比 $I_b$ 对 $[Cr]$ 的敏感性大得多。现在实验测得 3% 的 Cr 钢的 $I_b$ 为 $3 \sim 4kA/m^2$，$I_p$ 为 $1.5 \sim 2A/m^2$。试用上述经验公式求出 3% Cr 钢的 $I_b$ 和 $I_p$，并与实测值进行比较。

21. 计算下列电池的电动势：

$$不锈钢 \mid O_2(P_{O_2} = 0.2atm)，0.001MZnSO_4(pH = 3.0) \mid Zn$$

假定钝化的不锈钢作为可逆氧电极。另外，每改变 $1atm O_2$ 的压力，电动势改变多少？

22. Fe 在 $1NH_2SO_4$ 中稳态钝化电流密度为 $7\mu A/cm^2$，计算每分钟有多少层 Fe 原子从光滑电极表面上除去？

23. 铁电极在 pH = 4.0 的电解液中，以 $0.001A/cm^2$ 的电流密度阴极极化到电位 $-0.916V$（相对 1N 甘汞电极）时，析氢超电压是多少？

24. 当 $H^+$ 离子以 $0.001A/cm^2$ 放电时，阴极电位为 $-0.92V$（相对 25℃、0.01N KCl 溶液中的 Ag/AgCl 电极）。

问:(1)相对于氢标电极的阴极电位是多少?

(2)如果电解液的 pH = 1,析氢超电压是多少?

25. 在 pH = 10 的电解液中,铂电极上氧的析出电位为 1.30V(SOE),求氧的析出超电压。

26. $Cu^{2+}$ 离子从 0.2M $CuSO_4$ 溶液中沉积到 Cu 电极上的电位为 -0.180V(相对 1N 甘汞电极),计算该电极的极化率。该电极发生的是阴极极化还是阳极极化?

27. 25℃ 时,铁在 pH = 7、质量分数为 0.03 的 NaCl 溶液中发生腐蚀,测得其腐蚀电位 $E_{Corr} = -0.350V$,已知欧姆电阻很小,可以忽略不计,试计算腐蚀体系中阴、阳极的控制程度。(已知,$E^0_{Fe^{2+}} = -0.440V$,$E^0_{O_2} = 0.401V$,$a_{Fe^{2+}} = 0.165mol/L$,氧分压为 0.21atm)。

# 第4章 影响金属腐蚀的因素

金属腐蚀的本质是金属原子失去电子被氧化的过程,金属腐蚀一般分为化学腐蚀和电化学腐蚀。金属的实际腐蚀过程是十分复杂的,影响因素多。但这些因素不外乎来自两个方面:一是金属本身;二是金属材料所处的介质环境。本章从一般意义上对这两个方面的因素进行探讨。

## 4.1 金属的电化学和化学特性

在一定的腐蚀介质条件下,金属的耐蚀性主要取决于纯金属的电化学和化学特性,如标准电极电位、超电压的大小、钝性及腐蚀产物的性质等。下面分别予以讨论。

### 4.1.1 金属的电极电位

腐蚀的阴极、阳极反应随着金属种类的不同会有变化。从热力学稳定性的角度来看,电位越正的金属稳定性越高,耐蚀性也越好。电位越负的金属越不稳定,发生腐蚀的倾向越大。

在电偶腐蚀过程中,电位较正的金属充当阴极而受到保护,电位较负的金属充当阳极而受到腐蚀,电偶效应总是使处于电偶电池为阳极的金属材料的腐蚀速率增加。电位的相对高低决定了它在电化学过程中的地位。

除电偶腐蚀外,自然界中所发生的绝大多数电化学腐蚀为吸氧腐蚀和析氢腐蚀,即氧电极或氢电极充当阴极,促使金属腐蚀。其驱动力主要取决于金属电位与氧电极或氢电极的电位差。第2章已经给出氧电极电位和氢电极电位与 pH 值的关系:

$$E_{H_2} = -0.059pH \tag{4-1}$$
$$E_{O_2} = 1.228 - 0.059pH \tag{4-2}$$

由式(4-1)和式(4-2)可以看出:在中性(pH = 7)的介质溶液中,氢和氧的平衡电极电位分别是 -0.414V 和 +0.815V;在酸性(pH = 0)的介质溶液中,氢电极的平衡电位为 0V,氧电极的电位为 1.228V;在碱性(pH = 14)溶液中,氢电极的平衡电位为 -0.826V,氧电极电位为 +0.402V。这些电位数据是判断金属在具体介质中热力学稳定性的基准和依据。

电极电位比 -0.414V 还负的金属稳定性差,可以在任何 pH 值范围内发生腐蚀。由于碱性溶液介质容易使金属产生钝化,所以以电极电位比 -0.414V 小的金属(如碱金属、碱土金属及过渡族金属钛、锰、铁、铬等),在中性介质中能自发地进行析氢或吸氧腐蚀,这类金属称为不稳定金属或活性金属。

电极电位小于 -0.414V 的金属(如镍、钴、钼等),在中性介质中,可以发生析氢腐蚀也可以发生吸氧腐蚀,这类金属称为次稳定金属。

电极电位为 $-0.414 \sim +0.815V$ 的金属(如铜、汞、锑等),在中性介质中,只可以发生吸氧腐蚀,而难以发生析氢腐蚀,这类金属称为较稳定金属。

电极电位大于 $+0.815V$ 的金属(如铂、金、钯等),既难于发生析氢腐蚀也难于发生吸氧腐蚀,非常稳定,这类金属称为贵金属。贵金属不是绝对不腐蚀,在强氧化剂和含氧的酸性介质中也会发生腐蚀。

### 4.1.2 超电压

金属腐蚀的快慢主要由动力学因素——超电压决定。下面以析氢腐蚀为例,分析铜、铁、锌在酸性溶液中的腐蚀速率(图 4-1)。其主要反应分别如下:

(1) $Cu \rightarrow Cu^{2+} + 2e^-$

铜的标准电极电位为 $+0.337V$,其极化曲线用 $A_1$ 表示。

(2) $Fe \rightarrow Fe^{2+} + 2e^-$

铁的标准电极电位为 $-0.44V$,其极化曲线用 $A_2$ 表示。

(3) $Zn \rightarrow Zn^{2+} + 2e^-$

锌的标准电极电位为 $-0.76V$,其极化曲线用 $A_3$ 表示。

(4) 阴极反应:$2H^+ + 2e^- \rightarrow H_2$

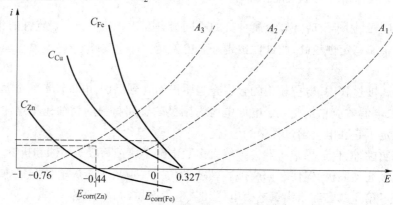

图 4-1 Cu、Fe、Zn 的酸腐蚀图

氢的标准电极电位为 $-0.327V$,其极化曲线用 $C$ 表示。Cu 的标准电极电位比氢标准电极电位正,不会发生铜的析氢腐蚀($A_1$ 线与 $C$ 线没有交点);锌的标准电极电位($A_3$)比铁的标准电位($A_2$)的电位负,锌离子化倾向性本应比铁大,然而由于氢在铁上的超电压($C_{Fe}$)比其在锌上的超电压($C_{Zn}$)小,即 $\eta_{C_{Fe}} < \eta_{C_{Zn}}$,说明在锌上氢离子与电子交换较铁上的交换难(锌极上交换电流密度 $i_0$ 小),故铁比锌的腐蚀速率大($i_{corr(Fe)} > i_{corr(Zn)}$)。这就是利用锌作为钢铁材料保护层的原因。所以,可以利用动力学因素——超电压来判断金属腐蚀速率的大小。

### 4.1.3 金属钝性

第 3 章已经介绍了金属的钝性。具有钝性的金属,其电极电位往往较负,从热力学上

124

看是极不稳定的,应属于腐蚀性金属。但由于它们具有很强的钝化能力,因此成为耐蚀的稳定材料(如铬、镁、铝等)。从钝性角度可将金属分为有钝性的金属和无钝性的活性金属两类。

金属的钝性大小用钝化系数来描述。钝化系数为

$$K = \frac{\Delta E_a}{\Delta E_k} \qquad (4-3)$$

式中:

$$\Delta E_a = E_{corr} - E_a, \quad \Delta E_k = E_{corr} - E_k$$

按钝化系数大小的顺序可将有钝性的金属排列成表4-1。钝性金属处于稳定钝化状态具有良好的耐蚀性,这是实际腐蚀工作中非常重要的问题。

表4-1 几种金属的钝性系数(0.5N氯化钠水溶液)

| 金属 | Ti | Al | Cr | Be | Mo | Mg | Ni | Co | Fe | Mn | Cu |
|------|------|------|------|------|------|------|------|------|------|------|------|
| 钝性系数 | 2.44 | 0.82 | 0.74 | 0.73 | 0.49 | 0.47 | 0.37 | 0.20 | 0.18 | 0.13 | 0 |

## 4.1.4 腐蚀产物的性质

如果腐蚀产物是不可溶解的致密固体膜,如铅在硫酸溶液中生成硫酸膜,钼在盐酸溶液中生成致密的钼盐膜,均具有增加电极反应阻力的作用。

## 4.1.5 合金元素

通常把对某种性能有改善作用的元素称为合金元素,其余一些元素称为杂质。有些合金元素或杂质,随着条件的不同,或加速腐蚀或抑制腐蚀。

**1. 合金元素对合金混合电位的影响**

无论合金是以单相固溶体状态存在,还是以多相或共晶状态存在的二元合金,都将因其电化学的不均匀性(杂质的存在、成分的偏析、第二相的析出)构成微电池,且为短路电池,呈完全极化状态。合金电极电位必定处于阳极组分电位 $E_a$ 和阴极组分电位 $E_c$ 之间,称为混合电位 $E_k$ 或腐蚀电位 $E_{corr}$。

当阳极极化率与阴极极化率相等($P_c = P_a$)时,由极化图4-2(a)可知,两极化曲线交于 $B$ 点,其腐蚀电位 $E_R = (E_c - E_a)/2$。

当 $P_a > P_c$ 时,由图4-2(b)可知,两极化曲线交于 $B'$,总腐蚀电位 $E'_R$ 靠近阴极电位 $E_c$,即混合电位正移。

当 $P_a < P_c$ 时,两极化曲线交于 $B''$,总腐蚀电位 $E''_R$ 向阳极电位方向移动,即混合电位变负,如图4-2(c)所示。

当二元合金以固溶体状态存在且阴极、阳极组分的极化率相同时,合金混合电位与合金成分(组元)变化量线性关系如图4-3(a)所示。合金混合电位随着贵金属组分 B 的增加而增加。

当二元合金的阴极、阳极组分的极化率不同时,合金混合电位 $E_R$ 随着成分变化倾向于靠近极化率小的组分的电位,有六种情况,如图4-3(b)所示。

因此,可以通过添加贵金属或阳极极化率大的组元,以提高合金的混合电位,进而改善耐蚀性。

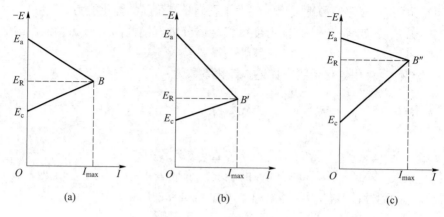

图 4 - 2　合金的混合电位

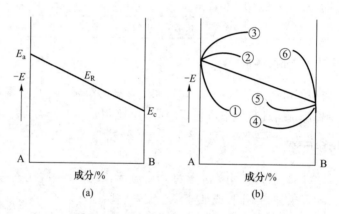

图 4 - 3　混合电位与合金成分的关系

## 2. 合金成分与耐蚀性的 $n/8$ 定律

有许多合金随着合金化组元(原子百分数)含量的变化,合金的腐蚀速率呈台阶形有规律地变化,如图 4-4 所示。合金稳定性的台阶变化出现在合金成分 $n/8$($n$ 为有效整数)原子百分比处,这一规律也称为塔曼(Tamman)规律。表 4-2 列举了各合金的实验结果,证实了此规律。

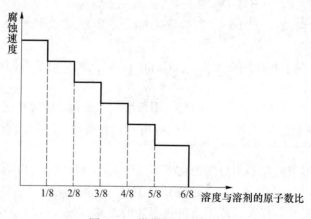

图 4 - 4　塔曼规律示意图

$n/8$ 规律只出现部分二元合金中。其理论解释:固溶体开始溶解时,表面不稳定组分的原子被溶解,最后在合金表面包覆聚集一层稳定组元的原子,形成一个屏蔽层,介质与不稳定原子的接触受阻,因而耐蚀性提高。

表 4-2　各种合金中存在的 $n/8$ 规律实例

| 合金系 | 耐蚀组分的原子分类/% | | | | | |
|---|---|---|---|---|---|---|
| | $n=1$ | $n=2$ | $n=3$ | $n=4$ | $n=5$ | $n=6$ |
| Cu-Au | 1/8 | 2/8 | | 4/8 | | |
| Ag-Au | | 2/8 | | 4/8 | | |
| Zn-Au | | | | 4/8 | | |
| Mn-Ag | | | | | | |
| Zn-Ag | | 2/8 | | | | 6/8 |
| Ag-Pb | | | | 4/8 | | |
| Cu-Pb | | | | 4/8 | | |
| Ni-Pb | | 2/8 | | | | |
| Mg-Cd | | 2/8 | | | | |
| Cu-Pd | | 2/8 | | | | |
| Ag-Pd | | | | 4/8 | | |
| Fe-Si | | 2/8 | | 4/8 | | |
| Fe-Cr | | 2/8 | | 4/8 | | |
| Cu-Ni | 1/8 | 2/8 | | 4/8 | | |

**3. 合金成分与固溶体的选择性溶解**

通常认为单相固溶体不存在异相电位差,不存在化学性质不稳定的组织组成物,优先溶解仿佛不能发生。其实,固溶体内组分的电化学稳定性不同,成分中电位较负的组分将优先溶解,同时固溶体中元素电位较正的组元溶解后再沉淀回去。负电位的金属组元优先溶解称为选择性溶解。

以单相固溶体状态存在的黄铜($\alpha$-黄铜)有脱锌现象为例。在某些介质(如海水)中,黄铜中的锌优先溶解(或者 Cu、Zn 溶解,而 Cu 又沉淀回去),而剩下脱锌后的红色铜骨架,其外表疏松多孔,密度小,强度低而脆。

还有一些金属具有类似的现象,如 Cu-Al 合金脱铝、Cu-Ni 合金脱镍、Cu-Mn 合金脱锰等。选择性溶解不仅发生在单相固溶体中,也会发生于复相合金中。例如,灰口铁在盐水或酸性介质中,铁从铸铁中优先溶解而引起腐蚀,当铁腐蚀以后,便剩下多孔的碳,称为石墨腐蚀。

**4. 合金元素对钢铁电化学性能的影响**

图 4-5 是 Fe 在 1N 硫酸介质中测定出的合金元素对纯铁的阳极极化曲线的影响。从图 4-5 可以看出:

(1) Cr 的电位比 Fe 的负,使混合电位 $E_R$ 负移;Ni、Mo 的电位比 Fe 正,使 $E_R$ 正移。因此,在活化区,钢中加 Ni、Mo 有利于提高耐蚀性,加 Cr 会加速腐蚀。

(2) Cr 使临界钝化点($C$ 点)负移,促进钝化,提高耐蚀性;Ni、Ti、Mo 使 $E_b$ 正移,延缓纯铁钝化。

(3) Cr、Si 使稳态钝化电位 $E_p$($D$ 点)负移,使钢易于转入稳态钝化;Ni、Mo 使 $E_p$ 正移,减少稳态钝化电位范围,对钝化起延缓作用。

（4）Ni、Si、N 使过钝化电位 $E_{0p}$ 正移,Cr、Mo、V 使钢的 $E_{0p}$ 负移,影响二次活化。

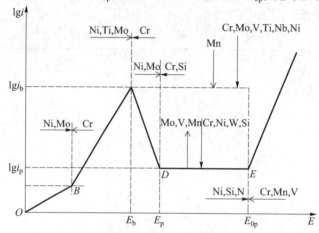

图 4 - 5　合金元素对铁在硫酸中阳极极化曲线的影响

注:"⟶"表示对钝化有利的影响;"⟶"表示对钝化不利的影响。

合金元素对钢铁的耐蚀性的影响,可借助电化学原理（图 4 - 6）来解释。当环境（$C$ 曲线）一定时,通过合金化使阳极局部极化曲线 $A$ 变成曲线 $A_2$,其特征参数 $i_b$ 沿着箭头 1 减小;$E_F$ 电位沿着箭头 2 降低,维钝电流 $i_p$ 沿着箭头 3 减小,合金元素也可使阴极极化曲线 $C$ 沿箭头 4 活化,呈曲线 $C_1$,促使阳极极化,或沿箭头 5 使阴极反应受阻,极化增加,呈曲线 $C_2$。以上方法均可使合金耐蚀性得到改善。合金元素对腐蚀速率的影响见表 4 - 3。

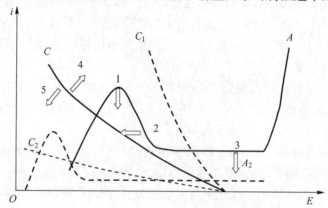

图 4 - 6　合金化对腐蚀影响的电化学原理图

表 4 - 3　合金化元素对钢铁腐蚀速率的影响

| 序号 | 合金化元素 | 作　用 |
|---|---|---|
| 1 | Cr、Ni、Mo、V、Ti、Nb | 减小 $i_b$ |
| 2 | Cr、Ni、Mo | 降低 $E_F$ |
| 3 | Cr、Ni、Si、W | 减小 $i_p$ |
| 4 | Pt、Pd、Ni、Rh、Ir、In | 促使阴极反应 $C$ |
| 5 | Hg、Ag、Cd、Mn、Sb | 抑制阴极反应 $C_2$ |

## 4.1.6 复相组织

实际使用的金属材料绝大多数为复相组织。在复相合金中,相与相之间存在电位差异,形成腐蚀微电池,一般认为单相固溶体比复相组织的合金耐蚀性好。

合金中的杂质、碳化物、石墨、金属间化合物等第二相多数以阴极形式存在于合金中,而基体相往往充当阳极。如碳钢中的 $Fe_3C$ 相电位比基体电位高,呈阴极,起到加速阳极基体溶解腐蚀的作用。第二相可作为阳极致钝相,由于阴极相增多,阴极效率提高(阴极去极化强化),阴极去极化加强,因而促使阳极相加速钝化,提高其耐蚀性。

应当强调的是第二相周围,由于析出相和基体的热胀系数不同,第二相的体积效应导致应力场的形成,因而在相界面上引起电化学不均匀性。例如,在铁素体基体上析出球状 $Fe_3C$ 相时,可形成最高达 $28.1 kg/mm^2$ 的应力场,使该处电位更负,相周围易溶解腐蚀,这在腐蚀工程上应引起注意。

## 4.1.7 热处理工艺

通过热处理可以改善合金中的应力状态、晶粒大小,控制第二相的形状、大小及分布,使相中组元发生再分配等。所有这些都能影响合金的电化学行为。通常,以消除内应力、使成分均匀化为目的的热处理能够提高耐蚀性,尤其是对抑制局部腐蚀的发生更为有效。而不适当的热处理或焊接工艺,可使奥氏体不锈钢在敏感温度区间停留或反复通过敏化区,增加对晶间腐蚀的敏感性。

18-8 不锈钢经固溶处理后,在 $400 \sim 850 ℃$ 加热,或退火处理时,由于 $Cr_{23}C_6$ 或 $Cr_7C_3$ 碳化物相沿晶界析出,致使晶界附近形成贫 Cr 区,并产生应力场。碳化物为阴极相,贫 Cr 区为阳极相,呈现沿晶界的溶解腐蚀,使晶界加宽加深,称为晶界腐蚀。

合金焊接时,焊缝附近区域各部位因加热和冷却的条件不同,焊后其组织也不同,造成电位差异,常导致焊缝腐蚀。经过退火处理后,电位差消除,增加焊缝的耐蚀性。

合金晶粒尺寸及其均匀程度也影响耐蚀性。均匀的细晶粒可将杂质弥散分布,点缺陷和线缺陷也分散,从而防止不均匀腐蚀。理想的合金状态为无晶界的非晶态,其电化学均匀性是一致的,这是理想的耐蚀材料。

## 4.1.8 变形与应力

机械加工、冷变形、铸造或焊接后的热应力、热处理过程中形成的热应力和组织应力等,将在金属内部产生晶格扭曲和位错等缺陷,引起电化学性质的变化,通常增加局部腐蚀(如应力腐蚀)的敏感性。塑性变形的应变会显著引起阳极溶解加速,同时也会破坏保护膜的保护作用。图 4-7 为经冷加工后的软钢(0.11% C)和纯铁(0.0001% C)的腐蚀速率随热处理温度的变化。

由图 4-7 可以看出以下特点:

(1) 冷加工后钢的腐蚀电位($E_{corr}$)大约比退火状态低 45mV。

(2) 冷加工后软钢的腐蚀电位比纯铁的电位负,其腐蚀速率远比纯铁快。

(3) 热处理能改善冷加工后软钢的耐蚀性,而对纯铁耐蚀性却几乎没有影响。

(4) 冷加工塑性变形造成晶格的缺陷。晶格缺陷的存在以及缺陷处杂质的富集,自

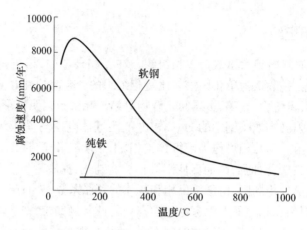

图 4-7  冷加工后的软钢和纯铁在 0.1N $H_4Cl$ 水溶液中的
腐蚀速率与热处理温度(保温 2h)的关系

然会造成合金微观尺度上的电化学不均匀性,加剧合金的腐蚀。

### 4.1.9  材料的表面状态

包括合金在内的金属的表面粗糙度直接关系到腐蚀速率,金属表面越均匀、光滑,其耐蚀性越好,一般粗加工比精加工的表面易腐蚀。其原因主要有以下几个方面:

(1)粗加工表面积比精加工表面积大,与腐蚀介质的接触面积大。

(2)由于表面粗糙,有坑洼部分氧进入较困难,且面积大,极化性小,而凸起部分接触氧的机会多,因而可形成浓差电池。

(3)在粗加工表面上形成保护膜时易产生内应力的不一致,膜也不易致密,因此粗加工表面容易腐蚀。

(4)金属的表面粗糙度影响水分及尘粒的吸附,而水与尘粒的吸附会对金属腐蚀起到促进作用。

## 4.2  环境介质的影响

### 4.2.1  介质的 pH 值

在腐蚀反应中,酸度的重要性反映在 $E-pH$ 图,介质的 pH 值发生变化对腐蚀速率的影响是多方面的。在腐蚀系统中,阴极过程为氢离子的还原过程,pH 值降低(氢离子浓度增加)时,一般有利于过程进行,加速金属腐蚀。另外,pH 值的变化又会影响金属表面膜的溶解度和保护膜的生成,从而影响金属的腐蚀速率。

金属在酸性溶液中的腐蚀速率通常随 pH 值的增加而减小。在中性溶液中,以氧去极化反应为主,腐蚀速率不受 pH 值的影响。在碱性溶液中,金属常发生钝化现象,腐蚀速率下降;对于两性金属,在强碱性溶液中,腐蚀速率再次增加。对钝化金属来说,一般有随着 pH 值的增加更易钝化的趋势。介质的 pH 值对金属的腐蚀速率的影响大致分三类:

(1)电极电位较正,化学稳定性高的金属(如 Au、Pt 等),不受 pH 值的影响,其腐蚀速率保持恒定,如图 4 - 8(a)所示。

(2)两性金属(如 Al、Pb、Zn 等),因为它们表面上的氧化物或腐蚀产物,在酸性和碱性溶液中都可溶解,所以不能生成保护膜,腐蚀速率也较大。只有在中性溶液(pH = 7.0)的范围内,才具有较小的腐蚀速率,如图 4 - 8(b)所示。

(3)具有钝性的金属(如 Fe、Ni、Cd、Mg 等),这些金属表面上生成了碱性保护膜,溶于酸而不溶于碱,如图 4 - 8(c)所示。

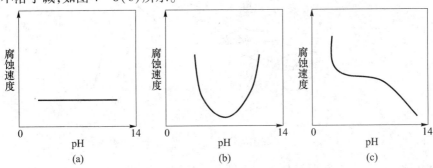

图 4 - 8 腐蚀速率与介质 pH 值的关系图
(a)Au,Pt; (b)Al,Pb,Zn; (c)Fe,Ni,Cd,Mg。

## 4.2.2 介质成分与浓度

大多数金属在非氧化性酸中(如盐酸),随着酸浓度的增加,腐蚀速率增大。而在氧化性酸中(如硝酸、浓硫酸),则随着溶液浓度的增加,腐蚀速率有最大值。当浓度增加到一定数值以后,再增加溶液的浓度,金属表面就会形成保护膜,使腐蚀速率下降。

金属铁在稀碱溶液中,腐蚀产物为金属的氢氧化物,它们是不易溶解的,对金属有保护作用,使腐蚀减小。如果碱的浓度增加,则氢氧化物溶解,金属的腐蚀速率增大。

对于中性的盐溶液(如氯化钠),随着浓度的增加,腐蚀速率也存在极大值。由于在中性盐溶液中,大多数金属腐蚀的阴极过程是氧分子的还原过程,因此,腐蚀速率与溶解的氧有关。开始时,由于盐浓度增加,溶液导电性增加,加速了电极过程,腐蚀速率增大;但当盐浓度增大到一定值后,随着盐浓度增加,氧在其中的溶解量减小,又使腐蚀速率减小,如图 4 - 9 所示。

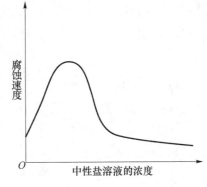

图 4 - 9 盐浓度对腐蚀速率的影响

非氧化性酸性盐类,如氯化镁水解时能生成相应的无机酸,引起金属的强烈腐蚀。中性及碱性盐类的腐蚀性比酸性盐小得多,这类盐(如重铬酸钾)对金属的腐蚀主要是靠氧的去极化腐蚀,具有钝化作用,常称为缓蚀剂。

金属的腐蚀速率往往与介质中的阴离子种类有关,在增加金属的腐蚀溶解速度方面,阴离子的作用顺序为 $NO_3^- < CH_3COO^- < Cl^- < SO_4^{2-} < ClO_4^-$。铁在卤化物中的腐蚀速率依次为 $I^- < Br^- < Cl^- < F^-$。

软钢(0.1% C)在钠盐溶液中腐蚀速率受阴离子影响,随着阴离子的种类和浓度的不同而不同,如图 4 - 10 所示。

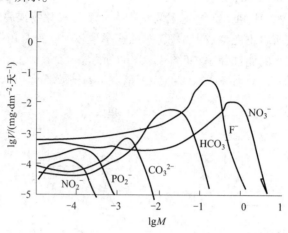

图 4 - 10　阴离子种类及浓度对腐蚀速率的影响

在实际腐蚀中,大多数情况是吸氧腐蚀。氧的存在既能显著增加金属在酸中的腐蚀,也能增加金属在碱中的腐蚀。

同时,氧对具有活化 - 钝化性的金属,在一定浓度时,有阻滞这些金属腐蚀的作用,原因是氧促进了钝钝化膜的生成和改善了钝化膜的性质。因此,氧对腐蚀有双重作用,但一般情况下,由于氧浓度较低,加速腐蚀是主要的。在没有发生钝化时,除去氧有利于防止腐蚀。

## 4.2.3　介质的温度

温度升高,通常腐蚀速率加快。因为温度升高增加了电化学反应速度,也增加了溶液对流、扩散,减少了电解质溶液的电阻,从而加速了阳极过程和阴极过程,腐蚀也加快。图 4 - 11 表明温度对铁在盐酸中腐蚀速率的影响。此外,温度升高会使钝化变得困难甚至不能钝化,温度分布不均匀常对腐蚀反应有极大的影响。

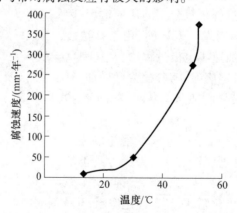

图 4 - 11　铁在盐酸(180g/L)溶液中的腐蚀速率与温度的关系

对于有氧去极化腐蚀参加的腐蚀过程,腐蚀速率与温度的关系要复杂一些。因为随着温度的升高,氧分子的扩散速度增大,但溶解度下降,如图 4 - 12 所示。这样对应的腐蚀速率也出现极大值。图 4 - 13 示出了锌在水中的腐蚀与温度的关系,开始时,温度增加,促使了电极过程,腐蚀速率增加,70℃时达到最大值。进一步增加温度,因氧浓度下降使腐蚀速率下降。

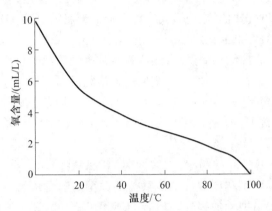
图 4 - 12 氧在水中溶解度与温度的关系

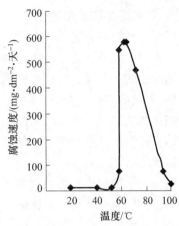
图 4 - 13 锌在水中的腐蚀与温度的关系

### 4.2.4 介质的压力

介质的压力增加,腐蚀速率增大。这是由于压力增加,使参加反应的气体的溶解度增大,从而加速了阴极过程。在高压锅炉中,水中只要存在少量的氧,就可引起剧烈的腐蚀。

### 4.2.5 介质流速

腐蚀速率与介质的运动速度有关,这种关系很复杂,主要取决于金属与介质的特性。图 4 - 14 给出了腐蚀速率与介质流速的关系。对于受活化极化控制的腐蚀过程,流速对腐蚀速率没有影响,如图 4 - 14 曲线 B。铁在稀盐酸中,18 - 8 不锈钢在硫酸中就属这种情况。当阴极过程受扩散控制时,流速使腐蚀速率增加,如图 4 - 14 曲线 A 中的 1 区,一般常发生于含有少量氧化剂(如酸或水中含有溶解氧)时,铁在水中加氧、铜在水加氧就属于这种情况。

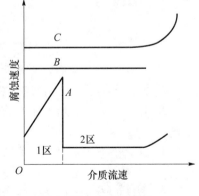
图 4 - 14 腐蚀速度与介质流速的关系

如果受扩散控制的过程而金属又容易钝化,那么可以观察到相应于曲线的 1 区和 2 区,流速增加时,金属将由活性转变为钝性。

有些金属在一定的介质中由于生成了保护膜,使其具有良好的耐蚀性;但当介质流速非常高时,保护膜遭到破坏,结果引起腐蚀的加速,如曲线 C。铅在稀盐酸中和钢在浓硫酸中的腐蚀就属于此类。

### 4.2.6 细菌微生物

细菌参与金属腐蚀,最初是从地下管道中发现,后来逐渐发现矿井、油井、水坝及循环冷却水系统的金属构件及设备的腐蚀过程与细菌活动有关。细菌腐蚀并非它本身对金属的侵蚀作用,而是细菌生命活动的结果间接地对金属腐蚀的电化学过程产生影响。主要有四种方式影响腐蚀过程:①新陈代谢产物的腐蚀作用,细菌能产生某些具有腐蚀性的代谢产物,如硫酸、有机酸和硫化物等,恶化金属腐蚀的环境;②生命活动影响电极反应的动力学过程,如硫酸盐还原菌的存在,其活动过程对腐蚀的阴极去极化过程起促进作用;③改变金属所处环境的状况,如氧浓度、盐浓度、pH 值等,使金属表面形成局部腐蚀电池;④破坏金属表面有保护性的非金属覆盖层或缓蚀剂的稳定性。

细菌腐蚀的一个显著特征是在金属表面伴随有黏性物质的沉积。许多细菌都能分泌黏液,黏泥是黏液与介质中的土粒、矿物质、死亡菌体、藻类和金属腐蚀产物的混合物。金属遭受细菌腐蚀的程度往往与黏泥积聚的数量密切相关。细菌腐蚀的另一个特点是腐蚀部位总带有孔蚀的迹象。这是在黏泥的覆盖下,局部金属表面成为贫氧区引起氧浓度差电池而造成的。

自然环境中参与金属腐蚀过程的菌类不多,一般分为喜氧性菌和厌氧性菌两大类。常见的腐蚀性细菌有喜氧性的铁细菌、硫氧化菌和厌氧性的硫酸盐还原菌。前者可将一些硫化物或硫代硫酸盐氧化成硫酸,即产生腐蚀性的强酸。后者能把无机硫酸盐还原成硫化物,并且进一步使硫化物转化成 $FeS$、$Fe(OH)_2$,从而腐蚀钢铁设备。当通气条件非常差的时候(如在黏土中或潮湿环境下),硫酸盐还原菌可能比较活跃,会发生腐蚀反应。由于氢原子不断被消耗,需要更多的电子产生氢原子,因此,腐蚀会更严重。这种腐蚀的特点是金属表面光亮,但有臭鸡蛋味。

## 4.2.7 其他因素

除了上述因素外,还有许多其他因素,如接触电偶效应、微量氯离子、微量氧及微量高价金属离子等,这些往往易被忽视的因素会造成严重的后果。另外,生产实际过程中,环境是不断变化的,因此,在考虑腐蚀影响因素时,应特别注意和掌握各种变化。总之,金属腐蚀是一个非常复杂的问题,一定要具体问题具体分析,正确处理具体腐蚀问题。

## 思 考 题

1. 金属电极电位是如何影响金属腐蚀的,举例说明。

2. 活泼金属、不稳定金属、次稳定金属、稳定金属、贵金属划分的依据是什么?

3. 什么是金属的超电压?其大小受哪些因素影响?举例说明超电压对腐蚀速率的影响。

4. 什么是金属的钝性?如何表征?给出常用金属在 0.5N NaCl 水溶液中的钝化系数。

5. 腐蚀产物是如何影响腐蚀进程的?

6. 合金元素是如何影响金属腐蚀的?

7. 什么是塔曼规律?以此说明 Cr13 型、Cr18 型、Cr25 型等不锈钢 Cr 含量选择依据,并给出实际原子比。

8. 简述合金元素对钢铁材料腐蚀速率影响的规律。

9. 金相组织对金属腐蚀有何影响?

10. 举例说明热处理工艺对材料腐蚀速率的影响。
11. 简述金属变形降低金属腐蚀性的机理。
12. 简述金属材料中应力的类型、产生的原因、对金属腐蚀的影响规律。
13. 材料表面状态对其腐蚀有何影响?
14. 环境介质的 pH 值是如何影响金属腐蚀的?
15. 中性盐浓度对金属腐蚀的影响有何规律?
16. 简述阴离子种类对金属腐蚀的影响规律。
17. 简述介质含氧量对金属腐蚀的影响规律。
18. 介质温度如何影响金属腐蚀?为什么?
19. 介质压力为什么会使金属的腐蚀危险增加?
20. 介质流速是如何影响金属腐蚀的?

# 第5章 金属的常见腐蚀形态及防护措施

金属按其腐蚀的形态可分为 8 种,掌握这些具体形态对了解腐蚀的特性和机理及采用相应的防护措施具有重要的意义,本章将分别简要介绍。

## 5.1 均 匀 腐 蚀

金属腐蚀从广义的角度来讲分为均匀腐蚀(或全面腐蚀)和局部腐蚀;按腐蚀的形态还可分为均匀腐蚀以及属于局部腐蚀类型的电偶腐蚀、小孔腐蚀、缝隙腐蚀、晶间腐蚀、应力腐蚀、腐蚀疲劳和磨损腐蚀。

均匀腐蚀是最常见的腐蚀形态,化学或电化学反应在全部暴露的表面或大部分表面上均匀地进行,金属逐渐变薄,最终失效。这种腐蚀不易造成穿孔,腐蚀产物氧化铁可以在整个金属表面上形成,在一定的情况下有保护作用,但也可能形成严重的污垢。均匀腐蚀一般属于微观电池腐蚀。铁生锈或钢失去光泽,镍的"发雾"现象以及金属的高温氧化;钢铁构件在大气、海水及稀的还原性介质中的腐蚀;还有铁皮做的烟筒,经过一段时间后,表面表现出基体上同一程度的锈蚀,其强度降低;锌、铝及其镀层表面布满白色腐蚀产物;铜的发绿或变黑等,均属于均匀腐蚀。对于均匀腐蚀,人们关心的主要是腐蚀速率,知道准确的腐蚀速率,才能选择合理的防腐蚀措施及为结构设计提供依据。常用的表示方法有重量法和深度法。重量法难以直观地知道腐蚀深度,制造农药的反应釜的腐蚀速率用腐蚀深度表示就非常方便。对于均匀腐蚀金属材料,判断其耐蚀程度及选择耐蚀材料的标准,一般情况下采用深度指标。

从腐蚀重量上来看,均匀腐蚀代表金属的最大破坏。但从技术观点来看,这类腐蚀形态并不重要,根据简单的实验,就可以准确地估计设备寿命。引起均匀腐蚀的主要原因:一是纯化学腐蚀,如金属材料在高温下发生的一般氧化现象;二是电化学腐蚀,如均相电极(纯金属)或微观复相电极(均匀的合金)在电解质溶液中的自溶解过程。通常所说的均匀腐蚀特指由电化学腐蚀反应引起的。腐蚀电池的阴、阳极面积都非常微小,且其位置随时间变化不定,整个金属表面在电解质溶液中都处于活化状态,表面各处随时间发生能量起伏,某一时刻为微阳极(高能量状态),另一时刻转变为微阴极(低能量状态),从而导致整个金属表面腐蚀。

局部腐蚀较全面腐蚀在性质上更危险,而且更难预测。局部腐蚀局限在结构的特定区域或部位上,会引起设备、机器、工具的意外或过早损坏。腐蚀失效事故统计数据表明,在常见的腐蚀形态中,全面腐蚀约占 17.8%,局部腐蚀约占 82.2%。其中,应力腐蚀约为 38%,小孔腐蚀约 25%,缝隙腐蚀约为 2.2%,晶间腐蚀约为 11.5%,磨损腐蚀约为 3.1%,其他约为 2.4%,由此可见局部腐蚀的严重性。

表 5 – 1 列出了均匀腐蚀与局部腐蚀的比较。

表 5 – 1　均匀腐蚀与局部腐蚀的比较

| 比较项目 | 均匀腐蚀 | 局部腐蚀 |
|---|---|---|
| 腐蚀形貌 | 腐蚀分布在整个金属表面 | 腐蚀主要集中在一定区域 |
| 腐蚀电池 | 阴极和阳极在表面上变化，阴极和阳极无法辨别 | 阴极和阳极在微观上可以分析 |
| 电极面积 | 阴极面积＝阳极面积 | 阳极面积远小于阴极面积 |
| 电位 | 阴极电位＝阳极电位＝腐蚀(混合)电位 | 阴极电位小于阳极电位 |
| 腐蚀产物 | 可能对金属电位等于具有保护作用 | 无保护作用 |
| 质量损失 | 大 | 小 |
| 失效事故率 | 低 | 高 |
| 预测性 | 容易预测 | 难以预测 |
| 评价方法 | 重量法、深度法、电流密度表征法等 | 局部最大腐蚀深度法或强度损失法等 |

防止或减少均匀腐蚀可采用下列措施：

(1) 合理选取材料；

(2) 表面涂覆保护层；

(3) 介质中加入缓蚀剂；

(4) 阴极保护。

以上方法既可以单独使用也可联合使用，具体方法参见第 8 章。

# 5.2　电 偶 腐 蚀

## 5.2.1　电偶腐蚀现象

异种金属在同一种介质中接触，由于腐蚀电位不同，就有电偶电流流动，使电位较低的金属溶解速度增加，造成接触处的局部腐蚀，而电位较高的金属，溶解速度减慢，这就是电偶腐蚀，也称为接触腐蚀或双金属腐蚀。实质上，它是由两种不同的电极构成的宏观原电池腐蚀。

电偶腐蚀的现象很普遍，例如电镀车间的铜电极与金属锌挂块之间，铜的电位较正，它们在镀液中相接触时，会加速锌块的腐蚀。

在实际工作中，碰到异种金属直接接触的情况，应该考虑是否会引起严重的电偶腐蚀问题，在设备结构设计上要特别注意。

在电偶腐蚀电池中，腐蚀电位较低的金属和腐蚀电位较高的金属接触而产生阳极极化，溶解速度增加；电位较高的金属和电位较低的金属接触而产生阴极极化，溶解速度下降，即受到了阴极保护，这就是电偶腐蚀原理。在电偶腐蚀电池中，阳极体金属溶解速度增加的效应称为接触腐蚀效应，阴极体溶解速度减少的效应称为阴极保护效应，两种效应同时存在，互为因果。

利用电偶腐蚀原理，用牺牲阳极体的金属来保护阴极体的金属，这种防腐方法称为牺牲阳极的阴极保护法，将在第 8 章中详细讨论。

### 5.2.2 电位序与电偶腐蚀的倾向

异种金属在同一介质中相接触,哪种金属受腐蚀,哪种金属受保护,阳极体金属的腐蚀倾向有多大,都是热力学方面的问题。要回答这些问题,能不能利用它们的标准电极电位的相对高低作为判断的依据?现以铝和锌在海水中的接触为例,若从它们的标准电极电位来看,铝是 $-1.66V$,锌是 $-0.762V$,二者组成偶对,铝为阳极,锌为阴极,铝被腐蚀,锌受到保护。但事实恰恰相反,锌被腐蚀,铝受到保护。判断结果与实际不符,原因是金属的标准电极电位与其在海水中的非平衡电位相差太大。如铝在 3% NaCl 溶液中的腐蚀电位为 $-0.60V$,锌的腐蚀电位为 $-0.83V$。所以,二者在海水中接触时,锌是阳极被腐蚀,铝是阴极受到保护。由此可见,对金属在偶对中的极性做出判断时,不能以它们的标准电极电位作为判据,而应该以它们的腐蚀电位作为判据;否则,将得出错误结论。具体来说,可查金属(或合金)的电偶序来得出热力学上的判据。电偶序是根据金属(或合金)在一定条件下测得的稳定电位大小排列的表。

金属在海水中的稳定电位随合金成分、海水环境因素、浸泡时间而变化,经一定时间后,电位趋于稳定。表 5-2 列出了金属(或合金)在海水中的电位序。由于海水中的稳定电极电位随海水环境因素的变化而波动,因此,电位序中一般并不给出具体的电位值,给出的电位值仅供参考。

表 5-2 金属和合金在海水中的稳态电位序

| 金 属 | $E/V$ | 金 属 | $E/V$ |
|---|---|---|---|
| 镁 | $-1.45$ | 锰青铜(5% Mn) | $-0.20$ |
| 镁合金(6% Al,3% Zn,0.5% Mn) | $-1.20$ | 镍 | $-0.12$ |
| 锌 | $-0.80$ | $\alpha$ - 黄铜(30% Zn) | $-0.11$ |
| 铝合金(10% Mg) | $-0.74$ | 青铜(5% ~11% Al) | $-0.10$ |
| 铝合金(10% Zn) | $-0.70$ | 铜锌合金(5% ~10% Zn) | $-0.10$ |
| 铝 | $-0.53$ | 铜 | $-0.08$ |
| 镉 | $-0.52$ | 铜镍合金(30% Ni) | $-0.02$ |
| 硬铝 | $-0.50$ | 石墨 | $+0.03$ |
| 铁 | $-0.50$ | 不锈钢(Cr13,钝态) | $+0.05$ |
| 碳钢 | $-0.40$ | 镍(钝态) | $+0.10$ |
| 灰口铁 | $-0.36$ | Cr17 不锈钢(钝态) | $+0.17$ |
| 不锈钢(Cr13,Cr17,活化态) | $-0.32$ | Cr18Ni9 不锈钢(钝态) | $+0.17$ |
| Ni - Cu 铸铁 | $-0.30$ | 哈瓦合金(20% Mo,18% Cr,6% W,7% Fe) | $+0.17$ |
| 不锈钢(Cr18Ni7,活化态) | $-0.30$ | Cr18Ni12Mo3 不锈钢(钝态) | $+0.20$ |
| 不锈钢(Cr18Ni12Mo2Ti) | $-0.30$ | 银 | $0.12 ~0.2$ |
| 铬 | $-0.30$ | 钛 | $0.15 ~0.2$ |
| 锡 | $-0.25$ | 铂 | $+0.4$ |
| $\alpha + \beta$ 黄铜 | $-0.2$ | | |

金属的电偶序除了海水为介质的电偶序外,还有以土壤为介质的电偶序。利用电偶序判断金属在偶对中的极性和腐蚀倾向时,只根据它们之间的相对电位差,利用热力学数据预期腐蚀发生的方向和限度,而没有涉及腐蚀速率,即未考虑动力学问题。有时两种金属的开路电位虽然相差很大,但偶合后阳极体的腐蚀速率不一定很大。这是因为腐蚀电流的大小不能仅由推动力决定,还须考虑极化因素。例如,偶对的阴极面积和阳极面积比、表面膜状态、腐蚀产物性质以及介质的流速等对极化的影响很大。在腐蚀过程中,由于上述因素的影响,与腐蚀开始相比,偶对中的极性甚至可与原来的极性倒转。如18－8型不锈钢(钝态)与铜,两者在电偶序中的位置相距不大,在海水中接触时,由于不锈钢表面有一层钝化膜,引起很大的欧姆降,没有起到强阴极的作用,对铜的腐蚀只引起很小的加速作用。铜和铝在海水中接触时,电位差相差较大,故铜为铝提供了一个强阴极体,使铝产生了非常严重的电偶腐蚀。电偶腐蚀的电极过程异常复杂,腐蚀发生和腐蚀速率大小主要由极化因素决定,只有把热力学因素和动力学因素有机地结合起来研究,才能得出全面性结论。

### 5.2.3 影响电偶腐蚀的因素

影响电偶腐蚀的主要因素有电偶对的电位差、环境因素、介质导电性因素及阴极面积和阳极面积比。下面主要介绍阴极面积和阳极面积比及介质的导电性对电偶腐蚀的影响。

**1. 阴极面积和阳极面积比**

偶对中的阴极面积和阳极面积的相对大小对腐蚀速率影响很大。从图5－1可见,一般情况下,随着阴极面积和阳极面积比增加,腐蚀速率增加。阴极面积和阳极面积比对阳极的腐蚀速率影响解释:在氢去极化时,腐蚀电流密度被阴极电流控制,阴极面积越大,阴极电流密度越小,阴极上氢超电压越小,氢去极化速度越大,结果阳极的溶解速度增加。在氧去极化腐蚀时,其腐蚀速率被氧扩散条件控制,若阴极面积相对增大,则溶解氧更易抵达阴极表面进行还原反应,因而扩散电流增加,导致阳极的加速溶解。

从生产实际来看,不同金属偶合起来,在不同的电极面积比下,对阳极的腐蚀速率有不同的加速作用。图5－2(a)表示钢板用铜铆钉铆接,图5－2(b)表示铜板用钢铆钉铆接,前者属于大阳极－小阴极的结构,后者属于大阴极－小阳极的结构。从防腐的角度考

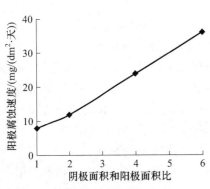

图5－1 阴极面积和阳极面积比对
阳极腐蚀速率的影响

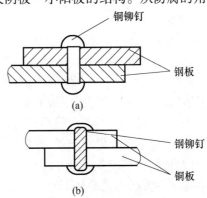

图5－2 阴极面积和阳极面积比
不同的连接结构

虑,大阴极－小阳极的连接结构是危险的,它可使腐蚀电流急剧增加,连接结构很快受到破坏;大阳极－小阴极的结构较为安全,阳极面积大,阳极溶解速度相对减小,不至于短期内引起连接结构的破坏。

违背上述简单原理常会造成严重的损坏。例如,某工厂安装了几百个钢槽,大部分旧槽是普通钢材,内壁用酚醛烤漆涂盖,处理的溶液对钢腐蚀性不大,底部的涂层由于机械磨损而损坏,需要定期维修。为了改进这种情况,在新槽的软钢底上衬了 18－8 不锈钢,槽顶和槽壁是钢制的,槽壁和不锈钢衬底焊接连好,如图5－3 所示。槽壁同样用酚醛漆涂盖,焊缝下层只有一小部分不锈钢有涂料涂盖。

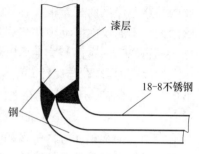

图 5－3　钢和不锈钢槽焊接结构

工厂开工只有几个月,由于槽壁穿孔,槽就不能使用了。大多数孔是在焊缝上面 50mm 的区带内。就侧壁腐蚀来说,一些全部钢制的槽用了 10～20 年,并未发生过问题。

事故原因分析。一般来说,所有涂层都是可渗透的,并且可能有某些缺陷。新槽的破坏是由于不利的面积比效应,在侧壁软钢上产生了小阳极。阳极区与不锈钢底(大表面积)有良好的接触,阴极面积和阳极面积比几乎是无限大,以致引起非常高的腐蚀率,约达 25mm/年。

有趣的是,这家工厂宣称钢槽的破坏是由于焊缝附近施工不好。他们要求施工者再次涂漆,这次用喷砂清除黏附的酚醛涂料,比原来只除去锈的费用更大。但是仍然很快就发生了腐蚀破坏。后来在不锈钢底也涂上涂料,使暴露的阴极面积减小,这个问题才得到解决。

另一家工厂使用同样的溶液,但由于一个青铜人孔盖没有涂漆,使涂层很快破裂。这家工厂进行了比较实验,将两个钢槽并列,在实际使用中考查,唯一的已知变量是青铜盖一个涂漆,另一个没有涂漆,实验清楚地表明,加速破坏的是青铜盖没有涂漆的缘故。

以上例子说明了有关涂料的一项原则,即如果两种不同的金属接触,则应将漆涂在较贵或较耐蚀的金属上。

**2. 介质的电导率**

当金属发生全面腐蚀时,一般来说,介质的电导率越高,金属的腐蚀速率越大,介质的电导率越低,金属的腐蚀速率越小。但对电偶腐蚀而言,介质电导率的高低对金属的腐蚀程度的影响有所不同。如某金属偶对在海水中发生电偶腐蚀,由于海水的电导率较高,两极间溶液的电阻较小,因此,溶液的欧姆压降可以忽略,电偶电流可分散到离接触点较远的阳极表面,阳极所受的腐蚀较为均匀。如果这一偶对在普通软水或普通大气下发生电偶腐蚀,由于介质的电导率较低,因此两极间引起的欧姆压降大,腐蚀集中在离接触点较近的阳极表面,相当于把阳极的有效面积"缩小",使阳极的局部表面上溶解速度较大。这种情况在飞机结构上尤其不能忽视,因为个别零件的特殊功能需要,不得不采用合金的复合结构时,在不同合金相互接触的情况下,如果误以为介质的电导率较低,而不采用有效的防止电偶腐蚀的措施,会造成严重的飞行事故。

### 5.2.4 电偶腐蚀的防护

根据电偶腐蚀的特点,可采取以下措施防止电偶腐蚀:

(1) 在设计时,尽量避免异种金属(或合金)相互接触,不可避免时,应尽量选取电位序相近的材料组合。

(2) 设备或部件中,当两种以上的金属组合时,控制阴极面积和阳极面积比,切忌形成大阴极 – 小阳极的不利于防腐的面积比。

(3) 连接面加以绝缘,在法兰连接处所有接触面均用绝缘材料做垫圈或涂层保护。

(4) 在使用涂层时,必须涂覆在阴极金属上,以减少阴极面积。如果涂覆在阳极表面上,因涂层的多孔性,可能使部分阳极表面暴露于介质中,反而会造成大阴极—小阳极的面积组合而加速腐蚀。

(5) 装在一起的小零件,必须采用表面处理。如对钢件发蓝,表面镀锌,对铝合金表面进行阳极氧化,这些表面膜在大气中的电阻较大,可以减轻电偶腐蚀的作用。

(6) 设计时可安装一块比电偶接触的两块金属电位更负的第三种金属,把容易更换的部件作为阳极,并使其厚度加大,以延长寿命。

## 5.3 小 孔 腐 蚀

### 5.3.1 孔蚀的概念

若金属的大部分表面不发生腐蚀(或腐蚀很轻),而只在局部地方出现腐蚀小孔并向纵深发展,这种现象称为小孔腐蚀,简称为孔蚀或点蚀。点蚀表面直径等于或小于它的深度,一般只有几十微米,其形貌有蝶形、窄深形、舌形等。

孔蚀是一种典型局部腐蚀形式,具有较大的隐患性及破坏性。孔蚀时,虽然失重不大,但由于阳极面积很小,因而腐蚀速率很快,严重时造成管壁穿孔,油、水、气泄漏,甚至火灾、爆炸等,在石油、化工、海洋业中尤为突出。一般金属表面都可能产生孔蚀,镀有阴极保护层($Sn$、$Cu$、$Ni$)的钢铁制品,如镀层不致密,钢铁表面就可能产生孔蚀。若阳极缓蚀剂用量不足,则未得到缓蚀剂的部分成为阳极区,也将产生孔蚀。

### 5.3.2 孔蚀机理

在下列情况或条件下容易发生孔蚀:①表面易生成钝化膜金属材料(如不锈钢、铝、铅合金),或表面镀有阴极性镀层的金属(如碳钢表面镀锡、铜、镍等);②在有特殊离子的介质中,如不锈钢在有卤素离子溶液中易发生孔蚀;③电位大于点蚀电位时。

孔蚀发生时,一般有一个诱导期,这是由于处于钝态的金属仍有一定的反应能力,即钝化膜的溶解和修复(再钝化)处于动态平衡。当介质中含有活性阴离子(如氯离子)时,平衡受到破坏,溶解占优势,其原因是氯离子优先选择性地吸附在钝化膜上,把氧原子挤掉,然后和钝化膜中的阳离子结合形成可溶性氯化物,在新露出的基底金属的特定点上生成小蚀坑(孔径多数为 $20 \sim 30 \mu m$)。这些小孔坑称为孔蚀核,也可理解为蚀坑生成的活性中心。

蚀核形成后,该特定点仍有再钝化的能力,若再钝化的阻力小,蚀核就不再长大,此时小蚀坑呈开放式。

从理论上讲,蚀核可在钝化金属的光滑表面上任何地点形成,随机分布,但当钝化膜局部有缺陷(金属表面有伤痕,露头位错等),内部有硫化物夹杂,晶界上有碳化物沉积等时,蚀核将在这些特定点上优先形成。

在大多数情况下,蚀核将继续长大。当孔蚀核长大到一定临界尺寸时(一般孔径大于 $30\mu m$),金属表面出现宏观可见的蚀孔,蚀孔出现的特定点称为孔蚀源。

在外加阳极极化的条件下,介质中只要含有一定量的氯离子便可能使蚀核发展为蚀孔。在自然腐蚀的条件下,含氯离子的介质中有溶解氧或阴离子氧化剂(如 $FeCl_3$)时,也能促使蚀核长大成蚀孔,氧化剂能促进阳极过程,使金属的腐蚀电位上升至孔蚀临界电位以上。

孔蚀核一旦长成,为什么具有"深挖"的动力?孔蚀的过程是怎样进行的?孔蚀生长机制较公认的是蚀孔内的自催化酸化机制,即闭塞电池作用。下面以不锈钢在充气的含氯离子的介质中的腐蚀过程为例加以说明(图 5 – 4)。

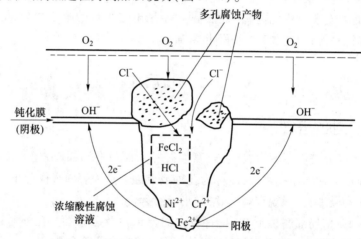

图 5 – 4　不锈钢在充气 NaCl 溶液中孔蚀的闭塞电池示意图

在蚀坑内部,孔蚀电池产生腐蚀电流,使氯离子向孔内迁移而富集;金属离子水化,使孔内溶液酸化,随后使致钝电位升高;孔内溶液浓度加大,导电性提高,氧的供应困难(除了扩散困难外,还由于氧在孔内溶液中溶解度降低)。所有这些均阻碍了孔内金属的再钝化,也就是说,孔内金属处于活化状态(电位较负)。

在蚀坑口部,形成一层水化物的外皮,阻碍了扩散和对流,使孔内溶液得不到稀释。

在蚀坑周围,由于腐蚀电流而得到阴极保护,由阴极反应产生的碱能促进钝化,因而抑制了蚀坑周围金属的腐蚀,即蚀孔外的金属表面仍处于钝态(电位较正)。较贵金属(如铜)在局部阴极沉积,提高了阴极效率,使阴极电位保持在孔蚀电位之上,而孔内电位处于活化区,使小孔进一步加深。于是蚀孔内外构成了膜 – 孔电池,孔内金属发生阳极溶解形成 $Fe^{2+}$、$Cr^{3+}$、$Ni^{2+}$ 等。

孔内,阳极反应:

$$Fe \rightarrow Fe^{2+} + 2e^-$$ (5 – 1)

孔外,阴极反应:

$$O_2 + 2H_2O + 4e^- \rightarrow 4OH^- \tag{5-2}$$

孔口,pH 值增高,发生二次反应:

$$Fe^{2+} + 2OH^- \rightarrow Fe(OH)_2 \tag{5-3}$$

$$Fe(OH)_2 + 2H_2O + O_2 \rightarrow Fe(OH)_3 \downarrow \tag{5-4}$$

$Fe(OH)_3$ 沉积在孔口形成多孔的蘑菇状壳层,使孔内外物质交换困难,孔内介质相对孔外介质呈滞流状态。

孔内 $O_2$ 浓度继续下降,孔外富氧,形成氧浓差电池。其作用加速了孔内不断离子化,孔内 $Fe^{2+}$ 浓度不断增加,为保持电中性,孔外 $Cl^-$ 向孔内迁移,并与孔内 $Fe^{2+}$ 形成可溶性盐($FeCl_2$)。孔内氯化物浓缩、水解等使孔内 pH 值下降,pH 值可达 $2 \sim 3$,孔蚀以自催化过程不断发展下去。

由于孔内的酸化,$H^+$ 去极化的发生及孔外氧去极化的综合作用,加速了孔底金属的溶解速度,因此使孔不断向纵深迅速发展,严重时可蚀穿金属断面。

孔蚀程度可用点蚀系数或点蚀因子来表示:点蚀系数 = 最大腐蚀深度/平均腐蚀深度,点蚀因子 = $P/d$,$P$ 为实际测得的最深点深度,$d$ 为平均腐蚀深度。图 5-5 给出了最深孔蚀、平均侵蚀深度及点蚀因子的关系。

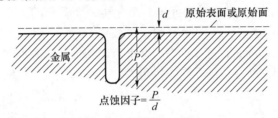

图 5-5 最深孔蚀、平均侵蚀深度及点蚀因子示意图

对小孔腐蚀的机理仍有争论,然而前面所述的酸化理论已被多数人接受。

### 5.3.3 影响孔蚀的因素

金属发生小孔腐蚀很重要的一个条件是金属在介质中必须达到某一临界电位,即孔蚀电位或击穿电位($E_{br}$),才能够发生孔蚀。通常此电位比过钝化电位 $E_{op}$ 低,而位于金属的钝态区(图 5-6)。该电位可通过恒电位移法或动电位法测定其阳极极化曲线来确定。当 $E > E_{br}$ 时,将形成新的点蚀孔(点蚀形核),已有的点蚀孔继续长大;当 $E_p < E < E_{br}$ 时,不会形成新的点蚀孔,但原有的点蚀孔将继续扩展长大;当 $E \leq E_p$ 时,原有点蚀孔全部钝化,不会形成新的点蚀孔。$E_{br}$ 值越正,耐点蚀性能越好。$E_p$ 与 $E_{br}$ 值越接近,钝化膜修复能力越强。

金属的小孔腐蚀取决于许多因素:一方面与金属的本性、合金的成分、组织、表面状态等有关;另一方面取决于溶液的成分和温度。

具有自钝化特性的金属或合金,对孔蚀的敏感性较高,钝化能力越强,敏感性越高。

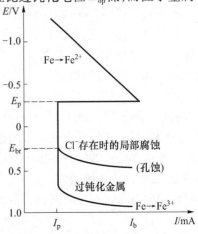

图 5-6 有孔蚀的阳极极化曲线

孔蚀的发生与介质中含有活性阴离子或氧化性阳离子有很大关系。大多数的孔蚀都是在含氯离子或氯化物的介质中发生的。实验表明,在阳极极化条件下,介质中只要含有氯离子便可使金属发生孔蚀。所以,氯离子又称为孔蚀的"激发剂"。而且随着介质中氯离子浓度的增加,孔蚀电位下降,使孔蚀容易发生。含有氧化性金属阳离子的氯化物如 $FeCl_2$、$CuCl_2$、$HgCl_2$ 等属于强烈的孔蚀促进剂,工业常用 $FeCl_3$ 作为不锈钢点蚀的试验剂。这些金属阳离子的还原电位较高,即使在缺氧的条件下,也能在阴极上进行还原,促进阴极去极化。

在碱性介质中,随 pH 值升高,使金属的 $E_{br}$ 值显著变正,减缓孔蚀的发生。在酸性介质中,对 pH 值的影响有不同的看法:一些研究者发现,随 pH 值的升高,$E_{br}$ 值稍有增加;另一些研究者则认为,pH 值实际上对 $E_{br}$ 值没有影响。$OH^-$、$SO_4^{2-}$、$NO_3^-$ 等含氧阴离子能抑制点蚀。抑制 18-8 不锈钢点蚀作用的大小顺序为 $OH^- > NO_3^- > SO_4^{2-} > ClO_4^-$。抑制铝点蚀的顺序为 $NO_3^- > CrO_4^{2-} > SO_4^{2-}$。

介质温度升高,金属的 $E_{br}$ 值显著降低,使孔蚀加速。在 NaCl 溶液中,温度升高能显著降低不锈钢点蚀电位 $E_{br}$,使点蚀坑数目急剧增多。

介质流动减慢孔蚀的发生。介质的流速增大,一方面有利于溶解氧向金属表面的输送,使钝化膜容易形成;另一方面减少沉积物在金属表面沉积的机会,从而减少孔蚀发生的机会。例如,一台不锈钢泵,经常运转则很少发生孔蚀,长期不使用则很快出现蚀孔。又例如,将 18-8 不锈钢的试片置于 50℃、流速为 0.13m/s 的海水中,1 个月便穿孔,当流速增加到 2.5m/s 时,13 个月后仍无孔蚀发生。

金属的表面状态对孔蚀也有一定的影响。一般来说,光滑清洁的表面不易发生孔蚀,积有灰尘或各种金属和非金属的杂质的表面容易发生孔蚀。经冷加工的粗糙表面或加工残留在表面上的焊渣,在这些部位往往发生孔蚀。

### 5.3.4 孔蚀的防护

根据小孔腐蚀的理论,防止孔蚀的措施如下:

(1)选用和研制耐孔蚀合金,以提高设备的耐孔蚀性能。如在不锈钢中添加一定量的钼、氮、硅等合金元素的同时,提高不锈钢中的铬含量,可获得抗孔蚀性能良好的钢种。实践表明,高铬量与高钼量配合的抗孔蚀性能效果显著。耐孔蚀不锈钢一般有三类,分别是铁素体不锈钢、铁素体-奥氏体双相钢及奥氏体不锈钢。铁素体不锈钢以 0Cr18Mo2Ti 为代表;双相钢以成分为 20%~25% Cr、5%~7% Ni、2%~3% Mo 为代表;奥氏体不锈钢常用的有 0Cr18Ni2Mo5 等。

(2)采用精炼方法降低甚至是除去不锈钢中的含磷、含硫、含碳杂质,可以大大提高钢的耐孔蚀性能。例如,经电子束重熔超低碳 25Cr1Mo 不锈钢具有高的耐点蚀性能。

(3)降低介质中卤素离子的含量(如 $Cl^-$、$Br^-$),并使其浓度均匀。

不锈钢的点蚀是在特定的腐蚀介质中发生的。在含卤素离子的介质中,点蚀敏感性增强,其作用大小按顺序为 $Cl^- > Br^- > I^-$。点蚀发生与介质浓度有关,而临界浓度又因材料的成分和状态不同而异。不锈钢点蚀电位与 $Cl^-$ 及 $Br^-$ 浓度关系如下:

$$E_{br}^{Cl^-} = -0.88 \lg a_{Cl^-} + 0.168 V \tag{5-5}$$

$$E_{br}^{Br^-} = -0.126 \lg a_{Br^-} + 0.294 V \tag{5-6}$$

（4）对循环体系,可加入缓蚀剂抑制孔蚀。对缓蚀剂的要求是,增加钝化膜的稳定性或有利于受损的钝化膜得以再钝化。例如,在 0.1NaCl 溶液中加入 0.4 ~ 0.5g/L 的 $NaNO_2$,可以完全抑制 0CrNi9 不锈钢的孔蚀;或在 10% $FeCl_3$ 溶液中加入 3% $NaNO_2$,也可长期防止 1Cr18Ni9Ti 的孔蚀。当没有加入 $NaNO_2$ 时,观察到在几小时后就发生严重的腐蚀,但 $NaNO_2$ 这类缓蚀剂属于氧化性缓蚀剂,必须保证其添加量。常用缓蚀剂有硝酸盐、亚硝酸盐、铬酸盐、磷酸盐等。

（5）降低介质的温度和增加介质的流速,也可减缓孔蚀的发生。

（6）用阳极保护法抑制孔蚀。防止点蚀的较好方法是对金属设备采用恰当的电化学保护。在外加电流作用下,把金属的极化电位控制在临界孔蚀电位 $E_{br}$ 以下。

# 5.4 缝隙腐蚀

## 5.4.1 缝隙腐蚀的概念

金属制品多用铆接、焊接、螺钉等方法连接,在金属与金属或金属与非金属之间存在缝隙,并使缝隙内的介质处于滞流状态,从而引起或加剧缝隙内金属的腐蚀,这种现象称为缝隙腐蚀,如图 5 - 7 所示。

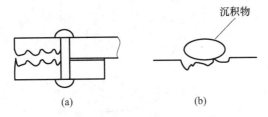

图 5 - 7　缝隙腐蚀示意图

引起金属腐蚀的缝隙并非是一般用肉眼可以明辨的缝隙,而是指能使缝隙内介质停滞的极小缝隙,缝宽一般为 0.025 ~ 0.1mm。缝宽大于 0.1 mm 的缝隙,介质难以形成滞流状态,不会形成缝隙腐蚀。纸质垫圈或石棉垫圈和法兰盘端面的接触面就会形成这样的极小缝隙,成为发生缝隙腐蚀的理想场所,反应物质难以向缝隙内补充,腐蚀产物又难以扩散。随着腐蚀的不断进行,在组成、浓度、pH 值等方面越来越和整体介质产生很大的差异,导致缝内金属表面的加速腐蚀,缝外金属腐蚀较慢。缝隙腐蚀可发生在所有金属和合金,且钝化金属及合金更容易发生。

从正电性的金、银到负电性的铝、钛,从普通的不锈钢到特种不锈钢,几乎所有的金属和合金都会发生缝隙腐蚀。但它们对腐蚀的敏感性有所不同,具有自钝化特性的金属和合金的敏感性较高,不具有自钝化能力的金属和合金(如碳钢)敏感性较低。合金的自钝化能力越强,敏感性越高。0Cr18Ni18Mo3 是一种耐蚀性优良的合金,具有很强的自钝化能力,却易发生缝隙腐蚀。

缝隙腐蚀可在中性及酸性介质中发生,但又以在充气的含活性阴离子的中性介质中最易发生。

由此可见,缝隙腐蚀是一种比孔蚀更为普遍的局部腐蚀。遭受腐蚀的金属,在缝内呈现深浅不一的蚀孔。缝口常被腐蚀产物覆盖,形成闭塞电池。

### 5.4.2 缝隙腐蚀的机理

关于缝隙腐蚀的机理,过去认为是由缝隙内外氧的浓度差引起的。随着电化学测试技术的发展,特别是通过人工模拟缝隙的实验,发现随着腐蚀的进行,缝内介质性质发生了很大变化,形成了闭塞电池。下面以碳钢在中性海水中发生的缝隙腐蚀(图5-8)为例,说明缝隙腐蚀的机理。腐蚀刚开始时,氧去极化腐蚀在缝隙内外均匀地进行。随着腐蚀的进行,因滞流关系,氧只能以扩散方式向缝内传递,使缝内氧供应不足,氧还原反应很快终止。而缝外的氧随时可以得到补充,氧还原反应继续进行。缝内外构成了宏观上的氧浓差电池,缝内为阳极,缝外为阴极。其反应如下:

$$缝内:Fe \rightarrow Fe^{2+} + 2e \tag{5-7}$$

$$缝外:\frac{1}{2}O_2 + H_2O + 2e \rightarrow 2OH^- \tag{5-8}$$

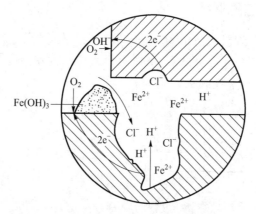

图5-8 碳钢在中性海水中缝隙腐蚀示意图

由于电池具有大阴极-小阳极的特征,因此缝隙腐蚀速率较大。

阴、阳极分离,二次腐蚀产物在缝口形成,逐步形成为闭塞电池。闭塞电池的形成标志着腐蚀进入了发展阶段,缝内金属阳离子难以迁出缝外,使缝内 $Fe^{2+}$、$Fe^{3+}$ 产生积累和正电荷过剩,促进了 $Cl^-$ 由缝外向缝内迁移。金属氯化物的水解使缝内介质酸化,加速了阳极的溶解。阳极的加速溶解又引起更多的 $Cl^-$ 迁入,氯化物的浓度又增加,氯化物的水解又使介质的酸性增强。这样,便形成一个自催化过程,使缝内金属的溶解加速进行下去。

综上所述,氧浓差电池的形成对腐蚀的开始起促进作用。但蚀坑的加深和扩展是从闭塞电池开始的。酸化自催化是造成腐蚀加速进行的根本原因。换而言之,只有氧浓差而没有自催化,不致构成严重的缝隙腐蚀。

有人研究了1Cr13在中性海水中的缝隙腐蚀后,得出缝隙腐蚀主要步骤如下:

(1)开始时,只有微小的阴极电流从缝内流出,但整个金属表面(包括缝隙内外)仍处于等电位状态,即仍处于钝化状态。

(2)经过一段时间,缝内外氧浓度差增大,缝内金属的电位变负,使缝内阳极溶解速度增加,结果引起 $Fe^{2+}$、$Cr^{3+}$ 的浓度增加,$Cl^-$ 往缝内迁移。

（3）氯化物水解引起缝内介质的 pH 值下降,电池的腐蚀电流也不断增加。

（4）当缝内金属的致钝电位因 pH 值下降而上升时,腐蚀进入了发展阶段。此时缝内金属处于活化态,缝外金属处于钝化态,两者均构成大阴极－小阳极的电池,电位差高达 600mV,这种电位差导致缝内金属表面的严重腐蚀。

### 5.4.3 缝隙腐蚀与孔蚀的区别与联系

缝隙腐蚀和孔蚀有很多相似的地方,尤其是在发展阶段,于是有人把孔蚀看作一种缝隙腐蚀,其实这两者有根本的区别,下面进行比较。

（1）从腐蚀发生的条件来看,孔蚀起源于金属表面的孔蚀核,缝隙腐蚀起源于金属表面的极小缝隙。前者必须在含有活性阴离子的介质中才会发生,后者即使在不含活性阴离子的介质中也能发生。

（2）从腐蚀过程来看,孔蚀是通过腐蚀逐渐形成闭塞电池,然后才加速腐蚀的。而缝隙腐蚀由于事先已有缝隙,腐蚀一开始就很快形成闭塞电池而加速腐蚀。前者闭塞程度较大,而后者闭塞程度较小。

（3）从发生腐蚀的电位来看,缝隙腐蚀的电位低于孔蚀电位 $E_{br}$,缝隙腐蚀较孔蚀容易。

（4）从腐蚀形态来看,孔蚀的蚀孔窄而深,缝隙腐蚀的相对宽而浅。

### 5.4.4 影响缝隙腐蚀的因素

金属或合金的自钝化能力越强,发生缝隙腐蚀的敏感性越大。

介质中的氯离子的浓度越高,发生缝隙腐蚀的可能性越大。当氯离子浓度超过 0.1% 时,便有发生缝隙腐蚀的可能。除了氯离子外,溴离子和碘离子也能引起缝隙腐蚀。此外,介质溶解氧的浓度大于 0.5ppm 时也会引起缝隙腐蚀。

温度越高,发生缝隙腐蚀的危险性越大。

### 5.4.5 缝隙腐蚀的防护

根据缝隙腐蚀的原理,采用下列措施可防止或减缓缝隙腐蚀:

（1）合理选材,采用高钼、铬、镍不锈钢,如哈氏合金、Cr28Mo4、Cr30Mo3、18Cr12Ni3MoTi、18Cr19Ni3MoTi 等可以有效地防止缝隙腐蚀。Ti－Pd 合金具有极强的耐缝隙腐蚀能力,但昂贵。Ti0.3Mo0.8Ni 合金具有优良的耐缝隙腐蚀性能且价廉,在化工、石油,尤其制盐业上代替了 Ti－Pd 合金及不锈钢,备受青睐。

（2）在设备、部件的结构设计时,应尽量避免存在缝隙和死角区。因此,宜采用焊接连接,而不宜采用铆接和螺钉连接。

（3）结构上无法采用无缝方案时,要考虑缝隙处的妥善排流,以便在出现沉积物时能及时清除;或用固体填充料把缝隙填实。例如,在海水介质中使用的不锈钢设备,可采用铅锡合金作填充料,既填实了缝隙,又起到牺牲阳极的作用。

（4）垫圈不宜采用石棉、纸质等吸湿性材料,而应采用非吸湿性材料的垫片,如聚氯乙烯塑料和聚四氟乙烯塑料做垫圈较为理想。

（5）采用电化学保护,如阳极保护法,将保护电位控制在 $E_p$ 以上缝隙腐蚀电位以下。

# 5.5 晶间腐蚀

## 5.5.1 晶间腐蚀的概念

腐蚀沿着金属或合金的晶粒边界或它的邻近区域进行,而晶粒本身腐蚀很轻微,这种腐蚀现象称为晶间腐蚀。晶间腐蚀的显微图像如图 5-9 所示,它是一种常见的局部腐蚀。

晶间腐蚀使晶粒间的结合力大大削弱,降低材料的强度,严重时可使材料的机械强度完全丧失。这是一种危害性很大的局部腐蚀,材料产生腐蚀后,外观上没有明显的变化,但强度已完全丧失,常造成设备的突然破坏。不锈钢、镍基合金、铝合金、镁合金等都是晶间腐蚀的敏感材料,这些材料在高温条件下工作或焊接时都会引起晶间腐蚀。以晶间腐蚀为起源,在应力和介质的双重作用下,可使不锈钢、铝合金等诱发晶间应力腐蚀,所以晶间腐蚀有时是应力腐蚀的先导。

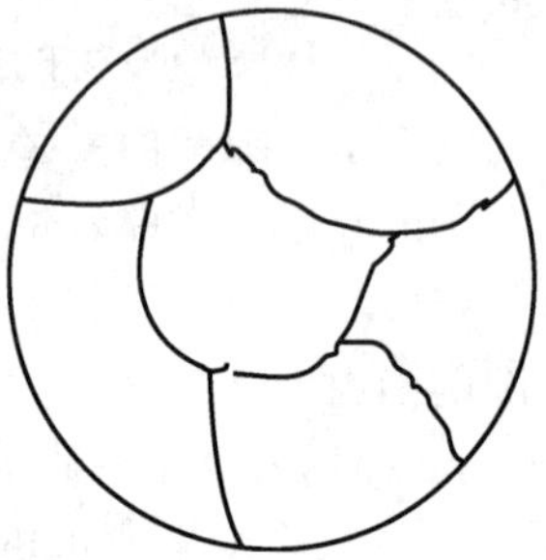

图 5-9 晶间腐蚀的
显微图像

产生晶间腐蚀的原因:首先,晶界物质的物理化学状态与晶界本身不同,因晶界能量高,刃型位错和空位聚集于晶界,溶质原子、杂质原子也容易在晶界偏析,产生晶界吸附,因而使晶界原子排列混乱且疏松;其次,晶界是新相形成的最佳场所,新相的形成往往造成某种或几种合金元素的贫化,使晶界区的耐蚀性下降;再者,有时新相本身就容易腐蚀,或新相在晶界的析出造成晶界的内应力较大。由于上述的物理化学特征造成晶粒和晶界在电化学上的不均匀性,如晶粒和晶界的平衡电位不同,极化性能(包括阳极和阴极的)不同,晶粒和晶界的这些差异使得晶粒和晶界具有不同的腐蚀速率。

## 5.5.2 晶间腐蚀的机理

### 1. 贫化理论

溶质贫化理论是人们目前普遍接受的理论。"贫化"是一个总称,对不锈钢和钼、铬、镍合金是贫铬论,对铅铜合金是贫铜论。这个理论能很好地解释奥氏体不锈钢的晶间腐蚀。下面以奥氏体不锈钢为例介绍贫化理论。

常用的奥氏体不锈钢在氧化性或弱氧化性介质中(如充气的 NaCl 溶液)之所以产生晶间腐蚀,是由于加热冷却不当引起的,当奥氏体不锈钢加热后,在 450~850℃ 温度区间缓慢冷却或停留,就会产生晶间腐蚀敏感性。这个温度区间称为敏化温度区,或奥氏体钢的危险使用区。

不锈钢材料在出厂时已经过固溶处理,即把钢加热到 1050~1150℃ 后再进行淬火,目的是获得均相固溶体。奥氏体中含有少量碳,碳在奥氏体中的固溶度随温度的下降而减少。1Cr18Ni9Ti 型不锈钢在 1100℃ 时,碳的固溶度约为 0.2%,在 500~700℃ 时,约为 0.02%,所以经固溶处理的钢,碳是过饱和的。当钢在 450~850℃ 范围缓慢经过或停留时,便会在晶界上析出 $(Fe,Cr)_{23}C_6$ 型碳化物。生成该碳化物所需的碳来自晶粒内部,铬主要由碳化物附近的晶界区提供。由于这种碳化物的铬含量比奥氏体基体的铬含量高得多,因此它的析出自然消耗了晶界附近大量的铬,而铬沿晶界扩散的活化能为 162 ~ 252kJ/mol,铬由晶粒内扩散活化能约为 540kJ/mol,铬沿晶界扩散速度比晶粒内扩散速度快得多。晶粒内铬扩散速度慢,而晶界附近区域的铬很快消耗尽,消耗的铬不能及时通过扩散得到补充,当晶界附近的铬含量低于钝化所必需的极限量(Cr 为 12%,原子百分比)时,形成贫铬区(贫铬区一般宽约 $10^{-7}$m),因而当处于适宜的介质条件下,钝态遭到破坏,晶界邻近区域电位下降(图 5 - 10 和图 5 - 11)。而晶粒本体仍维持钝态,电位较高,晶粒与晶界构成活态 - 钝态微电池,且具有大阴极 - 小阳极的面积比,导致晶界区的腐蚀。当进一步增加回火时间,铬的扩散超过碳的扩散,因为晶内固溶体中铬的浓度实际没有改变,而碳的浓度由于形成了碳化物而显著降低,从而使晶内和晶界铬的浓度均匀化,因而提高了晶界的耐蚀性,降低了晶间腐蚀的倾向。

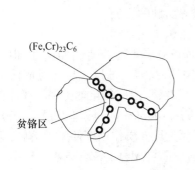

图 5 - 10　不锈钢晶界上碳化物析出

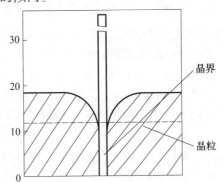

图 5 - 11　不锈钢晶界上碳化物析出时铬分布示意图

影响晶间腐蚀的合金元素主要有碳、铬、镍钛铌等合金元素。奥氏体不锈钢中碳含量越高,晶间腐蚀越严重,晶间腐蚀碳临界浓度为 0.02%。铬能提高不锈钢耐晶间腐蚀的稳定性。铬含量较高时,允许增加钢中碳含量。如不锈钢中铬的质量分数从 18% 提高到 22% 时,碳含量允许从 0.02% 增到 0.06%。镍会增加不锈钢晶间腐蚀敏感性,可能与镍降低碳在奥氏体钢中的溶解度有关。钛和铌都是强碳化物生成元素,高温时能形成稳定碳化物 TiC 及 NbC,减少了碳在回火时的析出,从而防止铬的贫化。

材料晶间腐蚀的敏感性,通常用 TTS(Time - Temperature - Sentization)曲线表示(图 5 - 12),称为温度 - 时间 - 敏化图。它表示回火温度和时间对晶间腐蚀倾向的影响。TTS 曲线与合金成分有关。TTS 曲线有助于人们制订不锈钢热处理制度及焊接工艺,从而避免产生晶间腐蚀,检验某种钢材是否有晶间腐蚀倾向,采用敏化处理工艺。钢材加热到晶间腐蚀最敏感的温度,恒温处理一定时间,这种处理工艺称为敏化处理。产生晶间腐蚀倾向最敏感的温度称为敏化温度。如 18 - 8 不锈钢最敏感温度为 650 ~ 700℃,产生晶间腐蚀倾向所需要的最短时间为 1 ~ 2h。

溶质贫化理论可由化学 - 电化学方法予以证实。不锈钢经晶间腐蚀后,其腐蚀产物中铬含量大大低于其在合金中的含量。电化学方法研究表明,钢在晶间腐蚀状态时,其溶解速度提高。溶解加速是由于在晶界上铬含量降低(晶界铬含量从 18% 降到 2.8%)所致。

溶质贫化理论能很好地解释回火温度和时间、钢的碳含量、碳化物生成元素的含量,

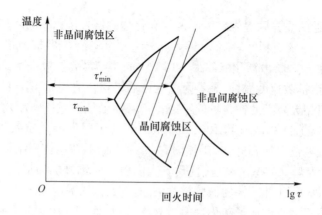

图 5 - 12 回火温度和时间对晶间腐蚀倾向的影响

$\tau_{min}$——出现晶间腐蚀倾向的最短时间;$\tau'_{min}$——消除晶间腐蚀的最短时间。

以及保证钢的耐蚀性的合金元素(Cr,Mo,Si 等)对晶界腐蚀的影响。

**2. 晶界杂质选择溶解理论**

实验表明,奥氏体不锈钢在强氧化性介质(如浓硝酸)中也能产生晶间腐蚀,但腐蚀情况与氧化性或弱氧化性介质中的情况不同。观察发现,晶间腐蚀发生于经过固溶处理的不锈钢,而经过敏感化处理的不锈钢反而不发生。显然,不能用贫化理论来解释这种现象。同时,实验还表明,当固溶体中含有磷这种杂质达 100ppm 时,或硅杂质为 1000 ~ 2000ppm 时,它们便会偏析在晶界上。这些杂质在强氧化性介质作用下便发生溶解,导致晶间腐蚀。而不锈钢经敏感化处理后,由于碳可以与磷生成$(M,P)_{23}C_6$,或由于碳的首先偏析限制了磷向晶界扩散,这两种情况都会免除或减轻杂质在晶界上偏析,反而消除或减弱了不锈钢对晶界腐蚀的敏感性。

上述两种解释晶间腐蚀机理的理论各自适用于一定合金的组织状态和一定的介质,不是互相排斥,而是互相补充的。但应该看到,常见的晶间腐蚀是在弱氧化性或氧化性介质中发生的,因此,对绝大多数的腐蚀实例都可用贫化理论来解释。

引起常用奥氏体不锈钢晶界腐蚀的介质主要有两类:一类是氧化性或弱氧化性介质,如充气的海水、MgCl 溶液等;另一类是强氧化性介质,如浓硝酸、$Na_2Cr_2O_7$ 溶液等。前者较为普遍,腐蚀也较为严重。

铁素体不锈钢在 900℃ 以上高温区快冷(淬火或空冷)易产生晶间腐蚀。极低碳、氮含量的超纯铁素体不锈钢也难免产生晶间腐蚀,但在 700 ~ 800℃ 重新加热可消除晶间腐蚀。铁素体不锈钢焊后在焊缝金属和熔合线处易产生晶间腐蚀,其产生与消除晶间腐蚀倾向的条件及规律与奥氏体不锈钢不同,甚至相反。研究表明,铁素体不锈钢的晶间腐蚀的本质与奥氏体不锈钢相同,晶界上同样析出铬的碳化物。引起铁素体不锈钢产生晶间腐蚀的碳化物为$(Cr、Fe)_7C_3$ 型。碳在铁素体不锈钢中的固溶度远比在奥氏体不锈钢中少,而且碳原子在铁素体中扩散速度比在奥氏体中约大 2 个数量级,这使铁素体不锈钢甚至自高温区快冷时也较易在晶界析出碳化物,形成贫铬区。如采用较慢冷却速度或中温退火,铬由晶内向晶界迅速扩散,从而消除贫铬区。

## 5.5.3 晶间腐蚀的防护

根据晶间腐蚀的机理,可采用下列措施防止晶间腐蚀:

（1）重新固溶处理。把焊接件加热至 1050 ~ 1100℃，使沉积的 $(Fe,Cr)_{23}C_6$ 重新溶解，然后淬火防止其再次沉积。焊接应快速进行，焊后应快冷，防止材料在敏化区停留。

（2）稳定化处理。炼钢时加入一些强碳化物形成元素，如钛和铌等。它们和碳的亲和力大，能与碳首先生成稳定的钛、铌碳化物，而且这些碳化物的固溶度又比 $(Fe,Cr)_{23}C_6$ 小得多。在固溶温度下几乎不溶于奥氏体中，这样，经过敏化温度区时，$(Fe,Cr)_{23}C_6$ 不致大量在晶界析出，在很大程度上消除了奥氏体不锈钢产生晶界腐蚀的倾向。铌和钛的加入量应控制在碳含量的 5 ~ 10 倍。为了使材料达到最大的稳定度，还需进行稳定化处理。稳定化处理是将材料加热到一定温度，使其生成稳定的化合物，以避免不希望的新相析出。

（3）采用超低碳不锈钢。实践证明，如果奥氏体不锈钢中碳含量低于 0.03%，即使钢在 700℃时长时间退火，对晶间腐蚀也不会产生敏感性。碳含量在 0.02% ~ 0.05% 的钢称为超低碳不锈钢，这种钢的冶炼成本较高。

（4）采用双相钢。奥氏体不锈钢易于加工，但易发生晶间腐蚀；铁素体钢具有良好的耐晶间腐蚀性，但加工性能差。若用奥氏体 – 铁素体双相钢，可解决晶间腐蚀问题，是目前抗晶间腐蚀的优良钢种。

# 5.6 应 力 腐 蚀

## 5.6.1 应力腐蚀的概念

应力与环境共同作用下的腐蚀是局部腐蚀的一大类型。材料除受环境作用外，还受各种应力作用，会导致较单一因素下更严重的腐蚀破坏形式。材料在环境中受应力作用方式不同，其腐蚀形式也不同，如应力腐蚀、腐蚀疲劳、磨损腐蚀、湍流腐蚀、冲蚀等。这类腐蚀中受拉应力作用的应力腐蚀是危害最大的局部腐蚀形式之一，材料会在没有明显预兆的情况下突然断裂。

应力腐蚀是指金属或合金在腐蚀介质和拉应力的协同作用下引起金属或合金的破裂现象。应力腐蚀是普遍存在的现象和灾难性的腐蚀，必须考虑应力腐蚀对设备安全的威胁，例如：黄铜弹壳开裂；蒸汽机车的锅炉"碱脆"；铝合金在潮湿大气中的应力腐蚀；奥氏体不锈钢的应力腐蚀；含 S 的油、气设备出现的开裂事故；航空技术中 Ti 合金的应力腐蚀等。应力腐蚀广泛涉及国防、化工、电力、石油、宇航、海洋开发及原子能等部门，是近年来在腐蚀领域中研究最多的课题。

应力腐蚀的特征是形成腐蚀——机械裂纹，这种裂纹不仅可以沿着晶间发展，而且能穿过晶粒。由于裂纹向金属内部发展，使金属或合金结构的强度大大降低，严重时能使金属设备突然破坏。如果该设备是在高压条件下工作，就会引起严重的爆炸事故。微裂纹一旦形成，其扩展速度很快，且在破坏前没有明显的预兆，是所有腐蚀类型中破坏性和危害性最大的。

工程上常用的材料，如不锈钢、铜合金、碳钢和低合金高强度钢等，在特定介质中都可能产生应力腐蚀，依据腐蚀条件，可使材料结构在几分钟或几年内破坏。常见的应力腐蚀有：蒸气锅炉钢的"碱脆"；黄铜的"季裂"；高强度铝合金的晶间腐蚀破裂；不锈钢的应力腐蚀开裂等。

应力腐蚀有如下特征：

（1）必须有应力，特别是拉应力分量的存在。拉伸应力越大，断裂所需的时间越短。拉伸应力有两个来源，一是残余应力（加工、冶炼、装配）、温差热应力及相变的相变应力；二是材料承受外加载荷造成的应力。一般以残余应力为主，约占事故的 80%。断裂所需应力一般低于材料的屈服强度，应力腐蚀可在极低的应力下（如屈服强度的 5%～10% 或更低）产生。当拉伸应力低于某一个临界值时，不再发生断裂破坏，这个临界应力称应力腐蚀开裂阈值，用 $K_{1SCC}$ 或临界应力 $\sigma_{th}$ 表示。

（2）腐蚀介质是特定的，金属材料也是特定的，即只有某些金属与特定介质的组合，才会发生应力腐蚀破裂。表 5-3 列出了发生应力腐蚀的材料和介质的组合。

（3）断裂速度为 $10^{-3}～10^{-1}$ cm/h 数量级，远大于没有应力时的腐蚀速率，远小于单纯的力学因素引起的断裂速度，断口一般为脆性断裂性，塑性很高的材料无颈缩、无杯锥状现象。由于腐蚀介质作用，断口表面颜色呈黑色或灰黑色。断裂方式有穿晶断裂、晶间型断裂、穿晶与晶间混合型断裂。晶间断裂呈冰糖块状，穿晶断裂具有河流花样等特征，微断口上往往可见腐蚀坑及二次裂纹。断裂的途径与具体的材料－环境有关，裂纹走向与主拉伸应力的方向垂直。裂缝纵深比其宽度大几个数量级，裂纹呈树枝状。

表 5-3 发生应力腐蚀的材料与介质的组合

| 金属或合金 | 腐蚀介质 |
|---|---|
| 软钢 | NaOH 溶液，硝酸盐溶液，海水，海洋大气和工业大气 |
| 碳钢和低合金钢 | 42% $MgCl_2$ 溶液，氢氯酸 |
| 高铬钢 | NaClO 溶液，海水，$H_2S$ 水溶液 |
| 奥氏体不锈钢 | 氯化物溶液，高温、高压蒸馏水 |
| 铜和铜合金 | 氨蒸气，汞盐溶液，含 $SO_2$ 大气，水蒸气 |
| 镍和镍合金 | NaOH 溶液 |
| 铝合金 | 熔融 NaCl，NaCl 溶液，海水，水蒸气，含 $SO_2$ 大气 |
| 钛合金 | 发烟硝酸，甲醇，甲醇蒸气，NaCl 溶液 |
| 镁 | 海洋大气，蒸馏水，$KCl-K_2CrO_4$ 溶液 |

从电化学角度讲，应力腐蚀破裂还发生在一定的电位范围内，一般发生在活化－钝化的过渡区电位范围，即在钝化膜不完整的电位范围内（图 5-13）。

## 5.6.2　应力腐蚀机理

关于如何产生应力腐蚀，由于因素较为复杂，目前还无统一的见解。下面介绍阳极溶解理论。

研究金属发生应力腐蚀时发现，当向腐蚀体系施加阳极电流时，裂纹加速扩展；施加阴极电流时，裂纹扩展受到抑制甚至停至扩展。这种现象表明，引起应力腐蚀的原因与电化学过程密切相关。因此，可以把应力腐蚀破裂看作

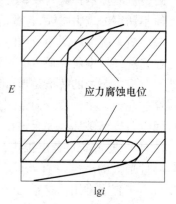

$E$

应力腐蚀电位

$lgi$

图 5-13　不锈钢的应力
腐蚀电位区域

电化学腐蚀和应力的机械破坏互相促进的结果。

应力腐蚀过程一般可分为三个阶段：

第一阶段为孕育期，是在无预制裂纹或金属无裂纹、无蚀孔、缺陷时，裂纹的萌生阶段，即裂纹源形成所需要的时间。孕育期的长短取决于合金的性能、腐蚀环境以及应力大小，约占总断裂时间的 90%，因此又称为潜伏期、引发期或诱导期。腐蚀过程的局部化和拉应力，使裂纹生核。

第二阶段为腐蚀裂纹发展期，是裂纹成核后直至发展到临界尺寸所经历的阶段。裂纹扩展速度与应力强度因子大小无关。裂纹扩展主要由裂纹尖端的电化学过程控制。裂纹扩展速度介于没有应力下腐蚀破坏速度和单纯的力学断裂速度之间，一般为 0.5 ~10mm/h。

第三阶段为失稳断裂，在此阶段中，裂纹的扩展由纯力学因素控制，由于拉应力的局部集中，裂纹急剧生长导致材料的破坏。扩展速度随应力增大而加快，直至材料断裂。在有预制裂纹、蚀坑的情况下，应力腐蚀断裂过程只有裂纹扩展和失稳快速断裂两个阶段。

金属和合金表面的缺陷部位或薄弱点由于电位比其他部位低，成为活性点，为应力腐蚀提供了裂纹核心。如果材料表面已经有划痕、小孔或缝隙存在，它们就是现成的裂纹核心。

材料表面的裂纹核心在特定介质（含活性阴离子，尤其是氯离子）和拉应力的联合作用下产生塑性变形，导致表面钝化膜破裂，新裸露的金属表面相对于钝化表面的电位变负，形成一个面积小的阳极，以较大的腐蚀电流迅速溶解成为蚀坑。腐蚀电流流向坑外，即流向阴极，在阴极上发生如下反应：

$$2H^+ + 2e^- \rightarrow H_2 \qquad\qquad (5-9)$$

$$O_2 + 4H^+ + 4e^- \rightarrow H_2O \qquad\qquad (5-10)$$

如图 5-14 所示，蚀坑沿着滑移线和拉应力垂直的方向发展为微观裂纹，这就是完成裂纹的孕育阶段。

微观裂纹形成后，裂纹尖端的应力集中，高的集中应力使裂纹尖端及附近区域屈服变形，微观滑移再次破坏尖端表面膜，使尖端又一次加速溶解。这些步骤连续交替进行，裂纹便不断向深处扩展，这就是裂纹的扩展阶段。

随着裂纹扩展阶段的进行，拉应力逐渐增大，应力集中增大，裂纹迅速扩展，最后导致材料破坏。

由上述过程可以看出，裂纹尖端微区具有动力阳极的特征，这就是微观裂纹一旦形成就加快扩展的原因。裂纹两侧的金属表面在裂纹扩展过程中也有溶解，但破坏了的表面膜仍有一定的修复能力，其溶解速度比尖端慢得多。实验表明，尖端微区的溶解速度是两侧稳定阳极区的 $10^4$ 倍。

此外，还有学者提出了闭塞电池理论，如图 5-15 所示。在已存在的阳极溶解的活化通道上，腐蚀优先沿这些通道进行。在应力协同作用下，闭塞电池腐蚀所引发的蚀孔扩展为裂纹，产生应力腐蚀。与孔蚀相似，也是一个自催化的腐蚀过程，在拉应力作用下使裂纹不断扩展，直至断裂。

阳极溶解理论虽然可以说明应力腐蚀的许多特征，但对某些现象仍然未能做出满意的解释，如金属或合金在气体介质、液态金属或熔融盐中的应力腐蚀过程等。因此，许多

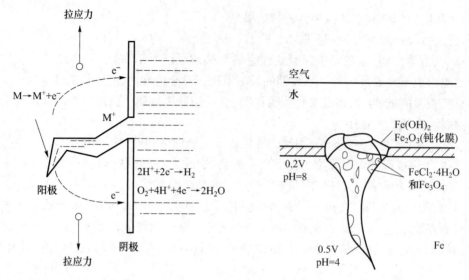

图 5 – 14　应力腐蚀机理示意图　　　　图 5 – 15　由闭塞电池腐蚀引起的应力腐蚀示意图

学者又提出吸附的机理,但都有各自的局限性,未能完整地阐明所有应力腐蚀规律,这里不一一叙述。

### 5.6.3　影响应力腐蚀的因素

金属的应力腐蚀的影响因素主要有与金属的组成、组织有关的内因,以及与介质种类、浓度、温度等有关的外因。

**1. 金属及冶金质量**

虽然纯度极高的金属也存在应力腐蚀现象,但其敏感性远低于二元合金及多元合金。应力腐蚀的敏感性也与合金的成分有关,例如,碳钢的应力腐蚀敏感性通常随着碳含量的增加而提高,碳含量为 0.12% 时达到最大值,进一步增加碳含量,敏感性反而下降。不锈钢中加入适量的 Ni、Al、Si,有利于提高钢的抗应力腐蚀能力。对同一成分的合金,因其微观组织不同,应力腐蚀敏感性差别很大。例如,经固溶处理的硬铝合金,可以完全消除晶间腐蚀倾向,但有十分严重的应力腐蚀倾向,主要原因是合金中存在着很大的内应力。该合金经过人工时效处理后,Mg – Zn 合金呈断续的聚集状质点分布,合金便具有良好的抗腐蚀性能。

**2. 应力**

金属的应力腐蚀是脆性断裂过程,裂纹在拉应力和介质的综合作用下扩散。图 5 – 16 为应力对一些工业不锈钢应力腐蚀性能的影响。该结果表明,在外加拉应力较小时,曲线与时间轴近于平行,说明应力对破裂时间影响不大。随着外加应力的增加,构件的破裂时间缩短。

**3. 介质**

(1) 阴离子浓度的影响。随着氯化物浓度的增加,不锈钢的应力腐蚀破坏所需时间缩短。一般认为,$MgCl_2$ 最易引起应力腐蚀,不同氯化物的腐蚀作用,是按 $Mg^{2+}$、$Fe^{3+}$、$Ca^{2+}$、$Na^+$、$Li^+$ 等离子的顺序递减的。对镁合金而言,随着 $Cl^-$ 浓度的增加,应力腐蚀寿

154

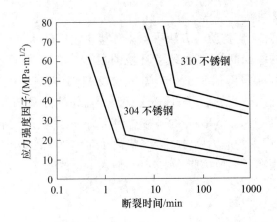

图 5 - 16　工业不锈钢在沸腾 42% NaCl 溶液中的耐应力腐蚀性能的综合曲线

命缩短,而在含有一定量 $CrO_4^{2-}$ 的氯化钠溶液中,合金的 SCC 寿命缩短。

（2）介质温度的影响。一般认为温度升高,易发生应力腐蚀;但温度过高,由于全面腐蚀而抑制了应力腐蚀。不同金属在一定介质中引起应力腐蚀所需的温度并不相同。镁合金通常在室温下便产生应力腐蚀;软钢一般在介质的沸腾温度下才破裂。但大多数金属都是在 100℃ 的温度下产生应力腐蚀的。不过金属在破裂前都有一个最低温度,这个温度称为破裂临界温度。高于此温度值,材料才断裂;低于此值,材料不会断裂。图 5 - 17 为软钢在氢氧化钠溶液中,破裂的临界温度与介质的浓度关系。

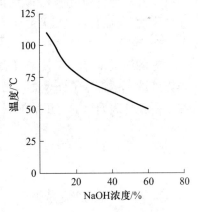

图 5 - 17　NaOH 浓度对软钢应力
腐蚀临界温度的影响

## 5.6.4　应力腐蚀的防护

合理选材及控制应力、控制介质及控制电位等方法均可用来避免或减弱应力腐蚀,这些方法根据实际情况,既可单独使用也可综合使用。

**1. 选用耐蚀材料**

碳钢对应力腐蚀的敏感性很低,是一种耐应力腐蚀的材料。在海水、盐水等具有明显应力腐蚀倾向的体系中,换热器常用碳钢制造。近年来发展了多种耐应力腐蚀的不锈钢,主要有高纯奥氏体镍铬钢、高硅奥氏体镍铬钢、高铬铁素体钢和铁素体 - 奥氏体双相钢等,其中以双相钢的抗应力腐蚀性能最好。用 Cr18Ni10 双相钢的弯曲试样在沸腾的 42% $MgCl_2$ 溶液中做试验,试件经 2000h 才破裂。双相钢在高温、高压水体系中的抗应力腐蚀性能尤其优越,双相钢也具有抗孔蚀、缝隙腐蚀的性能。

**2. 控制应力**

在设计金属设备结构时要力求合理,尽量减少应力集中。对构件进行合理的热加工和热处理（如退火）,尽量减少残余拉应力的出现。也可用喷丸处理使金属表面拉应力变为压应力。

**3. 减弱介质的腐蚀性**

通过除气、脱氧、除去矿物质等方法可除去环境中危害较大的介质组分;通过控制温度、pH 值,添加适量的缓蚀剂等,达到改变环境的目的。例如,镍铬不锈钢在含溶解氧的氯化物中使用,应把氧含量降低到 1ppm 以下,去除氧的方法除用机械法外还可用化学法,如在循环体系中加入适当的肼($N_2H_2$)或亚硝酸盐作为除氧剂。实践表明,在含氯离子 500ppm 的水中,只需加入 150ppm 的硝酸盐和 0.5ppm 的亚硝酸钠混合物,就可以得到良好的脱氧效果。铬镍钢的应力腐蚀主要与氯离子对钝化膜的破坏有关。在含氯离子浓度不大的体系中,可用离子交换树脂将水处理,加入少量的碱式磷酸盐也有助于防止应力腐蚀。

**4. 外加电流保护**

金属发生 SCC 与电位有关。有些体系存在一个临界断裂电位值,通过电化学保护使金属离开应力腐蚀敏感区,从而抑制应力腐蚀。采用外加电流的阴极保护法,可以有效防止应力腐蚀,而且在裂纹形成后可使其停止扩展。

**5. 涂层**

好的镀层(涂层)可使金属表面和环境隔离开,从而避免产生应力腐蚀。例如,输送热溶液的不锈钢管子外表面用石棉层绝热,石棉层中有 Cl$^-$渗出,引起不锈钢表面破裂,在不锈钢外表面涂上有机硅涂料可防止不锈钢表面破裂。

# 5.7 腐 蚀 疲 劳

## 5.7.1 腐蚀疲劳的一般概念

金属疲劳是指金属材料在周期性(循环)或非周期性(随机)交变应力作用下发生破坏的现象。金属腐蚀疲劳还有腐蚀介质对金属的作用,也就是说它是金属在交变应力和腐蚀介质共同作用下的一种破坏形式。其本质是电化学腐蚀过程和力学过程的相互作用,这种相互作用远远超过交变应力与腐蚀介质单独作用的加和。因此,这是一种更为严重的破坏形式,它造成金属破裂,多为龟裂发展形式。

在工程中经常出现腐蚀疲劳现象,如化工行业的泵轴、泵杆及舰船推进器的轴经受的旋转弯曲腐蚀疲劳,飞机构件、汽车弹簧受的拉压腐蚀疲劳,发电厂热交换器、汽轮机叶片等的受热疲劳,海上建筑物受的海浪冲击的冲击弯曲疲劳等各种形式的腐蚀——机械型破坏。现代工程结构件的形状比以往更为复杂,受力和介质等条件也十分苛刻,构件往往因腐蚀疲劳造成严重的断裂事故。美国北海油田"基兰德"号钻井平台腐蚀开裂造成 123 人死亡,波音 747 飞机腐蚀疲劳断裂使全机人员丧命。

腐蚀疲劳最早由美国人 Haigh 于 1917 年首次提出,1960 年以后,受到世界各国的重视,成为具有极大潜力的研究项目。目前,欧美、日本等各国在反应堆、海水结构物等方面对环境影响有了深刻的认识,认为对于大型结构件在不了解材料的腐蚀疲劳强度的情况下是难以评定的。因此,他们大量投资研究腐蚀疲劳现象、机理和预防对策。

腐蚀疲劳与应力腐蚀的区别与联系:

(1)一般认为,应力腐蚀是在特定介质、特定材料和特定应力三个特定条件下发生的,而腐蚀疲劳则任何材料都可能发生。

（2）应力腐蚀是在静拉伸（如恒载荷、恒应变）或单调动载拉伸条件下进行研究,而腐蚀疲劳则是在非单调动载条件下进行研究。

（3）应力腐蚀破裂有一个临界应力强度因子值 $K_{ISCC}$（有的材料也不明显）,应力在它以下,腐蚀就不会发生,但腐蚀疲劳的破裂照样产生,它不存在临界极限强度因子。在腐蚀环境中循环次数增加,断裂总会发生的。而且腐蚀疲劳也没有特定介质的限制,这是它与应力腐蚀的机理不同所致。

在空气中的腐蚀疲劳称为机械疲劳而非纯疲劳,它与机械疲劳有以下几个方面的不同：

（1）腐蚀曲线没有水平段,在腐蚀疲劳情况下只能测定条件疲劳极限。

（2）腐蚀疲劳是由许多腐蚀损伤而发展的原始裂纹,断口上有多个断裂源。

（3）腐蚀疲劳对正应力方向很敏感,应力较大时,塑性变形大,腐蚀疲劳强度可能超过机械疲劳强度。

（4）腐蚀疲劳多从穿晶型裂纹发展为沿晶的混合断裂。一般疲劳多为穿晶型裂纹发展为穿晶断裂,许多提高机械疲劳强度的方法对腐蚀疲劳均无效。

（5）几何因素对腐蚀疲劳的影响与对机械疲劳的影响相反。

（6）腐蚀疲劳与循环频率的关系较大,在同一循环次数下,频率越低,腐蚀疲劳强度越低。机械疲劳强度与频率关系不大,故可以在高频循环下做试验以缩短试验周期。

关于材料抗腐蚀疲劳断裂性能指标,按实际情况在高频条件下必须考虑裂纹孕育期,在低频条件下则考虑到从疲劳裂纹产生到最后断裂作为选材的性能指标。

## 5.7.2 腐蚀疲劳的机理

有关腐蚀的机理目前还没有统一的看法。最有根据的一种看法认为：在电解质中的腐蚀疲劳过程是一个力学-电化学过程,即金属在交变应力的作用下,改变结构的均匀性,破坏原有结晶结构,从而产生电化学不均匀性,应变部分的金属为阳极,未应变的金属为阴极,在电化学和应力的联合作用下产生微裂纹。另一种是吸附电化学理论,该理论认为：在腐蚀介质的作用下,金属表面发生介质中表面活性因子的吸附,在微裂纹中产生楔入作用。微裂缝是在交变应力作用下由于滑移所生成的显微蚀坑和表面处位错的堆积。表面活性组分的楔入吸附,引起金属强度降低,在交变应力作用下表现为吸附疲劳。若腐蚀过程可能形成氢,则氢容易扩散渗入金属,引起金属的"脆化",在一定条件下氢能导致疲劳,塑性变形时氢能沿金属的滑移面很快扩散并渗入金属。有人认为,金属的"脆化"是由氢与移动的位错相互作用将位错阻塞造成的。

## 5.7.3 腐蚀疲劳的影响因素

### 1. 力学因素

（1）频率：周期应力的频率对裂纹扩展影响很大,低频时,腐蚀疲劳强度较低,随频率的增加,疲劳强度增加。

（2）应力比 $R$：$R$ 值增加,疲劳寿命下降。$R$ 对裂纹扩展第 I、III 两个阶段影响显著,而对第 II 阶段影响不明显。

（3）加载方式:通常弯曲周期应力对材料的损坏更为严重,软钢在海水中的拉压疲劳强度比弯曲疲劳强度高许多倍,说明钢抗海水腐蚀弯曲疲劳性能较差。

**2. 材质因素**

钢在空气中的疲劳强度大约为抗拉强度的1/2。而腐蚀疲劳强度与材料的强度、化学成分、热处理状态关系都不大。提高材料强度可以提高材料的疲劳强度,但往往降低材料的耐蚀性,因而也降低了腐蚀疲劳强度。钢中夹杂物(如MnS)对腐蚀疲劳裂纹的产生有很大影响,在夹杂物处易形成点蚀和缝隙腐蚀。

**3. 介质因素**

材料在腐蚀性溶液中比在空气中疲劳破坏得更快,而且不出现真空下的疲劳极限。钢丝绳在空气中疲劳极限为536MPa(循环次数$N = 10^6$),而在海水中不出现疲劳极限。中碳钢在人造海水中温度从15℃提高到45℃,对$N = 10^7$疲劳寿命大约降低1/2。研究表明,随卤族离子浓度增加,溶液腐蚀性增加,腐蚀疲劳裂纹的形成和扩展速度要比在3% NaCl溶液中高66%。耐腐蚀疲劳的性能和材料耐蚀性、应力强度之间没有直接关系。例如,Cr17Ni钢虽然在3% NaCl中静应力下有较高的耐蚀性,但只有45钢的腐蚀疲劳强度。

**4. 阴极保护电位**

在一定极限内,阴极保护可推迟裂纹形成时间,提高疲劳寿命,但进一步降低控制电位则无益处。对于不适于某些环境使用的材料,即使经过保护处理,也难以能提高其腐蚀疲劳强度。

### 5.7.4 腐蚀疲劳的防护

腐蚀疲劳的影响因素广泛而复杂,还有待于深入研究。防护措施如下:

（1）改进设计和合理的热处理工艺消除残余应力,用喷丸、氮化等方法改变表面的应力状态为压应力。

（2）加入足够量的缓蚀剂,在金属表面覆盖金属涂层(如电镀、浸镀、喷镀等)或其他涂层(如涂漆、涂油,或用塑料、陶瓷形成保护层),只要涂层在使用中不破坏,就能有效地减少腐蚀疲劳。

（3）采用阴极保护的方法来提高条件疲劳极限,但它不能完全防止腐蚀疲劳断裂的产生。

# 5.8 磨损腐蚀

## 5.8.1 磨损腐蚀的概念

当腐蚀介质与金属构件的表面相对运动速度较大时,导致构件局部表面遭受严重的腐蚀损坏,这类腐蚀称为磨损腐蚀,简称磨损。造成腐蚀损坏的流动介质可以是气体、液体,或含有固体颗粒、气泡的气体等。工业生产中的设备或构件,如海船的螺旋推进器、水泵搅拌器的叶轮、各种导管的弯曲部分都会在工作中不同程度地遭受磨损。

磨损腐蚀是高速流体对金属表面已经生成的腐蚀产物的机械冲刷作用和对新裸露金属表面的腐蚀作用的综合。

### 5.8.2　湍流腐蚀和空泡腐蚀

#### 1. 湍流腐蚀

在设备或部件的某些特定部位,介质流速急剧增加形成湍流,由湍流导致的腐蚀称为湍流腐蚀。湍流不仅加速阴极表面去极剂的供应量,而且附加一个流体对金属表面的切应力,这个高切应力能够把已经形成的腐蚀产物剥离并让流体带走。如果流体中含有气泡或固体颗粒,还会使切应力的力矩得到增强,使金属表面磨损腐蚀更加严重。但磨损不是纯机械破坏,因金属的阳极溶解为离子而不是粉末状脱落。

遭到湍流腐蚀的金属表面常常呈现深谷或马蹄形的凹槽,一般按流体的流动方向切入金属表面层,蚀谷光滑没有腐蚀产物积存,这就是湍流腐蚀的特征。图5-18为换热器冷凝管内壁湍流腐蚀形态。

构成湍流的条件除流体本身速度较大外,构件形状的不规则性也是引起湍流的一个重要因素,泵叶轮,汽轮机叶片等会在一般流体速度条件下形成局部湍流。

在输送流体的管道内,流体按水平或垂直方向运动时,管壁的腐蚀是均匀减薄的。当流体突然改向处,如管壁、U形换热器的拐弯部分,其管壁就要比其他部位的管壁迅速减薄甚至穿洞,如图5-19所示。由高速流体或含颗粒、气泡的高速流体直接不断冲击金属表面所造成的腐蚀称为冲击腐蚀,也属于湍流腐蚀的范围。

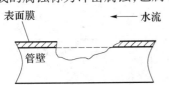

图5-18　冷凝管内壁湍流腐蚀形态

图5-19　弯管受冲刷腐蚀形态

#### 2. 空泡腐蚀

流体与金属构件高速相对运动,在金属表面局部地区产生涡流,伴随有气泡在金属表面迅速生成和破灭,呈现与孔蚀类似的破坏特征(图5-20),这种腐蚀称为空泡腐蚀。

在水轮机叶片和船用螺旋桨的背面常出现空泡腐蚀。空泡形成的条件比较复杂,根据伯努利方程

$$P + \frac{\rho u^2}{2} = K(常数) \qquad (5-11)$$

式中:$P$为流体静压力;$\rho$为流体密度;$u$为流体的速度。

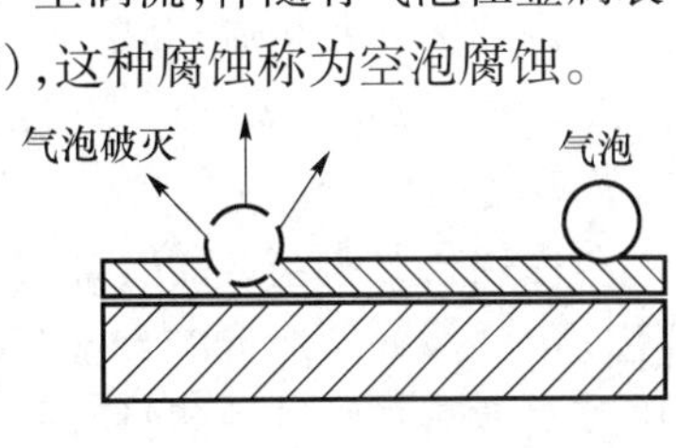

图5-20　空泡腐蚀示意图

当流体速度足够大时,它的静压力将低于液体的蒸气压力,于是流体中便有气泡产生(金属表面的微量气体和液体中的溶解气体可为气泡生成提供足够的气泡核)。

当螺旋桨和海水做高速相对运动时,由于螺旋桨的几何形状而造成涡流,在螺旋桨的前后缘之间形成一个压力突变区。后缘产生负压,使流体的压力低于它的蒸气压,遂有气泡在金属表面逸出。前缘是一个高压区,流体迅速从低压区进入高压区,气泡

受压而迅速破裂。这个过程使螺旋桨接触的流体呈现出乳白混浊的现象。气泡破灭时对金属表面施加冲击波,犹如"水锤"作用使金属表面膜不断地被锤破。在高流速和压力突变的情况下,气泡的形成和破灭所引起的锤击作用重复进行着,这种锤击作用的压力约可达 $14kg/mm^2$,这个压力足以使金属发生塑性变形。因此遭受气蚀的金属表面可观察到滑移线。

螺旋桨后缘的金属表面,由于发生气蚀而呈现紧密相连的空穴,表面显得十分粗糙,空穴的深度视腐蚀条件而异,局部地区有时出现裂纹。

目前认为,空泡腐蚀是电化学腐蚀和气泡破灭的冲击波对金属联合作用所造成的。或者可以把气蚀看作气泡形成与破灭交替进行这一特征条件的腐蚀。气蚀过程(图5-21):金属表面膜上生成气泡;气泡破灭,其冲击波使金属发生塑性变形,导致膜的破裂;裸露金属表面腐蚀,再钝化;在同一地点生成新气泡;气泡再破灭,膜再次破裂;裸露的金属表面进一步腐蚀,再次钝化……这些步骤反复连续的进行,金属表面便形成空穴。由于许多气泡在金属表面的不同点上作用的结果,金属表面出现紧密相连的空穴。当金属表面的冲击功超过材料的极限强度时,金属表面便出现裂纹。表面膜的存在不是气蚀的必要条件。即使没有表面膜的存在,破灭的气泡的冲击能量也足以把金属锤成细粒,此时金属表面便呈海绵状。

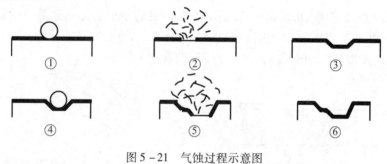

图 5-21　气蚀过程示意图

### 5.8.3　影响磨损腐蚀的因素

高速流体对金属的破坏是由电化学腐蚀与机械冲击作用共同造成的,影响腐蚀的因素是多方面的,主要的影响因素有两个。

**1. 合金**

由惰性元素组成的合金,其本质是耐蚀的,故其抗腐蚀性能视耐磨、耐冲击的能力而定。由活泼元素组成的合金,其抗磨损性能往往与表面质量有关。提高合金的耐蚀性和强度对改善抗磨蚀性能具有同等重要的意义。实验表明,将铬含量提高到9%可使钢的磨蚀抗力提高。高镍钢(稳定的奥氏体钢)比铬锰奥氏体钢(不稳定奥氏体钢)耐磨蚀性能差,这显然与铬锰钢表面层由于在机械作用下,不稳定的奥氏体分解成马氏体引起的强度提高有关。又如,黄铜和铅镍青铜有相同的硬度,但后者抗空泡腐蚀能力强得多。铸铁比黄铜和青铜的强度高,但耐磨蚀的能力很低。

**2. 流速**

在金属发生腐蚀的条件下,介质的流速是影响腐蚀速率的重要外界因素,表5-4列出海水流速对金属腐蚀速率的影响。

表 5 - 4　流速对金属腐蚀速率的影响　　　单位:mg/(dm² · 天)

| 流速/(cm/s)　材料 | 0.3 | 1.3 | 9 |
|---|---|---|---|
| 碳钢 | 34 | 72 | 254 |
| 海军黄铜(70% Cu,1% Sn,29% Zn) | 2 | 20 | 170 |
| 铝青铜(10% Al) | 5 | — | 236 |
| 铜镍合金(70% Cu,30% Ni) | < 1 | < 1 | 39 |
| 316 不锈钢 | 1 | 0 | < 1 |
| 钛 | 0 | — | 0 |

表 5 - 4 说明,流速从 0.3m/s 增加到 1.3m/s 时,腐蚀速率增加缓慢,但当流速增加到 9m/s 时,腐蚀速率大大加快,这个流速可作为临界流速,它为选择耐磨蚀的材料提供了依据。

提高流速并不一定使金属腐蚀速率增加,关键要看流速在整个腐蚀过程中所引起的作用。同样,在中性海水中,碳钢的腐蚀过程为氧扩散控制,提高流速加速了阴极去极化的作用,当超过临界流速时,腐蚀速率增加了几十倍。对于 316 不锈钢,流速的增大反而成为建立钝化膜的有利因素,结果它的腐蚀速率随速度的增加而下降。

### 5.8.4　腐蚀的防护

利用选材、设计、降低流速、覆盖防护层及除去介质中有害成分和电化学保护等方法来防止或减缓腐蚀。其中以选材、覆盖和改善设计为最有效的方法。

**1. 合理选材**

腐蚀的条件非常复杂,没有通用的材料,在遵守耐蚀性和强度并举的条件下,查阅资料、手册进行选用。例如,普通舰船航行速度不会太大,常选用 Cu - Ni 合金作为制造舰船某些耐磨蚀的结构材料。对于含有固体颗粒的流体,用高硅铸铁也相当耐蚀。

**2. 覆盖防护层**

水轮机叶片上喷焊镍基涂层,可以使叶轮寿命大幅度提高。工件表面用橡胶覆盖,由于橡胶的高弹性,可以有效地减弱空泡腐蚀。

**3. 改善结构设计**

从几何形状上避免湍流、涡流的出现,是控制腐蚀的重要手段。例如,舰艇的推进器边缘呈圆形就有可能避免或减缓气蚀。把构型设计成流线型,有利于减少腐蚀的程度。在不妨碍工艺的条件下,采用加大管径的设计,使流速降低,也可取得减缓冲刷腐蚀的效果。对于容易产生气蚀的构件,加工时尽量降低其表面粗糙度,可以大大减少金属表面生成气泡的核心。

## 5.9　选择性腐蚀

选择性腐蚀是指多元合金中较活泼组分或负电性金属的优先溶解,通常只发生在二元或多元固溶体中,如黄铜脱锌、铜镍合金脱镍、铜铝合金脱铝等。下面以黄铜脱锌为例介绍对选择腐蚀的特点和机理。

### 5.9.1 黄铜脱锌的现象与特征

黄铜脱锌与锌含量有密切的关系。$w(Zn) < 15\%$,一般不脱锌,但不抗冲蚀;锌量增加,脱锌敏感性增加,$w(Zn) > 30\%$,黄铜表面由黄色变为红色。

黄铜脱锌主要有两种类型:一种是层状脱锌,即均匀型脱锌,一般锌含量较高的黄铜在酸性介质中易产生均匀型脱锌;另一种是塞状脱锌,锌含量较低的黄铜在中性、碱性及弱酸性介质中,如用作海水热交换器的黄铜,经常出现脱锌腐蚀现象。

### 5.9.2 黄铜脱锌的机理

对于黄铜脱锌的机理,目前主要有两种理论解释:一种认为黄铜中的锌优先溶解而残留铜;另一种为溶解 – 沉积理论,认为黄铜脱锌有三个过程,即黄铜溶解、$Zn^{2+}$ 留在溶液中和铜回镀在基体上。该理论认为,黄铜在海水中脱锌是锌、铜(阳极)溶解后,$Zn^{2+}$ 留在溶液中 $Cu^{2+}$ 迅速形成 $Cu_2Cl_2$,$Cu_2Cl_2$ 又分解成 $Cu$ 和 $CuCl_2$ 的电化学过程,分解生成的活性 $Cu$ 回镀在基体上。相关的化学反应式如下:

$$Cu_2Cl_2 \rightarrow Cu + CuCl_2 \tag{5-12}$$

阳极反应:

$$Zn \rightarrow Zn^{2+} + 2e^- \tag{5-13}$$

$$Cu \rightarrow Cu^{2+} + 2e^- \tag{5-14}$$

阴极反应:

$$1/2 O_2 + H_2O + 2e^- \rightarrow 2OH^- \tag{5-15}$$

$Cu_2Cl_2$ 形成及分解反应:

$$2Cu^{2+} + 2Cl^- \rightarrow Cu_2Cl_2 \tag{5-16}$$

$$Cu_2Cl_2 \rightarrow Cu + CuCl_2 \tag{5-17}$$

### 5.9.3 控制脱锌的方法

(1) 选用对脱锌不敏感的合金,如锌质量分数低于 15% 的黄铜,或蒙乃尔合金($Ni_{70}Cu_{30}$)。

(2) 在 α – 黄铜中加入抑制脱锌的合金元素。如在 α – 黄铜中加入少量砷或锑可有效地抑制黄铜脱锌。此方法不适用于 α + β – 黄铜。砷可抑制 α – 黄铜脱锌,其作用在于降低了 $Cu^{2+}$ 浓度,抑制 $Cu_2Cl_2$ 分解:

$$3Cu^{2+} + As \rightarrow 3Cu^+ + As^{3+} \tag{5-18}$$

α – 黄铜在中性水溶液中电位低于 $Cu^{2+}/Cu$ 的电位,而高于 $Cu^{2+}/Cu$ 的电位,显然只有前者能生成活性铜。

α – 黄铜的脱锌必须经过 $Cu_2Cl_2$ 形成 $Cu^{2+}$ 的中间过程,而砷能抑制 $Cu^{2+}$ 的产生,也就抑制了 α – 黄铜的脱锌。$As^{3+}$ 还可优先沉积在基体上,增加了合金吸氧过电位,因此降低 α – 黄铜的脱锌速度。

对于 α + β – 黄铜,$Cu^{2+}/Cu$ 及 $Cu^{2+}/Cu$ 的电位都高于 α + β – 黄铜的电位。即 $Cu^{2+}$、$Cu^+$ 都可参与阴极反应,加速脱锌过程。砷的加入对 α + β – 黄铜脱锌不起抑制作用。

除黄铜脱锌外,灰口铸铁在土壤、矿水、盐水等环境中使用时常发生选择性腐蚀。灰口铸铁的铁素体相对石墨是阳极,石墨为阴极。铁被溶解下来,只剩下粉末状的石墨沉积在铸铁的表面上,此现象称为石墨化腐蚀。石墨化腐蚀是一个缓慢而均匀的过程,仍具有一定的危险性。长期埋在土壤中的灰口铸铁管道发生的石墨化腐蚀,可使铸铁丧失强度和金属特性。在实际中,有时也会遇到铝青铜脱铝腐蚀、硅青铜的脱硅腐蚀以及钨钴合金的脱钴腐蚀。

## 思 考 题

1. 全面腐蚀和局部腐蚀主要有哪些区别?

2. 什么是电偶腐蚀?用混合电位理论阐述其基本原理。影响电偶腐蚀的主要因素是什么?

3. 试述小孔腐蚀萌生和发展的机理。

4. 孔蚀电位 $E_{br}$ 和二次钝化电位 $E_{rp}$ 是怎么得到的?它们能说明什么问题?

5. 孔蚀产生的条件和诱发因素是什么?衡量材料耐孔蚀性能好坏的电化学指标有哪些?

6. 简要阐述孔蚀机理及防止措施。

7. 阐述缝隙腐蚀的作用机理和影响因素。缝隙腐蚀和小孔腐蚀比较有何相同和不同之处?

8. 为什么说丝状腐蚀是缝隙腐蚀的一种特殊形式?其影响因素和防止办法有哪些?

9. 晶间腐蚀产生的原因是什么?热处理制度对奥氏体不锈钢和铁素体不锈钢产生晶间腐蚀有何不同之处?

10. 哪些金属材料容易产生选择性腐蚀?阐述黄铜脱锌的机理和防止办法。

11. 什么是石墨化疏松?这种腐蚀有什么特点?

12. 比较应力腐蚀断裂、氢致开裂和腐蚀疲劳在产生条件上各有何特点。

13. 应力腐蚀断裂有何特征?

14. 试述应力腐蚀的力学特征、环境特征和材料学特征。

15. 何谓亚临界裂纹扩展速度?它与应力强度因子 $K_{\mathrm{I}}$ 有何关系?

16. 说明 $\sigma_{th}$、$K_{ISCC}$、$\mathrm{d}a/\mathrm{d}t$ 的物理意义和重要性。

17. 说明应力腐蚀断裂机理的理论要点。

18. 防止应力腐蚀断裂主要有哪些措施?

19. 金属中的氢是怎样来的?在金属中以什么形式存在?

20. 何谓腐蚀疲劳?纯机械疲劳和应力腐蚀断裂的原因是什么?

21. 试述腐蚀疲劳机理。

22. 什么是磨损腐蚀?有哪几种腐蚀形态?说明其作用机理。

23. 什么是湍流腐蚀?说明其产生机理。

24. 什么是空泡腐蚀?说明其产生机理。

25. 什么是应力腐蚀?应力腐蚀产生的条件是什么?试述应力腐蚀的产生机理。

26. 产生选择性腐蚀的根本原因是什么?哪些合金材料易产生选择性腐蚀?简述黄

铜脱锌的机理及控制措施。

27. 什么是石墨化腐蚀？试述其特点和产生机理。

## 习　题

1. 在阴极氧的扩散控制下，发生电偶腐蚀的两种金属的面积比对电偶腐蚀的影响如何？推导出电偶腐蚀效应与两种金属面积比的关系。

2. 如果一种金属部分浸入电解液中，使阴、阳极区永久固定且阴、阳极间的溶液电阻 $R = 0.1\Omega$，金属和阴极去极化反应的初始电位差为 0.45V，假设 $|b_c| = 2b_a = 0.01$V，阴、阳极电极反应的交换电流密度都为 $10^{-1}$A/m²。求该金属的腐蚀速率，并与假定 $R = 0$ 时的腐蚀速率进行比较。

3. 暴露于海水中的 18 – 8 不锈钢表面的蚀坑以 0.5cm/年的深度增长，这个速度相当于蚀坑底部流过多大的平均电流密度？

4. 5 个铁铆钉，每个的总暴露面积为 3.2cm²，插入暴露面积为 7430cm² 的铜板中，此板浸入一充空气的搅拌着的电解液中。已知该溶液中未铆接时的铁以 0.165mm/年的速度腐蚀。

（1）铆接后铁铆钉的腐蚀速率多大（单位以 mm/年计）？

（2）同样尺寸的 5 个铜铆钉插入同样尺寸的铁板，铁板的腐蚀速率多大？

5. 以 40L/min 的速度进入钢管的水中含有 5.50mL/L 的氧（25℃，1atm），从此钢管流出的水中含有 0.15mL/L 的氧。假定所有的腐蚀集中在 30m² 的形成 $Fe_2O_3$ 的加热区域，求腐蚀速率（以 gmd 为单位计）。

6. 受拉应力的软钢在沸腾的 $Ca(NO_3)_2$ 溶液中，裂纹连续扩展速率为 0.2mm/s，这相当于多大的腐蚀速率？如果此速度是有代表性的，那么对于裂纹生长的电化学机理，答案意味着什么？

7. 在空气中，临界裂纹长度 $a_c = 0.25(K_{IC}/\sigma)^2$。当应力 $\sigma$ 为材料的屈服应力 $\sigma_s$ 的 60% 时，计算下列材料的临界裂纹尺寸 $a_c$：

（1）合金钢（$\sigma_s = 1500$MPa，$K_{IC} = 70$MN/m³ᐟ²）；

（2）Ti 合金（$\sigma_s = 850$MPa，$K_{IC} = 60$MN/m³ᐟ²）；

（3）Al 合金（$\sigma_s = 300$MPa，$K_{IC} = 35$MN/m³ᐟ²）。

8. 在 SCC 条件下，临界裂纹长度为

$$a_c^{SCC} \approx 0.25(K_{ISCC}/\sigma)^2 = (K_{ISCC}/K_{IC})^2 a_c^{air}$$

假设每种情况下 $K_{ISCC} = 15$MN/m³ᐟ²，且线弹性计算是适用的，试计算题各种材料的 $a_c^{SCC}$。

9. 真空熔炼条件下的马氏体时效钢，其断裂韧性 $K_{IC} = 85$MN/m³ᐟ²。当阴极充氢后，氢含量由 $C_0 = 0.05$ppm 增至 $C = 2$ppm。假设

$$\frac{K_{ISCC}^2 - K_{IC}^2}{E} = -k\Delta\gamma = -2\alpha kRT\ln(C/C_0)$$

式中：$k = 1400$；$\alpha = 5 \times 10^{-5}$；Fe 的弹性模量 $E = 210$GPa。试计算 $K_{ISCC}$。

# 第6章 金属在工程介质中的腐蚀

## 6.1 大气的腐蚀与防护

### 6.1.1 大气腐蚀的概念

材料及其制品与所处的自然大气环境间由环境因素的作用而引起材料变质或破坏的现象称为大气腐蚀。据统计,约有80%的金属构件,如钢梁、钢轨、各种机械设备、车辆等都是在大气环境下使用,大气腐蚀损失金属大于50%的总腐蚀量。因此,了解和研究大气腐蚀的原因、影响因素及防护方法具有重要的现实意义。

金属材料的大气腐蚀机制主要是材料受大气中所含的水分、氧气和腐蚀性介质(包括 $NaCl$、$CO_2$、$SO_2$、烟尘、表面沉积物)的联合作用而引起的破坏。其中水和氧是决定大气腐蚀速率和腐蚀历程的主要因素。按腐蚀反应可分为化学腐蚀和电化学腐蚀两种。除在干燥的大气环境中发生氧化、硫化等属于化学反应外,在大多数情况下均属于电化学腐蚀。但它又有别于全浸电解液中的电化学腐蚀,而是在电解液薄膜下的电化学腐蚀。空气中的氧气是电化学腐蚀阴极过程中的去极剂,水膜的厚度直接影响大气腐蚀过程。因此,可按照金属表面水膜的厚度对大气腐蚀进行如下分类:

(1)湿大气腐蚀,指金属在相对湿度大于100%,如水分以雨、雾、水等形式直接溅落在金属表面上,在金属表面上存在着肉眼可见的水膜($1\mu m \sim 1mm$)时的大气腐蚀。

(2)潮大气腐蚀,在相对湿度低于100%时,肉眼看不见的薄水膜($10nm \sim 1\mu m$)下的大气腐蚀,如铁没有淋雨也会生锈。

(3)干大气腐蚀,在金属表面没有水膜存在时的大气腐蚀。特点是在金属表面形成不可见的保护性氧化膜($1 \sim 10nm$)和某些金属失去光泽现象。

通常所说的大气腐蚀是指在常温下潮湿空气中的腐蚀。

### 6.1.2 大气腐蚀的电化学过程

现在认为,温度和相对湿度是引起金属在大气中腐蚀的重要原因。

相对湿度是指在某一温度下空气中的水蒸气含量与在该温度下空气中所能容纳水蒸气最大含量的比值,即

$$相对湿度(RH) = \frac{空气中水蒸气含量}{该温度下空气所容纳水蒸气最大含量} \times 100\%$$

当金属与比其表面温度高的空气接触时,空气中的水蒸气可在金属表面凝结,这一现象称为结露,它是金属发生潮大气腐蚀的基本原因。当空气中相对湿度到达某一临界值时,水分子在金属表面形成水膜,从而促进了电化学过程的发展,表现出腐蚀速率迅速增加,此时的相对湿度称为金属腐蚀临界相对湿度。不同物质或同一物质的不同表面状态,

对于大气中水分的吸附能力是不同的,物体表面形成水膜与物体本身特性有密切的关系。常用金属的腐蚀临界相对湿度:Fe 为 65%、锌为 70%、铝为 76%、镍为 70%。

金属表面上如果有微细的缝隙、氧化物、小孔、吸潮的盐类及灰尘等存在,由于毛细管的凝聚作用,其结露的临界湿度降低。这就是在钢铁构件的狭缝中,盖有灰尘的表面或有锈层处特别容易生锈的原因。

大气腐蚀是电化学腐蚀的一种特殊形式,是金属表面处于薄层的电解液下的腐蚀过程。当大气中的 $CO_2$、$SO_2$、$NO_2$ 或盐类溶解于金属表面的水膜中时,该水膜即成为电解质溶液,此时金属表面就会发生电化学腐蚀。阴极过程主要是氧的去极化,而阳极过程是金属的溶解和水化。

**1. 阴极过程**

当金属发生大气腐蚀时,由于金属表面液膜很薄,氧气易于到达阴极表面,而氧的平衡电位又较氢的电极电位正,因此,金属在有氧存在的溶液中首先发生氧的去极化腐蚀。按全浸电解液条件的电化学过程在中性、碱性溶液和弱酸性溶液中是氧的去极化作用,则在强酸性溶液中以氢去极化为主,如铁、锌等金属全浸在还原性酸溶液中,阴极过程主要是氢去极化。但在薄液膜下的大气腐蚀,阴极过程都转变为以氧去极化为主,如城市污染的大气所形成的酸性水膜下,铁、锌腐蚀主要是氧去极化腐蚀,即

$$O_2 + 2H_2O + 4e^- \rightarrow 4OH^-$$

在大气腐蚀条件下,氧通过液膜到达金属表面的速度很快,并得到不断供给,液膜越薄,扩散速度越快,阴极上氧去极化过程越有效。但当液膜未形成时,氧的阴极去极化过程受到阻滞。

**2. 阳极过程**

阳极过程是金属作为阳极的溶解过程,在大气腐蚀条件下,阳极过程的反应为

$$Me + xH_2O \rightarrow Me^{n+} \cdot xH_2O + ne^-$$

大气腐蚀时,由于金属表面水膜很薄,氧易于通过水膜到达金属表面生成氧化膜或氧吸收膜,从而促进阳极钝化,同时,在很薄的吸附水膜中阳离子的水化作用困难,使得阳极过程受到阻碍。因此,随着水膜的减薄,阳极去极化的作用也随之减小。当相对湿度低于金属腐蚀临界相对湿度且腐蚀产物的吸水性很低时,阳极过程阻滞行为特别明显。

**3. 欧姆电阻**

大气腐蚀过程中,随着金属表面液膜的减薄,阴极过程更容易,阳极过程进行越困难外,还会使腐蚀微电池的欧姆电阻增大,导致腐蚀微电池作用减小。

总之,在可见液膜下或因腐蚀产物吸水湿润时,大气腐蚀速率主要由阴极过程控制,即湿大气腐蚀主要受阴极过程控制。水膜很薄时(不可见的吸水膜)的腐蚀,其腐蚀速率主要由阳极过程控制,即潮大气腐蚀主要受阳极过程控制。水膜达到一定厚度时,腐蚀速率受阴、阳极过程的共同控制。而液膜增厚,湿大气腐蚀,氧到达金属表面有一个扩散过程,腐蚀过程受氧扩散过程控制。

## 6.1.3 影响大气腐蚀的因素

**1. 气候因素**

(1)大气的相对湿度。大气腐蚀是一种水膜下的电化学反应,空气中水分在金属表

面凝聚而生成水膜和空气中氧气通过水膜进入金属表面是发生大气腐蚀的基本条件。水膜的形成与大气中的相对湿度密切相关,因此,相对湿度是影响大气腐蚀的主要因素之一。

图 6-1 为大气腐蚀速率与金属表面水膜厚度之间的关系。图中:区域Ⅰ,只有几个分子层厚的附着水膜,没有延续的电解质液膜,相当于干大气腐蚀,腐蚀速率很小;区域Ⅱ,金属表面有一层很薄的($10nm \sim 1\mu m$)电解液膜,且薄膜易于氧的扩散进入界面,由于形成连续电解液层,使腐蚀速率剧增;区域Ⅲ,液膜的厚度增加到 $1mm$ 时,已达到明显可见的程度,随着水膜增厚而氧通过该膜扩散到金属表面的阻力加大,腐蚀速率开始下降;区域Ⅳ,液膜进一步变厚大于 $1mm$,它相当于金属全沉浸在电解液中的腐蚀,腐蚀速率下降平缓基本不变。

铁在质量分数为 0.01% 的 $SO_2$ 的空气中经 55 天后的变化如图 6-2 所示。

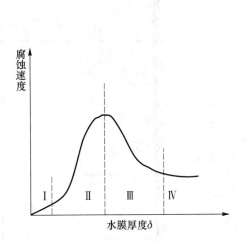

图 6-1 大气腐蚀速率与金属表面
水膜厚度之间的关系

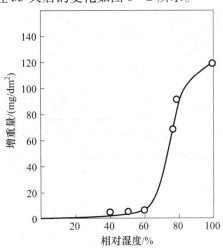

图 6-2 铁在质量分数为 0.01% 的 $SO_2$ 的
空气中经 55 天后的变化

由图 6-2 可见,湿度小于临界湿度,腐蚀速率很慢,几乎不腐蚀。把湿度降至临界湿度以下,可防止金属发生大气腐蚀。需要长期存储的金属材料,为安全起见,环境的相对湿度应控制在 35% 以下。

(2)气温。环境温度及其变化是影响大气腐蚀的又一个重要因素。一般认为,当相对湿度低于金属临界相对湿度时,温度对大气腐蚀的影响很小,无论温度多高,因环境干燥,金属腐蚀轻微。当相对湿度达到金属临界湿度时,温度影响十分明显。按一般化学反应,温度每升高 10℃,反应速度约提高 2 倍,所以,在湿热带或雨季,气温高,则腐蚀严重。

(3)降雨。降雨对大气腐蚀具有两个方面的影响:一方面降雨增大了大气中的相对湿度,使金属表面变湿,延长了湿润时间,同时降雨的冲刷作用破坏了腐蚀产物的保护性,这些因素都会加速金属的大气腐蚀;另一方面,降雨能冲洗掉金属表面的污染物和灰尘,减少了液膜的腐蚀性,从而减缓了腐蚀过程,这一作用在海洋大气环境中较为明显。值得注意的是,工业大气中的雨水还会溶解大气中的污染物,如 $SO_2$、$Cl^-$ 等,能促进腐蚀进程。

(4)风向和风速。在有污染物的环境中(如工厂的排烟、海边的盐粒子),风向影响污染物的传播,直接关系到腐蚀速率。风速对表面液膜的干湿程度有一定的影响,在风沙环境中,风速过大会加速金属表面的磨损。

(5)降尘。固体尘粒对腐蚀的影响一般分为三种情况:一是尘粒本身具有可溶性和腐蚀性(如氨盐颗粒),当溶解于液膜中时成为腐蚀性介质,会增加腐蚀速率;二是尘粒本身无腐蚀性,也不溶解(如炭粒),但它能吸附腐蚀性物质,当溶解在水膜中时,促进了腐蚀过程;三是尘粒本身无腐蚀性和吸附性(如土粒),但落在金属表面上可能使土粒与金属表面间形成缝隙,易于水分凝聚,发生局部腐蚀。

**2. 大气中的污染物质**

虽然在全球范围内大气中的主要成分几乎不变,但在不同地区其污染物的种类和含量不同,大气污染物质的主要组成如表6-1所列。

表6-1 大气污染物质的主要组成

| 气体组分 | 固体组分 |
| --- | --- |
| 含硫化合物:$SO_2$、$SO_3$、$H_2S$ | 灰尘 |
| 含氯化合物:$Cl_2$、$HCl$ | $NaCl$、$CaCO_3$ |
| 含氮化合物:$NO$、$NO_2$、$NH_3$、$HNO_3$ | $ZnO$粉末 |
| 含碳化合物:$CO$、$CO_2$ | 氧化物粉、烟粉 |
| 其他:有机化合物 | — |

根据污染物质的性质及含量,大气环境的类型大致分为工业大气、海洋大气、海洋工业大气、城市工业大气和农村大气。大气污染物的典型浓度如表6-2所列。

表6-2 大气污染物的典型浓度 单位:$\mu m^3/m^3$

| 大气类型 | | $SO_2$ | $SO_3$ | $H_2S$ | $NH_3$ | 氯化物 | 尘粒 |
| --- | --- | --- | --- | --- | --- | --- | --- |
| 工业大气 | 冬季 | 330 | 90 | 1.7 | 4.8 | 7.9 | 250 |
| | 夏季 | 100 | 1.5 | 0.5 | 4.8 | 5.3 | 100 |
| 海洋大气 | 冬季 | — | — | — | — | 57 | — |
| | 夏季 | — | — | — | — | 18 | — |
| 农村大气 | 冬季 | 100 | — | 0.45 | 2.1 | — | 60 |
| | 夏季 | 40 | — | 0.15 | 2.1 | — | 15 |
| 沿海农村大气 | 冬季 | — | — | — | — | 5.4 | — |
| | 夏季 | — | — | — | — | 5.4 | — |

(1)工业大气污染物中主要含有硫化物,是工业大气的主要特征,当其溶入金属表面的液膜时,生成易溶性的亚硫酸盐,引起腐蚀自催化而加速腐蚀。许多金属,如锌、铝、铁等的腐蚀速率和大气中$SO_2$的浓度呈直线关系增加。随着相对湿度的增大,$SO_2$的腐蚀促进作用更加明显。

$SO_2$的腐蚀作用机制是硫酸盐穴自催化过程,主要有两种方式:一是部分$SO_2$在空气中能直接氧化成$SO_3$,$SO_3$溶于水形成$H_2SO_4$;二是一部分$SO_2$吸附在金属表面上,与$Fe$作用生成易溶的硫酸亚铁。$FeSO_4$进一步氧化,因强烈水解生成$H_2SO_4$,$H_2SO_4$再与$Fe$作用,以循环方式加速腐蚀。

(2)海洋大气以海盐粒子(含有较多的微小的$NaCl$颗粒)为特征,海盐粒子被风携带并沉降在暴露的金属表面,它具有很强的吸湿性,增大了表面液膜层的电导,而$Cl^-$有

168

很强的侵蚀性,海盐粒子溶于水膜中形成强腐蚀介质,使腐蚀更严重。

(3) 海洋工业大气中既含有 $SO_2$ 又含有海盐粒子,对金属是最严重的腐蚀介质。

(4) 农村大气不含有强烈的化学污染物,但含有有机物和无机物尘埃。空气的主要组分是水分、氧气和 $CO_2$,大气腐蚀相对小些。

大气中固体颗粒称为尘埃。其组成复杂,除海盐粒外,还有碳和碳化物、硅酸盐、氮化物、铵盐等固体颗粒。城市大气中尘埃含量约为 $2mg/m^3$,工业大气中的尘埃甚至可达 $1000mg/m^3$ 以上。尘埃对大气腐蚀影响主要有三个方面:①尘埃本身具有腐蚀性,如铵盐颗粒能溶入金属表面的水膜,提高电导或酸度促进腐蚀;②尘埃本身无腐蚀作用,但能吸附腐蚀物质,如碳粒能吸附 $SO_2$ 和水汽生成腐蚀性的酸性溶液;③尘埃沉积在金属表面形成缝隙而凝聚水分,形成氧浓差引起缝隙腐蚀。因此,露置在大气环境中的金属构件和仪器设备应防尘。

**3. 金属表面因素**

(1) 金属表面状态:金属表面状态对空气的水分吸附凝聚有很大的影响。经过精细研磨和抛光的金属表面,能提高腐蚀抗力,尤其是在腐蚀开始阶段。新鲜的、粗糙加工表面腐蚀活性最强。当长期放于干燥的空气中,表面生成保护膜,这种活性会大为降低。

(2) 金属表面洁净程度:当金属表面存在污染物质时,促进腐蚀。

(3) 腐蚀产物:经大气腐蚀后的金属表面上生成的腐蚀产物膜一般有保护作用,特别是对不锈钢类,锈层结构致密,有良好的保护作用;对一般的钢,在湿大气环境条件下,腐蚀产物具有自催化作用,加速腐蚀。

## 6.1.4 大气腐蚀的防护

**1. 长期性防护**

在金属表面施加保护层,对基体材料起防护作用,并要求在实际工作中不损坏保护层,这种保护称为长期性防护。材料常用的防护措施有电镀;涂料涂装(有机涂层);热喷涂金属、非金属层;热浸镀金属或合金;渗金属(渗铬);磷化或钝化。

**2. 暂时性防护**

金属产品加工、运输、储存过程中也存在腐蚀问题,对其进行的防护措施称为暂时性防护。其防护物易于去除,常用的防护措施如下:

(1) 水溶液缓蚀:主要是利用缓蚀剂分子在金属表面上生成不溶性的保护膜,将金属表面从活化态转变为钝化态。常用的缓蚀剂有亚硝酸钠、磷酸盐、铬酸盐、硅酸钠、苯甲酸钾等。

(2) 防锈油:以矿物油为基体添加油溶性缓蚀剂和辅助添加剂(抗氧化剂、防霉剂、助溶剂、消溶剂)所配成的,可用浸涂、刷涂或喷涂等方法涂覆在金属表面上达到防锈的目的,是目前在金属制品和金属材料加工、使用和储存过程中常用的防锈方法。

油中加入油溶性缓蚀剂后,由于油溶性缓蚀剂是极性分子,分子的一端为亲金属的极性键,另一端是亲油憎水的非极性键,而金属是极性的,基础油是非极性的,因此,油溶性缓蚀剂在油－金属界面是有序的定向吸附,得到严密的排列结构,能有效地阻挡水分和氧气及其他腐蚀介质的浸入。由于吸附的结果,缓蚀剂在油－水界面上集中,其浓度远大于油中的浓度,因此,防锈油中加入少量的缓蚀剂可以防锈。常用的油溶性缓蚀剂见表 6-3。

表 6-3  常用油溶性缓蚀剂

| 名　称 | 主要用途 |
|---|---|
| 石油磺酸钡 | 对黑色和有色金属均有良好的防锈效果,配各种防锈油 |
| 石油磺酸钠 | 对黑色和有色金属均有良好的防锈效果,配各种防锈油 |
| 十二烯基丁二酸咪唑啉 | 对黑色和有色金属均有良好的防锈效果,配各种防锈油 |
| 环烷酸锌 | 对钢、铜、铝都有效,常与磺酸盐联用 |
| 环壬基萘磺酸钡 | 适用于钢铁防锈 |
| 苯并三氮唑 | 用于铜及其合金防锈 |
| 烷基磷酸咪唑啉 | 对钢、铜等防锈 |
| 氧化石油油脂钡皂 | 对钢、铜、铝有良好的防锈效果 |
| 十二烯基丁二酸 | 用于汽轮机油 |

（3）气相防锈:气相缓蚀剂又称为挥发性缓蚀剂,它是在常温下有一定挥发性的物质,挥发的气体充满包装空间,吸附在金属表面上,能起到阻滞大气腐蚀的作用。

（4）可剥性塑料:以塑料为基体作为成膜物质,再加入矿物油防锈剂、增塑剂、稳定剂、防霉剂等经加热或溶解而成。可用浸、刷、涂、喷等方法将其涂在被保护材料或产品上,待冷却后或溶剂挥发后,即形成一层塑料薄膜,从而防止金属腐蚀。启封时可将塑料膜剥开。

（5）干燥空气封存:将产品密封在相对湿度在 35% 以下的清洁空气中,要求容器严密,也可放入干燥剂等。

此外,合理设计构件,防止缝隙中存水,去除金属表上的灰尘等都有利于防蚀。开展环境保护,减少大气污染,有利于人民健康,延长金属材料在大气中的使用寿命。

# 6.2　海水的腐蚀与防护

海洋占地球表面积的 70.9%,我国的海岸线长达 1.8 万多千米,海洋自然资源丰富,随着陆地上资源的日趋匮乏,开发海洋资源,发展沿海经济,对国民经济建设具有重大的战略意义。

海水中含有多种盐类,是天然的电解质,船舶的外壳、螺旋桨,海港码头的各种金属设施,海上采油平台和输油管道,海中电缆等常用的金属和合金在海水中大多数都会遭到海水的严重腐蚀。例如,沿海地区的工厂常用海水作为冷却介质,冷却器的铸铁管在海水作用下,一般只能使用 3~4 年;海水泵的铸铁叶轮只能使用 3 个月左右;碳钢冷却箱内壁腐蚀速率可达 1mm/年以上。海洋开发受到重视,海上运输工具、海上采油平台,开采和水下输送及储存设备等金属构件受到海水和海洋大气腐蚀的威胁越来越严重,所以研究海水腐蚀的特点和防护方法是有实际意义的。

## 6.2.1　海水的物理化学性质

海水为腐蚀性介质,特点是含有多种盐类,盐分中主要是 NaCl,常把海水近似地看作质量分数为 3% 或 3.5% 的 NaCl 溶液。表层海水含盐量一般为 3.20%~3.75%,随着水深的增加,海水含盐量略有增加。相互连通的各大洋的平均含盐量相差不大,太平洋为3.49%,大西洋为3.54%,印度洋为3.48%。海水中的盐主要为氯化物,占总盐量的88.7%(表6-4)。海水中氯离子的含量很高,使其具有较大腐蚀性。

表6-4 海水中主要盐类的含量

| 成分 | 100g 海水中盐类的含量/g | 占总盐量/% |
|---|---|---|
| NaCl | 2.7123 | 77.8 |
| $MgCl_2$ | 0.3807 | 10.9 |
| $MgSO_4$ | 0.1658 | 4.7 |
| $CaSO_4$ | 0.1260 | 3.6 |
| $K_2SO_4$ | 0.0863 | 2.5 |
| $CaCl_2$ | 0.0123 | 0.3 |
| $MgBr_2$ | 0.0076 | 0.2 |

由于海水总盐量高,因此具有很高的电导率,海水平均电导率约为 $4 \times 10^{-2}$ S/cm,远远超过河水($2 \times 10^{-4}$ S/cm)和雨水($1 \times 10^{-3}$ S/cm)的电导率。

海水中 pH 值通常为 8.1~8.2,且随海水深度变化而变化。若植物非常茂盛,$CO_2$ 减少,溶解氧浓度上升,pH 值接近 10;在有厌氧性细菌繁殖的情况下,溶解氧量低,而且含有 $H_2S$,此时 pH 值常低于 7。

海水中溶解氧,海水含氧量是海水腐蚀的主要因素之一,正常情况下,海水表面层被空气饱和,表面海水氧浓度随水温在 5~10mg/L 范围内变化。海水温度一般为 -2~35℃,热带浅水区可能更高。

## 6.2.2 海水腐蚀的电化学过程与特点

海水是一种含有多种盐类近中性的电解质溶液,并溶有一定量的氧,这就决定了金属海水腐蚀的电化学特征。除了电极电位很负的镁及其合金外,所有的工程金属材料在海水中都属氧去极化腐蚀。镁在海水中既有吸氧腐蚀又有析氢腐蚀。

金属及合金浸入海水中,其表面层物理化学性质的微观不均匀性,如成分不均匀性、相分布的不均匀性、表面应力应变的不均匀性,以及界面处海水物理化学性质的微观不均匀性,导致金属-海水界面上电极电位分布的微观不均匀性。这就形成了无数腐蚀微电池,电极电位低的区域(如碳钢中的铁素体基体)是阳极区,发生铁的氧化反应:

$$Fe \rightarrow Fe^{2+} + 2e^-$$

而在电极电位较高的区域(如碳钢中的渗碳体相)是阴极区,发生氧的还原反应:

$$O_2 + 2H_2O + 4e^- \rightarrow 4OH^-$$

结果阳极区产生电子,阴极区消耗电子,导致金属的腐蚀。这种由微电池的电化学反应导致的腐蚀称为微电池腐蚀。金属在海水中腐蚀大多数以这种方式进行。

接触腐蚀又称为电偶腐蚀或异金属腐蚀。当两种金属或合金相接触时,在海水介质中,电位较低的金属腐蚀,电位较正的金属受到保护,这种现象就是接触腐蚀。如把铜板和铁板同时浸入海水中时,铁板和铜板上将分别发生下述电化学反应:

铁板 $$Fe \rightarrow Fe^{2+} + 2e^-$$

171

$$O_2 + 2H_2O + 4e^- \rightarrow 4OH^-$$

铜板 $\qquad\qquad Cu \rightarrow Cu^{2+} + 2e^-$

$$O_2 + 2H_2O + 4e^- \rightarrow 4OH^-$$

铁在海水中的自然腐蚀电位约为 $-0.65V$,铜的自然腐蚀电位约为 $-0.32V$。当把两种金属用导线连通时就构成了宏观电偶电池:铁板上由于电子流出,氧的还原反应被抑制,铁的氧化反应加强;铜板上由于电子流入,铜的氧化反应被抑制,氧的还原反应加强。结果铁板腐蚀加速,而铜板获得了保护。

海水是典型的电解质溶液,其腐蚀有如下特点:

(1)中性海水溶解的氧较多,除镁及其合金外,绝大多数海洋结构材料在海水中的腐蚀都是由氧的去极化控制的阴极过程。尽管表层海水被氧所饱和,但氧通过扩散层到达金属表面的速度都是有限的,制约着阴极氧的还原反应速度。在静止或运动速度不大的海水中,阴极过程受氧扩散速度所控制。由于扩散层中氧的扩散通道已被占满,因此通过合金化或热处理来改变钢中阴极相的数量和分布对腐蚀速率影响不大。一切有利于供氧的条件,如海浪、飞溅、增加流速,都会促进氧的阴极去极化反应,促进钢的腐蚀。

(2)由于海水电导率很大,海水腐蚀的电阻性阻滞很小,因此海水腐蚀中金属表面形成的微电池和宏观电池都有较大的活性。海水中不同金属接触时很容易发生电偶腐蚀,即使两种金属相距数十米,只要存在电位差并实现电连接,就可发生电偶腐蚀。

(3)由于海水中氯离子含量很高,因此大多数金属,如铁、钢、铸铁、锌、镉等在海水中是不能建立钝态的。海水腐蚀过程中,阳极的极化率很小,腐蚀速率相当高,在海水中用提高阳极性阻滞的方法来防止腐蚀作用是有限的。氯离子的存在,使钝化膜容易受到破坏,即使不锈钢件也难以保证不受腐蚀。不锈钢中添加钼可降低氯离子对钝化膜的破坏作用。只有以钛、锆、钽、铌为基的少数合金在海水中才能建立稳定的钝态。

(4)海水中金属易发生局部腐蚀破坏,如点蚀、缝隙腐蚀、湍流腐蚀和空泡腐蚀等。海水中易出现小孔腐蚀,孔也较深。

### 6.2.3 海水腐蚀的影响因素

海水是含有多种盐类的溶液,并且含有生物、溶解的气体、悬浮泥沙、腐败的有机物等,加上海水的运动,温度变化等,使海水腐蚀的影响因素变得更复杂。

**1. 含盐量的影响**

海水中溶有大量以氯化钠为主的盐类,含盐总量通常以盐度来表示。盐度是指 1000g 海水中溶解的固体盐类的总克数,用"‰"表示。例如,盐度 30‰表示 1000g 海水中有 30g 固体盐类。

一般在相通的海洋中总盐度和各种盐的相对比例并无明显改变,在公海的表层海水中,其盐度范围为 32‰ ~ 37.5‰。海水中的盐类以 NaCl 为主,海水中盐的浓度与钢的腐蚀速率最大的盐浓度范围相近,如图 6 - 3 所示。海水的盐度波动直接影响海水的电导率,电导率又是影响金属腐蚀速率的一个重要因素,同时因海水中含有大量的氯离子,破坏金属的钝化,所以很多金属在海水中遭到严重腐蚀。

**2. 溶解物质——氧、二氧化碳、碳酸盐的影响**

由于绝大多数金属在海水中的腐蚀都属于氧去极化腐蚀,因此,海水中的氧含量是影

172

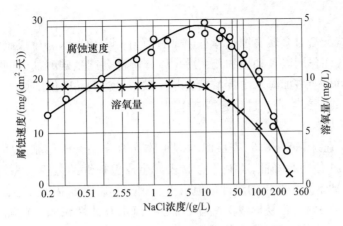

图 6-3　钢的腐蚀速率与 NaCl 浓度的关系

响海水腐蚀性的重要因素。对钢铁和铜等金属,降低海水中的氧含量,将使其腐蚀速率大大降低。

氧在海水中的溶解度主要取决于海水的盐度和温度,随海水盐度增加或温度升高,氧的溶解度降低。表 6-5 列出了不同盐度的海水在不同的温度下氧的溶解度。由于海水盐度变化不大,氧的溶解度主要受海水温度的影响。温度由 0℃升到 30℃,氧的溶解度几乎减半。

表 6-5　常压下氧在海水中的溶解度　　　　　　　　　　　单位:mL/L

| 温度/℃ | 盐的浓度/% | | | | | |
|---|---|---|---|---|---|---|
| | 0 | 1.0 | 2.0 | 3.0 | 3.5 | 4.0 |
| 0 | 10.30 | 9.65 | 9.00 | 8.36 | 8.04 | 7.72 |
| 10 | 8.02 | 7.56 | 7.09 | 6.63 | 6.41 | 6.18 |
| 20 | 6.57 | 6.22 | 5.88 | 5.52 | 5.35 | 5.17 |
| 30 | 5.57 | 5.27 | 4.95 | 4.65 | 4.50 | 4.34 |

海水中氧含量随深度增加而减少,但在大约 100m 深度,由于海水不停的波动和强烈的自然对流,氧含量可达饱和状态。海生物和植物的光合作用可以产生氧,而死生物分解需要消耗氧,将影响海水中的氧含量。海水表面与大气接触氧含量高达 $12 \times 10^{-6} cm^3/L$。海平面至 $-800m$ 深处,氧含量逐渐减少并达到最低值,海洋动物要消耗氧气,从 $-800m$ 再降至 $-1000m$,溶氧量又上升,接近海水表面的氧浓度,是深海水温度较低、压力较高的缘故。

氧是金属在海水中腐蚀的去极化剂,完全除去海水中氧,金属是不会腐蚀的。对不同种金属,如碳钢、低合金钢合铸铁等,氧含量增加,阴极过程加速,金属腐蚀速率增加。但对依靠表面钝化膜提高耐蚀性的金属,如铝和不锈钢等,氧含量增加有利于钝化膜的形成和修补,使钝化膜的稳定性提高,点蚀和缝隙腐蚀的倾向减小。

海水中的溶解气体中,除 $O_2$ 和 $N_2$ 外,还有 $CO_2$。$CO_2$ 溶解于水的同时与水化合,形成碳酸根和碳酸氢根离子,所以,海水中 $CO_2$ 主要以碳酸盐和碳酸氢盐的形成存在,并以碳酸氢盐为主。$CO_2$ 在海水中的溶解度随温度、盐度升高而降低,随大气中 $CO_2$ 分压的升高而升高。

游离 $CO_2$ 含量主要影响海水的 pH 值,而 pH 值的有限变化不会对金属腐蚀产生明显作用。

海水中的碳酸盐对金属腐蚀过程有重要的影响。除 $CO_2$ 水合生成碳酸根离子外,海洋生物的新陈代谢作用以及动植物死亡后尸体分解也会产生碳酸盐,某些含碳酸盐的矿物和岩石的溶解也会增加海水中碳酸盐含量。碳酸盐通过 pH 值的增大,在金属表面沉积形成不溶的保护层,对腐蚀过程起抑制作用。

### 3. pH 值的影响

海水的 pH 值为 7.5 ~ 8.6,表层海水因植物光合作用,pH 值略高些,通常为 8.1 ~ 8.3,在深海处 pH 值略有降低,不利于金属表面生成保护性的盐膜。一般来说,海水 pH 值升高,有利于抑制海水对钢的腐蚀。但由于 pH 值变化不大,因此不会对钢产生太大的影响。海水 pH 值升高,容易形成碳酸盐沉积层,海水腐蚀性减弱。在施加阴极保护时,阴极表面处海水 pH 值升高,很容易形成这种沉积层,这对阴极保护是有利的。

### 4. 温度的影响

海水的温度随着时间、空间上的差异会在一个比较大的范围内变化。从两极到赤道,表层海水温度可由 0℃ 增加到 35℃。海底水温可接近 0℃。表层海水温度还随季节而周期变化。

温度对海水腐蚀的影响是复杂的。海水温度每升高 10℃,化学反应速度提高约 10%,从动力学方面考虑,温度升高,加速金属的腐蚀。另外,海水温度升高,海水中氧的溶解度降低,每升高 10℃,氧的溶解度约降低 20%,同时促进保护性碳酸盐的生成,这又会减缓钢在海水中的腐蚀。但在正常海水含氧量下,温度是影响腐蚀的主要因素。这是因为氧含量足够高时(实测值为 5mL/L 以上),控制阴极反应速度的是氧的扩散速度,而不是氧含量。如在恒温条件下,氧浓度由 4.5mL/L 升至 7.4mL/L,钢的腐蚀速率由 0.25mm/年增至 0.30mm/年,提高了 0.05mm/年。而温度由 0℃ 升高到 25℃,钢的腐蚀速率由 0.15mm/年增加到 0.89mm/年,温度的影响比氧的影响大了近 15 倍。

对于在海水中钝化的金属,温度升高,钝化膜稳定性下降,点蚀、应力腐蚀和缝隙腐蚀的敏感性增加。

### 5. 海水流速的影响

海水腐蚀是借助氧去极化而进行的阴极控制过程,并且主要受氧扩散速度的控制,海水流速和波浪由于改变了供氧条件,必然对腐蚀产生重要影响。流速对钢在海水中腐蚀的影响如图 6-4 所示。a 段,随流速增加,氧扩散速度增加,腐蚀速率增大;b 段,流速进一步增加,供氧充分,阴极过程不再受扩散控制,而主要受氧还原反应的阴极反应控制,流速影响较小;c 段,流速超过某一临界流速 $V_c$ 时,金属表面的腐蚀产物膜被冲刷掉,金属表面同时受到磨损,这种腐蚀与磨损联合作用,使钢的腐蚀速率急剧增加。

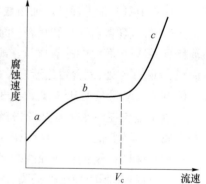

图 6-4 海水流速对钢的腐蚀速度的影响示意图

对低碳钢,$V_c = 7 ~ 8m/s$;对铜,$V_c = 1m/s$;对 Cu-Ni 合金,$V_c = 4.5m/s$。

在海水中能钝化的金属,如不锈钢、铝合金、钛合金等,海水流速增加会促进其钝化,可提高耐蚀性。

### 6. 海生物的影响

海洋环境中存在着多种动物、植物和微生物,许多海生物和微生物能吸附在船底并生长和繁殖,尤其是较温暖的海域和春、夏两季,这些海中附着生物对海船和海水建筑物以及渔网等均有危害,故称为污损生物。海洋污损生物的吸附会引起防腐蚀涂层的脱落而造成严重的腐蚀,有些微生物本身对金属就有腐蚀作用。海洋污损生物附着造成的破坏情况如下:

(1)海生物附着不完整、不均匀时,腐蚀过程将局部进行,附着层内外可能产生氧浓差电池腐蚀。例如,藤壶的壳层座与金属表面形成缝隙,产生缝隙腐蚀。

(2)生物的生命运动改变了局部海水介质的成分。海藻类植物附着后,由于光合作用增加了局部海水中的氧浓度,加速了腐蚀。生物呼吸排出的 $CO_2$ 以及生物尸体分解形成的 $H_2S$ 对腐蚀也有加速作用。

(3)某些海生物生长时能穿透油漆或其他保护层,直接破坏保护涂层,从而加速腐蚀。

不同金属和合金在海水中被污损生物玷污的程度不同,海生物玷污最严重的是铝及其合金、各种钢、耐蚀的镍基合金、铅及其合金。铜及其合金被海生物玷污的程度最小。

## 6.2.4 海水腐蚀的防护

### 1. 合理选材

合理选材是控制腐蚀最有效的方法之一。既要考虑材料的力学性能和制造工艺性,又要考虑材料在特定介质中的耐蚀性,同时尽可能降低成本。

对于大型海洋工程结构件,如石油平台、舰船壳体、港口码头设施、海底管线等,材料消耗很大,通常选用廉价的低碳钢和普通低合金钢制造,并辅之以涂料和阴极保护。

在腐蚀环境苛刻,材料用量不大时,选用高耐蚀材料,如耐海水腐蚀的不锈钢、铜合金、镍基合金和钛合金。

一个海洋工程结构常常是由多种材料构成的,应尽量选用电位序中比较靠近的材料,以免发生电偶腐蚀。在选择焊接材料时,应使焊缝金属呈阴极性,而且焊缝金属与母材的电位差尽可能小。

常用金属材料的耐海水腐蚀性能见表6-6。

表6-6 常用金属材料的耐海水腐蚀性能

| 合 金 | 全浸区腐蚀率/(mm/年) | | 潮汐区腐蚀率/(mm/年) | | 冲击腐蚀性能 |
|---|---|---|---|---|---|
| | 平均 | 最大 | 平均 | 最大 | |
| 低碳钢(无氧化皮) | 0.12 | 0.40 | 0.3 | 0.5 | 劣 |
| 低碳钢(有氧化皮) | 0.09 | 0.90 | 0.2 | 1.0 | 劣 |
| 普通铸铁 | 0.15 | — | 0.4 | — | 劣 |
| 铜(冷轧) | 0.04 | 0.08 | 0.02 | 0.18 | 不好 |
| 顿巴黄铜($w(Zn)=10\%$) | 0.04 | 0.05 | 0.03 | — | 不好 |
| 黄铜(70Cu-30Zn) | 0.05 | — | — | — | 满意 |
| 黄铜(22Zn-2Al-0.02As) | 0.02 | 0.18 | — | — | 良好 |

## 2. 合理设计海洋工程结构

首先,结构件形状力求简单,减少死角和缝隙,便于防腐蚀施工;其次,构件设计应尽量减少切口、尖角和焊接缺陷等,以防止应力腐蚀。当必须使电位序中电位差较大的两种或两种以上的金属材料时,要用有机材料制成的绝缘垫片把两种金属隔开。

结构设计中应尽量避免缝隙(因为防止缝隙腐蚀是很难的),尽量用焊接代替铆接和螺栓连接。容易发生腐蚀的部位应避免使用间断焊接。设计中无法避免的狭缝,应该用填料密封。

在海水管线设计中,应避免管道断面的急剧变化和海水流动方向的突然改变,管线弯曲半径应足够大,设计流速应小于临界流速,防止湍流、空泡对管道造成的腐蚀。

## 3. 表面保护

海洋工程结构中大量使用低碳钢和低合金钢,在海洋环境中是不耐蚀的,表面覆盖层是广泛采用的防蚀方法,其中有机涂层用得最多。表面保护主要有以下四种方法:

(1) 有机涂层保护:有机涂层在海洋工程结构中应用最广。供海洋工程结构使用的专用涂料品种很多,可满足防腐要求。要特别注意涂装的施工质量,要严格除锈、除油、除水等,注意添加氧化亚铜或有机锡化合物等防腐剂。

(2) 金属喷涂层:用热喷涂的方法把锌、铝和铝-锌合金喷涂在金属表面,构成了阳极性涂层,从而对底材实施保护。热喷涂层有微孔,必须用有机涂料(如聚氨酯、铝粉漆)做封孔处理。

(3) 金属包覆层:在海洋飞溅区,采用阴极保护有困难,有机涂层抗冲刷能力又较差,对重要的海洋钢结构可采用金属包覆层。常用的包覆材料有不锈钢、钛、铜镍合金等。

(4) 衬里:衬里材料有金属材料和非金属材料,如玻璃钢、橡胶、搪瓷和金属衬里。

## 4. 阴极保护

阴极保护是海水全浸条件下保护钢结构免受腐蚀的有效方法,也可用于保护不锈钢、铜合金及铝合金等金属构件。这种方法具有投资少、收效大、保护周期长等优点,在海洋设施中广泛使用。通常与涂料保护联合使用,以减少阴极保护电流密度和提高保护效果。

阴极保护既可防止均匀腐蚀,对防止孔蚀、缝隙腐蚀、应力腐蚀也有效。

实施阴极保护有外加电流阴极保护法和牺牲阳极保护法。对重要结构,两种方法同时使用。

外加电流阴极保护是用低电压、大电流的稳定直流电源来供电的,目前广泛采用的是整流器和恒电位仪。电源电压不大于24V,电源额定电流等于被保护面积(接触海水的面积)与保护电流密度的乘积,电源输出电流应能在较大范围内调节。整流器是通过调整输出电压来控制输出电流,但不能自动控制电位。恒电位仪通过参比电极测得的电极电位与设定电位值比较来控制输出电流,从而保证阴极电位稳定在设定电位。

外加电流保护用阳极称为辅助阳极。辅助阳极可采用钢、铸铁等可溶解阳极,也可采用高硅铸铁、铅合金、石墨等微溶解阳极,或铂、镀铂等不溶解阳极。

牺牲阳极保护是将比被保护金属电位更负的负电性金属(如 Zn、Al、Mg)与被保护金属偶接,提供阴极极化电流,使被保护金属产生阴极极化获得保护。

保护电位是指阴极保护时使金属停止腐蚀所需的电位,它是阴极保护的重要参数。

保护电位与金属种类和介质条件有关,可根据实验来确定。表6-7列出一些金属在海水中的保护电位。保护电位值为一个范围。钢在海水中的最佳保护电位范围为-0.80 ~ -0.90V(Ag/AgCl海水)。当电位比-0.80V更正时,钢不能得到完全保护,所以该值又称为最小保护电位。当电位比-1.0V更负时,会造成过保护,导致阴极析氢和增加电流消耗。

表6-7 一些金属在海水中的保护电位 单位:V

| 金属或合金 | | 参比电极 | | | |
|---|---|---|---|---|---|
| | | Cu/CuSO₄ | Ag/AgCl/海水 | Ag/AgCl/饱和KCl | Zn/洁净海水 |
| 铁与钢 | 通气环境 | -0.85 | -0.80 | -0.75 | +0.25 |
| | 不通气环境 | -0.95 | -0.90 | -0.85 | +0.15 |
| 铅 | | -0.60 | -0.55 | -0.50 | +0.50 |
| 铜合金 | | -0.50 ~ -0.65 | -0.45 ~ -0.60 | -0.40 ~ -0.55 | +0.60 ~ +0.45 |
| 铝 | | -0.95 ~ -1.20 | -0.90 ~ -1.15 | -0.85 ~ -1.10 | +0.15 ~ -0.15 |

使金属阴极极化至最小保护电位从而获得完全保护所需的电流密度称为最小保护电流密度。最小保护电流密度值是与最小保护电位相对应的,要使金属达到最小保护电位,其电流密度值不能小于该值;否则,金属就达不到满意的保护。如果所采用的电流密度远超过该值,则有可能发生"过保护",出现电能消耗过大、保护作用降低等现象。最小保护电流密度与被保护的金属种类、腐蚀介质的性质、环境条件等有关,必须根据经验和实际情况才能判断得当。表6-8列出了船体材料的保护电流密度。

表6-8 国内船用材料的阴极保护电流密度

| 材料 | 表面状态 | 保护电流密度/(mA/m²) |
|---|---|---|
| 船用钢板 | 涂漆6道 | 3.5 ~ 5 |
| 船用钢板 | 水舱等涂漆4道 | 5 |
| 船用钢板 | 涂刷质量不好部位 | 10 ~ 25 |
| 钢板,铸钢 | 裸露 | 150 |
| 黄铜,青铜 | 裸露 | 150 |
| 不锈钢 | 裸露 | 150 |

从表6-8中可以看出,表面有良好覆盖层时,所需保护电流密度大大减小。在选用时,必须根据实际情况而定。

# 6.3 土壤的腐蚀与防护

## 6.3.1 土壤腐蚀的概念

随着国家现代化建设的逐步深入,地下金属构件迅速增加,如西气东输的输气管道、北油南调的输油管道、地下给水管、地下排污管、地下供热水管、地下电缆管等。土壤的腐蚀具有难发现、难检修的特点,易引起油、气、水的渗漏,引发突发事故,造成重大经济损失和安全危害。图6-5为西安东郊某单位地下供热管腐蚀状况。这是一段工作不足10年的供热管道，外表表面发生了严重局部腐蚀——小孔腐蚀，可以看出蚀坑分布不均匀，造成腐蚀穿孔，引起高压蒸气泄漏，严重影响片区家庭供暖。在发达国家，地下油、气管线每年因腐蚀损坏而替换的各种管子费用有几亿美元。因此，研究土壤腐蚀规律及有效的防蚀途径具有重要意义。土壤腐蚀是指土壤的不同组分和性质对材料的腐蚀，土壤使材料产生腐蚀的性能称为土壤腐蚀性。众所周知，土壤是由气、液、固三相物质构成的复杂系统，其中还存在着若干种数量不等的土壤微生物，土壤微生物的新陈代谢产物也会对材料产生腐蚀。土壤作为一种腐蚀介质，因为组成土壤的固体组分的相对固定性（不像大气、海水具有流动性），即便同种类型土壤，它们的物理和化学性质也不尽相同。如果考虑气候和地区分布，那么，即使同一种土壤，腐蚀性大小也不是相同的。由此可见，土壤腐蚀性的研究是一个非常复杂的问题。

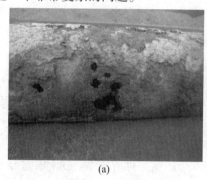 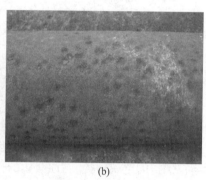

(a)  (b)

图6-5　西安东郊某单位地下供热管腐蚀状况

土壤腐蚀的条件极其复杂，土壤腐蚀的控制因素可能有很大差别，大致可以归纳为下列三种典型情况：

（1）阴极过程控制：对于大多数土壤而言，当腐蚀取决于腐蚀微电池或距离不太长的宏观腐蚀电池时，腐蚀过程主要为阴极过程控制，这与完全浸没在静止电解液中的金属腐蚀情况相似。

（2）阳极过程控制：对相当疏松的和干燥的土壤而言，随着氧渗透率的增加，腐蚀过程主要由阳极过程控制，这种腐蚀过程的特征与大气腐蚀接近。

（3）电阻控制：对于由长距离宏观电池（如埋没在土壤中的管道交替地经过氧渗透率不同的土壤而引起地电池）作用所引起的土壤腐蚀，电阻因素所引起的作用将强烈地增加，腐蚀电池距离越长，电阻控制作用越明显。

## 6.3.2　金属的土壤腐蚀过程

### 1. 阴极过程

土壤中的常用结构金属是钢铁，在发生土壤腐蚀时，阴极过程是氧的还原，在阴极区域生成 $OH^-$ 离子：

$$O_2 + 2H_2O + 4e^- \rightarrow 4OH^-$$

只有在酸性很强的土壤中，才会发生析氢反应：

$$2H^+ + 2e^- \rightarrow H_2$$

在硫酸盐还原菌的参与下,硫酸根的还原也可作为土壤腐蚀的阴极过程:

$$SO_4^{2-} + 4H_2O + 8e^- \rightarrow S^{2-} + 8OH^-$$

金属离子的还原也是一种土壤腐蚀的阴极过程:

$$M^{3+} + e^- \rightarrow M^{2+}$$

实践证明,金属构件在土壤中的腐蚀,阴极过程是主要的控制步骤,而这种过程受氧输送控制。因为氧从地面向地下的金属构件表面扩散是非常缓慢的过程,与传统的电解液中的腐蚀不同,在土壤条件下,氧的进入不仅受到紧靠着阴极表面的电解质(扩散层)的限制,而且受阴极上面整个土层的阻力等,输送氧的主要途径是氧在土壤气相中(空隙)的扩散。氧的扩散速度取决于金属构件的埋没深度、土壤结构、湿度、松紧程度以及土壤中胶体粒子含量等因素。

对于颗粒状的疏松的土壤来说,氧的输送还是比较快的。相反,在紧密的高度潮湿的土壤中,氧的输送效率非常低。尤其在排水和通气不良,甚至在水饱和的土壤中,土壤结构很细,氧的扩散速度很低。

**2. 阳极过程**

钢铁构件在土壤中腐蚀的阳极过程为铁氧化成两价铁离子,并发生两价铁离子的水合作用:

$$Fe + nH_2O \rightarrow Fe^{2+} \cdot nH_2O + 2e^-$$

只有在酸性较强的土壤中,才有相当数量的铁氧化成为两价和三价离子,以离子状态存在于土壤中。在稳定的中性和碱性土壤中,由于 $Fe^{2+}$ 和 $OH^-$ 之间的次生反应而生成 $Fe(OH)_2$:

$$Fe^{2+} + OH^- \rightarrow Fe(OH)_2 \quad (绿色产物)$$

在阳极区有氧存在时,$Fe(OH)_2$ 能氧化成为溶解度很小的 $Fe(OH)_3$:

$$2Fe(OH)_2 + 1/2 \ O_2 + H_2O \rightarrow 2Fe(OH)_3$$

$Fe(OH)_3$ 产物不稳定,它会转变成更稳定的产物:

$$Fe(OH)_3 \rightarrow FeOOH$$

$$2Fe(OH)_3 \rightarrow Fe_2O_3 \cdot 3H_2O \rightarrow Fe_2O_3 + 3H_2O$$

FeOOH 是一种赤色的腐蚀产物,$Fe_2O_3 \cdot 3H_2O$ 是一种黑色的腐蚀产物,在比较干燥的条件下转变成 $Fe_2O_3$。

当土壤中存在 $HCO_3^-$、$CO_3^{2-}$ 和 $S^{2-}$ 阴离子时,与阳极区附近的金属阳离子反应,生成不溶性的腐蚀产物:

$$Fe^{2+} + CO_3^{2-} \rightarrow FeCO_3$$

$$Fe^{2+} + S^{2-} \rightarrow FeS$$

低碳钢在土壤中生成的不溶性腐蚀产物与基体结合不牢固,与土壤细小土粒黏结在一起,可以形成一种紧密层,有效地阻碍阳极过程,尤其在土壤中存在钙离子时,生成的 $CaCO_3$ 与铁的腐蚀产物黏结在一起,阻碍阳极过程的作用就更大。

阳极钝化也是阳极过程的重要方面,在疏松、透气性好的土壤中,空气中的氧很容易扩散到金属电极表面,促进阳极钝化;而活性离子 $Cl^-$ 的存在阻碍阳极钝化的产生。

## 6.3.3 土壤腐蚀的影响因素

影响土壤腐蚀的因素很多,主要有土壤的导电性、酸碱性、溶解盐的类型,以及土壤微生物、杂散电流及气候条件等。下面简单介绍对土壤腐蚀的影响较大的因素。

**1. 土壤的导电性**

一般来说，对于宏观腐蚀电池起主导作用的地下腐蚀，特别是阴极与阳极相距较远时，为电阻（欧姆）控制，导电性的好坏直接关系到腐蚀速率。此时，导电性强，腐蚀速率大，导电性差，腐蚀速率低。但土壤导电性对微电池腐蚀影响不大。

土壤的导电性主要与土壤含盐量、土壤组成、温度、含水量等因素有关。含盐量增加、细黏粒土、高水含量及温度升高等使土壤的导电性提高。

**2. 土壤含气量**

通常金属在土壤中的腐蚀，阴极主要是氧去极化反应：

$$O_2 + 2H_2O + 4e^- \rightarrow 2OH^-$$

氧的来源主要是空气的渗透，因此，土壤的透气性好坏直接与土壤的空隙度、松紧度、土粒结构有密切的关系，特别是大小空隙比例显著地影响土壤的透气性能。在干燥沙土中，气体容易渗透，含氧量多；在潮湿而致密的土壤中，气体传输比较困难，含氧量很少。在不同的土壤中，含氧量相差可达几百倍。氧浓度差别将引起的宏观电池腐蚀，如图6-6所示。土壤中的含气量是通过改变电化学过程进度而影响土壤腐蚀速率。

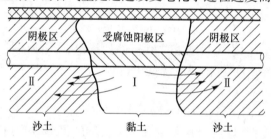

图6-6 管道在结构不同的土壤中所形成的氧浓差电池

**3. 土壤的 pH 值**

大部分土壤水的抽去液，其 pH 值为 6.5 ~ 7.5，呈中性。但也有 pH 值为 7.5 ~ 9.5 的盐碱土。新疆、内蒙古有的土壤 pH 值高达 9 ~ 10，还有 pH 值 3 ~ 6 的酸性土。广东南部，有的土壤 pH 值低到 3.6 ~ 3.8。就全国而言，pH 值为中性土壤的面积占全国面积不到 1/3。

金属在酸性较强的土壤中，腐蚀性比较强。中性和碱性土壤对金属的腐蚀影响不大。由于土壤具有较强的缓冲能力，即使在 pH 值为中性的土壤中，有的土壤腐蚀也较强，这可能与土壤中的总酸度有关。总酸度是指单位重量的土壤中吸附氢离子的总量，它反映土壤中无机酸性物质及有机酸性物质的综合效应。

**4. 土壤盐分**

土壤中的盐分从电化学角度来讲，除了对土壤腐蚀介质的导电过程起作用外，还参与电化学反应，从而对土壤腐蚀性产生影响。土壤中可溶性盐的含量一般在 2% 以内。土壤含盐量越高，土壤导电性越强，土壤腐蚀性越强。含盐量高，氧的溶解度下降，减弱了腐蚀的阴极过程。

土壤中的阴离子对金属的腐蚀影响很大，因为阴离子对土壤腐蚀电化学过程有直接的影响，$Cl^-$ 对金属材料的钝性破坏很大，促进土壤腐蚀的阳极过程，并能穿透金属钝化层，与钢铁反应生成可溶性腐蚀产物，所以，土壤中 $Cl^-$ 含量越高，土壤腐蚀性越强。

$SO_4^{2-}$ 对钢铁腐蚀有促进作用。

$CO_3^{2-}$ 及 $HCO_3^-$ 对碳钢的腐蚀有较重要的作用。$CO_3^{2-}$ 与 $Ca^{2+}$ 形成 $CaCO_3$，并与土壤中的砂粒结合成坚固的"混凝土"层，使腐蚀产物不易剥离，抑制了电化学反应的阳极过程，对腐蚀起阻碍作用。但由 $HCO_3^-$ 与 $Na^+$ 形成 $NaHCO_3$ 没有这种阻碍作用。

土壤中阳离子 $K^+$、$Na^+$、$Ca^{2+}$、$Mg^{2+}$、$Al^{3+}$ 等主要起导电作用，对土壤腐蚀性影响不大。而 $Ca^{2+}$ 比较特殊，它在中性和碱性土壤中，尤其是在含有丰富碳酸盐的土壤中，能形成不溶性碳酸钙，从而阻止电化学阳极过程，降低土壤腐蚀性。

### 5. 土壤含水量

水分是使土壤成为电解质，造成电化学腐蚀的先决条件。如果土壤含水量极低，那么土壤腐蚀受化学反应控制。随着含水量的增加，回路电阻减小，腐蚀性增加，直到某一临界值，土壤中可溶性盐全部溶解，回路电阻达到最小。进一步提高含水量，土壤胶粒膨胀，孔隙度缩小，透气能力下降，氧的去极化作用减慢，土壤腐蚀性降低。

土壤的含水量不仅依赖于降水量，而且取决于土壤保持水分的能力，如蒸发和渗漏等。土壤含水量不是固定不变的，它是一个时间函数，并受季节的影响。一般来说，含水量交替变化也会使土壤腐蚀性增强。可见，土壤含水量对土壤腐蚀性的影响是很复杂的，也很重要。

### 6. 土壤中的细菌

土壤中缺氧时，一般难以进行金属腐蚀，因为氧是阴极过程的去极化剂。但当土壤中有细菌，特别是有硫酸盐还原菌存在时，会促进腐蚀。

在土壤中含有硫酸盐并且缺氧时，厌气性细菌(硫酸盐还原菌)就会繁殖，在其生活过程中，促进附近钢铁构件腐蚀。它之所以能促进腐蚀，是因为它在生活过程中，能利用氢或者某些还原物质将硫酸盐还原成硫化物时所放出的能量而繁殖起来。其反应为

$$SO_4^{2-} + 8H \rightarrow S^{2-} + 4H_2O$$

埋在土壤中的钢铁构件表面，在腐蚀过程中阴极区有氢原子产生，若它附在金属表面不以气泡形式逸出，将造成很大的阴极极化，而使腐蚀减缓或停止。如果有硫酸盐还原细菌活动，则消耗金属表面的氢，促使阴极反应的进行，在铁表面生成黑色的硫化亚铁，使金属腐蚀加速。这种细菌在中性土壤中最易繁殖，但在 pH >9 的土壤中，就不容易繁殖。

还有些细菌能放出 $H_2S$、$CO_2$ 等侵蚀性气体，也加速金属的腐蚀过程。

### 7. 杂散电流

杂散电流是指在土壤介质中存在的一种大小、方向都不固定的电流。这种电流对材料的腐蚀称为杂散电流腐蚀。杂散电流分为直流杂散电流和交流杂散电流两类。

直流杂散电流来源于直流电气化铁路、有轨电车、无轨电车、地下电缆漏电、电解电镀车间、直流电焊机及其他直流电接地装置。

直流杂散电流对金属的腐蚀与电解原理是一致的，即阳极为正极，阴极为负极，进行还原反应。电流从土壤进入金属管道的地方带有负电，这一地区为阴极区，阴极区容易析出氢气，造成金属构件表面防腐涂层剥落。由管道流出的部位带正电，该区域称为阳极区，阳极溶解使铁离子溶入土壤中而受到严重腐蚀，如图 6-7 所示。杂散电

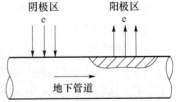

图 6-7 直流杂散电流腐蚀

流造成的集中腐蚀破坏是非常严重的,一个壁厚8~9mm的钢管,快则几个月就可穿孔。交流杂散电流对地下金属材料具有一定的腐蚀作用。

综上所述,影响土壤腐蚀的因素很多,影响途径也多样化,而且大多数因素间又存在交互作用。因此,弄清楚这些影响因素的规律是相当困难的。

### 6.3.4 土壤腐蚀的防护

到目前为止,土壤中的金属构件的防护一般采用防腐涂层和阴极保护联合防护措施。

**1. 涂层保护**

在金属表面上施加保护涂层是防止金属腐蚀的重要方法。它的作用是使金属构件表面与土壤介质隔离开,阻碍金属表层微电池的腐蚀作用。

常用表面防腐材料及涂层主要有石油沥青、环氧煤沥青、聚乙烯胶带、硬质聚氨酯泡沫塑料、聚乙烯塑料、粉末环氧树脂等,并在涂层外加玻璃布加固层。

(1)石油沥青涂层:这种材料资源丰实、毒性小、价格便宜,使用广泛。但其化学稳定性及抗微生物腐蚀性差,绝缘电阻率低,使用寿命短。

(2)煤焦油沥青涂层:煤焦油沥青也是多种高分子碳氢化合物的复杂混合物。由于这种材料的组成中芳香族烃含量高,化学稳定性好,具有较强的抗腐蚀能力,并且具有吸水率低、绝缘性好、抗微生物腐蚀能力强等特点,因此使用寿命长。加上煤焦油沥青与金属结构表面结合力强,耐阴极剥离。因此,常用作地下金属构件的防腐涂层。

(3)环氧煤沥青涂层:环氧煤沥青由环氧树脂、煤沥青、流平剂、填料和固化剂等成分组成。该涂层具有附着力强、韧性好、耐水、耐热、耐化学介质、耐微生物等特征。其性能优于石油沥青涂层。环氧煤沥青具有溶剂含量低、成膜坚固、涂层致密、针孔少、固化速度快、省工省时等优点而被广泛应用。

(4)环氧粉末涂层:是一种不含有机溶剂的热固型防腐涂料,主要由环氧树脂、颜料、填料、固化剂等成分组成,经混合、熔融挤出、粉碎而制得。该涂料具有与金属表面黏附性好、坚韧、耐冲击、防腐蚀性能优良等特点,可在较大温度范围(-50~200℃)内使用,且施工技术简便,是很有希望的一种涂层材料。

(5)塑料胶带防腐层:塑料胶带由一层底胶、一层内防腐带和一层外防护带构成。底胶是用溶剂配制成的橡胶弹性体,内防腐带是由聚乙烯薄膜和丁基橡胶黏结构成的,外侧的塑料带起到保护作用。这种防腐层吸水率低、电阻高、防腐性能好、施工简便,应用较广泛。但由于黏合层硬化,可能完全失去与金属的黏结力,导致防腐蚀性能的丧失。

(6)硬质聚氨酯泡沫塑料防腐层:该泡沫塑料是由多异氰酸酯与多羟基化合物混合,在催化剂、乳化剂、发泡剂等物料的作用下发生化学反应生成的高分子多孔防腐保温材料。该材料具有防水、耐腐蚀、绝缘性能好、化学性能稳定、耐热性能好、施工方便、寿命长等特点,是一种较好的防腐保温材料。

**2. 阴极保护**

1)牺牲阳极保护

(1)阳极电位:牺牲阳极电位是一些电位较负的金属材料在土壤介质中溶解,产生的电流使金属构件阴极极化到所需的电位。阳极输出电流与周围土壤电阻率成反比,当电位一定时,电阻率越高,输出电流越小。现在常用的阳极材料有镁基阳极、铝基阳极及锌基阳极。如果被保护材料(钢铁)的电极电位一定,牺牲阳极电位越负,则原电池电动势越大,输出同样电流时,适用于更大电阻率的土壤环境。例如,镁基阳极最适用于电阻率在 $100\Omega \cdot m$ 以下的土壤中;对于锌阳极,最适用的环境电阻率为 $20\Omega \cdot m$ 以下。

(2)填充料:在牺牲阳极周围填充一层导电性良好的物料,作用是减少电流流通时的电阻,阻止牺牲阳极表面形成钝化层,促进保护电流均匀分布,延长阳极使用年限。填充料的种类很多,不同阳极采用的填充料见表6-9。

表6-9 不同阳极采用的填充料

| 阳极类型 | 阳极重量/kg | 填充料 | 配方/% | | | 使用条件 |
|---|---|---|---|---|---|---|
| | | | I | II | III | |
| 镁基阳极 $\phi110mm \times 600mm$ | 10.5 | 硫酸镁 | 35 | 20 | 25 | 配方 I 适用于 $\rho > 20\Omega \cdot m$ 配方 II、III 适用于 $\rho < 20\Omega \cdot m$ 每个阳极填充料的用量为50kg |
| | | 硫酸钙 | 15 | 15 | 25 | |
| | | 硫酸钠 | — | 15 | — | |
| | | 膨润土 | 50 | 50 | 50 | |
| 铝基阳极 $\phi85mm \times 500mm$ | 8.3 | 粗食盐 | 40 | 60 | — | 每个阳极填充料的用量50kg |
| | | 生石灰 | 30 | 20 | — | |
| | | 膨润土 | 30 | 20 | — | |
| 锌基阳极 $44mm \times 48mm \times 600mm$ | 8.4 | 硫酸钙 | 25 | 25 | — | 每个阳极填充料的用量50kg |
| | | 硫酸钠 | 25 | 30 | — | |
| | | 膨润土 | 50 | 45 | — | |

(3)牺牲阳极设计:阳极输出电流按下列公式计算,即

$$I_1 = \frac{(E_c - e_c) - (E_a + e_a)}{R_a + R_c + R_L} \approx \frac{\Delta E}{R} \qquad (6-1)$$

式中:$E_c$ 为阴极开路电位(V);$e_c$ 为阴极极化电位(V);$E_a$ 为阳极开路电位(V);$e_a$ 为阳极极化电位(V);$R_a$ 为阳极接地电阻($\Omega$);$R_c$ 为阴极接地电阻($\Omega$);$R_L$ 为导线电阻($\Omega$);$\Delta E$ 为有效电压(V);$R$ 为回路总电阻($\Omega$)。

阳极数量为

$$n = \frac{aI}{I_1} \qquad (6-2)$$

式中:$a$ 为遮蔽系数,一般取 1.5~3;$I$ 为被保护管道所需总电流(A);$I_1$ 为每个阳极所产生的电流(A)。

保护长度为

$$L = \frac{I_1}{i\pi D} \qquad (6-3)$$

式中:$I_1$ 为牺牲阳极产生的电流(A);$i$ 为管道所需保护电流密度($A/m^2$);$D$ 为管道直径(m)。

使用寿命为

$$T = \frac{wA\eta}{8760I_1} \qquad (6-4)$$

式中:$w$ 为阳极实际重量(kg);$A$ 为阳极理论发生电量($A \cdot h/kg$);$\eta$ 为阳极电流效率;

8760 为每年的小时数;$I_1$ 为阳极输出电流(A)。

2)外加电流阴极保护

外加电流阴极保护系统主要包括:

(1)直流电源:凡是能产生直流电的电源都可作为阴极保护电源。但目前多使用恒电位仪自控装置。其特点是,在各种外界因素的影响下,工作稳定,电位控制精确。一般外加电流阴极保护电源输出电压36V,输出电流30A。

(2)辅助阳极:可作为阳极的材料有碳钢、铸铁、石墨、高硅铸铁、磁性氧化铁等。易溶性阳极材料消耗一般为 $1 \sim 10 kg/(A \cdot 年)$。

(3)参比电极:测量管道电位的比较电极,用来维护恒定电位并对工作电极的电位进行观察、控制。常用的有饱和甘汞电极、饱和硫酸铜电极及固体镁电极等。

3)保护参数的选择主要是确定所需的合适电流密度和电位。对土壤来讲,保护电位为 $-0.85V$(相对饱和 $Cu/CuSO_4$ 电极),最高限值为 $-1.00V$。最大保护电流为

$$I = i \times S \tag{6-5}$$

式中:$i$ 为平均保护电流密度($A/m^2$);$S$ 为保护总面积($m^2$)。

(1)无限长管道。无限长管道是指在管道装置上只有一个阴极保护系统,两端无电源装置。在保护长度末端,管道电位刚好达到保护电位。图6-8给出无限长管道上的电位分布。阴极极化从最大值 $E_{max}$(接地阳极附近)降低到最小保护电位 $E_{min}$。

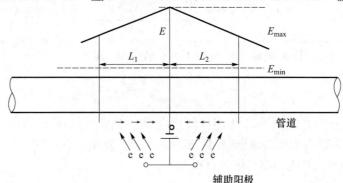

图6-8 无限长管道上的保护电位分布

图6-8中 $L_1$ 为保护长度的一半,可用下式计算:

$$L_1 = \frac{1}{a} \ln \frac{E_{max}}{E_{min}} \tag{6-6}$$

式中:$E_{max}$ 为通电处通电前后对地电位之差(V);$E_{min}$ 为保护长度末端通电前后对地电位之差(V)。$a$ 为衰减系数($m^{-1}$),且有

$$a = \sqrt{\frac{R_m}{r_p}} \tag{6-7}$$

式中:$R_m$ 为单位长度管道金属的电阻率($\Omega/m$);$r_p$ 为单位长度管道上绝缘层电阻率($\Omega \cdot m^2/m$)。

$R_m$ 可用下式计算:

184

$$R_{\mathrm{m}} = \frac{\rho_{\mathrm{m}}}{S} \qquad (6-8)$$

式中：$\rho_{\mathrm{m}}$ 为管道金属的电阻率 $(\Omega \cdot \mathrm{mm}^2/\mathrm{m})$；$S$ 为管道横截面面积，$S = 0.785(D_{外}^2 - D_{内}^2)$。

$r_{\mathrm{p}}$ 可用下式计算：

$$r_{\mathrm{p}} = r_{\mathrm{p}}' \cdot \frac{1000}{\pi D_{外}} \qquad (6-9)$$

式中：$r_{\mathrm{p}}'$ 为在 $1\mathrm{m}^2$ 管道表面上绝缘层的电阻 $(\Omega \cdot \mathrm{m}^2)$；$\dfrac{1000 D_{外}}{\pi}$ 为管道外围长度 $(\mathrm{m})$，$D_{外}$ 为管道的外径 $(\mathrm{mm})$。

由式 $(6-6)$ 可以看出，影响保护长度的主要因素是衰减系数 $a$，而 $a$ 又取决于绝缘层的电阻 $r_{\mathrm{p}}$。所以绝缘层越好，电阻越大，保护长度越长。

（2）有限长管道　有限长管道是指管道线路上有多个保护装置，或者一个保护装置，两端设有绝缘法兰，电流受到限制的保护形式。

保护长度的一半可用下式计算：

$$L_2 = \frac{1}{a} \ln \frac{E_{\max}}{E_{\min}}$$

通电一侧的电流为

$$I_0 = \frac{E_{\max}}{\sqrt{R_{\mathrm{m}} r_{\mathrm{p}}}} \mathrm{th}(a, L_2) \qquad (6-10)$$

保护装置个数为

$$n = \frac{L - 2L_2}{2L_2} + 1 \qquad (6-11)$$

式中：$L$ 为被保护管道的全长 $(\mathrm{km})$。

电源输出总电压为

$$V = I(R_{\mathrm{L}} + R_{\mathrm{A}} + R_{\eta,\mathrm{p}}) \qquad (6-12)$$

式中：$I$ 为保护电流 $(\mathrm{A})$ $I = 2I_0$；$R_{\mathrm{L}}$ 为导线电阻 $(\Omega)$；$R_{\mathrm{A}}$ 为辅助阳极接地电阻 $(\Omega)$；$R_{\eta,\mathrm{p}}$ 为管道的总有效电阻 $(\Omega)$，即电流通过绝缘层和管道的电阻。

根据计算出的保护电流和保护回路总电阻降，可以计算出电源功率：

$$W = \frac{I \cdot V}{\eta} \qquad (6-13)$$

式中：$\eta$ 为电源效率，取 70% ~80%。

4）阴极保护的管理

土壤中金属管道的阴极保护，因为要求管道纵向连续导电，有足够的电阻，所以管道必须施加涂层，管道与其他低电阻接地装置电绝缘。

阴极保护系统安装和连接后，必须全面测量，核实阴极保护装置所给参数是否达到设计要求；测量管地电位；在绝缘连接和套接管道上测量绝缘电阻及管道电流；做好记录画出曲线，用于检验阴极保护系数和管道涂层状态；保证阴极保护系统正常运行。

# 思 考 题

1. 什么是大气腐蚀?

2. 举例说明大气条件下使用的金属材料构件、腐蚀及防护情况。

3. 乡村大气、工业大气和海洋大气的主要组成有何区别? 对大气腐蚀有何影响?

4. 按金属表面水膜厚度大气可分为哪几种类型? 其腐蚀机理各有何特点?

5. 大气腐蚀一般有哪些研究方法?

6. 什么是金属的临界湿度? 给出实例。

7. 简述大气腐蚀的电化学过程及特点。

8. 干燥空气封存法防止金属腐蚀基于何种理论基础?

9. 何谓相对湿度? 在相对湿度小于100%时,金属表面上为什么会形成水膜?

10. 影响大气腐蚀主要有哪些因素? $SO_2$ 和固体尘粒为什么会加速大气腐蚀?

11. 防止大气腐蚀主要有哪些方法?

12. 简述大气腐蚀的暂时性防护法。

13. 简述防锈油的组成与应用。

14. 什么是海水腐蚀? 它属于化学腐蚀,还是电化学腐蚀?

15. 海水腐蚀的主要特征是什么? 与海水的组成和性质有何关系?

16. 说明研究材料海水腐蚀与防护的意义。

17. 简述海水的物理化学性质。

18. 简述海水腐蚀的电化学过程和特点。

19. 影响海水腐蚀的主要因素和防护方法是什么?

20. 海水中的氧含量如何影响金属的海水腐蚀?

21. 温度和含盐量对金属腐蚀速率有何影响规律? 说明原因。

22. 试比较低碳钢和黄铜的耐海水腐蚀性能。

23. 用 Ag/AgCl 作参比电极,海水阴极保护的最佳保护电位范围是多少?

24. 什么是最小保护电位? 什么是过保护电位?

25. 试给出海水腐蚀阴极保护的常用参比电极。

26. 试给出一般船用金属材料的阴极保护电流密度。

27. 什么是土壤腐蚀?

28. 简述研究土壤腐蚀与防护的意义。

29. 简述土壤的基本相组成。

30. 土壤腐蚀有哪些类型? 说明引起各种土壤腐蚀的原因。

31. 说明土壤的电阻率是评估土壤腐蚀的重要依据,而不是唯一依据的原因。

32. 简述土壤腐蚀的特点及电极过程控制因素。

33. 阐述土壤腐蚀的主要影响因素和防止方法。

34. 以钢铁为例,说明土壤腐蚀的阳极过程、次生反应、反应产物及产物性状。

35. 什么是杂散电流? 土壤中杂散电流为什么会引起土壤中金属构件的腐蚀? 如何进行控制?

36. 土壤中细菌为什么会引起土壤中金属的腐蚀？如何进行控制？

37. 简述土壤腐蚀的常见防护方法。

38. 什么是土壤腐蚀的牺牲阳极保护？试给出阳极填包料的作用与配方。

39. 写出牺牲阳极保护的设计计算过程和所需的参数。

40. 相对于饱和硫酸铜电极,钢铁土壤腐蚀的阴极保护电位是多少？

41. 如何进行外加电流阴极保护的维护和管理？

42. 试分别给出大气腐蚀、海水腐蚀和土壤腐蚀的控制措施,并加以比较。

43. 试比较大气、海水和土壤腐蚀中的阴极过程的异同。

## 习　题

1. 有 0.7A 的杂散电流从埋在地下的直径 50mm、长 0.6m 的钢管部分流出,问由此电流引起的初始腐蚀速率有多大(单位为 mm/年)？

2. 10A 的直流电进入和离开外径 50mm、壁厚 6mm 的钢水管,管内有电阻率为 $10^4\Omega \cdot cm$ 的水,假定管子的电阻率为 $10^{-5}\Omega \cdot cm$,计算由钢管和水携带的电流大小。如果管中流过电阻率为 $20\Omega \cdot cm$ 的海水,那么相应的电流值是多少？

# 第 7 章　耐腐蚀金属材料

耐腐蚀金属材料除少数贵金属如铂、金、银等以纯金属形式应用外,绝大多数仍以合金形式应用,本章主要介绍铁、铜、镍、钛、铝、镁等耐蚀合金及其应用。

## 7.1　铁基耐蚀合金

在钢中加入 Cr、Ni、Mn、Ti 等合金元素,可大大提高钢的耐蚀性。根据合金元素的含量及种类可制成耐空气腐蚀钢和耐酸腐蚀钢,分别称为不锈钢和不锈耐酸钢,统称为不锈钢。例如,Cr 含量大于 13% 的 Fe – Cr 合金,在大气条件下不生锈,称作不锈钢;在各种侵蚀性较强的介质中,耐腐蚀的 Fe – Cr 合金称为耐酸钢。不锈钢有优良耐蚀性能、力学性能以及工艺性能等,使其等现代工业中得到了广泛应用。应注意,不锈钢的"不锈"和"耐蚀"都是相对的。不锈钢的耐蚀性能主要依靠它的自钝性,当钝态受到破坏时,不锈钢就会遭受各种形式的腐蚀。用于大气中不锈钢,Cr 含量大于 12.5% ( $n/8$ 规律) Fe – Cr 合金一般可自发钝化;化学介质中耐酸钢 Cr 含量大于 17% 才可钝化;侵蚀性较强的介质中,使钢实现钝化或稳定钝化需在 Cr 含量为 18% Fe – Cr 合金中加提高合金热力学稳定性的合金元素 Ni、Mo、Cu、Si、Pd 等。不锈钢按化学成分分为 Cr 钢、Cr – Ni 钢、Cr – Mn 钢、Cr – Mn – Ni 钢等;按显微组织可分为奥氏体钢、铁素体钢、奥氏体 – 铁素体复相钢、马氏体钢、铁素体 – 马氏体复相钢等;按用途分为耐海水腐蚀不锈钢、耐点蚀不锈钢、耐应力腐蚀不锈钢、耐硫酸腐蚀不锈钢等。本节主要讨论奥氏体不锈钢、铁素体不锈钢和马氏体不锈钢。

### 7.1.1　奥氏体不锈钢

奥氏体不锈钢具有优良的综合力学性能和加工性能,而且耐蚀性能优于其他不锈钢。以 18 – 8 钢为基础的奥氏体不锈钢,应用最广,约占奥氏体不锈钢的 70% ,占全部不锈钢的 50% 。为了提高耐蚀性,18 – 8 钢中常加入 Ti、Nb、Mo、Si 等铁素体形成元素,并提高铬含量,降低碳含量。但这些元素都缩小 γ 相区,因此为了使 Cr – Ni 钢保持奥氏体组织,钢中含镍量应不少于下面经验公式所确定的数值:

$$w\text{Ni} = 1.1w(\text{Cr}) + w(\text{Mo}) + 1.5w(\text{Si}) + 1.5w(\text{Nb}) - 0.5w(\text{Mn}) - 30w(\text{C}) - 8.2$$

式中: $w(\text{Ni})$ 、 $w(\text{Cr})$ 、 $w(\text{Mo})$ 、 $w(\text{Si})$ 、 $w(\text{Nb})$ 、 $w(\text{Mn})$ 、 $w(\text{C})$ 分别为相应元素在钢中的含量(% )。当钢中含镍量小于此式的计算值时,钢的组织中除奥氏体外还会出现 δ – 铁素体。铬镍奥氏体钢中的镍,可用锰或氮部分或全部代替。氮的镍当量与碳相同,都为 30。

奥氏体不锈钢耐全面腐蚀的性能主要取决于钢中 Cr、Ni、Mo、Si 等合金元素的含量,它耐大气腐蚀,也耐土壤腐蚀,在水介质中,其耐蚀性与水中氯化物含量有关。

一般不锈钢只耐稀的和中等浓度的硝酸腐蚀,而不能抵抗浓硝酸的腐蚀。这是因为在浓硝酸中会发生过钝化溶解,钢中 Cr 以 $Cr^{6+}$ 形式溶解。强氧化性介质中能提高钢的耐蚀性的合金元素是硅。钢的腐蚀速率随钢中硅含量的增加而急剧下降。我国研制的 0Cr20Ni24Si4Ti 钢可耐浓硝酸腐蚀。

一般不锈耐酸钢只耐稀硫酸腐蚀,钢中加入 Mo、Cu、Si 合金元素可降低腐蚀速率,扩大使用范围。性能较好的耐硫酸腐蚀的奥氏体不锈钢为 0Cr23Ni28Mo3Cu3Ti 钢,对腐蚀条件非常苛刻的热硫酸,则需用镍基合金。

Cr - Ni 奥氏体不锈钢在碱液中的耐蚀性良好,且其耐碱蚀性能随钢中镍含量的升高而增加,这是由于镍耐碱的腐蚀。但最大缺点是在含氯化物溶液中不耐应力腐蚀,易发生点蚀及缝隙腐蚀。

在中等腐蚀介质中,含 18% Cr 的 Cr - Mn - N 和 Cr - Mn - Ni - N 钢的耐蚀性与 18 - 8 钢相同,但在强腐蚀性介质中则不如 18 - 8 钢。

奥氏体不锈钢属于钝性合金,对点蚀、应力腐蚀及缝隙腐蚀比较敏感,使它在某些介质中,拉应力作用时,在几乎看不到任何破损痕迹的情况下突然断裂,使用时应注意。引起奥氏体不锈钢应力腐蚀破裂的介质环境主要有:①80℃以上的高浓度氯化物水溶液,酸性氯化物水溶液均能引起奥氏体不锈钢应力腐蚀断裂,其影响程度排序为 $Mg^{2+} > Fe^{2+} > Ca^{2+} > Li^+ > Na^+$,其中以 $MgCl_2$ 溶液最严重;②硫化物溶液(硫酸及含 $H_2S$ 水溶液);③浓热碱溶液;④高温(150 ~ 350℃)、高压水。奥氏体不锈钢在 450 ~ 850℃ 的温度范围保温时,会出现晶间腐蚀。含碳量越高,晶间腐蚀倾向越大。此外,在焊件的热影响区也会出现晶间腐蚀。一般认为,这是由于保温时沿晶界析出铬的碳化物,因而使晶界附近的含铬量低于保证耐蚀性所需的最低含量。

奥氏体不锈钢应用十分广泛,从日常用的锅、碗、瓢、盆到客车、汽车、飞机及轮船的内装饰都离不开奥氏体不锈钢。此外,由于奥氏体不锈钢无磁性,故常用磁铁来进行鉴别。

## 7.1.2 铁素体不锈钢

铁素体不锈钢是一种成本较低、屈服强度高、导热性能好的高铬不锈钢;但由于它的脆性较大,特别是焊接后因热影响区晶粒粗化更易引起脆性,耐点蚀性能差,对缺口敏感性高等,因此它的应用范围远不如 Cr - Ni 奥氏体不锈钢广。

依铬含量的不同,铁素体不锈钢可分为 Cr13 型、Cr16 - 19 型和 Cr25 - 28 型三种。随铬含量的增加,其耐氧化性酸腐蚀的能力和抗氧化性能均提高。Crl3 型铁素体不锈钢在大气、蒸馏水、天然淡水中是稳定的,在含有氯离子的水中易产生局部腐蚀,在过热蒸气介质中具有非常高的稳定性,在稀硝酸中是稳定的,在还原性酸中耐蚀性差,常用于汽车排气阀等。Cr16 - 19 型铁素体不锈钢焊接性比 Cr13 型钢差,在氧化性环境中,耐蚀性尚好,在非氧化性酸中耐蚀性很差。Cr17 在高温的硝酸(质量百分数小于 60% )中稳定,用于生产硝酸工业中,如制造吸收塔、热交换器等。Cr25 - 28 型耐酸腐蚀和耐热性最好,耐硝酸腐蚀,在硫酸中含有 $Fe^{3+}$、$Cu^{2+}$,有较高稳定性,在含 $Cl^-$ 的介质中耐蚀性明显下降,不耐烧碱腐蚀。铁素体不锈钢比奥氏体不锈钢耐氯化物应力腐蚀,是体心立方结构,(112)、(110)、(123)晶面都易产生滑移,形成网状位错结构,产生交叉滑移,无粗大的滑移台阶,降低了应力腐蚀敏感性;但铁素体不锈钢也发生应力腐蚀,起源于晶间腐蚀、点蚀或杂质。例如,Cr17 铁素体不锈钢中的杂质 C、N,就能使其在敏化温度和高温水中产生由晶界上析出 Cr 的碳、氮化物引起的晶间型的应力腐蚀断裂,加入 Ti、Nb 能提高耐应力腐蚀能力。

在硝酸等氧化性介质中,纯铬铁素体不锈钢与同等铬含量的 Cr - Ni 奥氏体不锈钢耐蚀性相近;但在还原性介质中,其耐蚀性不如 Cr - Ni 钢。铁素体不锈钢在加 Mo 以后耐蚀性有所改善,Cr18Mo2Ti 钢不仅有优越的耐应力腐蚀性能,而且有较好的耐点蚀性和耐海水腐蚀性能。高铬铁素体不锈钢中加入 0.2% ~0.5% Pd,可大大提高其在盐酸和中等浓度热硫酸中的耐蚀性。

这类钢的主要问题:由于在加热与冷却时不发生相变,因此无法用热处理方法改善其性能。高温加热、压力加工不当和焊接时易造成晶粒粗大,使材料变脆。在 400 ~525℃ 范围内停留,也会引起钢的脆化,称为 475℃ 脆性。475℃ 脆性与含铬铁素体的有序化现象有关。另外,在 550 ~700℃ 长时间加热时,有 δ 相析出,从而使钢变脆。

铁素体不锈钢也存在晶间腐蚀、应力腐蚀和点蚀现象。铁素体不锈钢从 900℃ 以上高温区缓冷,有晶间腐蚀的倾向,而在 700 ~800℃ 退火,则可消除晶间腐蚀。与奥氏体不锈钢的晶间腐蚀规律不同,是由铁素体基体组织特点所决定的。高铬铁素体中 C、N 的固溶度远较奥氏体中小,即使(C + N)总量为 0.011% 左右的超低碳、氮铁素体不锈钢,自高温快冷下来也要析出碳化物、氮化物,而且铬原子在铁素体中的扩散速度又比在奥氏体中约大两个数量级,所以中温退火即可消除贫铬区。造成铁素体晶间腐蚀倾向的晶界析出物,与奥氏体钢不同,是由于先析出的亚稳相$(Cr,Fe)_7C_3$ 引起晶界区贫铬。铁素体的应力腐蚀敏感性较奥氏体不锈钢小,但抗点蚀性能较差,可用加 Mo 和降低 C、N 元素来改善。

铁素体不锈钢的热处理比较简单,一般在 750 ~850℃ 的范围内进行退火。为了很快地经过 475℃ 氢脆温度范围,退火后应迅速冷却,一般采用空冷或水冷。

若奥氏体不锈钢中含较多 α 相铁素体,则在氯化物溶液中不发生应力腐蚀,获得耐应力腐蚀不锈钢,称 γ + α 复相钢,即奥氏体 - 铁素体双相不锈钢,如瑞典 3RE60 钢$(00Cr18Ni5Mo3Si2, w(C) < 0.03\%)$等。

这种双相不锈钢的特点是兼有铁素体和奥氏体钢性能,具有良好耐蚀性,对晶间腐蚀不敏感,耐点蚀、缝隙腐蚀及优良耐应力腐蚀性能,良好的焊接性、韧性等。但其冷热加工性较差,不能在脆性敏感区(350 ~850℃)长期使用,将产生 475℃ 脆性。Cr - Ni 双相不锈钢为 Cr18 - 28、Ni2 - 10,同时加入 Mn、Si 等元素。此外,还有 Cr - Mn - Ni - N 等系双相不锈钢,可分为 Cr18 型、Cr21 型和 Cr25 型三类。Cr18 型的典型代表是瑞典 3RE60 钢,含Mo、Si 等元素,长期加热有 475℃ 脆性。铁素体与奥氏体的比例与加热温度有关。正常固溶退火状态下,3RE60 钢中 γ/α 约为 1:1。Cr21 型的典型代表为瑞典 SAF2205 钢。与3RE60 比,耐蚀性更好,更耐点蚀,在 $H_2S$ 介质中有良好耐应力腐蚀性能。Cr25 型占双相钢总量 50% 以上,应用广泛。含 Mo、N 双相不锈钢耐全面腐蚀,尤耐点蚀、缝隙腐蚀及应力腐蚀。双相不锈钢耐应力腐蚀原因:①裂纹起源于奥氏体裂纹,一旦扩展到铁素体相,在低应力下,铁素体相内难以产生滑移,裂纹中止,只有在高应力下,裂纹才能扩展;②铁素体电极电位比奥氏体电位负,对奥氏体起到阴极保护作用;③双相不锈钢一般屈服强度较高,使其在腐蚀介质中的许用应力相应提高。

### 7.1.3 马氏体不锈钢

在不锈耐酸钢中主要的合金元素是 Cr,如果要使奥氏体能在室温下稳定,则在铬钢中加入 Ni。因此,马氏体不锈钢和铁素体不锈钢主要是 Cr 钢,而奥氏体不锈耐酸钢则是 Cr－Ni 钢。

马氏体不锈钢除含有较高的 Cr(13% ～18% )外,还含有较高的 C(0.1% ～0.9% )。在正常淬火温度下是纯奥氏体组织,冷却到室温则是马氏体组织。这类钢随着钢中碳含量的增加,其强度、硬度及耐磨性均显著提高,而耐蚀性则下降。在铬含量相当的不锈钢中,一般奥氏体钢耐蚀性最好,铁素体次之,马氏体最差。马氏体不锈钢的主要优点可以通过热处理强化,因此这类钢主要是用来制造对强度、硬度、耐磨性等力学性能要求较高并兼有一定耐蚀性的器械及零件。3Cr13、4Cr13、3Cr13Mo、9Cr18、9Cr18MoV 等属于过共析钢,主要用于制造医用器械及量具等。

通常认为 1Cr13、2Cr13、Cr17Ni2 是能够耐大气及水蒸气腐蚀的不锈钢,不作耐酸钢使用。为了提高 1Cr13 型不锈钢耐蚀性能与力学性能,一般是在调质状态下使用。马氏体不锈钢在淬火状态时耐全面腐蚀和点腐蚀性能较好(但这种状态的钢很脆,又难以加工,在工程上的实用性很小),其次是淬火加回火处理的调质件,而以退火状态的工件耐蚀性最差。需要指出的是,只有在对力学性能与耐蚀性能都要求不高的情况下才使用退火状态的马氏体不锈钢。因为退火状态的马氏体不锈钢的力学性能很低,耐蚀性能也不高。

马氏体不锈钢对特殊腐蚀形式(如晶间腐蚀、点蚀等)是不耐蚀的,故在具有这类腐蚀特点的实际工程中不宜选用。为了提高马氏体不锈钢的耐蚀性,可以提高铬含量,但须相应地提高含碳量,才能获得马氏体组织。用镍代替碳可获得同样的效果。镍属于稳定奥氏体和扩大 γ 相区的元素,镍能阻止淬火温度下 δ 铁素体的生成,能提高抗回火性,改善强度和韧性,改善对盐雾及稀还原性酸的耐蚀性,加入 2% Ni 时,就有明显效果。当 1Cr13 型不锈钢不能满足工程上需要时,可选用 1Cr17Ni2 钢,钢中铬含高达 17%,并含有 2% 的镍代替了部分的碳,因其低碳高铬加镍,比一般马氏体不锈钢具有更好的耐蚀性、强度与韧性。因此,1Cr17Ni2 便成为耐蚀性最好的马氏体钢,在海水、硝酸等介质中的耐蚀性较 1Cr13 型钢好。

马氏体不锈钢在电耦合或非电耦合使用时可能发生氢脆或应力腐蚀。如 1Cr13 钢在弱酸、湿蒸气介质中与奥氏体钢电耦合时发生应力腐蚀;1Cr17Ni2 在油井 $H_2S$ 环境中产生穿晶型氢脆断裂。在盐溶液、盐雾或高纯水中,马氏体不锈钢易产生晶间型的应力腐蚀。抗应力腐蚀开裂性能与钢所经受的回火处理温度密切相关,如在 5% NaCl 喷雾试验中 1Cr13 钢经 480℃ 回火的弯曲试样,沿原奥氏体晶界产生裂纹,但经 370℃ 以下或 590℃ 以上回火,试验 75 天也不产生裂纹。

# 7.2 铜基耐蚀合金

## 7.2.1 纯铜

铜是正电性金属,当 $Cu \rightarrow Cu^{2+} + 2e^-$ 时,铜的标准电极电位为 +0.337V,当 $Cu \rightarrow Cu^+$

$+e^-$时,其标准电极电位为 +0.521V,比标准氢电极电位高,但比氧电极标准电位低。因此,一般铜在水溶液中腐蚀时,主要为氧去极化腐蚀,不会产生氢去极化腐蚀。当腐蚀介质中没有氧化剂存在时,铜是耐蚀的。在去气的水溶液、非氧化性酸(盐酸、稀硫酸)和有机酸(醋酸、柠檬酸、乳酸、草酸)等介质中,铜具有较高的化学稳定性,比较耐蚀。当溶液中有氧化剂存在时,有可能在阴极进行氧化剂的还原,若其阴极过程的电位比铜的离子化电位更高,则会加速铜的腐蚀。在去气硫酸、硝酸、浓硫酸、去气氢氧化钠等含氧化剂的酸性或强碱性溶液中,铜会发生腐蚀。但氧化剂的存在,也可能在阳极进行氧化作用,在铜表面生成 $Cu_2O$、$Cu(OH)_2$ 等保护层,阻碍腐蚀的进行。在中性或弱碱性溶液中,特别是有溶解氧存在时,铜可进行钝化,表面产生氧化膜而阻止腐蚀。若介质能溶解这种保护层,则阳极阻滞作用消失。

根据上述特点,不难理解铜在下述不同介质中的腐蚀行为。

在大气中,铜是很耐蚀的。这是因为铜的热力学稳定性高,不易氧化,即使长期暴露在大气中的铜,先在表面生成紫红色的 $Cu_2O$,然后逐渐生成 $CuCO_3 \cdot 3Cu(OH)_2$ 保护膜。在工业大气中生成 $CuSO_4 \cdot 3Cu(OH)_2$ 保护膜,在海洋大气中生成 $CuCl_2 \cdot 3Cu(OH)_2$ 保护膜,可阻止铜的进一步腐蚀。铜耐海水腐蚀,腐蚀率约为 0.05mm/年。此外,铜离子有毒性,使海生物不易黏附在铜合金件表面上,避免了海生物的腐蚀,故常用来制造在海水中工作的设备或舰船零件。铜耐淡水腐蚀,家用燃气热水器、空调等都采用铜管。

在淡水、海水或中性盐溶液中(从中性到 pH < 12 的碱溶液中),由于氧化膜的作用,使铜出现钝态,因此,铜是耐蚀的。在这种条件下,溶液中的氧能促进难溶腐蚀产物膜生成,增加氧含量反而使腐蚀速率降低。若水中含有氧化性盐类(如 $Fe^{3+}$ 离子或 $Cr^{3+}$),则将加速铜的腐蚀。

在含氨、$NH_4^+$ 或 $CN^-$ 等离子的介质中,因形成 $[Cu(NH_3)_3]^{2+}$ 或 $[Cu(CN)_4]^{2-}$ 络合离子,大大降低了溶液中的铜离子浓度,使铜迅速腐蚀。若溶液中同时含有氧和氧化剂,则腐蚀更严重。

铜不耐硫化物腐蚀,在潮湿且含有 $SO_2$、$H_2S$ 的介质中会被强烈腐蚀。

纯铜的力学性能不高,铸造性能不好,且许多情况下耐蚀性也不好。为了改善这些性能,常在铜中加入合金元素 Zn、Sn、Ni、Al 和 Pb。为了某些特殊的目的,有时还加入 Si、Ti、Mn、Fe、As 及 Te 等。加入这些元素所形成的铜合金,或是比纯铜有更高的耐蚀性;或是保持铜的耐蚀性的同时,提高了力学性能或工艺性能。

铜合金与铜的一般耐蚀性相似,在下面叙述各类铜合金时,只讨论它和纯铜不同之点。

### 7.2.2 黄铜

**1. 黄铜的一般腐蚀特性**

黄铜是以 Zn 为主要合金元素的 Cu - Zn 合金,因其呈黄色而称为黄铜。依据所加合金元素的种类和含量的不同,黄铜可分为单相黄铜、复相黄铜及特殊黄铜三大类。当锌含量小于36%时,构成单相的 α 固溶体,因此单相黄铜又称 α 黄铜。当锌含量为36% ~ 45%时,成为 α + β 复相黄铜。当锌含量大于45%时,因 β 相太多,脆性大,无实用价值。特殊黄铜是在 Cu - Zn 的基础上,又加入了 Sn、Mn、Al、Fe、Ni、Si、Pb 等元素。

黄铜在大气中腐蚀很慢,在纯净的淡水中腐蚀速率也不大(0.0025～0.025mm/年),在海水中腐蚀稍快(0.0075～0.1mm/年)。水中的氟化物对黄铜的腐蚀影响很小,氯化物影响较大,而碘化物则有严重影响。在含有 $O_2$、$CO_2$、$H_2S$、$SO_2$、$NH_3$ 等气体的水中,黄铜的腐蚀速率剧增。在矿水尤其是含 $Fe_2(SO_4)_3$ 的水中极易腐蚀。在硝酸和盐酸中产生严重腐蚀,在硫酸中腐蚀较慢,而在 NaOH 溶液中则耐蚀。黄铜耐冲击腐蚀性能比纯铜好。

特殊黄铜的耐蚀性比普通黄铜好。在黄铜中加入约 1% 的 Sn,可显著降低黄铜的脱锌腐蚀及提高在海水中的耐蚀性;在黄铜中加入约 2% Pb,可以增加耐磨性能,因而大大降低了它在流动海水中的腐蚀速率。为了防止脱锌腐蚀,还可加入少量的 As、Sb、P(0.02%～0.05%);在海军黄铜中含有 0.5%～1.0% Mn,可提高强度,并兼有很好的耐蚀性。在含65% Cu 及 55% Cu 的黄铜中用12%～18% Ni 代替部分 Zn,由于色泽呈银白,故称为镍银或德国银。这种合金在盐、碱及非氧化性酸中具有很优良的耐蚀性能。同时由于大量的 Ni 代替了 Zn,故没有脱锌现象。

黄铜除了上述腐蚀特性外,还有两种重要的腐蚀形式,即脱锌腐蚀和应力腐蚀。黄铜的脱锌腐蚀前面已讨论过,下面着重讨论黄铜的应力腐蚀。

**2. 黄铜的应力腐蚀破裂**

影响黄铜应力腐蚀破裂的因素有腐蚀介质、应力、合金成分与组织结构。某种合金只有在一定介质及特定应力条件下,才会发生腐蚀破裂。

(1)腐蚀介质:受拉应力的黄铜在一切含氨(或 $NH_4^+$)介质及大气、海水、淡水、高温高压水、水蒸气中都可产生应力腐蚀。例如,黄铜子弹壳在夏季的雨季中出现的开裂(也称为季裂)就是典型的黄铜应力腐蚀破裂例子。此外,黄铜的应力腐蚀破裂形态分为沿晶型和穿晶型,在成膜溶液中主要产生沿晶型断裂,在不成膜溶液中主要产生穿晶型断裂。黄铜的应力腐蚀破裂机制通常认为,在成膜溶液中,黄铜表面形成一层韧性较差的氧化亚铜膜,在应力应变作用下氧化亚铜膜发生脆性破裂,进而在晶界处成膜,这层膜脆裂后使裂纹扩展到基体金属并因滑移而中止,使裂纹尖端暴露在腐蚀溶液中,随后又产生晶间渗透、成膜、脆裂、裂纹扩展,此过程反复进行,最终形成阶梯状间断性断口。在不成膜溶液中,应力使黄铜表面的露头位错优先溶解,导致裂纹沿位错密度最高的途径扩展并引起断裂。在锌含量较低的黄铜中,位错主要是胞状形态,晶界是最大位错密度区,故产生沿晶型断裂。在锌含量较高的黄铜中,位错主要是平面状形态,堆垛层错是最大位错密度区,故产生穿晶型断裂。此外,由于锌原子在应力作用下在位错处偏聚,增加位错处的活性,因此裂纹扩展速率将随着锌含量的增加而增加。

实验研究表明,大气中,工业大气最容易引起黄铜的应力腐蚀破裂,且断裂寿命最短;乡村大气次之;海洋大气的影响最小。大气环境中的这种不同影响,是大气中 $SO_2$ 含量的差异造成的(工业大气中含 $SO_2$ 最多,乡村大气中含 $SO_2$ 较少,海洋大气中几乎不含 $SO_2$)。

总之,引起黄铜应力腐蚀破裂的物质主要是氨和能派生氨的物质,或硫化物。其中氨的作用是公认的,而硫化物的作用还不清楚。此外,蒸气、氧、$SO_2$、$CO_2$、$CN^-$ 对应力腐蚀具有加速作用。

(2)应力:拉应力是黄铜发生应力腐蚀破裂的必要条件。拉应力越大,应力腐蚀破裂敏感性越高。用低温回火的方法消除残余张应力,可使黄铜免受应力腐蚀破裂。

(3) 合金成分与组织结构:黄铜中锌含量越高,其应力腐蚀破裂敏感性越大。至于锌含量低到多少就不发生应力腐蚀,这与介质的性质有关。例如,含锌量低于 20% 的黄铜,在自然环境中一般不产生应力腐蚀,而在氨水中低锌黄铜也产生应力腐蚀破裂。

其他合金元素对应力腐蚀的影响,Si 可有效地防止 α 黄铜的应力腐蚀破裂。Si、Mn 能改善 α + β 和 β 黄铜的耐应力腐蚀的性能。在氨气氛条件下,Si、As、Ce、Mg 等元素改善 α 黄铜的抗应力腐蚀性能。在大气条件下,Si、Ce、Mg 等元素改善应力腐蚀性能。在工业大气暴露试验的结果表明,Cu – Zn 合金中加入 Ai、Ni、Sn 可减轻应力腐蚀倾向。

### 7.2.3 青铜

青铜是除黄铜和白铜以外所有铜合金的统称,一般按第一主添元素命名,如锡青铜、铝青铜、硅青铜、锰青铜等。与黄铜相比,青铜具有更高的强度与耐蚀性能,在某些环境中,青铜的耐蚀性能比白铜差。作为耐蚀结构材料,较有实际意义的是锡青铜、铝青铜和硅青铜。下面分别介绍这三种合金的耐蚀特点。

**1. 锡青铜**

常用的锡青铜有三种,含锡量分别为 5% 、8% 和 10% ,其耐蚀性能随锡含量增加而有所提高。其力学性能、耐磨性和铸造性较纯铜好,且耐蚀性能也比铜高。

锡青铜在大气中有良好的耐蚀性,在大气中锡青铜表面形成一层致密的二氧化锡膜,随着锡含量的增加,二氧化锡膜越致密、越厚,耐蚀性越好。Cu – 8Sn 合金在大气中的腐蚀速率只有 0.00015 ~ 0.002mm/年,在淡水和海水中也很耐蚀( <0.05mm/年)。

在稀的非氧化性酸以及盐类溶液中,它也有良好的耐蚀性;但在硝酸、盐酸和氨溶液中,它与纯铜一样不耐蚀。

高锡含量(8% ~10% )的青铜有较高的耐冲击腐蚀能力。锡青铜既不容易产生应力腐蚀破裂,也不产生脱锡腐蚀。

因锡青铜耐磨性很好,故主要用于制造泵、活门、齿轮、轴承、旋塞等要求耐磨损和耐腐蚀的零件。

**2. 铝青铜**

含铝量通常为 9% ~ 10% ,有时还加入 Fe、Mn、Ni 等元素。它的铸造性能不如锡青铜,但强度和耐蚀性均比锡青铜高。

铝青铜的高耐蚀性主要是由于在合金表面形成致密的、牢固附着的铜和铝的混合氧化物保护膜,它遭受破坏后有自愈能力。若合金表面存在氧化物夹杂等缺陷,则膜的完整性受到破坏,会发生局部腐蚀。因此,铝青铜的耐蚀性是与制造工艺有关。

铝青铜的耐蚀性受合金成分和组织的影响。单相 α 合金耐海水腐蚀性能随铝含量增加而升高,在二元铝青铜中含 8% ~9% 铝时耐蚀性最佳。α + β 复相合金的腐蚀速率较单相合金高。共析成分(11.9% 铝)的 Cu – Al 合金,其马氏体组织较珠光体组织更耐海水腐蚀,因为缓冷时由于铝高而析出 $\gamma_2$ 相(阳极),产生脱铝腐蚀倾向。当铝含量大于 11.5% 时,Cu – Al 合金脱铝倾向加重。

铝青铜在淡水和海水中都很稳定,甚至在矿水中也耐蚀。在 300℃ 以上的高温蒸气中,它非常稳定。蒸气和空气的混合对铝青铜腐蚀不起作用。

在酸性介质中,铝青铜有很高的耐蚀性。它在硫酸中,甚至高浓度(约75%)和较高温度下都非常耐蚀;在稀盐酸中也有很高的耐蚀性,但在浓度较高(20%)或温度较高时不稳定;它在硝酸中不耐蚀;但在磷酸、醋酸、柠檬酸和其他有机酸的稀溶液中耐蚀。

在碱溶液中,因碱能溶解保护膜,从而使铝青铜发生严重腐蚀,铝含量较高的铝青铜有应力腐蚀倾向,主要是由于铝在晶界偏析,因而引起了沿晶界的选择性氧化,在应力作用下促进氧化膜破坏。加入0.35%以下的Sn或低温退火,可以有效地防止其应腐蚀倾向。

**3. 硅青铜**

常用的硅青铜有低硅(1%~2%)和高硅(2.5%~3%)两类。前者的力学性能与70Cu-30Zn黄铜类似,极易冷加工变形,而耐蚀性与纯铜相似;后者具有很高的强度,且耐蚀性优于纯铜,高硅青铜中常含有1%Mn。

硅青铜的最大优点是具有很好的铸造及焊接性能,常用来制造储槽及其他压力下工作的化工器械。硅青铜在撞击时不发生火花,因此特别适用于有爆炸危险的地方。

### 7.2.4 白铜

白铜指的是铜镍合金,常用的白铜的镍含量为5%、10%、20%、30%等,其耐海水腐蚀和耐碱腐蚀性能随镍含量增加而提高。铜镍二元合金称为普通白铜。若再加入Fe、Zn、Al、Mn等合金元素,则分别称为铁白铜、锌白铜、铝白铜、锰白铜。白铜是铜合金中耐蚀性能最优的铜合金,但由于含大量稀缺的镍,因此限制了它的广泛应用。

白铜在海水、有机酸以及各种盐溶液等腐蚀介质中均具有良好的耐蚀性,与其他金属结构材料相比,白铜对碱有相当好的抗蚀能力,如在无氧化性杂质的熔融碱中,其腐蚀速度小于1mm/年。白铜抗冲击腐蚀的能力高于铝青铜,抗应力腐蚀破裂性能也好,也有良好的抗空泡腐蚀能力。加少量Fe后可以改善抗小孔腐蚀和应力腐蚀性能,如在B30的基础上加入Fe、Mn所形成的合金BFe30-1-1,具有很好的耐蚀性能。如果把Fe、Mn含量进一步提高到2%,则对于砂粒磨损有特别好的抵抗力,却降低了对污水的耐蚀性。含20%或30%Ni的白铜是制造海水冷凝管的最好材料。

# 7.3 铝基耐蚀合金

## 7.3.1 纯铝

铝及其合金因具有比强度高、塑性好、导电和导热性能优异,以及优良的加工性能和耐蚀性能,广泛应用于各种工业领域特别是航空航天工业。铝是常用金属材料中电位最低的一种金属,标准电极电位约为-1.60(-1.66)V(SCE)。从热力学上看,它很不稳定,应产生严重的腐蚀。但在大气和中性溶液中,由于铝表面能生成一层致密的、牢固附着的氧化物保护膜而使铝表面钝化,其钝态稳定性仅次于钛。该膜由 $Al_2O_3$ 或 $Al_2O_3 \cdot nH_2O$ 组成,依其生成条件的不同,其厚度可在很大的范围内变化。在干燥大气中,能生成厚度为1nm左右的非晶态氧化物保护膜,与基体牢固结合,成为保护铝不受腐蚀的有效屏障,故有"屏障层"之称。在潮湿大气中,能生成水化氧化物膜,膜随湿度增加而增厚。当相对湿度大于80%时,膜厚可达100~200nm。膜虽然增厚,但保护性能下降。此时起防护作用的仍是"屏蔽层",其厚度与湿度无关,仅与生成温度有关。当温度高于500℃时,生成失去屏障作用的晶态膜。

钝化膜的形成使铝的电极电位显著正移。在中性溶液中铝的腐蚀电位为$-0.5$~$0.7V$,比平衡电位约高$1V$。但铝上的保护层两性物质,既溶于碱又溶于酸,所以铝不耐酸和碱的腐蚀。

铝在中性溶液中的腐蚀基本上是氧去极化的阴极过程,但随着铝中析氢超电压低的贵金属元素的增加,氢去极化的成分强烈增加。

铝的耐蚀性基本上取决于在给定环境中铝表面保护膜的稳定性。

铝浸在纯水中,经过一定时间后,其在大气中形成的氧化膜受水化作用而加厚,最终可达约$3\mu m$。在90℃以上生成$\alpha-Al_2O_3 \cdot H_2O$,但非晶态的屏蔽层反而变薄(0.3~0.4nm)。水中溶解的各种离子,不同程度上都是影响铝的屏蔽层,按其作用可分为三类:

(1)同纯水一样,能使屏蔽层减薄,腐蚀量加大,生成厚的水化氧化物膜的离子有$Cl^-$、$NO_3^-$、$CO_3^{2-}$、$HCO_3^-$、$OH^-$、$B_4O_7^-$等;

(2)随其含量增加,能使腐蚀量减少,超过某一数值后,铝又完全免蚀,这类离子有$SO_4^{2-}$、$Cr_2O_7^{2-}$、$CrO_4^{2-}$、$PO_4^{3-}$、$F^-$、$SiO_3^{2-}$等;

(3)随其含量增加,腐蚀量随着减少,但含量超过某一数值后,腐蚀量又会重新增加,这类离子有$Cu^{2+}$、$Fe^{3+}$、$H^+$等。

因为铝在pH=4~8的介质中容易钝化,所以铝在中性和近中性的水中以及大气中是非常耐蚀的;但当介质中存在某种阴离子时,会产生点蚀等局部腐蚀。

铝在许多有机酸中耐腐蚀,特别是耐无水醋酸腐蚀,但当含水量小于0.2%及温度高于50℃时,会发生严重的局部腐蚀。

铝耐硫和硫化物(如$SO_2$、$H_2S$)腐蚀。

铝的耐蚀性受铝中杂质影响很大,特别是当铝中存在有正电性的析氢超电压低的金属杂质时,它们能成为有效的阴极而加速铝的腐蚀,因此,提高铝的纯度可以显著降低铝在非氧化性酸中的腐蚀速率。但是,杂质对铝在氧化酸性中影响较小。

当铝和电位高的金属接触时,会产生接触腐蚀,最危险的是与铜及铜合金的接触。

### 7.3.2 铝合金的耐蚀性能

**1. 合金元素对铝的耐蚀性能的影响**

铝中加入合金元素主要是为了获得较高的力学性能、物理性能或较好的工艺性能,靠合金化的方法显著提高铝耐蚀性能的可能性较小,一般铝合金的耐蚀性很少能超过纯铝。

能使铝强化的合金元素主要有Cu、Mg、Zn、Mn、Si等;补加的合金元素有Cr、Fe、Ti等;为特殊目的而少量加入的有Be、Bi、B、Pb、Ni、P、Zn、Sn、Sb等。它们对耐蚀性的影响大致如下:

Cu急剧降低铝的耐蚀性,并增大点蚀倾向。其具体影响取决于它在合金中的含量、存在形式及分布。

Mg有好的影响,Al-Mg合金是防锈铝合金,且可提高对碱性溶液(如石灰和碳酸钠溶液)的耐蚀性。

Mn 有较好的影响，Al – Mn 合金也属于一种防锈铝合金，在有些合金中加入少量锰替代铬，可获得较好的耐应力腐蚀能力。

Si 使铝合金的耐蚀性稍有降低，具体影响取决于其形态和分布。

Zn 对铝合金的耐蚀性影响不大。

Cr 加入量只有 0.1% ~ 0.3%，对耐蚀性有好的影响，可以改善某些合金的抗应力腐蚀性能。

Fe 降低铝的耐蚀性，故对合金的耐蚀性要求高时应控制铁的含量。与镍一起加入到某种合金中可提高其在 150 ~ 350℃ 高温水中的耐蚀性。

Ni 有降低耐蚀性的趋势，但较铜的影响小。

Ti 对耐蚀性能影响很小，加 Ti 主要是为了细化晶粒。

Sn 略降低耐蚀性。

耐蚀铝合金主要有 Al – Mg、Al – Mn、Al – Mn – Mg、Al – Mg – Si 四种。

铝中加入 Mg、Zn、Mn、Si、Cu 这些元素后，铝合金的电极电位也随着变动。铝合金的耐蚀性与合金中各种相的电极电位有很大的关系。一般基体相为阴极相，第二相为阳极相，合金有较高的耐蚀性；若基体相为阳极相，第二相为阴极相，则第二相电极电位越高，数量越多，铝合金腐蚀越严重。铝合金中常见相在 $NaCl – H_2O$ 溶液中的电极电位列于表 7 – 1。

表 7 – 1　铝合金中常见相在 $NaCl – H_2O_2$ 溶液[①]中的电极电位[②]

| 固溶体或化合物 | 电极电位/V | 固溶体或化合物 | 电极电位/V |
|---|---|---|---|
| $\alpha(Al – Mg)$ 或 $Mg_5Al_8$ | – 1.07 | Al – Mg – Si(1% $Mg_2Si$)固溶体 | – 0.83 |
| Al – Zn – Mg 固溶体 | – 1.07 | Al – 1% Si 固溶体 | – 0.81 |
| $\beta(Zn – Mg)$ 或 $MgZn_2$ | – 1.04 | $NiAl_3$ | – 0.73 |
| Al – 4% Zn 固溶体 | – 1.02 | Al – 4% Cu 固溶体 | – 0.69 |
| Al – 1% Zn 固溶体 | – 0.96 | $Fe_2SiAl_8$ | – 0.58 |
| Al – 4% Mg 固溶体 | – 0.87 | $\alpha(Al – Fe)$ 或 $FeAl_3$ | – 0.56 |
| $\alpha(Al – Mn)$ 或 $MnAl_6$ | – 0.85 | $CuAl_2$ | – 0.53 |
| 高纯铝 | – 0.85 | Si | – 0.26 |
| $FeMnAl_{12}$ | – 0.84 | — | — |
| ① 电解质——每升含 53g NaCl 及 3g $H_2O_2$； | | | |
| ② 参比电极——0.1N 甘汞电极 | | | |

由表 7 – 1 中数据可见，与纯铝相比：含锌及镁的固溶体为阳极，而含铜的固溶体为阴极；$Mg_5Al_8$ 及 $MgZn_2$ 为阳极；$CuAl_2$ 及 $FeAl_3$ 为阴极；$MnAl_6$ 及 $Mg_2Si$ 与纯铝的电位几乎相同。因此，Al – Mg 和 Al – Mn 合金具有较高的耐蚀性，而 Al – Cu 合金耐蚀性能不好。硅与铝的电位虽然相差甚远，但在复相合金中抗蚀性能仍然很好，这是由于有氧存在或在氧化介质中，在合金表面生成有保护性的 $Al_2O_3$ + $SiO_2$ 氧化膜之故。

**2. 铝合金的点蚀**

点蚀是铝合金常见的腐蚀形态，在大气、淡水、海水和其他一些中性和近中性水溶液中都会发生点蚀。引起铝合金点蚀应具备三个条件：①水中必须含有能破坏钝化膜的离子,如 $Cl^-$ 及其他卤素离子;②水中必须含有能抑制全面腐蚀的离子,如 $SO_4^{2-}$、$SiO_3^{2-}$ 或 $PO_4^{3-}$ 等;③水中必须含有能促进阴极反应的氧化剂,如 $Cu^{2+}$ 等,因为铝合金在中性溶液中的点蚀是阴极控制过程。

防止铝合金产生点蚀的方法:①消除介质中产生点蚀的有害成分,如尽可能去除溶解氧、氧化物离子或氯气等;②采用纯铝或耐点蚀性能较好的 Al-Mn、Al-Mg 合金;③对 Al-Cu 等耐蚀性能不好的合金,可采用包覆纯铝或 Al-Mg 合金层的措施。

### 3. 铝合金的晶间腐蚀

Al-Cu、Al-Cu-Mg、Al-Zn-Mg 合金及镁含量大于 3% 的 Al-Mg 合金常因热处理不当引起晶间腐蚀。Al-Cu 和 Al-Cu-Mg 合金热处理时在晶界上连续析出富铜的 $CuAl_2$ 相时,则在邻近 $CuAl_2$ 相的晶界固溶体中贫铜,因晶界贫铜区电位低,为阳极,发生腐蚀,即晶间腐蚀。取决于合金成分,析出相($CuAl_2$)相对于基体可以是阴极,析出相($MgZn_2$)也可以是阳极。

对于 Al-Zn-Mg 和镁含量大于 3% 的 Al-Mg 合金,由于热处理不当而在晶界析出的 $MgZn_2$ 或 $Mg_5Al_8$ 相,其电极电位比晶粒本身低,作为阳极,使析出物本身发生溶解,也造成晶间腐蚀。镁含量小于 3% 的 Al-Mg 合金,因 $Mg_5Al_8$ 相数量少,不会在晶界上连续析出,因此不产生晶间腐蚀倾向。

Al-Mn 及 Al-Mg-Si 合金的析出相为 $MnAl_6$ 及 $Mg_2Si$,它们的电化学性质与基体相近,故没有晶间腐蚀倾向。若 Al-Mg-Si 合金中硅含量与镁含量的比值大于形成 $Mg_2Si$ 相所需的比值时,过剩硅在晶界析出,将使合金产生晶间腐蚀。

具有晶间腐蚀倾向的合金,在工业大气、海洋大气和海水中都可能产生晶间腐蚀。通过适当的热处理消除有害相在晶界的连续析出,可以消除晶间腐蚀倾向。

### 4. 铝合金的应力腐蚀

在航空、航天、化工、造船等工业中,对于纯铝和低强度铝合金,一般不产生应力腐蚀。容易产生应力腐蚀破裂的主要是高强度铝合金,如 Al-Cu、Al-Cu-Mg、镁含量大于 5% 的 Al-Mg 合金、Al-Zn-Mg 及 Al-Zn-Mg-Cu 高强度铝合金等。

铝合金应力腐蚀破裂特征是晶间破裂,这说明铝合金应力腐蚀与晶间腐蚀有关。能引起铝合金晶间腐蚀的因素,再加上应力的作用,就可能导致应力腐蚀破裂。

铝合金在大气中,特别是海洋大气中和海水中常产生应力腐蚀破裂。温度、湿度、$Cl^-$ 浓度越高,pH 值越低,越易发生应力腐蚀破裂。此外,在不含 $Cl^-$ 的高温水和蒸气中也会发生应力腐蚀破裂。应力越高,越容易发生应力腐蚀破裂。含铜、镁、锌量高的铝合金应力腐蚀敏感性最高。时效处理使应力腐蚀敏感性提高,但过时效,则应力腐蚀敏感性消失。

合金成分对铝合金应力腐蚀的影响比较复杂。三元或三元以上的铝合金耐应力腐蚀能力不仅与合金元素添加量有关,还与它们的比值有关。比如,Al-Mg-Zn 合金中加入一定量的 Cu 时,对合金的应力腐蚀性能影响不同,主要由合金中 Zn、Mg 含量来确定。

电位对应力腐蚀的影响只有在中性介质中比较明显。在中性溶液中,阴极极化可以抑制应力腐蚀,阳极极化则增大裂纹扩展速度,在强碱性溶液中,电位的变化对应力腐蚀影响不大。

防止或消除铝合金应力腐蚀可采取的措施:①热处理消除应力;②采用合金化方式,

如加入微量 Mn、Cr、V、Zr、Mo 等元素,改善抗拉应力腐蚀性能;③喷丸处理,改善表面应力状态;④表面包覆,涂层保护;⑤电化学保护等。

**5. 铝及铝合金的接触腐蚀**

铝及铝合金电位很低,当它们与其他金属材料接触时,在腐蚀介质中形成电偶,常引起铝和铝合金的腐蚀,称为接触腐蚀或电偶腐蚀。

常用合金只有镁、锌或镉,比铝的电位低,所以铝合金与其他大多数金属接触都会引起加速腐蚀。例如,铝和电位高又不易极化的铜接触就是危险的。

为了防止接触腐蚀,当铝和铝合金必须与其他电位较高的金属材料组装在一起时,要注意电绝缘。

**6. 铝合金的剥层腐蚀**

剥层腐蚀是形变铝合金的一种特殊腐蚀形态,此时形变铝合金像云母似的一层一层地剥离下来。Al – Cu – Mg 合金产生剥蚀的情况最多,其他还有 Al – Mg 系、Al – Mg – Si 系和 Al – Zn – Mg 系合金。剥蚀多见于挤压材,通常认为剥蚀与组织有关,是由于挤压材表面已再结晶的表层不受腐蚀,但再结晶层以下的金属要发生腐蚀,因而使表层剥蚀。减轻或消除铝合金剥蚀的主要措施:一是添加细化晶粒的过渡族金属元素 Cr、Mn、B 等,抑制和减缓析出相沿晶界沉淀以及促进其在晶内外均匀分布,破坏腐蚀发展的阳极通道;二是加入能减小相间电位差的元素,如在 Al – Mg 合金中加入一定的 Zn;三是适当的热处理工艺;四是采用牺牲阳极的阴极保护。

# 7.4 镍基耐蚀合金

## 7.4.1 纯镍

镍为有色金属,镍的主要用途是作为不锈钢、耐蚀合金和高温合金的添加元素或基体材料。作为一种结构材料,纯镍在工程中的使用是很有限的,但作为镀层材料的应用极为广泛。镍和镍合金具有强度高、塑性大,易于冷热加工的特点,在很多介质甚至强腐蚀介质中,镍合金都具有很高的耐蚀性。因此,镍和镍合金是高性能的耐蚀合金,在许多腐蚀环境中得到了广泛应用。

镍的标准电极电位 $E^0 = -0.25V$,在电位序中较氢负。从热力学上看,它在稀的非氧化性酸中应进行析氢腐蚀,而实际上,其析氢速度极其缓慢,这是因为镍的阳极反应超电压很高,使腐蚀电位升得非常高,所以它在非氧化性酸中稳定。若酸中存在氧,虽然阳极反应不受影响,却大大提高了腐蚀电池的起始电动势,腐蚀速率显著增大。镍的氧化物溶于酸而不溶于碱,它的耐蚀性随溶液 pH 值的升高而增大,镍及其合金转入钝态而趋向稳定。

镍在干燥和潮湿的大气中都非常耐蚀,但在含有 $SO_2$ 的大气中却不耐蚀(此时在晶界生成硫化物,会发生晶间腐蚀破裂)。

镍在非氧化性的稀酸中(如 HCl),室温下相当稳定。但在增加氧化剂($FeCl_2$、$CuCl_2$、$HgCl_2$、$AgNO_3$)浓度和通气或升高温度时,其腐蚀速率显著增加。镍在硝酸等氧化性介质中很不耐蚀,在充气的甲酸和乙酸中也不稳定,在氨水溶液中受到腐蚀。

镍的突出特点是在所有的碱类溶液中,不论是高温或熔融的碱中都完全稳定。因此,镍是制造熔碱容器的优良材料之一。但是,在高压、高温(300～500℃)和高浓度(75%～98%)的苛性碱或熔融碱中,处于拉应力状态的镍易发生晶间腐蚀破裂,故使用前应进行去应力退火。

### 7.4.2 镍基耐蚀合金

**1. 合金元素对耐蚀性能的影响**

常用的合金元素有 Cu、Mo、Cr、Fe、Si、Mn 等,它们对耐蚀性能的影响如下:

Cu 能提高 Ni 在非氧化性酸中的耐蚀性,并保证在高速流动的充气海水中有均匀的钝性。

Mo、W 提高 Ni 在酸中,尤其是在还原酸中的耐蚀能力。

Cr 改善镍在含硫的高温气体中的耐蚀性。

Si 抗浓硫酸腐蚀及提高强度。

Fe 对耐蚀性无显著影响,但在多元镍合金中加入适量的铁,可在不影响耐蚀性的前提下强化基体和改善可加工性。由于铁廉价,因此可节约稀缺元素而降低成本。

工业上常用的镍基耐蚀合金有 Ni-Cu 系、Ni-Mo 系、Ni-Cr 系等。

**2. Ni-Cu 系合金**

Ni 和 Cu 可以形成无限固溶体。当合金中镍含量小于 50% 时,其抗腐蚀性能接近于铜;当镍含量大于 50% 时,其抗腐蚀性能接近镍。

Ni-Cu 系合金是蒙乃尔合金(27%～29% Cu,2%～3% Fe,1.2%～1.8% Mn,余量镍),它兼有镍和铜的许多优点,在还原性介质中较纯镍耐蚀,在氧化性介质中较纯铜耐蚀。一般对卤素元素,中性水溶液,一定温度和浓度的苛性碱溶液,以及中等温度的稀盐酸、硫酸、磷酸等都是耐蚀的。在各种浓度和温度的氢氟酸中特别耐蚀,其性能仅次于铂和银。Ni-Cu 合金常用来制造与海水接触的零件、矿山水泵,以及食品生产、制药等方面的设备。

Ni-Cu 合金优良的耐蚀性能是腐蚀初始时,在表面形成富集耐蚀组元的缘故。

**3. Ni-Mo 系合金**

Ni 和 Mo 能形成一系列的固溶体。Ni-Mo 系合金具有很好的力学性能及耐蚀性能,是很优良的耐蚀材料。钼含量应高于 20%(图 7-1),常用的 Ni-Mo 系合金主要有 0Ni65Mo28Fe5V、00Ni70Mo28。

工业牌号的镍合金中,0Ni65Mo28Fe5V 和 00Ni70Mo28 合金的抗盐酸腐蚀性能最好。若盐酸中通入氧或含有 $Fe^{3+}$、$Cu^{2+}$ 离子等氧化剂,则都将加速腐蚀。耐硫酸腐蚀性能最好的也是这两种合金,在浓度为 60%～70% 的硫酸中,温度直到沸点,它们都是耐蚀的(腐蚀速率小于 0.13mm/年)。若酸中含有氧,则也会加速腐蚀。

Ni-Mo 系合金对几乎所有浓度、温度的磷酸都耐蚀,但它们一般不耐硝酸腐蚀。

**4. Ni-Cr 系合金**

Ni-Cr 合金中的铬含量与不锈钢的铬含量相当,在一般腐蚀介质中,两者的耐蚀性能差不多。由于镍铬合金中的镍含量比不锈钢的镍含量高,因此在热碱液和碱性硫化物等介质中,其耐蚀性和抗高温氧化性能比不锈钢好。

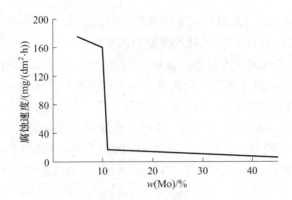

图 7 - 1　Mo 含量对 Ni - Mo 系合金在 70℃、10% HCl 中腐蚀速率的影响

这类合金的代表就是因科镍尔(Inconel)合金,它是一类组成相当复杂的多元合金,如 Inconel - x 的成分:14%～16% Cr,5%～9% Fe,2.25%～2.75% Ti,0.7%～1.2% Nb,0.4%～1.0% Al,0.3%～1.0% Mn,<0.5% Si,<0.2% Cu,<0.08% C,<0.01% S,其余 Ni。它在高温下具有很高的力学性能和抗氧化性能,通常用作高温材料(如燃汽轮机的叶片等零件),有时也作为高级的耐酸合金使用。其特点是在对还原性介质保持相当耐蚀性的同时,对氧化介质的稳定性远高于纯镍和 Ni - Cu 合金。它是能抗热浓 $MgCl_2$ 腐蚀的少数几种材料之一,不仅腐蚀速率低,而且没有应力腐蚀破裂倾向。

含铬的镍基合金还含有 Ni21～28,Cr5～8,Mo3～6,Cu(及少量的 Si、Mn、W、Fe)和 Ni16～30,Cr1,Cu0.35～0.8,Ce 等合金。前者可抗高温氧化熔融玻璃腐蚀,可作玻璃丝漏板的代铂材料。

## 7.5　钛基耐蚀合金

### 7.5.1　纯钛

钛及其合金具有密度小、比强度高、强腐蚀介质中化学稳定性高,以及很强的自钝化能力。因此,广泛用于航空、航天等领域以及作为医用人体植入材料。近年来在化工、石油等民用工业中也得到广泛应用。

钛是热力学上很活泼的金属,钛的平衡电极电位很低,$E_{Ti/Ti^{2+}} = - 1.630 + 0.0293 lg a_{Ti^{2+}}$(V),接近铝的平衡电位,可见其化学活性很高。实际上,钛在许多介质中极耐蚀,这是由钝化所致。钛的钝化能力强以及钝化膜具有自修复能力,其钝化性能不仅比铝好,而且比铬、镍、锆和不锈钢好,所以钛在许多介质中十分稳定。例如,在 25℃ 的海水中,其自然腐蚀电位约为 +0.09V,比铜在同一介质中的腐蚀电位还高。因此,钛的耐蚀性取决于能否钝化。若钝化,则钛很耐蚀;若不钝化,则钛非常活泼,发生强烈的化学反应。

在氧化性的含水介质中,钛能钝化,其阳极极化曲线如图 7 - 2 所示。与锆和 18 - 8 钢相比,钛的钝化有三个特点:

(1) 致钝电位低。说明容易钝化,在稍具氧化性的氧化剂中就可钝化,例如,仅靠 H⁺ 离子还原的阴极反应就能使钛钝化。

(2) 稳定钝化区长。这表明钝态极稳定,不易过钝化。例如,在硫酸中直到 +2.5V,

钛的钝态还是稳定的。钛对高温高浓度的硝酸也耐蚀。钛具有高钝态稳定性,是由于表面上生成 $TiO_2$ 钝化膜,而且 $TiO_2$ 钝化膜有较高的氧超电压。

(3) 在 $Cl^-$ 离子存在时钝态也不受破坏,而锆在 10% HCl 溶液中在电位 0.1V 附近发生过钝化,而钛在同样条件下不产生过钝化。这说明具有耐氯化物腐蚀的电化学特性。

在中性和弱酸性氯化物溶液中有良好的耐蚀性。例如,在温度低于 100℃ 的 30% $FeCl_3$ 溶液中和任何浓度的 NaCl 溶液中,都耐空泡腐蚀。钛在氯化物溶液或海水中还耐点蚀。钛在王水(浓硝酸和浓盐酸体积比为 1:3 的混合液)、次氯酸钠(约 100℃)、氯水、温氯水(约 75℃)中耐蚀。钛在大气和土壤中极其耐蚀(腐蚀速率小于 0.0001mm/年)。

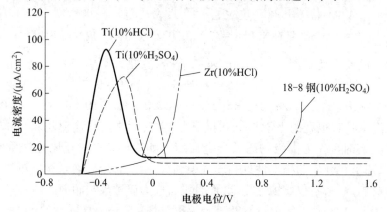

图 7-2 Ti、Zr 和不锈钢的阳极极化曲线(25℃)

钛在铬酸(沸腾)、硝酸(65%,约 100℃)、浓硝酸与浓硫酸的混合酸中也耐蚀。钛对一些有机酸、果汁、食品等耐蚀。

钛对纯的非氧化酸(盐酸、稀硫酸)不耐蚀,腐蚀速率随温度升高而增加。钛对氢氟酸、高温的稀磷酸、室温浓磷酸也不耐蚀。但如盐酸或硫酸中含有少量氧化剂(如铬酸、硝酸、氯)或添加重金属离子(如 $Fe^{3+}$、$Ti^{4+}$、$Cu^{2+}$、$Au^{2+}$、$Pt^{4+}$),或使具有低的析氢超电压的金属铂、钯等与钛接触,就可完全抑制钛的腐蚀。这是它们促进了钛的阳极钝化之故。

钛在稀碱液中耐蚀。但高浓度(>22%)和高温下则不耐蚀,这是生成氢和钛酸盐之故。

钛在无水的氧化性介质中是危险的。由于钛是化学活性很高的金属,在钝态不稳定的情况下,将发生剧烈的化学反应。要达到稳定的钝态必须有水。当水含量在某限量以下,或含有氯气或 $NO_2$ 的硝酸等强氧化剂时,能发生剧烈的发火反应甚至引起爆炸,但介质中加入少量(如 2%)水就可避免。

此外,钛在除了甲酸、乙二酸和浓度较大的柠檬酸外的其他有机酸中,都具有优异的耐蚀性能。

### 7.5.2 耐蚀钛合金

钛合金的品种很多,钛合金化的主要目的是提高在还原性酸中的耐蚀性,尤其是耐缝隙腐蚀的能力。研究表明,钯(Pd)、钌(Ru)、铂(Pt)对钛表现出极好的阴极合金化效果。此外,用铌(Nb)、钽(Ta)、钼(Mo)合金化对钛的阴极极化特性有直接影响,也可显著提高钛的耐蚀性。工业上常用的耐蚀钛合金主要有 Ti – Pd 系和 Ti – Mo 系。

**1. Ti – Pd 系合金**

Pd 是析氢超电压很低的贵金属元素,Pd 的析氢过电位低,少量 Pd(0.1% ~ 0.5%)加入钛中能促进阳极极化,使合金的稳定电位正移,提高钛在盐酸、硫酸等非氧化性酸中的耐蚀性。例如,纯钛中加入 1% Pd,可使其在 5% 的沸腾盐酸中的腐蚀速率从 25.4mm/年以上降低到 0.25mm/年;加入 0.2% Pd,可使其在 5% $H_2SO_4$ 中的腐蚀速率从 48.26mm/年降到 0.5mm/年。

在非氧化性酸中加入氧化剂可使 Ti – Pd 系合金容易钝化,但所需氧化剂的量比纯钛时少得多。例如,在 80℃ 的 10% HCl 溶液中加入 5ppm 的 $Fe^{3+}$,可使 Ti – 0.15% Pd 合金的腐蚀速率从 0.96mm/年降低到 0.08mm/年。

Ti – Pd 合金在高浓度的氯化物溶液中非常耐蚀,且不产生缝隙腐蚀,而纯钛在此类介质中常产生缝隙腐蚀。Ti – Pd 系合金的另一优点是不易因腐蚀而产生"氢脆"。Ti – Pd 系合金的耐蚀性特点是耐氧化性酸腐蚀,也耐中等还原性酸的腐蚀;但不耐强还原性酸腐蚀。

**2. Ti – Mo 系合金**

Ti – Mo 系合金的特点是耐强还原性酸的腐蚀。Ti – Mo 系合金有 Ti – 15Mo 和 Ti – 32Mo 两种类型,在此基础上为改善某些性能而加入其他元素,具体合金有 Ti –(15 ~ 20)% Mo,Ti – 15% Mo – 5% Zr,Ti – 15% Mo – 0.2% Pd,Ti – 32% Mo – 2.5% Nb 等。

钼的电位较正(+0.25V),在还原性介质中有很强的钝化能力,钼上的钝化膜在非氧化性酸($HCl$、$H_2SO_4$)中的稳定性比在氧化性酸($HNO_3$)中高。大量 Mo 加入形成固溶体,当其含量达到固溶体的稳定性边界时,合金在还原性介质中的稳定电位显著升高而进入钝态。因此,Ti – Mo 合金在还原性酸中的耐蚀性比钛高得多。

### 7.5.3　钛基合金的"氢脆"

化学工业使用钛所发生的事故几乎都是"氢脆"造成的,所以钛材应用的主要问题是"氢脆"。研究表明,钛在温度高于 300℃ 的氢气或含氢气氛中,或在还原性酸中腐蚀时,或在缝隙腐蚀的过程中,或在应力腐蚀的裂纹尖端及在海水中处于阴极状态时,都会因吸氢而导致"氢脆"。

钛非常容易吸收氢、氧、氮,特别是氢,因其扩散速度大,易被吸收,使钛材脆化。钛材因吸氢而使延伸率和冲击韧性大大下降。一般规定,钛中氢含量应小于 150ppm。即使这样,钛在使用中也常因增氢发生脆化的现象。

钛材吸氢的氢来源主要有下面三个途径:

(1)钛制件所处介质中含有分子氢,在这种气氛中钛很容易吸氢而脆裂。钛中的杂质铁、钯、铂等对吸氢有很大的促进作用,使吸氢量比纯钛大 2 个数量级。为了防止这种形式的吸氢,应采取的措施:①选用含铁、钯、铂量少的钛材;②采用高温氧化使钛材表面形成氧化膜;③加工过程中应尽量避免混入铁等杂质;④避免使用 Ti – Pd 合金。

(2)钛腐蚀过程中析出的氢被吸收,使钛材脆化。凡能抑制钛腐蚀的方法都能防止这种"氢脆"。例如,向介质中加入氧化剂或重金属离子。

(3)钛在电解质水溶液中产生氢脆应同时具备三个条件:①溶液的 pH 值小于 3 或

大于 12;②温度高于 80℃,否则钛表面只形成一层氢化物;③有产生氢的某种机制,如均匀腐蚀、缝隙腐蚀、应力腐蚀等,或表面污染、划伤等使金属或表面局部电位低于其自发析氢电位。钛在电解质溶液中的吸氢是阴极反应的结果,如果在电解质溶液中加入氧化剂取代或抑制氢在阴极的析出,则可防止吸氢。一般认为,在应力作用下,钛基体中的氢向裂纹尖端应力集中区扩散、富集,形成氢化物,并在氢化物/母材界面或基体中的氢化物内产生裂纹,裂纹在应力作用下进行扩展,导致"氢脆"。

# 7.6 镁基耐蚀合金

## 7.6.1 纯镁

镁是地壳中储量较多的金属,仅次于铝和铁,同时也是密度最小的金属。镁及其合金因优异的比强度使其在航空、航天领域和现代通信领域中有着广泛的应用。实际中,限制镁及其合金应用的主要因素是其耐蚀性差。

镁的标准电极电位很低,约为 $-2.36V$,其腐蚀电位与介质有关,比如,在海水中为 $-1.5 \sim -1.6V$,在 0.5 mol/L 的 NaCl 溶液中为 $-1.45V$,在自然环境中为 $-1.3 \sim -1.5V$。镁除了电极电位很负外,也极易钝化,其钝化能力仅次于铝,但由于镁氧化膜比较疏松多孔,不如铝表面氧化膜完整致密,因此,镁的耐蚀性通常很差。

在干燥大气中,镁表面会生成一层灰色的氧化膜,其保护作用虽然有限,但镁相对还是比较稳定的。在潮湿大气中,镁的腐蚀主要是氢去极化腐蚀,其耐蚀性取决于大气的湿度与污染程度。当大气湿度增加时,腐蚀速率也随之增加,特别是当相对湿度大于 90% 时,腐蚀速率会急剧增大。在自然大气条件下,腐蚀产物的主要成分是水合碳酸镁和水合氢氧化镁,在工业大气条件下,还有水合硫酸镁。此外,镁在高温空气条件下极易氧化,氧化镁在高温下无保护作用,添加 Ni、Cu、Sn、Zn、Al 和稀土元素可提高镁在大气中的抗高温氧化能力。

在室温蒸馏水中,镁表面会迅速氧化生成一层保护膜阻止镁的进一步腐蚀,但如果水中含有盐类特别是氯化物或重金属盐类,则会导致保护膜脱落,引起点蚀。通常情况下,淡水或海水中的溶解氧对镁的腐蚀影响不大,浸泡在静止水中的镁的腐蚀很轻微,但如果采用搅拌等方式破坏或阻止保护膜的形成或不断补充水使 $Mg(OH)_2$ 总不能达到饱和,则会加速镁的腐蚀。水中的氯离子会破坏氧化膜的稳定性,使腐蚀加速。

镁在酸性、中性或弱碱性溶液中都能发生析氢腐蚀,腐蚀速率较大,镁被腐蚀而生成 $Mg^{2+}$ 离子。镁在 pH 值为 $11 \sim 12$ 或以上的碱性区,由于能生成稳定的 $Mg(OH)_2$ 膜而钝化,因而是耐蚀的。镁在含有 $F^-$ 的溶液中也比较稳定,因为在含有 $F^-$ 的溶液中能生成一层不溶的 $MgF_2$ 膜而耐蚀。镁在磷酸、氢氟酸、铬酸中由于镁处于钝化状态,也较为稳定。在含有 $S_2O_6^{2-}$、$Cl^-$、$SO_4^{2-}$ 等的盐类溶液中,镁的腐蚀速率较大。在含有 $CrO_4^{2-}$、$CrO_7^{2-}$、$PO_4^{3-}$ 等的盐类溶液中,镁表面易形成保护性腐蚀产物膜,腐蚀速率较小。

镁中添加 Fe、Ni、Co、Cu 元素会加速镁的腐蚀,因为 Fe 不溶于固态镁,以 Fe 的形式分布于晶界,而 Ni 和 Cu 在镁中的溶解度极小,能与镁形成 $Mg_2Ni$、$Mg_2Cu$ 等金属间化合物,呈网状形式分布在晶界上,所以使镁的耐蚀性大大降低。Ag、Ca、Zn 元素对镁的腐蚀影响作用次之。Mn、Al 元素对镁的腐蚀影响作用较小。

## 7.6.2 耐蚀镁合金

镁合金的耐蚀性能通常不及纯镁。镁合金在大气中的耐蚀性能比铝合金差,但比碳钢好。大气湿度对镁合金的腐蚀行为有很大影响,当相对湿度小于 9.5% 时,镁合金的腐蚀很轻微;当相对湿度大于 30% 时,腐蚀性显著增加;当相对湿度大于 80% 时,会发生严重腐蚀。当潮湿的大气中存在氯化物、硫酸盐时,不但使镁合金腐蚀速率增大,而且会引起点蚀。

镁合金在酸性、碱性、中性溶液中都不耐蚀,即使在纯水中也会被腐蚀。但镁合金在浓度较高的氢氟酸中,表面形成氟化镁保护膜,呈现良好的耐蚀性。与纯镁一样,镁合金在 pH 值大于 11 的碱性溶液中,因金属表面生成一层难溶的 $Mg(HO)_2$ 膜而钝化,表现出良好的耐蚀性。但即便是浓碱条件,有 $Cl^-$ 存在,钝化膜易遭破坏,镁合金也会发生腐蚀。

为获得耐蚀性高的镁合金,镁基合金耐蚀合金化原则:①加入和镁有包晶反应的合金元素 Mn、Zr、Ti,其加入量应不超过固溶极限。②当必须选择和镁有共晶反应的合金元素,而且相图上与金属间化物相毗邻的固溶体相区有着较宽的固溶范围时,Mg – Zn、Mg – Al、Mg – In、Mg – Sn、Mg – Nd 等合金,应偏重于选择具有最大固溶的第二组元金属,与固溶体相区毗邻的化合物以稳定性高者为宜,或共晶点尽可能远离相图中镁一端。③通过热处理提高耐蚀性。通过热处理把金属间化合物溶入固体中,以减小活性阴极或易腐蚀的第二相的面积,从而减小合金的腐蚀活性(Mg – Al 合金例外)。④制造高耐蚀合金时,宜选用高纯镁。加入的合金元素也应尽可能少含杂质,而 Zr、Ta、Mn 则属于能减少有害杂质影响的合金元素。

在常用的合金中,Mg – Mn 系合金耐蚀性能最好,且无应力腐蚀开裂倾向,如 Mg – Mn 系合金和 Mg – Mn – Ce 系合金。

一般来讲,固溶态的镁合金的耐蚀性比铸态镁合金的耐蚀性好,铸态镁合金的耐蚀性比时效析出强化镁合金的耐蚀性好,变形镁合金的耐蚀性最差。

镁合金极易发生电偶腐蚀。镁合金的电极电位较大多数金属的电极电位低,当镁合金与其他金属接触时,一般作为阳极而发生电偶腐蚀。阴极可以是与镁合金外部接触的其他异类金属材料,也可以是镁合金内部的杂质或中间相化合物。Hiroyuki 等研究发现,在大气环境中,中碳钢和 304 不锈钢作为阴极材料,加速 AZ91D 镁合金的电偶腐蚀,而阳极氧化的铝合金作为阴极材料则降低镁合金的腐蚀。

镁合金易发生点蚀和丝状腐蚀。镁合金是自钝化金属,在含 $Cl^-$ 的介质中,自腐蚀电位下,发生点蚀,并呈现典型的点蚀特征。如将 Mg – Al 系合金浸入 NaCl 溶液中,经过一定时间的诱导,产生点蚀。镁合金在保护性涂层下或阳极氧化保护膜下,易发生丝状腐蚀,即使 AZ91D 镁合金无保护层,也发生丝状腐蚀。丝状腐蚀被保护层掩盖,腐蚀过程析出的氢会导致保护层的破裂和脱落,降低保护层的作用。

镁合金易发生应力腐蚀。应力腐蚀敏感性与合金组成有关,其中 Mg – Al – Zn 系合金最易发生应力腐蚀,且随着 Al 含量的增加而增加。Mg – Mn 系合金和 Mg – Zn – Zr 系合金对应力腐蚀不敏感。变形镁合金的应力腐蚀敏感性大于铸造镁合金。镁合金在大气、水、溶液中均有应力腐蚀倾向,在 pH > 11 的碱性溶液中应力腐蚀敏感性很低。为避免电偶腐蚀,在镁合金与铝合金、镍合金、铁合金等合金连接时,必须采取绝缘保护措施。

镁合金的应力腐蚀开裂有沿晶和穿晶两种类型。对 Mg – Al – Zn 系合金来说,在退火状态下,$Mg_{17}Al_{12}$强化相沿晶界分布,合金的应力腐蚀开裂便沿着晶界,形成沿晶型;在固溶状态下,合金组织为均匀的固溶体,晶界无析出相,合金的应力腐蚀开裂便在晶内发生,形成穿晶型。

Mg – Al – Zn 系合金的应力腐蚀敏感性与阴离子有关。在无应力状态下,合金在不同阴离子介质中的腐蚀速率顺序为 $Cl^- > SO_4^{2-} > NO_3^- > Ac^- > CO_3^{2-}$;在有应力状态下,阴离子对合金应力腐蚀敏感性影响的大小顺序为 $SO_4^{2-} > NO_3^- > CO_3^{2-} > Cl^- > Ac^-$。另外,介质中 $Cl^-$ 含量增加,加速应力腐蚀开裂。如果介质中含有一定量 $CrO_4^{2-}$,由于少量 $CrO_4^{2-}$ 不能使镁合金表面全部钝化,未被钝化的区域便成为腐蚀核心,将使应力腐蚀加剧。

变形镁合金在大气、水中的应力腐蚀开裂敏感性较大,当水中通氧时,会加速应力腐蚀开裂敏感性,一些阴离子也会加速镁合金的应力腐蚀开裂。一般认为,镁合金应力腐蚀断裂是电化学 – 力学过程。也就是说,电化学腐蚀加上应力的作用导致裂纹形核(裂纹的发展主要由力学因素引起)直至断裂。

防止镁合金应力腐蚀断裂的方法:①合理设计结构以减少应力。②采用低温退火消除应力。③选用耐应力腐蚀断裂的镁合金。如 Mg – Al 合金中加入 Mn 或 Zn 元素或者消除镁合金的有害杂质 Fe、Cu 等元素都可有效地减少应力腐蚀敏感性;另外,采用无 Al 的 Mg 合金可完全消除应力腐蚀敏感性。④采用阳极性金属作包镀层,例如用 Mg – Mn 合金作 Mg – Al – Zn 合金包镀层。⑤采用有机涂料保护。⑥对镁合金表面进行阳极氧化处理。⑦镁合金微弧氧化处理,可以获得良好的耐蚀性,但必须注意封孔处理。

## 7.7 非晶态合金的耐蚀性

### 7.7.1 非晶态合金概念

非晶态合金又称"金属玻璃",它具有非常优异的性能。首先,它是以高强度与高韧性相结合的力学性能而著称。此外,它不仅具有优越的磁电性能,而且具有极高的耐蚀性能。

非晶态合金当前最大的问题是不稳定,受热会发生非晶体向晶体的转化。常温下随时间推移,其性质也会逐渐发生变化,最终将丧失各种优异性能。合金元素对非晶态结构稳定性有影响。例如,FeP13C7 系非晶态合金,当加入比铁原子序数小的 V、Cr 等过渡族金属元素,能提高结晶化温度,有助于稳定非晶态结构。

在铁中加入 P – C、B – C、B – Si、B – P、P—Si 等,或在镍中加入 Si – B,都有助于获得非晶态结构。然而 Fe – P – C 系或 Fe – P – B 系非晶态合金的化学性质比纯铁更活泼,具有很高的腐蚀速率。要使非晶态合金具有高耐蚀性,必须加入合金元素 Cr。

### 7.7.2 非晶态合金耐蚀性

非晶态耐蚀合金是在铁系或镍系非晶态合金中加入合金元素 Cr 而构成的一类合金。

例如,含 8%(原子分数)铬的 FeCr8P13C7 非晶态耐蚀合金,在 NaCl 溶液中的腐蚀速率为零。

非晶态耐蚀性合金在强酸性氯化物溶液中,也非常耐点蚀。例如,在盐酸中,随盐酸浓度增加,18 - 8 不锈钢因受严重点蚀而使腐蚀速率增加;然而 FeCr10P13C7 非晶态耐蚀合金经一周腐蚀试验却测不出试样重量损失。10% $FeCl_3 \cdot 6H_2O$ 溶液是检验不锈钢点蚀敏感性常用的试剂,非晶态 NiCr7P15B5 在 30℃的该溶液不产生腐蚀,而 18 - 8 不锈钢 Cr17Ni14Mo 不锈钢却产生严重腐蚀。抗 60℃的 10% $FeCl_3 \cdot 6H_2O$ 溶液点蚀所需的最低铬含量,非晶态合金一般只需 7% ~ 10%(原子分数),而晶态 Fe - Cr 合金则需 30%(质量分数)。

非晶态合金的优越耐蚀性能是与其极化性能相关的。在酸中,非晶态耐蚀合金的腐蚀电位都处于钝化电位区内,而且稳定钝化电位区较宽,不出现临界点蚀电位。NiCr8P15B5 合金在含 $Cl^-$ 或不含 $Cl^-$ 离子的酸中都产生自钝化,甚至在 $NH_4Cl$ 中也不出现临界点蚀电位。

### 7.7.3  非晶态合金耐蚀机理

非晶态合金的耐蚀性与表面均匀性、表面钝化膜和合金添加元素有关。

非晶态合金通常采用快淬方法制备。在快淬过程中,由于冷却速率大都在 $10^6$℃/s 以上,原子长程扩散被抑制,因此液 - 固转变后形成的非晶态合金中,避免了平衡凝固过程中产生的第二相、沉淀、成分起伏或偏析等缺陷,是理想的化学均匀合金。此外,非晶态合金是一种单相长程无序、短程有序的均相结构,不存在晶态合金中常见的晶界、位错和层错等缺陷。因此,非晶态合金表面化学成分、结构的高度均匀性,几乎不存在化学、电化学等腐蚀的活性点,这是非晶态合金具有较高耐蚀性的原因之一。

与晶态合金一样,非晶态合金表面的钝化膜也是其耐蚀性高的原因之一。非晶态耐蚀合金在腐蚀过程中可以形成类似于不锈钢的钝化膜,膜中富集有 P 和 Cr,膜为非晶态,保护性能非常良好。非晶态合金的钝化膜非常均匀,没有晶界、缺陷及成分起伏,从而保证了均匀的高耐蚀钝化膜的形成。非晶态合金的钝化膜生成速度快,促进非晶态耐蚀合金的迅速钝化。非晶态合金表面的钝化膜通常具有较强的自修复能力。

在金属 - 类金属型非晶态合金中添加 P、C、Si、B 等元素,通过对钝化的动力学和钝化膜成分的影响,可提高合金的耐蚀性。例如,B、Si、C、P 等合金元素,对非晶态合金耐蚀性能的提高作用依次增大。在金属 - 类金属型非晶态合金中添加 Cr、Mo、Ti 等金属元素,可显著提高合金的耐蚀性,其中 Cr 的作用最大。Pt、Pd、Co、Rh、Ru 等贵金属元素虽然在金属 - 类金属型非晶态合金表面钝化膜中含量较少,但腐蚀过程中它们在膜/基体界面上富集,能降低阳极活性,使非晶态合金的耐蚀性提高。

**思 考 题**

1. 利用合金化提高金属耐蚀性的途径有哪些?
2. 简述铁基耐蚀合金的合金化机理。
3. 写出不锈钢按化学成分分类的常见钢种名称。

4. 写出不锈钢按显微组织分类的常见钢种名称。

5. 写出不锈钢按用途分类的常见钢种名称。

6. 简述奥氏体不锈钢的合金化原理。

7. 简述塔曼规律，并以不锈钢为例加以说明。

8. 比较铁素体不锈钢与奥氏体不锈钢晶间腐蚀的异同。

9. 简述铁素体不锈钢的合金化目的与原理。

10. 为什么奥氏体－铁素体双相不锈钢更耐应力腐蚀？

11. 试比较铁在氧化性酸和还原性酸中的腐蚀规律。

12. 耐候钢的主要合金成分是什么？其耐大气腐蚀的主要原因是什么？

13. 简述马氏体不锈钢的性能特点与用途。

14. 比较 1Cr13、4Cr13、1Cr17Ni2 的耐蚀性，并从合金化角度加以解释。

15. 简述纯铜的耐蚀特点及用途。

16. 黄铜的主要腐蚀形态是什么？说明其腐蚀原因、机理和预防方法。

17. 简述黄铜合金化原理及耐蚀特性。

18. 简述黄铜应力腐蚀原因与防护方法。

19. 什么是青铜？如何命名？分述其耐蚀特点。

20. 什么是白铜？简述其耐蚀性特点和用途。

21. 简述纯铝的耐蚀性原理与特点。

22. 简述耐蚀铝合金的合金化原理。

23. 说明铝合金的主要腐蚀形式和原因。

24. 简述防止铝合金点蚀的方法。

25. 什么是铝合金的剥层腐蚀？如何防止？

26. 铝在氧化性酸、非氧化性酸和不同 pH 值的溶液中的耐蚀性如何？阐述硬铝产生晶间腐蚀的机理。

27. 简述纯镍的耐蚀性特点及用途。

28. 说明耐蚀镍基合金的合金化目的与原理。

29. 简述钛的耐蚀性特点及用途。

30. 简述钛及其合金的钝化特性，进而说明作为人体植入材料的合理性。

31. 简述钛合金的合金化目的与原理。

32. 钛合金有哪些主要腐蚀类型？钛和钛合金的耐蚀性有何特点？

33. 简述钛合金氢脆原理与防止措施。

34. 钛－钯合金或钛上镀钯为什么能提高钛在 $HCl$、稀 $H_2SO_4$ 等非氧化性酸中的耐蚀性？

35. 简述镁及其合金的耐蚀特点与用途。

36. 简述镁合金的应力腐蚀开裂机理及影响因素。

37. 简述非晶态合金的耐蚀性原理。

38. 简述非晶态合金的成分选择原则。

# 第8章 腐蚀的防护

## 8.1 概 述

研究材料腐蚀的主要目的是探明腐蚀原因、机理、规律和控制因素,以便能采取恰当的措施控制材料腐蚀的危害,提高材料的使用寿命。腐蚀破坏的形式多种多样,在不同的条件下引起的金属腐蚀的原因也是各不相同的,而且影响因素非常复杂,防止金属腐蚀可以从金属本身、环境和界面三个方面考虑。因此,根据不同的条件采用的防护技术也是多种多样的。在实践中常用的是以下7类防护技术:

(1) 合理选材:根据不同介质和使用条件,选用合适的金属材料和非金属材料。

(2) 介质处理:除去介质中促进腐蚀的有害部分(如锅炉给水的除氧);调节介质的pH值及改变介质的湿度等。

(3) 阴极保护:利用电化学原理,将被保护的金属设备进行外加阴极极化降低或防止腐蚀。

(4) 阳极保护:对于钝化溶液和易钝化的金属组成的腐蚀体系,可采用外加阳极电流的方法,使被保护金属设备进行阳极钝化以降低金属的腐蚀。

(5) 缓蚀剂防腐:向介质中添加少量能阻止或减慢金属腐蚀的物质,以保护金属。

(6) 表面覆盖层防护:在金属表面喷、衬、镀、涂上一层耐蚀性较好的金属或非金属物质,以及将金属进行磷化、氧化处理,使被保护金属表面与介质机械隔离而降低金属腐蚀。

(7) 合理的防腐设计及改进生产工艺流程,以减轻或防止金属腐蚀。

每种防腐蚀措施都具有应用范围和条件,使用时要注意。在一种情况下对某一种金属采取的有效措施,另一种情况下就可能无效甚至是有害的。例如,阳极保护只适用于金属在介质中易于阳极钝化的体系。如果不能形成钝化,则阳极极化不仅不能减缓腐蚀,反而会加速金属的阳极溶解。

因此,对于一个具体的腐蚀体系,究竟采用哪种防腐蚀措施,应根据腐蚀原因、环境条件、各种措施的防腐效果、施工难易以及经济效益综合考虑,不能一概而论。

## 8.2 合理选材和介质处理

为了保证设备的长期安全运转,合理选材、正确设计、精心制造及良好的维护管理等方面的工作密切结合是十分重要的。其中,材料选择是最重要的一个环节。

处理介质的目的是改变介质的腐蚀性,以降低介质对金属的腐蚀作用。

### 8.2.1 合理选材

合理选材是一项细致而复杂的工作,既要考虑工艺条件及生产中可能发生的变化,又要考虑到材料的结构、性质及其使用中可能发生的变化。

在选材时,首先考虑介质的性质、温度、压力。介质的性质是氧化性还是还原性,其浓度如何;含不含杂质,杂质的性质如何,杂质是减缓腐蚀还是加速腐蚀,如果是加速腐蚀的,其加速的原因是什么?此外,介质的导电性、pH值及生成腐蚀产物的性质等都要了解清楚。

硝酸是氧化性酸,应选用在氧化性介质中易形成良好的氧化膜的材料,如不锈钢、铝、钛等材料。盐酸是还原性的酸,选用非金属材料则具有独特的优点。常见的材料和环境的搭配有:铝用于非污染的大气,含铬合金用于氧化性溶液,哈氏合金用于热盐酸,铅用于稀硫酸,蒙乃尔合金用于氢氟酸,不锈钢用于硝酸,钢用于浓硫酸,锡用于蒸馏水,钛用于热的强氧化性溶液,钽用于除氢氟酸和烧碱以外的介质,铜与铜合金以及镍与镍合金用于还原性和非氧化性介质。

介质所处的温度和压力也是要考虑的重要因素。通常温度升高,腐蚀速率加快,在高温下稳定的材料,在常温下也往往是稳定的。在常温下稳定的材料,在高温下就不一定稳定。压力越高,对材料的耐蚀性能要求越高,所需材料的强度要求也越高。非金属材料、铝、铸铁等往往难于在高压条件下工作,这时要考虑选用强度高的其他材料或衬里结构等防护方法。

选材时要考虑设备的用途、工艺过程及其结构设计特点。例如,泵是流体输送机械,要求材料具有良好的铸造性能和良好的抗磨损性能;高温炉则要求材料具有良好的耐热性能;换热器用材要具有良好的导热性;大型设备用材往往要求有好的可焊性。防腐蚀结构设计的一般原则:①外形尽量简单、光滑,表面积小;②避免残液滞留、固体杂质、废渣、沉积物的聚集而造成腐蚀;③避免结构组合和连接方法不当,防止腐蚀加剧;④避免异种金属的直接组合,防止产生电偶腐蚀;⑤应对不同的腐蚀类型,采取相应的防腐蚀设计。

在选材时还应考虑环境对材料的腐蚀以及产品的特殊要求。例如,在医药、食品工业中不能选择有毒的铅,而选用铝、不锈钢、钛、搪瓷及其他非金属材料。

除了上述应考虑的因素外,还应考虑材料的性能。作为结构材料一般要求具有一定的强度和塑性。例如,铅的强度低,不能作独立的结构材料使用,一般只作为衬里材料。

材料加工工艺性能的好坏往往是决定该材料能否用于生产的关键。例如,高硅铸铁在很多介质中耐蚀性能很好;但因其又硬又脆,切削加工困难,只能采用铸造工艺,而且成品率较低,使设备成本费增高,限制了它的应用。

此外,在选材时还要考虑材料的价格和来源,要有经济观点。在保证性能可靠的前提下,优先考虑国产资源丰富、价廉的材料。在可采用普通结构材料如钢铁、非金属材料等时不采用贵金属,在可以用资源丰富的铝、石墨、玻璃等时不用不锈钢、铜、铝等。对长期运行、一旦停运会造成重大经济损失,制造费用大大高于材料费用的设备,要优先选择耐蚀材料;对于短期运行的设备及易更换的零部件,可以采用成本低、耐蚀性相对较差的材料。在海水介质中,采用相对廉价材料并提供辅助保护通常比选用昂贵材料更经济。在苛刻腐蚀环境下,大多数情况是采用耐腐蚀材料比选用廉价材料附加昂贵的保护措施更为可取。在其他性能相近的情况下,不选会引起环境污染的材料,尽量选对环境污染小和便于回收的材料,同时要注意材料在加工工程中对环境污染与人体健康的影响。

## 8.2.2　介质处理

介质处理是通过改善腐蚀介质环境,从而达到防止材料腐蚀或减小材料腐蚀危害的目的。通常采用除去介质中有害成分、调节介质的 pH 值、降低气体介质中的水分等方法进行介质处理。

**1. 去除介质中的有害成分**

现以锅炉给水的除氧为例来说明。水中的有害物质之一是溶解在水中的氧,它会引起氧去极化的腐蚀过程,加速碳钢的腐蚀。从锅炉给水中除氧,是防止锅炉腐蚀的有效措施。常用的除氧方法有热力法和化学法两类。热力法是将给水加热至沸点以除去水中溶解的氧,这是电厂通常采用的除氧措施。因为锅炉给水本身需要加热,而且不需要任何化学药品,不会带来水汽的污染问题。化学法通常是用作给水除氧的辅助措施,以消除经热力法除氧后残留在给水中的溶解氧。在某些中压和低压锅炉中,只采用热力法除氧,不进行化学法除氧。

1)热力法除氧

根据气体的溶解定律(亨利定律),气体在水中的溶解度与该气体在液面上的分压成正比,在敞口容器中将水温升高时,各种气体在该水中的溶解度下降,这是随着温度的升高,气 – 水界面上的水蒸气分压增大,其他气体的分压降低的缘故。当水温达到沸点时气 – 水界面上的水蒸气压力和外界压力相等,其他气体分压都为零,故这时的水不再具有溶解气体的能力,即此时各种气体均不能溶于水中。将水加热至沸点可以使水中的各种溶解气体解吸出来,这是热力法除氧的基本原理。

热力法不仅能除去水中的溶解氧,而且可以除去水中的其他各种溶解气体(包括游离的 $CO_2$ )。热力法除氧过程中,还会使水中的重碳酸根发生分解,因为除去了水中的游离 $CO_2$ ,下式平衡向右移动:

$$2HCO_3^- \rightarrow CO_2 \uparrow + CO_3^{2-} + H_2O$$

温度越高,加热时间越长,加热蒸气中游离的 $CO_2$ 浓度越低,则重碳酸根的分解率越高,其出水的 pH 值也就越高。

热力法除氧是在除氧器内用蒸气使水加热除氧器的结构,除氧器的结构主要应能使水和水汽在除氧器内分布均匀、流动畅通以及水和水汽之间有足够的接触时间。在除氧过程中,水应加热至沸点,否则水中的残留氧量会增大。例如,在 1atm 下,水的沸点为 100℃时,如果水只加热到 99℃(低于沸点 1℃),那么氧的残留量可达 0.1mg/L。此外,热力法除氧对解吸出来的气体应能畅通地排走;否则,气相中残留的氧量较多,影响水中氧的扩散速度,使水中的残留含氧量增大。

2)化学法除氧

化学法除氧是往水中加入化学药品以除去水中的氧。给水化学除氧的药品必须具备能迅速地和氧完全反应,反应产物和药品本身对锅炉的运行无害等条件,常用化学除氧药品有联氨、亚硫酸钠等。

联氨是一种还原剂,它可将水中的溶解氧还原:

$$N_2H_4 + O_2 \rightarrow N_2 + 2H_2O$$

反应物 $N_2$ 和 $H_2O$ 对热力系统没有任何害处。在高温( >200℃)水中 $N_2H_4$ 可将铁

$Fe_2O_3$ 还原成 $Fe_3O_4$、$FeO$ 和 $Fe$，还能将氧化铜还原成氧化亚铜或铜。联氨的这些性质可以用来防止锅炉内铁垢和铜垢的生成。

亚硫酸钠也是一种还原剂，能和水中的溶解氧作用生成硫酸钠，此方法会增加水中的含盐量。亚硫酸钠在高温时可分解产生有害物质 $Na_2S$、$H_2S$、$SO_2$ 等，会腐蚀设备，因此亚硫酸钠法只能用于中压或低压的锅炉给水。

除了水的除氧外，水中的矿物质特别是钙盐和镁盐，不经过软化处理的水用于锅炉，在锅炉内将会有大量的碳酸钙沉积，这种沉积物一方面降低了导热能力，使热效应减少，另一方面由于局部过热，可加速局部氧化和局部破坏。水的软化是一种脱盐作用，也是一种降低二氧化碳的脱气处理。此外，含硫的油气田中的硫化氢需要去硫，一方面可回收硫这种资源，另一方面可降低硫化氢导致的应力腐蚀。

### 2. 调节介质的 pH 值

锅炉给水以及工业用冷却水，如果含有酸性物质，使其 pH 值偏低（pH < 7），则可能产生氢去极化腐蚀。而钢材在酸性介质中不易生成表面保护膜，故这时必须提高其 pH 值，以防止氢去极化腐蚀或金属表面保护膜的破坏。曾有锅炉使用数据表明，未加碱的 513 台英国锅炉中，29% 有锅炉管的腐蚀；而加碱的 121 台英国锅炉中，仅 5% 有腐蚀。提高水的 pH 值方法，一般是加氨或胺。

1）给水加氨处理

氨可以中和水中的 $CO_2$ 而提高其 pH 值，反应如下：

$$NH_3 + H_2O \rightarrow NH_4OH$$

$$NH_4OH + H_2CO_3 \rightarrow NH_4HCO_3 + H_2O$$

$$NH_4OH + NH_4HCO_3 \rightarrow (NH_4)_2CO_3 + H_2O$$

加氨量以使给水 pH 值调节到 8.5 ~ 9.2 为宜。通常使给水的氨含量为 1 ~ 2mg/L，加氨量过多则会造成铜、锌部件的腐蚀。因此，在生产中应严格控制加氨量。

2）给水加胺处理

过量的氨会引起铜件的腐蚀，为此，还可用胺类来提高 pH 值。某些胺具有碱性，能中和水中的 $CO_2$，又不会与铜离子、锌离子形成络离子，所以适宜于给水处理。目前已用作水处理的胺类有莫福林和环乙胺两种。莫福林的反应：

胺处理的缺点是价格昂贵。

### 3. 降低气体介质中的水分

前已述及，气体介质中含水分较多时，有可能在金属表面上形成冷凝水膜，使金属遭

212

受腐蚀。例如,湿的大气比干的大气腐蚀严重,湿氯气、湿氯化氢比干的干氯气、干氯化氢对金属的腐蚀严重得多,而且腐蚀速率通常随着气体湿度的增加而增加。因此,降低气体介质中的水分是减缓金属腐蚀的有效措施之一。

降低气体水分的方法:采用干燥剂吸收气体中的水分;采用冷凝的方法从气体中除去水分或通过提高气体温度的方法降低气体中的相对湿度,使水汽不致冷凝。

以上介绍的方法要灵活应用,视介质的成分而定,必要时采用几种方法同时防护更为有效。一般在制造设备或购买设备时就应考虑好防腐蚀。

# 8.3 阴 极 保 护

电化学保护是在工业中经常使用的一种金属腐蚀与防护技术,它是指对被保护金属施加外电动势,将其电位移向免蚀区或钝化区以减小或防止腐蚀的方法,只适用于电化学腐蚀情况。电化学保护按作用原理分为阴极保护和阳极保护。电化学保护目前已广泛应用于舰船、海洋工程、石油化工及城市管道等领域,这是一项经济有效的防护措施。例如,一座海上采油平台的建造费超过1亿元,不采用保护,平台的寿命只有5年,而采用阴极保护,平台可用20年,牺牲阳极材料和施工费只需100万~200万元。一条海轮建造费中的涂装费高达5%,而阴极保护的费用不到1%。地下管线的阴极保护费一般只占总投资的0.3%~0.6%,就可以大大延长使用寿命。采用阳极保护所需的费用仅占设备造价的2%左右。

将被保护金属进行外加电流阴极极化,以减少或防止金属腐蚀的方法称为阴极保护法。1824年Davy提出阴极保护法,用牺牲阳极铁或锌来有效阻止木船铜包皮的腐蚀。到了20世纪30年代,这种方法在工业上才开始应用,主要用于淡水、海水、土壤,以及盐、碱类溶液中的腐蚀。阴极保护的效果很好且简单易行,目前在地下输油及输气管线、地下电缆、舰船、海水采油平台、水闸码头等方面已广泛采用。近年来开始应用于石油、化工生产中用海水和河水冷却的设备;卤化物结晶槽、制盐蒸发器、浓缩硫酸盐等设备采用阴极保护也可大大减轻腐蚀程度,阴极保护对防止某些金属的应力腐蚀开裂、腐蚀疲劳、黄铜脱锌等特殊腐蚀也有很好的效果。外加的阴极极化可采用如下两种方法来实现:

(1)将被保护金属与直流电源的负极相连,使之成为阴极,阳极为一个不溶性的辅助电极,利用外加阴极电流进行阴极极化,二者组成宏观电池实现阴极保护,这种方法称为外加电流阴极保护法,如图8-1所示。

(2)在被保护设备上连接一个电位更负的金属作为阳极(如钢设备上连接锌),它与被保护金属在电解质溶液中形成大电池,依靠它不断溶解所产生的阴极电流而使设备进行阴极极化,这种方法称为牺牲阳极保护法,如图8-2所示。

## 8.3.1 阴极保护的基本原理

外加电流阴极保护法和牺牲阳极保护法的原理相同,下面以外加电流阴极保护为例来说明。

可以把在电解质中腐蚀着的金属表面看作腐蚀着的双电极腐蚀电池,如图8-3(a)所示。当腐蚀电流工作时,产生腐蚀电流$I_c$,如果将金属设备实施阴极保护,用导线将金

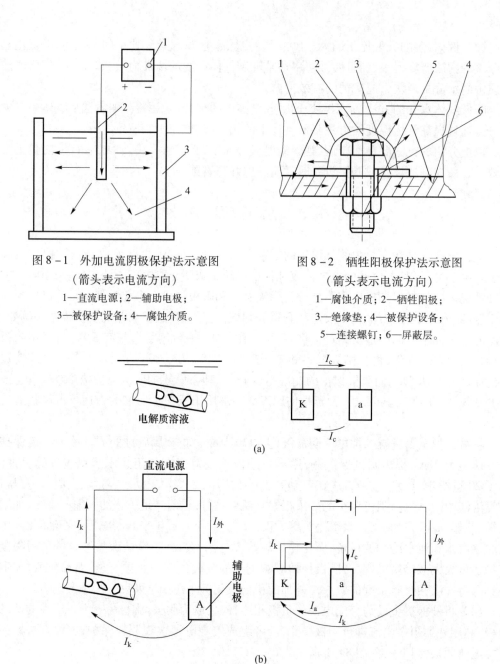

图 8-1 外加电流阴极保护法示意图
（箭头表示电流方向）

1—直流电源；2—辅助电极；
3—被保护设备；4—腐蚀介质。

图 8-2 牺牲阳极保护法示意图
（箭头表示电流方向）

1—腐蚀介质；2—牺牲阳极；
3—绝缘垫；4—被保护设备；
5—连接螺钉；6—屏蔽层。

图 8-3 腐蚀金属及外加电流阴极保护法示意图

属设备连接在外加直流电源的负极上，辅助阳极接到电源的正极上（图(8-3b)），当电路接通后，外加电流由辅助阳极经过电解质溶液而进入被保护金属，使金属进行阴极极化。由腐蚀极化图 8-4 可见，在未通过外加电流以前，腐蚀金属微电池的阳极极化曲线 $E_{ea}M$ 与阴极极化电流 $E_{ek}N$ 相交于 $S$ 点（忽略溶液电阻）。此点相应的电位为金属的腐蚀电位 $E_c$，相应的电流为金属的腐蚀电流 $I_c$。当通以外加电流使金属的总电位由 $E_c$ 极化至 $E_1$ 时，金属微电池阳极腐蚀电流为 $I_{a1}$（线段 $E_1b$）。阴极电流为 $I_{k1}$（线段 $E_1d$），外加电流为 $I_{k1}$（线段 $E_1e$）。由图可见，$I_{a1} < I_c$，即使外加电流阴极极化后，金属本身的腐蚀电流减少

214

了,即金属得到了保护。$I_c - I_{a1}$表示外加阴极极化后金属上腐蚀微电池作用的减小值。该腐蚀电流的减小值称为保护效应。

如果进一步阴极极化,使腐蚀体系总电位降至与微电池阳极的起始电位 $E_{ea}$ 相等,则阳极的腐蚀电流 $I_c = 0$,外加电流 $I_k = I_f = I_K$,金属得到了完全保护。这时金属的电位称为最小保护电位。达到最小保护电位时,金属所需的外加电流密度称为最小保护电流密度。

由此得出结论:要使金属得到完全的保护,必须把金属阴极极化至其腐蚀微电池阳极的平衡电位。

由于外加阴极极化(可由与较负的金属相连接而引

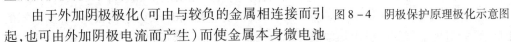

图 8-4　阴极保护原理极化示意图

起,也可由外加阴极电流而产生)而使金属本身微电池腐蚀减小的现象称为正保护效应。由于外加阴极极化而使金属本身微电池腐蚀更趋严重的现象称为负保护效应。在一般情况下,外加阴极极化会产生正的保护效应。但当金属表面上有保护膜,并且此膜显著地影响着腐蚀速率,而阴极极化又会使保护膜破坏(如由于钝化膜破坏及金属的活化),则阴极保护反而会加速腐蚀。

### 8.3.2　阴极保护的基本控制参数

在阴极保护中,通常采用最小保护电位和最小保护电流密度来判断金属是否达到完全保护。

**1. 最小保护电位**

从图 8-4 可以看出,要使金属达到完全保护,必须将金属加以阴极极化,使它的总电位达到其腐蚀微电池的阳极平衡电位,这时的电位称为最小保护电位。

最小保护电位的数值与金属的种类、介质条件(成分、浓度等)有关,并可通过经验数据或实验来确定。对于钢铁,通常采用比其腐蚀电位负 0.2~0.3V 的方法来确定。我国已制定了阴极保护国家标准,标准规定钢质船舶在海水中的保护电位范围为 -0.75~-0.95V。对于一个具体的保护系统,如无经验数据,最好通过实验来确定最小保护电位。

**2. 最小保护电流**

使金属完全保护时所需的电流密度称为最小保护电流密度。它的数值与金属的种类、金属表面状态(有无保护膜,漆膜的完整程度等)、介质条件(组成、浓度、温度、流速)等有关。一般而言,当金属在介质中的腐蚀性越强,阴极极化程度越低时,所需的保护电流密度越大。故凡是增加腐蚀速率,降低阴极极化的因素,如温度升高、压力增加、流速加快都使最小保护电流密度增加。

需要注意的是,外加阴极电流密度不宜过小或过大。若电流密度小于最小电流密度,则起不到完全保护作用;如果电流密度过大,则在一定范围内起到完全保护作用,但耗电量大而且不经济。当电流密度超过一定范围时,保护作用有些降低,这种现象称为过保护。例如,Zn 在 0.005mol/L 的 KCl 溶液中,最小保护电流密度为 1500~3000mA/m² ,其完全保护程度可达 97%~98%,当外加阴极电流密度超过 3000mA/m² 时,完全保护程度有所下降,腐蚀速率增大,出现过保护现象。这种现象主要是由于过大的外加阴极电流密

度导致溶液中的 $H^+$ 在被保护金属上放电,析出的氢气促使溶液中 pH 值升高,加速 Zn 和 Al 等两性金属的腐蚀,析出的氢气可破坏金属表面的保护涂层,甚至析出的氢原子可能导致钢铁的氢脆。这种现象称为负保护效应。

在海水中,含 $Ca^{2+}$、$Mg^{2+}$ 离子较多的天然淡水及其他介质中进行阴极保护时,随着阴极保护时间的增长,保护电流会逐渐降低。这是因为阴极保护时,金属表面附近介质的 pH 值增加,$Ca^{2+}$、$Mg^{2+}$ 离子容易生成难溶的碳酸钙及氢氧化镁混合物的缘故。

$$Ca^{2+} + HCO_3^- + OH^- \rightarrow CaCO_3 \downarrow + H_2O$$
$$Mg^{2+} + 2OH^- \rightarrow Mg(OH)_2 \downarrow$$

这些混合物在金属表面上沉积形成石灰质膜,起着与覆盖层类似的作用,使电流大大降低。因此,这些离子的存在对于实施阴极保护是一个很有利的因素。

上述两个参数中,保护电位是主要的参数,因为电极过程取决于电极电位,如金属的阳极溶解,电极上氢气的析出均取决于电极电位。它决定金属的保护程度,并且利用它来判断和控制阴极保护是否完全。而保护电流密度的影响因素很多,数值变化很大,从最小的每平方米几十分之一毫安到最大的每平方米几百安。在保护过程中,当电位一定时,电流密度还会伴随系统的变化而改变,故只是一个次要参数。

### 8.3.3 阴极保护基本参数的测定和分析

在海水和土壤等介质中,由于国内外已有多年的阴极保护实践经验,保护参数可根据经验数据选取。在其他方面,腐蚀介质的种类繁多,积累的经验数据较少,因而在进行阴极保护之前,首先进行实验,求出保护参数的范围,然后根据保护效果、电能消耗及过保护情况进行综合分析,最后选定合理的保护参数。

**1. 测定阴极极化曲线,求得保护参数的范围**

各种金属在不同的电解质溶液中,其阴极极化性能是不同的。通过测定阴极极化曲线,就可知金属在该介质中的阴极极化性能,并提供保护电位和保护电流密度的参考数据。极化曲线的测定可用恒电位法或恒电流法。图 8-5 为碳钢在联碱盐析出结晶器溶液中的阴极极化曲线。图中曲线 1 为溶液静止时的极化曲线,由图可见,开始极化时,电流变化不大,而电位向负移动较大,即阴极极化程度较大。当电位至 -950mV(SCE,下同)以后,再增大电流时,电位的保护就比较缓慢,也就是说增大电流才能使电极进一步极化;同时在实验中还观察到在 -950 ~ -1000mV 时,碳钢电极表面开始有少量氢气泡出现。当电位比 -1050mV 更负时,电极表面有大量的氢气泡放出,此时电流大大增加。

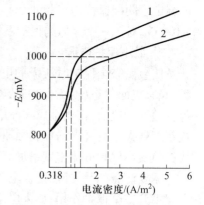

图 8-5　碳钢在联碱盐析出结晶器溶液中的阴极极化曲线

图中的曲线 2 为溶液在微搅拌情况下的极化曲线,由图可见,溶液搅动时极化比较困难,极化到同一电位所需的电流密度比静止时大。

由极化曲线的初步分析得出,碳钢在联碱盐析出结晶液中进行阴极保护时,其保护电位应尽量不超过 -1000mV;否则,电流消耗太大,而且金属表面有氢气析出,使金属表面的漆膜鼓泡、脱落或使表面膜破坏甚至使金属产生氢脆。但是仅从极化曲线不能完全选定保护电位,必须根据保护效果的实验选取合理的保护参数。

**2. 选取合理的保护电位**

选择合理的保护电位要考虑如下三方面的因素:

(1) 有一定的保护效果。如果保护效果太小,则被保护的金属仍在一定的速度下腐蚀,这样实施阴极保护的意义不大。保护效果可用实验方法测定,常用的方法是:在阴极极化电位恒定的条件下,用失重法测定金属的腐蚀速率,计算阴极的保护效果(保护度)。各试片由于保护电位不同,其保护度也不同。保护度可用下式计算:

$$\eta = \frac{V_0^- - V^-}{V_0^-} \times 100\%$$

式中:$V_0^-$ 为未进行阴极保护前金属的腐蚀速率;$V^-$ 为阴极保护后金属的腐蚀速率。

(2) 日常电流消耗要小。从理论上讲,保护电位越负,保护效果越好,但是这样保护电流会很大。从表 8-1 可见,碳钢在联碱结晶溶液中,当保护电位为 -950 ~ -1000mV 时,保护效果已很显著;而保护电位由 -1000mV 移到 -1050mV 时,保护效果基本不变,而电流却增加 1 倍多。因此保护电位比 -1000mV 更负就不适合了。

表 8-1　碳钢在联碱盐析结晶器溶液中的保护参数与保护度

| 保护电位(SCE)/mV | 未保护 | -850 | -900 | -950 | -1000 | -1050 |
|---|---|---|---|---|---|---|
| 保护电流密度/($A/m^2$) | 0 | — | 0.318 | 0.55 | 1.27 | 3.2 |
| 腐蚀速率/(mm/年) | 1.804 | 0.207 | 0.0404 | 0.0271 | 0.0170 | 0.0165 |
| 保护度/% | 0 | 80.9 | 96.5 | 97.0 | 98.4 | 98.5 |

注:试验时间:144h。

溶液成分:游离氨浓度 3.2mol/L,固定氨浓度 1.4mol/L,Cl⁻浓度 5mol/L。

实验成分:常温。

(3) 防止过保护的产生。如果保护电位太负,金属表面会有大量氢气析出,使碳钢发生氢脆而遭受破坏。在采用涂料和阴极联合保护时,气体的析出会使设备表面涂料脱落,对设备的保护不利。根据实验观察到 -900 ~ -1000mV 时,碳钢表面有少量氢气泡出现,电位比 -1050mV 更负时,电极表面大量析出氢气。故从析氢电位考虑,保护电位也以 -900 ~ -1000mV 为宜。

确定保护电位后,由阴极极化曲线便可得出保护电流密度。或者由小试验将试片控制在保护电位范围内,求其电流密度。

由前面讨论可知,碳钢在氨盐水中单纯阴极保护时,其保护电流密度为 0.6A/m² 左右。由此可选用直流电源的容量。

如果设备表面有涂料,则所需的保护电流密度还可大大降低。例如,在上述介质中,47℃下有涂料的金属表面极化至 -960mV 时,所需的电流密度只有 0.03A/m²。

通常,金属结构进行阴极保护要考虑几方面的因素:一是腐蚀介质必须能导电,并且要有足够的量以便能建立连续的电路。中性盐溶液、土壤、海水、江水、碱溶液、弱酸性溶液(如磷酸)、有机酸(如乙酸)等介质中宜于进行阴极保护,而气体介质、大气以及其他不导电的介质则不能应用阴极保护。二是金属材料在所处的介质中要容易进行阴极极化;否则,耗电量大,不宜于进行阴极保护。常用金属材料如碳钢、不锈钢、铜及铜合金、铝合金、铅等都可采用阴极保护。在阴极保护中不论在阴极进行的是氧去极化反应还是氢去极化反应，都会使阴极附近溶液的碱性增加，对耐碱性差的两性金属如铝、铅可能使腐蚀加速，产生负保护效应，因而使两性金属采用阴极保护受到局限。铝和铝合金在海水中进行阴极保护时，必须是在不太大的电流密度下进行。但两性金属在酸性介质中是可以采用阴极保护的，如铅在稀硫酸中采用阴极保护是完全可行的。三是被保护设备的形状、结构不要太复杂，否则可能产生"遮蔽现象"，使金属表面电流分布不均匀，造成有的地方达不到保护电位，而另一些地方由于电流集中而造成过保护。

## 8.3.4 外加电流阴极保护

如图 8-1 所示，外加电流阴极保护系统主要由辅助阳极、直流电源以及测量和控制保护电位的参比电极组成。

**1. 辅助阳极**

在外加电流的阴极保护中，与直流电源正极相连的电极称为辅助阳极。其作用主要是使外加电流通过辅助阳极输送到被保护的金属体进行阴极极化，构成回路。

1）对阳极材料的要求

（1）在所有的介质中耐蚀，并且在使用阳极电流密度下溶解速度低。

（2）具有良好的导电性。在高的阳极电流密度下极化小，电流量大，即在一定电压下阳极单位面积上能通过的电流大。

（3）有较好的力学性能，便于加工，成本低。

2）阳极材料

阴极保护中采用的阳极材料种类很多，一般可选碳钢、石墨、高硅铸铁、铅银合金、铅银嵌铂丝、镀铂钛和镀铂钽、镀钯合金等。表 8-2 列出了常用辅助阳极主要参数。

表 8-2 常用辅助阳极主要参数

| 阳极材料 | 工字钢 | 铁轨 | 高硅铁 | | | 石墨 | | | 磁性氧化铁 |
|---|---|---|---|---|---|---|---|---|---|
| 长度/m | 1 | 1 | 0.5 | 1.2 | 1.5 | 1 | 1.2 | 1.5 | 0.9 |
| 直线或截面尺寸/cm | 30×13 | 14×13 | 4 | 6 | 75 | 6 | 6 | 8 | 4 |
| 质量/kg | 56 | 43 | 16 | 26 | 43 | 5 | 6 | 8 | 6 |
| 密度/(g/cm³) | 7.8 | 7.8 | 7 | 7 | 7 | 2.1 | 2.1 | 2.1 | 5.18 |
| 无焦炭渣回填料时消耗率/(kg/(A·年)) | 10 | 10 | 0.25 | 0.25 | 0.25 | 1 | 1 | 1 | 0.002 |
| 有焦炭渣回填料时消耗率/(kg/A·年) | 5 | 5 | 0.1 | 0.1 | 0.1 | 0.35 | 0.35 | 0.35 | — |
| 无焦炭渣回填料时1A下每支阳极寿命/年 | 5 | 4 | 50 | 80 | 140 | 5 | 6 | 8 | 200 |
| 有焦炭渣回填料时1A下每支阳极寿命/年 | 10 | 8 | 160 | 260 | 430 | 10 | 12 | 16 | — |
| 开裂危险性 | 无 | | 中等 | | | 高 | | | 无 |
| 建议使用场所 | 导电性很差的土壤 | | 长寿命阳极场合 | | | 干黏性土壤和水溶液 | | | 土壤、海水 |

3）电流在阴极上的分布及阳极布置

前面谈到保护效果时,是对阴极上各部位的电流密度和电极电位都是均匀的情况而言的。但实际上由于阴极的不同表面电位状态不一样,与辅助阳极的距离也不相同,特别是当设备的结构复杂时,电流的遮蔽现象十分严重。因此,阴极实际保护效果的好坏,在确定保护电位之后,主要看它能否在形状复杂的设备表面均匀地极化到所需的保护电位。不同部位的极化取决于通过该部位电流密度的大小:电流密度越大,阴极极化越大,极化到达的电位越负;通过该部位的电流密度越小,阴极极化越小,极化后可能达不到保护电位。因此,阴极保护时金属各部分电流是否均匀,其实质就是电流在阴极表面上的分布是否均匀。在电化学保护及电镀中,通常用"分散能力"来说明电极上电流均匀分布的能力。

影响电流在阴极上分布的因素很多,主要有电解液的导电率、阴极极化程度、阴极表面上膜的电阻(包括吸附膜、氧化膜、腐蚀产物膜、垢层、涂层及其他覆盖层的电阻)、被保护设备结构的复杂程度以及阳极的分布状况等。

下面简单地说明影响电流分散能力的因素。当直流电通过电解槽时,在所通过的电路上是会受到阻力的。这些阻力包括阴、阳两个电极本身的电阻所造成的阻力,电解液的电阻造成的阻力,以及电流通过电极和电解液的交界面时所遇到地阻力。后者包括金属表面的电阻所造成的阻力和电化学反应的阻力(其大小可用电极极化的大小反映出来)。第一类导体(金属)的电阻很小,可忽略不计,为了集中精力讨论电流在阴极上的分布,暂时也不考虑阳极界面的阻力。这样,电流通过电解槽时的总阻力等于电解液的阻力($R_e$)与阴极上表面膜的阻力($R_f$)及阴极电化学阻力($R_r$)之和,即

$$I = \frac{V}{R_e + R_f + R_r} \tag{8-1}$$

式中:$V$为加在电解槽上的电压(V);$I$为通过阴极的电流(A)。

由此可知,电流在阴极上分布主要取决于当电流由阳极进入电解槽经过电解液而到达阴极时所遇到的总阻力。

阴极保护时各处的槽压$V$是一定的,通过阴极不同部位的电流如下:

通过近阴极上的电流为

$$I_1 = \frac{V}{R_e' + R_f' + R_r'}$$

通过远阴极上的电流为

$$I_2 = \frac{V}{R_e'' + R_f'' + R_r''}$$

$$\frac{I_2}{I_1} = \frac{R_e' + R_f' + R_r'}{R_e'' + R_f'' + R_r''} \tag{8-2}$$

由式(8-2)可见,电流在阴极不同部位上的分布与电流通过电解液到达该部位时所受到的总阻力成反比。总阻力越大,到达该部位的电流越小;反之,到达该部位的电流越大。

因此,要使阴极上各部位的电流分布均匀($\frac{I_2}{I_1} \approx 1$),也就是要使电流通过电解液到达

阴极各部位的总阻力相近。

下面对各项阻力进行分析：

（1）如果阴极极化很小（$R_r$ 小），且阴极表面没有表面膜（$R_f = 0$），这些阻力可以忽略，而电解液本身的电阻却很大，此时对电流分布起决定作用的是后者，则式（8-2）可写为

$$\frac{I_2}{I_1} = \frac{R'_e}{R''_e} \tag{8-3}$$

当采用的远近两个阴极面积都相等时，则阴极上的电流强度就是它的电流密度。由于导体的电阻与其长度成正比，故式（8-3）可写为

$$\frac{i_2}{i_1} = \frac{R'_e}{R''_e} = \frac{L'}{L''} \tag{8-4}$$

式中：$L'$ 为近阴极与阳极之间的距离；$L''$ 为远阴极与阳极之间的距离；$i_1$ 为近阴极区的电流密度；$i_2$ 为远阳极区的电流密度。

显然，这种情况下，近阴极上的电流密度必然大于远阳极上的电流密度，远、近阴极与阳极之间距离的比值越大，即 $L''$ 与 $L'$ 的比值越大，电流分布的不均匀程度也越大。在阴极保护中，增加阳极个数，根据被保护设备的结构合理布置阳极以及增加阳极与阴极的距离，可以降低 $L''$ 与 $L'$ 的比值，从而改善电流的分布情况。

从式（8-2）还可以看出，电解液的导电性越好（电阻率越小），由于阴、阳极间距离不等，而引起的电流不均匀性越小，也就是说，导电性越好的溶液，分散能力越好，故强电解液的分散能力比弱电解液好。

（2）如果电解液的导电性好，电解液的电阻小，而电流通过电极与电解液界面的阻力却很大，及阴极极化程度和阴极表面有较高的电阻膜层，这时后者对阴极上电流的分布具有很大的影响。由式（8-2）可得

$$\frac{I_2}{I_1} = \frac{R'_e + R'_f + R'_r}{R''_e + R''_f + R''_r}$$

原来式（8-3）中的 $R''_e > R'_e$，由于阴极极化是随着电流密度的增加而增加，所以 $R'_r$ 总是大于 $R''_r$，这样就在较大的分母上加上较小的数值 $R''_r$，在较小的分子上加上一个较大的数值 $R'_r$，从而是分子、分母的数值趋于接近，也就是 $\frac{I_2}{I_1}$ 更接近于 1。这说明极化对电流在阴极上分布均匀性是有利的。

同样，当金属表面膜的电阻 $R'_f$ 比 $R''_f$ 都大得多时，相当于在电路上串联了一个大电阻，电流主要取决于此大电阻，而其他小电阻值（$R'_e$、$R''_e$）的变化对电流分布的影响就大大减小。因此，阴极表面的高电阻膜对电流的分散性能是十分有利的。

根据以前的讨论可知，在结构复杂的设备进行阴极保护时，离阳极最近的部位电流密度最大，离阳极远的部位电流密度小，有的部位甚至得不到保护电流。这样离阳极近的部位可能极化到较负的电位（甚至可达析氢腐蚀电位），而离阳极远的部位则可能达不到保护电位，有些部位甚至得不到保护。这些现象称为遮蔽现象。也就是说，这时的电流分散能力不好。因而在阳极布置时首先考虑电流的分散能力，使阴极表面的电流密度尽可能均匀一些。

下面列举几种典型的结构,用阴极保护时电流在阴极上的分布情况及改善方法。

对一根长管子进行阴极保护时,只要在容器中央插入一根阳极(图8-6),这时阴极上的电流分布是均匀的,就说分散能力好。

对于圆筒形容器,当阴极保护时(如地下管道的阴极保护),则离阳极近的部位电流密度大,离阳极远的部位电流密度小(图8-7),就说产生了遮蔽现象,分散能力不好。离阳极近的部位可能达到析氢电位,而离阳极远的部位还未达到保护电位,其电位分布曲线如图8-8所示。对于这种情况,适当增加阳极的个数,也就是减少阴极不同部位与阳极距离间的差距,可改善电流分布的情况,使其电位分布较均匀,如图8-9所示。

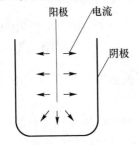

图8-6 圆筒形容器的电流分布示意图

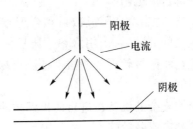

图8-7 管子电流分布示意图

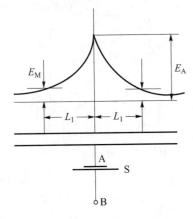

图8-8 管子电位分布示意图

S—直流电源;B—阳极;A—管子表面距
阳极最近的点;$E_A$—A点电位;$E_M$—与
A点距离$L_1$处的电位(最小保护电位);
$L_1$—阳极两侧的保护距离。

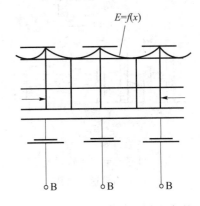

图8-9 多个阳极并列时阴极保护
电位分布曲线

另外,增加阳极与阴极间的距离可以使阴极不同部位与阳极间的距离的比值更趋接近(也就是使式(8-4)中的$\dfrac{I'}{I''}$更接近于1),这样也可以使电流分布均匀一些,因此远阳极比近阳极的分散能力好。

对于管子内壁采用阴极保护时,也会产生电流的遮蔽现象。从图8-10可以看出,在距阳极近的管端电流密度很大,随着距管端越远,电流密度越小,保护效果越差。管子直径越小,管子越长,遮蔽作用越严重。这时可在管板和管端一定距离内涂覆耐腐蚀绝缘涂层,增加管内和管端表面层的电阻,以改善分散能力。

管束间阴极保护时的电流遮蔽作用如图 8 – 11 所示。距阳极较近的列管电流密度大,电位较负;管束中间的列管电流密度要小得多。这时应增加阳极数目,并合理分布阳极,使各处电流密度较均匀。

有凸出部分结构在阴极保护时的电源遮蔽作用如图 8 – 12 所示。凸出部分的电流可能很大,而距离远的地方可能得不到保护。这时可使阳极离凸出部分远一些或在凸出部分涂衬耐腐蚀绝缘层,以增加这一部位的电阻。

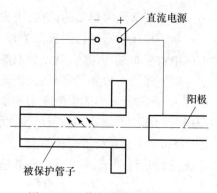

图 8 – 10　管内壁阴极保护时的电流现象

总之,适当增加阳极数目和合理布置阳极,增大阴阳极之间的距离,采用涂料 – 阳极保护联合防腐,特别是在距阳极较近的阴极部位涂衬耐蚀绝缘层,均可改善分散能力,使阴极各部位的电位分布较均匀。

结构复杂的设备在进行阴极保护前,可以按预先考虑的阳极布置方案进行模拟实验,以实测其电流分散能力。

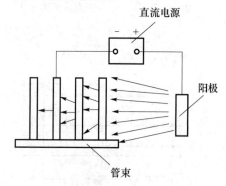

图 8 – 11　管束间实施阴极保护时的电流遮蔽作用

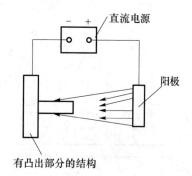

图 8 – 12　有凸出部分的结构在阴极保护时的电流遮蔽作用

4)阳极的计算

为了计算所需的阳极质量和阳极表面积,首先必须知道阴极保护所需要的总电流 $I$。电流 $I$ 可按下式计算:

$$I = i \times S \qquad\qquad (8-5)$$

式中: $i$ 为最小保护电流密度($A/m^2$); $S$ 为需要保护的金属总表面积($m^2$)。

根据所需的电流 $I$ 可以计算需要的阳极质量:

$$G = K \times g_a \times \tau \times I \qquad\qquad (8-6)$$

式中: $g_a$ 为阳极消耗率(kg/(A·年),见表 8 – 2); $\tau$ 为预计工作年限(年); $I$ 为阳极保护所需的电流强度(A); $K$ 为校正系数(考虑到阳极利用率的安全系数),一般取 $K = 1.5$,此值与阳极直径有关,直径大的阳极,利用率较高, $K$ 值可取小一些。

如果采用 $n$ 个阳极,则每个阳极的质量为 $G/n$。

所需的阳极表面积可按下式计算:

222

$$A = \frac{I}{i_a} \qquad\qquad (8-7)$$

式中:$I$ 为阴极保护所需的电流强度($A$);$i_a$ 为阳极材料允许通过的电流密度($A/m^2$)。

决定阳极尺寸时,既要满足质量的要求,又要保证有足够的表面积。对于镀铂、钛等消耗甚微的阳极,一般根据电流量考虑足够的表面积即可。

5)阳极的安装

阳极安装时要求与导线接触良好、牢固,与被保护设备有良好的绝缘,更换方便。

当阳极全部浸入介质时,为了防止导线与阳极接头处被腐蚀,应将接头处很好地密封。

另外,在安装阳极时要特别注意阴、阳极间良好的绝缘,阴、阳极绝对不允许短路;否则,设备不但得不到保护,还有可能大大加速设备的阳极溶解。因此,阳极安装完毕后,要严格检查与被保护设备的绝缘情况。

阳极与被保护设备的绝缘方法很多。对于敞口设备(如箱式冷却槽、开口储罐、闸门及其他水工建筑物等),在阴、阳极之间垫上在该介质中耐蚀的绝缘板(如硬聚氯乙烯塑料、橡胶、尼龙等)即可。对于闭口设备(如反应器、热交换器、塔设备等)进行阴极保护时,除考虑阴、阳极之间绝缘外,在阳极引出处与设备之间还要考虑密封问题。

最后,要检查阴、阳极与电源的连接方向是否正确。如果设备与电源的正极相连,则会大大加速设备的阳极溶解。

**2. 直流电源**

外加电流阴极保护系统,需要低电压、大电流输出可调的直流电源,其作用是提供保护电流,主要要求大电流,电源一般不超过 24V(土壤中阴极保护除外)。

选择直流电源时,主要根据阴极保护所需要的电流强度和电压。

阴极保护所需的电流强度 $I$ 可由式(8-5)计算决定。

电源输出电压应大于阴极保护时的槽电压及线电压的总和。

电源的种类形式很多,凡能产生直流电的电源都可以作阴极保护的电源,对直流电源的本身要求不高,所要求的是电位控制方式。各种原因都会引起电位的变化。例如:电网电压不稳定,引起整流器输出电压、电流的改变;在化工设备的阴极保护中,温度、浓度,工艺操作条件的改变以及液位、流量的变化;海中建筑物的阴极保护时,潮汐引起的水位变化;土壤中金属管道、通信电缆的阴极极保护时,土壤湿度的变化、杂散电流的变化以及高空输电网的干扰等影响;金属表面极化引起表面状态的很大变化等。这些都说明了为了维持电极电位不变(或变化很小),就需要不断地改变系统的电流而使电极电位自动处于恒定。可以采用人工检测或调整的方法,而最好的方法是采用恒电位仪进行自动控制。

阴极保护中手调直流电源多采用整流器,其中常用的是硒整流器、硅整流器和可控硅整流器,自动控制直流电源多采用可控硅恒电位仪。

**3. 测量和控制电极**

阴极保护中常需要测量和控制设备的电位,使其处于保护电位的范围。要测量电位,就需要一个已知电位的电极与之比较,这种电极称为参比电极。

选择参比电极的原则:电位稳定,耐蚀,价格便宜、容易制作,安装和使用方便。在阴极保护中应根据介质的性质选择参比电极。

在阴极保护中常采用饱和甘汞电极(中性介质)、硫酸铜电极(土壤、中性电极)、氯化银电极(氯离子浓度稳定的中性介质)、氧化汞电极(碱性介质)等作为参比电极。这些参比电极一般比较昂贵,安装时容易破坏,使用不方便。在被保护设备允许的电位波动范围内,根据介质腐蚀情况,也常用一些金属和合金,如不锈钢、铸铁、铝锑合金、锌、碳钢、铜等作为参比电极。这种固体参比电极牢固耐用,安装、使用方便。但由于这些电极是不可逆的,它们的稳定度和精确度都不如可逆电极。在实际使用时,事先对其电位进行标定,使用过程中应定期校验。

参比电极安装的要求与阳极安装相似,当参比电极全部浸入介质中时,导线与参比电极连接应很好;否则,接头处与介质接触不仅会加速接头处的腐蚀,使参比电极很快失效,而且接头处裸露会使测量的电位值产生严重误差。另外,在密封设备上安装参比电极时,也要考虑其与被保护设备的绝缘与密封问题。

阴极保护中参比电极位置的选择,既要考虑电位最负处不致达到析氢电位,又要照顾设备处均有一定的保护效果。一般情况下,参比电极的位置选择在离阳极较近,即电位较负的地方,以防止此处电位过负而达到析氢电位。

**4. 阴极保护的控制方式**

在外加电流阴极保护时,常用的控制方式有控制电流(恒电流)、控制电位(恒电位)、控制槽压(恒槽压)及间歇保护法等。

控制电流法是以保护电流作为阴极保护的控制参数。例如,某厂碱液蒸发锅采用 $3A/m^2$ 的电流密度作为阴极保护的日常操作控制指标,保护效果很好。恒电流法由于不测量电极电位,因此可以不用参比电极。手调控制时采用整流器作为直流电源即可,自动控制时可采用恒电流仪,不过我国目前还没有恒电流仪出售。由于阴极保护的效果主要取决于电极电位,如果在生产过程中电位变化很大,则采用恒电流法可能得不到预期的保护效果,甚至还会产生过保护现象。控制电流法只适用于控制电流范围内电位变化不大,而且介质腐蚀性强,不易找到合适的现场使用的参比电极的情况。

控制电位法是以保护电位作为阴极保护的控制参数,它是目前应用最广的一种控制方法。恒电位法可以保持设备处于最佳的保护电位范围,因而保护效果较好。恒电位法又分手调控制和恒电位仪自动控制两种。20 世纪 60 年代以前,外加电流阴极保护多半是用手调控制电位,可用整流器作为直流电源。根据用参比电极测得的阴极电位值人工调节电流,使阴极电位处于保护电流范围。但由于外界条件的变化,手调控制比较麻烦,而且很难及时跟随电位变化。60 年代初自动控制被保护设备处于恒定电位的恒电位仪研制成功,并用于生产实际,使阴极保护技术达到一个新的水平。目前,地下管道、地下通信电缆、船舶及某些化工设备的阴极保护都已采用恒电位仪来自动控制电位。现在国内已有许多工厂生产各种型号的工业用恒电位仪,在设计时可根据所需电流及输出电压进行选用。

控制槽压法又称双电极保护系统,是以阴极保护装置的槽压作为控制参数的。恒电位控制法是借助于参比电极来检测和控制阴极的电位。这种体系的缺点是只有靠近参比电极的阴极部位才能控制在保护电位范围,其表面电流密度是不均匀的。而且根据参比电极的特性,在仪器的控制回路中允许有极小的电流通过,要求仪器具有又很高的输入阻抗。而且参比电极会因为各种原因而损坏或消耗,使其不能长期使用。

20 世纪 60 年代出现了不用参比电极而能控制阴极保护系统的专利,即双电极保护系统。电解槽的槽压为

$$E_槽 = E_a - E_k + IR \tag{8-8}$$

式中:$E_a$ 为辅助阳极电位(V);$E_k$ 为阴极电位(V);$I$ 为流过电解槽的电流(A);$R$ 为阴阳极间电解液的电阻($\Omega$)。

如果阳极基本上不极化或极化很小,则在阴极保护过程中阳极电位 $E_a$ 可看作不变。另外,如果电解液的导电性很好,即溶液的电阻率很小,当电流变化时,则溶液的欧姆压降 $IR$ 变化不大。由式(8-8)可以看出,槽压的变化主要反映了阴极电位 $E_k$ 的变化。控制槽压也就是控制了阴极电位,恒定槽压也就是恒定了阴极电位,因此恒定槽压法实际上是以阳极电位为基准的。这种保护系统在仪器设计和工艺安装方面都简化了,使用更加方便。另外,恒槽压法也可以采用恒电位仪来进行自动控制。用恒电位仪进行恒槽压控制时,应将恒电位仪的参比接线柱与辅助电极接线柱之间短接,这时恒电位仪恒定的就是槽压。必须指出的是,恒槽压法的关键是要有一个电位基本上不变化的阳极,以及电解率低的电解液;否则,可能不易使阴极经常处于最佳的保护电位范围。

间歇保护法是断续地对被保护设备施加阴极电流。人们发现,在阴极保护中,当断电后,阴极电位并不是立即恢复到腐蚀电位,而是缓慢地恢复到腐蚀电位,即在断电后一段时间内仍具有保护作用。为了发挥这一作用,提出了间歇保护法,即在通电保护一段时间后断电,隔一段时间再通电。

间歇保护法可采用两种方法控制:

一种是采用时间控制。方法是对被保护设备仪恒定电流进行阴极极化,通电一段时间后断电,隔一段时间后再通电,如此反复进行。这种方法应事先进行试验确定通电和断电的时间间隔,以便被保护设备的电位始终处于最佳保护电位范围。

另一种是利用脉冲作用控制适宜的保护电位的上、下限值。方法是以恒电流法对被保护设备进行阴极极化,通电后保护电位负移,当保护电位达到上限值时,仪器自动切断阴极极化电流,此时被保护设备的电位正移,当达到保护电位的下限值时,仪器自动接通阴极极化电流,从而使被保护设备的电位有负移。这种周期性的极化,使被保护设备的电位始终处于最佳保护电位范围。

间歇保护可以节约电能和减少阳极材料的消耗,当采用定时通电、断电时,还可以用一台电源装置轮流保护几个设备,从而降低阳极保护的成本。间歇保护法是 20 世纪 70 年代从苏联开始研究的,现仍处于研究阶段。阿赫麦多夫(B. M. AXMeⅡOB)研究表明,海上石油工业钢结构最佳保护电位范围为 -850 ~ -900mV,电流密度为 1.5mA/dm²,采用间歇保护法的阳极消耗量是未采用间歇保护法消耗量的 1/3 ~ 1/5;在另一些研究中指出,间歇保护的电能消耗是连续保护的电能消耗的 1/15 ~ 1/20,间歇保护的阳极材料消耗量也是连续保护的阳极材料消耗量的 1/15 ~ 1/20,从而可大大延长阴极保护中阳极的使用年限。

**5. 阴极保护的日常控制与检查**

1)保护电位的测量与控制

保护电位是阴极保护中必须常控制的参数。电位测量一般有两个目的:观察被保护

系统各部位电位分布是否均匀,以及是否经常处于最佳保护电位范围之内,并根据检测结果,及时分析原因,查找影响因素,调整控制,使之稳定在保护电位范围。如果采用恒电位仪控制电位,则只需定时检查各部位电位是否分布均匀即可。如果采用手调控制或恒电流控制、恒槽压控制电位,则需经常测量阴极的电位值和电位分布情况。

对于结构简单的设备,由于遮蔽作用不大,电位分布比较均匀,因此测量电位时任选一点即可。如果设备比较复杂,各处电位可能差别较大,就必须对几个不同情况的点进行测量。例如,离阳极最近的点、最远的点、遮蔽作用最大的地方等。如果阴极各部位电位相差较大,则说明阳极布置不合适,需要调整阳极位置或增加阴极个数。如果大部分地方都未达到保护电位,则要加大电流;相反,若电位普遍偏负,则要减小电流。

电位测量仪器可用晶体管毫伏表、电子管伏特表和其他高阻电压表,这些仪器必须具有高的内阻。一般选用氯化银电极、硫酸铜电极或在介质中耐蚀而且电位稳定的金属作为参比电极。测量时参比电极应尽可能靠近被测表面,以减少由于参比电极与被测点之间的溶液电压降而引起的误差。

2)保护效果的测量

由于实际情况的影响因素比实验时复杂,故实验室测得的最佳保护参数不一定符合实际情况,还必须在被保护设备上直接测量保护效果。现场测量保护效果主要采用挂片法(失重法)。将试片成对地安置在被保护设备的各个部位,特别是应放置在保护程度最低的地方。每对试片中的一片用螺钉或导线与被保护设备相连,使其同样受到保护;另一片与设备绝缘,使其自然腐蚀。定期用重量法检查试片的腐蚀情况,计算出保护度,检查设备的保护效果。

另外,在停工检修期间,也可从设备金属表面的外观来考查保护效果的好坏,如金属表面是否有锈层、蚀坑,表面涂层是否完整、是否有鼓泡或脱落等。

3)阴极保护装置的维护和检修

阴极保护装置的经常维护与阴极保护效果及延长设备使用寿命有密切的关系。目前,有些单位的阴极保护措施不能坚持正常运转,往往是没有专人负责的维护和定期的检修造成的。阴极保护除注意正常的检测电位是否在规定值以及各部位电位是否均匀外,还需注意以下情况:

(1)如果发现电流值增大很多,电源输出电压反而下降(用整流器控制时),或者恒电位仪输出电流很快上升,则说明有局部短路的情况。要检查阳极是否与阴极(被保护设备)间接触,或者有别的金属物件使阴、阳极短路。

(2)如果发现电压上升而电流下降较大,则要检查导线与阴极或阳极的接头处是否接触不良或阳极与导线接头处被腐蚀断,以及阳极是否被损坏。

(3)如果发现恒电位仪控制失灵,则首先检查参比电极是否损坏。特别是当采用铜/硫酸铜参比电极时,要查看硫酸铜溶液是否已漏完或水挥发掉。如果参比电极没有问题,则要检查恒电位仪是否发生故障。

(4)安放电源设备的场所应保持干燥、清洁,操作仪器时应遵守规程。

## 8.3.5 牺牲阳极保护法

牺牲阳极保护法是在被保护金属上连接一个电位较负的金属作为阳极。它与被保护金属在电解液中形成一个大电池。电流由阳极经过电解液而流入金属设备,并使金属设备阴极极化而得到保护。其结构示意图如图8-2所示。近年来,随着海水油田的开发,牺牲阳极保护法已用于保护采油平台和海底管线。据日本中川防蚀公司安装的海上平台阴极保护系统统计,90%以上平台及所有的海底输油管线都采用牺牲阳极保护法。

牺牲阳极保护法的原理与外加电流阴极保护一样,都是利用外加阴极极化来使金属腐蚀减缓。但外加电流阳极保护是依靠外加直流电源的电流来进行极化。而牺牲阳极保护则是借助于牺牲阳极与被保护金属之间有较大的电位差所产生的电流来进行极化。

牺牲阳极保护由于不需要外加电源,因此不会干扰邻近设施。牺牲阳极保护具有电流的分散能力好、设备简单、施工方便、不需要经常维护检修等特点,已广泛用于船舶、海上建筑物、水下设备、地下输油输气管道、地下电缆以及海水冷却系统等的保护。由于化工介质腐蚀性很强,牺牲阳极消耗量大,因而在石油、化工生产中的应用不多。

**1. 牺牲阳极材料**

牺牲阳极的阴极保护重要的是针对使用环境条件选用和研制合适的牺牲阳极材料。作为牺牲阳极材料,应该具备下列条件:

(1) 阳极的电位要负,即它与被保护金属之间的有效电位差(驱动电位)要大;电位比铁负而适合作牺牲阳极的材料有锌基(包括纯锌和锌合金)、铝基及镁基三大类合金。

(2) 在使用过程中电位要稳定,阳极极化要小,表面不产生高电阻的硬壳,溶解均匀。

(3) 单位质量阳极产生的电量大,即产生 $1A \cdot h$ 电量损失的阳极质量要小。三种阳极材料的理论消耗量为:镁为 $0.453g/(A \cdot h)$,铝为 $0.335g/(A \cdot h)$,锌为 $1.225g/(A \cdot h)$。

(4) 阳极的自溶量小,电流效率高。由于阳极本身的局部腐蚀,产生的电流并不能全部用于保护作用。有效电量在理论发生电量中所占的百分数称为电流效率。三种牺牲阳极材料的电流效率:镁为 $50\% \sim 55\%$;铝为 $80\% \sim 85\%$;锌为 $90\% \sim 95\%$。

(5) 价格低廉,来源充分,无公害,加工方便。

表8-3列出了锌基、铝基、镁基牺牲阳极的性能。三种合金阳极中,镁基合金的电位最负,铝基次之,锌基最正。但从理论发电量来看,铝基最大,镁基次之,锌基最小。在海水中的电流效率,锌基最高,铝基次之,镁基最低。三种阳极的电化学特性各有优、缺点,在给定的条件下选择何种阳极材料,要依据具体情况而定。

表8-3 锌基、铝基、镁基牺牲阳极的性能

| 性能 \ 阳极种类 | 锌基阳极 Zn - Al - Cd | 铝基阳极 Al - Zn - In - Cd | 铝基阳极 Al - Zn - Sn - Cd | 镁基阳极 Mg - Al - Zn |
|---|---|---|---|---|
| 成分/% | Al:0.3 ~ 0.6 Zn:0.025 ~ 0.1 Fe:< 0.005 | Zn:2.5 In:0.02 Cd:0.1 | Zn:5 Sn:0.5 Cd:0.1 | Al:6 Zn:3 |
| 密度/(g/cm³) | 7.13 | 2.91 | 3.02 | 1.99 |
| 理论发生电量/(A·h/g) | 0.82 | 2.93 | 2.87 | 2.21 |

227

（续）

| 性能 | 阳极种类 | 锌基阳极 Zn－Al－Cd | 铝基阳极 Al－Zn－In－Cd | 铝基阳极 Al－Zn－Sn－Cd | 镁基阳极 Mg－Al－Zn |
|---|---|---|---|---|---|
| 海水中 1mA/cm² | 电流效率/% | >90 | 85 | 80 | 60 |
| | 开路电位(SCE)/V | －1.12 | －1.2 | －1.2 | －1.6 |
| | 实际发生电量 /(A·h/g) | 0.74 | 2.49 | 2.30 | 1.19 |
| | 消耗率/(kg/(A·年)) | 11.8 | 3.8 | 3.8 | 7.2 |
| 土壤中 0.03mA/cm² | 电流效率/% | 75 | 65 | — | 45 |
| | 实际发生电量 /(A·h/g) | 0.62 | 1.90 | — | 1.00 |

下面分别对锌基合金、铝基合金及镁基合金三大类合金牺牲阳极做简单介绍。

（1）锌基合金阳极。锌与铁的有效电位差较小，如果钢铁在海水、纯水、土壤中的保护电位为－0.85V，则锌与铁的有效电位差只有0.2V左右。如果纯锌中的杂质铁含量不小于0.0014%，在使用过程中阳极表面上就会形成高电阻的、坚硬的、不脱落的腐蚀产物，使纯锌阳极失去保护效能。这是因为锌中含铁量增加会形成FeZn相，而使其电化学性能明显变劣。

在锌中加入少量Al、Gd可以在很大程度上降低铁的不利影响。这时锌中的铁不再形成FeZn相而优先形成铁和铝等的金属间化合物，这种铁铝等金属间化合物不参与阳极溶解过程，使阳极性能改善。加入Al、Gd都使腐蚀产物变得疏松易脱落，改善了阳极的溶解性能。另外，加入Al、Gd还能使晶粒细化，也使阳极性能改善。

我国目前已定型系列化生产含0.6% Al和0.1% Cd的Zn－Al－Cd三元锌基合金阳极。该阳极在海水中长期使用后电位仍稳定，自溶量小，电流效率高（一般为90%～95%），溶解均匀，表面腐蚀产物疏松，容易脱落，溶解的表面上呈亮灰色的金属光泽，使用寿命长，价格便宜，在海水中用于保护钢结构良好。但由于锌与铁的有效电位差较小，故不宜用于高电阻场合（如土壤和淡水），而适用于电阻率较低的介质中。锌基合金阳极广泛用于海水舰船外壳、油轮压载舱、海上海底构筑物的保护。海底管线和海洋平台立柱以往都采用锌基阳极保护，近年来有逐渐被铝基合金阳极取代的趋势。以日本中川防蚀公司安装的近200座平台牺牲阳极保护系统为例，采用铝基合金阳极的占95%以上。在电阻率低于15Ω·m的土壤环境中保护钢铁构筑物具有良好的技术经济性，获得比较普遍的应用。

（2）铝基合金阳极。铝基合金阳极是近期发展起来的新型牺牲阳极材料。与锌基合金阳极相比，铝基合金具有密度轻、单位质量产生电量大、电位较负、资源丰富、价格便宜等优点，铝基合金阳极的使用已经引起了人们的重视。目前我国有不少单位对不同配方的铝基牺牲阳极的熔炼和电化学性能进行了研究。但铝基阳极的溶解性不如Zn－Al－Cd合金阳极。电流效率约为80%，也比锌基合金阳极低一些。铝基合金阳极广泛用于海洋环境和含氯离子的介质中，用于保护海水钢铁构筑物及海湾、河口的钢结构。

228

常用的有 Al – Zn – In – Cd 阳极、Al – Zn – Sn – Cd 阳极、Al – Zn – Mg 阳极及 Al – Zn – In阳极等。

(3) 镁基合金阳极。目前使用的多为含6%铝和3%锌的镁基合金阳极,由于其电位较负,与铁的有效电位差大,故保护半径大,适用于电阻较高的淡水和土壤中金属的保护。又由于镁的腐蚀产物无毒,因此也可用于热水槽的内保护和饮水设备的保护。但因其腐蚀快,电流效率低(只有50% 左右),使用寿命短,须经常更换,故在低电阻介质中(如海水)不宜使用。而且镁基合金阳极工作时,会析出大量氢气,本身易诱发火花,工作不安全,故现在舰船上已不使用。

在选择阳极材料时,主要根据阳极的电位、所需电流的大小以及介质的电阻等,并考虑阳极寿命、经济效益等因素。

**2. 牺牲阳极的计算**

对于已标准系列化的阳极,每种规格尺寸的阳极都有发生电流量的数据,例如尺寸为 $500mm \times 100mm \times 35mm$ 的 Zn – Al – Cd 阳极,在海水中的发生电流量为310mA/块。因此,根据阴极保护电量 $I$ 即可求出所需的阳极数:

$$n = \frac{a \times I}{I_发}$$ (8 – 9)

式中: $I_发$ 为每块阳极的发生电流量(A/块); $a$ 为遮蔽系数,根据被保护设备的结构、阳极间距离及阳极材料的性质等而定,一般取 $a = 1.5 \sim 3$; $I$ 为所需的保护电量强度(A),一般由式(8 – 5)计算。

如果选用的牺牲阳极尚无定型系列化产品,一般事先初步确定每个阳极的尺寸,计算出其有效工作面积 $S(cm^2)$,然后根据有关公式求出每个阳极的电流发生量 $I_发$,再由式(8 – 9)求出所需的阳极个数。

日本福谷英工提出了计算阳极发生电流的经验公式:

对板状阳极,有

$$lgI_{36} = 0.727lgS + lg\Delta E - 1.78$$ (8 – 10)

$$I_\rho = I_{36} \times \frac{36}{\rho}$$ (8 – 11)

式中: $I_{36}$ 为介质电阻率为 $36\Omega \cdot cm$ 时发生的电流(A/块); $S$ 为每块阳极的有效工作表面积($cm^2$); $\Delta E$ 为阴、阳极有效电位差(V); $I_\rho$ 为介质电阻率为 $\rho$ 时发生的电流(A/块); $\rho$ 为介质电阻率($\Omega \cdot cm$)。

对棒状阳极,有

$$lgI_{25} = 0.75lgS + lg\Delta E + lgD - 0.82$$ (8 – 12)

$$I_\rho = I_{25} \times \frac{25}{\rho}$$ (8 – 13)

式中: $I_{25}$ 为介质电阻率为 $25\Omega \cdot cm$ 时发生的电流(A/块); $L$ 为阳极长度(cm); $\Delta E$ 为阴、阳极有效电位差(V),在地下管道牺牲阳极保护中,锌阳极的有效电位差为 0.20V,铝阳极的有效电位差为 0.30V,镁阳极的有效电位差为 0.70V; $D$ 为阳极的当量直径(cm)。

利用上述公式可求出不同介质电阻下的阳极发生电流值。

式(8-10)~式(8-13)只能用于初步估计牺牲阳极的电流输出。由于影响因素很多，实际输出电流只能在装置安装好，并已和周围介质达到平衡后测量之。由式(8-10)~式(8-13)可以看出，阳极输出电流量与有效电位差 $\Delta E$ 成正比，而与介质的电阻率 $\rho$ 成反比。有效电位差越大，介质电阻率越低，阳极的输出电流量越大。另外，随着使用时间的加长，阳极不断发生溶解而减少，加之阳极周围腐蚀产物可能堆积，以及在地下结构阴极保护时填包料的不断流失而使阳极接地电阻增大，这些都会使阳极的输出电流逐渐减小。

必须指出，由式(8-9)求得只是大概的阳极个数，在安装以后，还要测量被保护设备的电位值及电位分布情况，以便及时对阳极个数和阳极布置进行调整。

阳极个数确定以后，还要对所选尺寸的阳极进行使用寿命估算：

$$Y = KWQ \div (24 \times 365 I_{发})\qquad\qquad(8-14)$$

式中：$Y$ 为阳极使用寿命(年)；$I_{发}$ 为每块阳极的发生电流量(A/块)；$W$ 为每个阳极质量(kg)；$Q$ 为阳极实际发生电量(A·h/kg)，由表8-2查得；$K$ 为牺牲阳极的利用率，以85%计算。

阳极寿命根据被保护设备的情况而定，至少1~2年；对于永久性结构，最少10年；对于海底结构或其他不易安装更换的结构，阳极系统的设计年限应更长一些。

如果由式(8-14)计算的阳极寿命太小，说明原来选用的阳极太小，应选取更大尺寸的阳极。

### 3. 牺牲阳极的安装

水中结构，如热交换器、储罐、大口径管道内部、船壳、闸门等的保护，阳极可直接安装在保护结构的本体上。安装方法是将牺牲阳极内部的钢质芯棒焊接在被保护金属基体上，注意阳极与金属本体间应有良好的绝缘，一般采用橡胶垫、尼龙垫等。如果阳极芯棒直接焊在被保护设备上，则阳极本身与被保护设备之间有一定的距离。另外，为了改善分散能力，使电位分布均匀，应在阳极周围的阴极表面上涂绝缘涂层作为屏蔽层。屏蔽层的大小视被保护结构的情况而定。对于海船、闸门等大型结构，可在阳极周围1m的半径范围内涂屏蔽层；对于较小的设备，屏蔽层可小一些。总之，阳极屏蔽层越大，电流分散能力越好，电位分布越均匀。但屏蔽层大，施工麻烦，成本增高。

地下管道保护时，为了使阳极的电位分布较均匀，及增加每一阳极的保护长度，阳极应与管道有一定距离，一般为2~8m。阳极与管道用导线连接。为了调节阳极输出电流，可在阳极与管道之间串联可调电阻(图8-13)。如果管子直径较大，则阳极应安装在管子两侧或埋在较深的部位(低于管道的中心线)，以减少屏蔽作用。

牺牲阳极不能埋入土壤中，而要埋在导电性较好的化学回填物(填包料)中。导电性回填物的作用是降低电阻率，增加阳极输出电流，同时起到活化表面，破坏腐蚀产物的结痂，以便维持较高、较稳定的阳极输出电流，减少不希望有的极化效应。化学回填物的配方可见表8-4。

地下管道以牺牲阳极保护时，牺牲阳极的现场安装方法如下：在阳极埋没处挖一个比阳极直径大200mm的坑，底部放入100mm厚的搅拌好的填包料，把处理好的阳极放在填包料上(例如铝阳极用10% NaOH溶液浸泡数分钟以除去表面氧化膜，再用清水冲洗或用

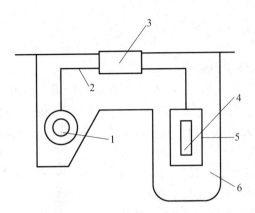

图 8-13　地下管道牺牲阳极保护示意图
1—管道；2—连接导线；3—可调电阻；4—牺牲阳极；5—填包料；6—土壤。

0#砂纸磨光），再在阳极周围和上部各加100mm厚的细土，并均匀浇水，使之湿透，最后覆土填平。

如果牺牲阳极是由多个阳极并联组成一个阳极组，为了使每个阳极充分发挥作用，避免阳极之间因腐蚀电位的差异而造成阳极之间的自身损耗，在安装之前要测试每个阳极的腐蚀电位。在安装时，将腐蚀电位相近的牺牲阳极按需要组合在一起。

表 8-4　化学回填物配方

| 阳极类型 | 阳极质量/(kg/个) | 填料 | 配方/% | | | 使用条件 |
|---|---|---|---|---|---|---|
| | | | I | II | III | |
| 镁合金 $\phi110\times600mm$ | 10.5 | 硫酸镁 | 35 | 20 | 25 | 配方 I 适合于土壤电阻率 $\rho>20\Omega\cdot m$ 配方 II 适合于土壤电阻率 $\rho<20\Omega\cdot m$ 配方 III 适合于土壤电阻率 $\rho<20\Omega\cdot m$ 每个阳极填料的用量为50kg |
| | | 硫酸钙 | 15 | 15 | 25 | |
| | | 硫酸钠 | — | 15 | — | |
| | | 黏土 | 50 | 50 | 50 | |
| 铝合金 $\phi85\times500mm$ | 8.3 | 粗食盐 | 60 | | 60 | 每个阳极填料的用量为40kg |
| | | 生石灰 | 20 | | 30 | |
| | | 黏土 | 20 | | 30 | |
| 锌合金 | — | 石膏 | 20 | | 25 | — |
| | | 黏土 | 80 | | 50 | |
| | | 硫酸钠 | — | | 25 | |

## 8.3.6　牺牲阳极保护法与外加电流阴极保护法的比较

外加电流阴极保护法的优点是可以调节电流和电压，适用范围广，可用于要求大电流的情况，在使用不溶性阳极时装置耐久；缺点是需要经常的操作费用，必须经常维修检修，要有直流电源设备，当附近有其他结构（地下结构阴极保护）时可能产生干扰腐蚀。

牺牲阳极保护的优点是不用外加电流，故适用于电源困难的场合，施工简单，管理方便，对附近设备没有干扰，适用于需要局部保护的场合；缺点是能产生有效电位差及输出电流量都是有限的，只适用于需要小电流的场合，调节电流困难，阳极消耗大，需定期更换。

### 8.3.7 联合保护

**1. 阴极保护与涂料保护的组合**

涂料可将金属与介质机械隔开,起到保护金属的作用。但由于涂层本身的微孔、老化,往往出现龟裂、剥离。另外,施工不良使涂层发生针孔,在安装过程中的机械损失等都会使涂层的使用寿命大大缩短。而且裸露部分的金属与涂层部分形成小阳极-大阴极的局部电池,使局部金属遭受严重腐蚀,漆膜将破坏得更严重。因此,单独采用涂料保护,往往不能得到满意的保护效果。如果采用涂料与阴极保护联合防护,则裸露部分的金属表面,由于获得集中的保护电流而得到阴极保护,这就可以弥补涂层的缺陷,防止涂层的劣化,因而大大延长设备的检修周期。例如,某油田的地下输油管道在单独使用涂层(沥青玻璃布)防腐时不到3年就发生了穿孔漏油,造成停产事故。在采用涂层与阴极保护联合防护后,5年多未发现腐蚀穿孔。

阴极保护与涂料并用有以下优点:

(1)降低电流消耗,缩短极化至保护电位所需要的时间。

裸钢板采用阴极保护时电流消耗量较大,而采用阴极保护与涂料联合保护时,由于涂料覆盖了绝大部分金属表面,只有涂层的针孔及局部破损处需要进行保护,因此只要较小的电流就可以将被保护设备极化至保护电位。碳钢在海水中阴极保护时,裸钢板需要的电流密度为 $0.15 \sim 0.17 \text{A/m}^2$,而在有涂料时,保护电流密度仅为 $0.004 \sim 0.015 \text{A/m}^2$,即可达到同样的电位。一般情况下,联合保护所需要的电流只是裸钢板保护所需电流的 $10\% \sim 20\%$。同样,有涂层的钢板用 $0.11 \text{mA/m}^2$ 电流密度进行极化仅仅需要几小时就可以达到保护电位,而裸钢板用 $45 \text{mA/m}^2$ 的电流密度需要几天才能极化到同一电位。由于需要的电流量减少,故阳极用量(包括辅助阳极或牺牲阳极)均可减少,因而降低了阴极保护的投资和操作费用。

(2)改善电流的分散能力,使设备各部分的电位分布比较均匀,尤其对于结构复杂的设备,效果更显著。列管换热器及碳酸氢铵生产中的加压碳化塔结构复杂,但由于金属表面有了涂层,大大改善了分散能力,使其进行阴极保护成为可能。

实践证明,联合保护是经济有效的防腐蚀措施,特别对于涂层一旦破坏难以重新涂刷的地下、水中等大型金属结构,采用联合保护具有独特的防腐蚀效果。

阴极保护中,表面附近溶液中的碱性会增加,可能促使漆膜剥落、起泡、龟裂,因此,要求选用合适的涂料与之配合。在选用涂料时,除考虑在介质中的耐蚀性外,还要考虑所能允许的最负电位,也就是要考虑涂料的耐电性问题。

表8-5列出了一些涂料允许的最负电位。

表8-5 一些涂料允许的最负电位

| 涂料种类 | 允许最负电位(SCE)/V |
|---|---|
| 油性涂料 | -0.8 |
| 聚氯乙烯涂料 | -1.0 |
| 环氧系涂料 | -1.5 |
| 有机富锌涂料 | -1.3 |
| 无机富锌涂料 | -1.3 |

联碱氨盐水中进行阴极保护与联合使用涂料可采用环氧沥青酚醛树脂。由表 8 - 5 可看出,在阴极保护中采用环氧系涂料及富锌涂料,如环氧二乙烯乙炔、环氧富锌、环氧沥青等涂料在江水、海水、土壤及一些化学介质中有较好的效果。

为了选择合适的涂料,可先在试片上涂刷好涂料,然后将试片恒定在不同的电位值,观察其电流大小、电流变化及涂膜的破坏情况。如果电流值小,电流变化也小,漆膜不起包、不开裂、不脱落,则这种涂料在该电位下是适用的。

试验时间可根据需要来确定。试验时间越长,越能反映使用时的情况。

**2. 阴极保护与缓蚀剂联合防护**

在腐蚀性介质中加入少量的某些物质,就能使金属腐蚀大为降低甚至停止,这类物质称为缓蚀剂。但在有些情况下,单独使用缓蚀剂的效果不好,或者使用量较大,不经济,此时可以采用阴极保护和缓蚀剂联合防腐蚀。某发电厂列管式海水冷凝器黄铜管的腐蚀,主要是黄铜脱锌引起的穿孔腐蚀破坏,由于遮蔽作用,虽然对管板和管端能起很好的保护作用,但管子中间由于保护电流达不到而得不到保护。采用阴极保护和缓蚀剂联合防腐后,解决了这一设备的腐蚀问题。这是因为采用阴极保护后,黄铜表面附近海水的氢氧根离子浓度增加,在此情况下,可以形成结合力良好的 FeOOH 薄膜,因而改善了电流的分散能力,使黄铜管的中部也能得到有效保护。

# 8.4　阳　极　保　护

将被保护设备与外加直流电源的正极相连,在一定的电解质溶液中将金属进行阳极极化至一定电位,如果在此电位下金属能建立起钝态并维持钝态,则阳极过程受到抑制,而使金属的腐蚀速率显著降低,设备得到了保护。这种方法称为阳极保护法,如图 8 - 14 所示。

阳极保护是一门崭新的防腐技术。1954 年 Edeleanu 提出了阳极保护的可能性,1958 年正式应用于工业,主要用于酸性介质,但不宜用于盐酸及含氯离子的溶液。我国自 1961 年开始研究,1967 年已成功地应用在碳酸氢铵生产中的碳化塔上,效果很好,造纸的硫酸盐煮锅用阳极保护是阳极保护应用最多的。阳极保护特别适用于强氧化性介质中的防腐蚀。

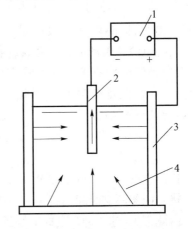

图 8 - 14　外加电流阳极保护示意图
（箭头表示电流方向）
1—直流电源；2—辅助电极；
3—被保护设备；4—腐蚀介质。

## 8.4.1　阳极保护的基本原理

阳极保护的基本原理是将金属进行阳极极化,使其进入钝化区而得到保护。但是并非所有的情况下金属阳极极化都能得到保护,阳极保护的关键是要使金属表面建立钝态并维持钝态,设备得到保护;反之,会加速金属腐蚀。

判断腐蚀体系是否可以采用阳极保护,首先根据用恒电位法测得的阳极极化曲线进行分析。如图 8 - 15 所示的阳极极化曲线没有钝化的特征,因而这种情况不能采用阳极保护。图 8-16 所示的阳极极化曲线有明显的钝化特征,说明这一体系具有采用阳极保护的可能性,图中对应于 $b$ 点的电流密度称为致钝电流密度,对应于 $c-d$ 段的电流密度称为维钝电流密度。如果对金属通以对应于 $b$ 点的电流,使其表面生成一层钝化膜,电位进入钝化区($c-d$ 区),再用维钝电流将其电位维持在这个区域内,保持其表面的钝化膜不消失,则金属的腐蚀速率会大大降低,这就是阳极保护的基本原理。

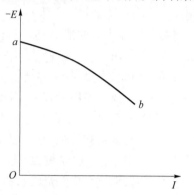

图 8-15　无钝化特征的阳极极化曲线

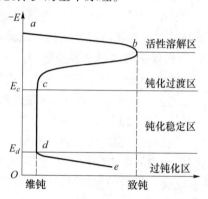

图 8-16　典型的恒电位阳极极化曲线

## 8.4.2　阳极保护的主要参数

阳极保护的关键是建立和维持钝态,因此阳极保护的主要参数是围绕怎样建立钝态和保持钝态而提出的。

**1. 致钝电流密度**

希望致钝电流密度($i_b$)越小越好,这样就可选用小容量的电源设备,减少设备的投资和耗电量,同时可减少致钝过程中设备的阳极溶解,并且设备比较容易达到钝态。影响致钝电流密度的因素除金属材料和腐蚀介质的性质(包括组成、温度、浓度、pH 值)外,还与致钝时间有关。因为钝化膜的生成需要一定的电量,所以对于一定的电量,时间越长,所需的电流越小。因此,延长建立钝化的时间,可以减少致钝电流密度。但是,若电流密度小于某一极限值,即使无限延长通电时间,也无法建立钝化。例如,在 $1N\ H_2SO_4$ 中对碳钢试片通以不同的致钝电流密度时,建立钝化所需的时间是不同的,其关系如下:

| 致钝电流密度/($mA/m^2$) | 2000 | 500 | 400 | 200 |
| --- | --- | --- | --- | --- |
| 建立钝化所需时间/s | 2 | 15 | 60 | 不能钝化 |

由此可见,建立钝化的时间与致钝电流密度的乘积并不是一个常数,时间延长 1 倍,致钝电流密度并不能减少 1/2 倍。这是因为致钝电流密度并不是全部用来生成钝化膜的,而是以一定的电流效率生成钝化膜。根据实验,如果致钝电流用量小,电流效率就比较低,大部分电流消耗在金属的腐蚀上。当电流小到一定数值时,电流效率等于零,即全部电流消耗在金属的电解腐蚀上。由此可见,合理选择致钝电流密度,既要考虑不使电源设备的容量太大,又要考虑在建立钝化膜时不使金属受到太大的电解腐蚀。

在实际进行阳极钝化时,如果设备面积太大,要求致钝电流很大,常常采用逐步钝化的方法来降低致钝电流。即对被保护设备先接上电源,然后将腐蚀介质缓慢注入设备,使被溶液浸没有的地方依次建立钝化,利用这种方法就可大大减小致钝电流和电源设备的容量。

**2. 维钝电流密度**

维钝电流密度$(i_p)$代表着阳极保护时金属的腐蚀速率。根据法拉第定律,钝化稳定区的腐蚀速率可近似地按下式计算:

$$V^- = \frac{3600 \times i_p \times A}{Fn} = \frac{N \times i_p}{26.8}$$

式中:$A$ 为铁的克原子量;$i_p$ 为维钝电流密度($A/m^2$);$F$ 为法拉第常数;$n$ 为铁的化合价;$N$ 为金属生成钝化膜的克当量。

由上式可以看出,维钝电流密度越小,保护效果越显著,日常的耗电量也越小。因此,维钝电流越小越好。

必须注意的是,腐蚀介质中的某些成分或杂质在阳极上产生副反应时,其维钝电流密度将会偏大。例如,碳化塔阳极保护时,由于碳化液中含有 $S^{2-}$ 或 $HS^-$,在阳极下面的反应被氧化成单质硫黄:

$$S^{2-} + 2e^- \rightarrow S\downarrow$$

或

$$HS^- + OH^- - 2e^- \rightarrow S\downarrow + H_2O$$

此副反应引起维钝电流密度有所增大,但此时金属的腐蚀速率并没有增加。因此,在这种情况下,维钝电流并不能代表阳极保护时金属真正的腐蚀速率,还必须用失重法来实测维钝情况下金属真正的腐蚀速率。

**3. 钝化区的电位范围**

钝化区的电位范围越宽越好,钝化区电位范围宽,电位就允许在较大的数值范围内波动而不致发生进入活化区的危险。这样,对控制电位的电气设备的要求就不必太高。

影响钝化区电位范围的主要因素是金属材料和介质的性质(包括成分、温度、浓度、pH 值)。

从以上分析中可知,有钝化特征(阳极极化曲线形状如图 8 – 16 所示)是能够实现阳极保护的必要条件,钝化区电位范围宽是阳极保护得以实施的充分条件。因为,尽管有钝化特性,如果致钝电流很大,则致钝很困难,需要的电源容量很大,而且在致钝过程中可能造成较大的阳极溶解;如果维钝电流相当大,则在阳极保护后金属仍以相当的速度进行腐蚀,保护效果不好而且不经济。如果钝化区电位范围相当窄,则进行阳极保护时操作很困难,这时只有采用恒电位仪才能保证阳极不致处于活化电位。

**4. 最佳保护电位**

除了上述三个参数外,在阳极保护时还有最佳保护电位。阳极处于这一电位时,维钝电流密度及双层电容值最小,表面膜电阻值最大,钝化膜最致密,保护效果最好。

阳极处于最佳保护电位时,不仅可以减少维钝电流,而且可降低阳极腐蚀速率,增加保护效果。我国某研究所曾对低碳钢在碳氨生产液中进行实验,最佳保护电位时,平均腐蚀速率最小,无保护时腐蚀速率是其 7.4 倍。随着电位的正移,阳极进入过钝化区,过钝化程度增大,碳钢的阳极溶解也急剧增大。

通过金相显微观察,在腐蚀电位时,钢试样表面有大量的腐蚀孔,并发展成局部腐蚀穿孔;在最佳钝化电位时,试样表面光亮,形成均匀的不同颜色的钝化膜,晶界清晰,显微结构完整;当阳极进入过钝化区时,试样表面有明显的晶间腐蚀,并在局部位置有腐蚀孔。

由此可见,低碳钢在碳铵生产液中,阳极处于最佳钝化电位时,不仅大大降低钢的平均腐蚀速率,而且防止局部腐蚀。

### 8.4.3 阳极保护主要参数测定

**1. 致钝电流密度、维钝电流密度和钝化区电位范围**

用恒电位法(图8-17)或电位扫描法(图8-18)测定阳极极化曲线可以确定阳极保护的致钝电流密度 $i_b$ 和维钝电流密度 $i_p$ 及钝化区的电位范围。

由图8-17和图8-18可以看出,碳钢的钝化电位范围较宽,致钝电位也可由图查出,致钝电流密度和维钝电流密度均可由图求出。

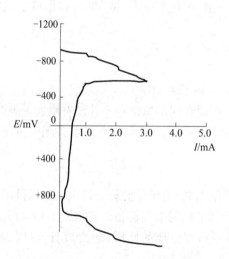

图8-17 扫描阳极极化曲线

注:试样面积为0.052cm²,扫描速度为224mV/s,
介质为碳酸氢氨溶液,金属为低碳钢。

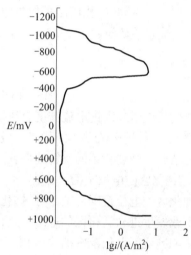

图8-18 恒电位阳极极化曲线

注:金属材料为低碳钢,溶液为氢氧化铵。

对于已有阳极保护实际使用经验或实验数据的体系,根据经验选用主要参数即可。

**2. 最佳保护电位(钝化电位)**

测定金属在介质中不同电位时的极化曲线和交流阻抗的关系曲线,可以确定最佳保护电位。图8-19为低碳钢在碳酸氢铵清洗塔中恒电位阳极极化、交流阻抗的关系。

由图8-19可以看出,在钝化区(-0.40～+0.85V)维钝电流密度很小,随着电位的正移,双层电容变小,膜电阻增大,并且出现峰值和峰值区。当钝化电位为+0.60V时,维钝电流密度及双层电容值最小,膜电阻最大,这时阳极钝化膜最致密,保护性能最好。电位为+0.5～+0.7V时,出现电阻曲线的峰值区,这一电位区为最佳钝化电位区,钝化膜的保护作用较好。

此外,也可用失重法在钝化电位区内将试片恒定在不同的电位下进行阳极保护,腐蚀速率最小时的电位即为最佳钝化电位。

236

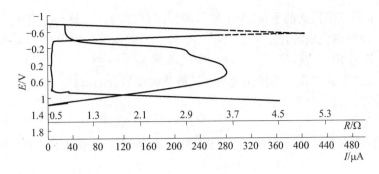

图 8-19　低碳钢在碳酸氢铵清洗塔液中恒电位阳极极化、交流阻抗关系

在现场控制时,也可将被保护设备的电位调到过钝化电位(维钝电流明显增大时的电位),然后向负调回 200mV,此时电位作为最佳保护电位来进行恒电位控制。

### 8.4.4　有关阳极保护实施的几个问题

阳极保护系统的主要组成部分有辅助阴极、参比电极、直流电源以及阳极保护的控制方法。

**1. 辅助电极**

(1)阴极材料。阳极保护对阴极材料的要求:在阴极极化情况下即在一定的阴极电位下耐蚀;具有一定的机械强度,价格便宜,来源广泛,加工容易。某些材料在某些介质中还要考虑氢脆的影响。

在保护硫酸设备时,如果对硫酸的纯度要求不高,高硅铸铁或普通铸铁则是一种经济实用的耐酸阴极材料,使碳钢能得到较好的阴极保护。

阴极材料的具体选择最好通过腐蚀实验。腐蚀实验应在阴极极化下进行,阴极电流密度应与使用条件一致。

(2)电流的遮蔽作用和阴极的布置。与阴极保护一样,阳极保护也存在着遮蔽作用。在结构复杂的设备中,容易造成电流分散不均匀,即分散能力不好的情况。距阴极近的部位,可能已达到钝化甚至过钝化,而距阴极远的地方或电流不容易达到的部位尚处于活化状态。

阳极保护中的分散能力与阴极保护有所不同,它包括建立钝化和维钝化两个阶段的分散能力。在维持阶段,因为阳极表面上已生成一层电阻高的钝化膜,所以分散能力一般很好,电流分布比较均匀。而在建立钝化时,由于表面处在活化状态,表面电阻与溶液电阻比维钝时小得多,因此电流容易被距阴极近的部位吸收,而较远的部位电流较小。在设计阳极保护时,应考虑阴极布置使整个设备都能建立钝化。只要能建立钝化,其分散能力就足以使维钝时电位分布均匀。

影响分散能力的因素比较复杂,一般是通过试验合理布置阴极,使阳极各处的电位尽可能一致。

阳极保护中阴极的安装要求与阴极保护中阳极的安装要求相同,既要求牢固,又要求与被保护设备有良好的绝缘,与导线的接触良好,接头处应良好的密封,检查方便等。

**2. 参比电极**

阳极保护对参比电极的要求及所用的参比电极结构与阴极保护基本相同。

钝化区电位范围较宽的系统,为了使用方便、制作简单,工业上已陆续采用固体金属作参比电极,目前碳化塔应用的有不锈钢、铅、铸铁和碳钢等金属电极。这些电极的电位要求不很稳定,使用前应标定,使用过程中应尽量校验。

参比电极的安装位置应选择在离阴极最近或电位最低的部位。只要这一点的电位在钝化区,整个设备就不会落入活化区。

**3. 直流电源**

阳极保护的直流电源根据所需的电流和电压来选择,一般需要低电压、大电流输出可调的直流电源。

电源的输出电压大于建立钝化模时槽电压和线路电压之和。一般输出电压为 10V 就能满足阳极保护的要求。

输出电流理论上应大于被保护设备所需的致钝电流。在实际使用时,常用逐步钝化的方法降低致钝电流,这样可大大降低电源的容量。

另外,由于致钝电流和维钝电流相差很大,而经常操作只要提供维钝电流即可;同时采用恒电位仪维持最佳钝化电位具有很多优点,因而常采用大容量整流器进行致钝,以小容量的恒电位仪来维持钝化。

**4. 阳极保护的控制方法**

阳极保护的控制方法有控制电位法和间歇保护法。

控制电位法是以保护电位作为阳极保护的控制参数。控制电位法又分为手调控制和恒电位控制两种。手调控制是用整流器作为直流电源进行致钝和维钝。根据测得的阳极电位值,人工调节电流,使阳极电位处于钝化区电位范围。但由于外界条件的变化,手调控制比较麻烦,而且很难及时跟随电位的变化。为了避免阳极电位进入活化区,手动控制时常将阳极电位控制在过钝化区。这样既加大了电流消耗,也增加了金属的腐蚀,使保护效果降低。恒电位仪控制是用大容量的整流器进行致钝,以小容量的恒电位仪来维持阳极电位处于最佳保护电位值,这种控制方法耗电少且保持效果好。

间歇保护法是在设备经过致钝并处于钝化电位区以后,断续地对被保护设备施加阳极电流。与阴极保护一样,阳极间歇保护也采用两种方法控制。

一种是用时间来控制,其方法是当设备已致钝到钝化电位区以后,对被保护设备以恒定电流进行阳极极化,通电一定的时间后断电,隔一定的时间再通电,如此反复地进行。这种方法应事先进行试验确定通电和断电时间间隔,使被保护设备的电位始终处于稳定钝化区范围。另一种是利用脉冲作用控制适宜的保护电位上、下值。此方法是在设备已致钝以后用恒电流法对被保护设备进行阳极极化,通电后阳极电位正移,当电位达到上限值时,仪器自动切断阳极极化电源,此时被保护设备的电位负移,当电位达到保护电位下限时,仪器自动接通阳极极化电源,从而使被保护设备的电位正移,这样根据电位值周期的极化和切断,使被保护设备的电位始终处于稳定钝化区电位范围。

阳极保护适用于酸、碱、盐等多种介质。它既适用于强氧化性酸如硝酸、铬酸,也可适用于还原性酸如盐酸、醋酸,尤其硫酸是阳极保护应用最广的介质。从材料的角度来说,阳极保护可适用于钢、铁、铬镍钢、镍及其合金、铝及其合金、钛及其合金等多种材质或几种材质的组合,适用于从低温到高温(温度不宜太高,否则被保护金属构件可能处于活化状态)有钝化现象的场合。

硫酸生产中热交换器的阳极保护的应用取得了极大成功。碳钢制的蛇形管热交换器在热的浓硫酸中工作一昼夜就可能腐蚀损坏,不锈钢制的蛇形管热交换器在这种条件下也是如此。采用阳极保护可以提高工作温度,改善热交换情况,通过采用较便宜的制管材料及减小蛇形管尺寸来降低热交换器成本,增加操作稳定性和延长设备使用寿命,提高产品的纯度。阳极保护条件和效果与钢的成分、硫酸的质量分数、温度以及二氧化硫的含量等都有很大的关系。

阳极保护也有一定的局限性,它只适用于活化－钝化体系,对非活化－钝化体系无效,如对钛/盐酸体系有效,对碳钢/盐酸体系就无效。它不适用于保护气相环境和管道内壁。此外,对导电性极差的介质和引起溶液电解或副反应剧烈的介质都不宜采用阳极保护。

### 8.4.5 联合保护

与阴极保护一样,在实际生产中阳极保护也常采用联合保护。

**1. 阳极保护与涂料保护联合防护**

单纯的阳极保护,其主要的缺点是致钝电流大,需要大容量的直流电源设备才能建立钝化,大容量的直流电源设备会增加阳极保护的投资费用。另外,单一的阳极保护,当生产中液面波动或断电时,容易引起活化,活化后重新建立钝化比较困难。

采用阳极保护与涂料联合防护后,钝化时只需要将涂料覆盖不严的地方(如针孔、龟裂及安装时碰破处)进行钝化。由于阳极面积大大减小,致钝电流也相应地大大减少,活化后重新钝化也比较容易。

采用联合保护时,电源容量要留有充分的余量,在阳极保护运转过程中,涂料老化、破坏等会使所需的致钝电流和维钝电流增加。如果电源容量太小,则可能影响阳极保护的正常进行。如果用碳钢作阴极,则阴极表面积应合理设计,保证一定的阴极电流密度,使其得到较好的阴极保护。

**2. 阳极保护与无机缓蚀剂联合防护**

为了降低致钝电流密度,研究了阳极保护与无极缓蚀剂联合防护。例如,碱性纸浆设备的阳极保护过程中加硫黄,就能降低碳钢的致钝电流密度。

### 8.4.6 阳极保护与阴极保护的比较

阳极保护和阴极保护都属电化学保护,适用于电解质溶液中连续液相部分的保护,不能保护气相部分,但阳极保护与阴极保护又具有各自的特点。

(1) 从原理上讲,一切金属在电解液中都可进行阴极保护(有负保护效应者除外)。而阳极保护是有条件的,它只适用于金属在该介质中能进行阳极钝化的情况,否则会加速腐蚀,故阳极保护的应用范围比阴极保护要窄得多。

(2) 阴极保护时,不会产生电解腐蚀,保护电流也不代表腐蚀速率,电位控制得当,可以停止腐蚀,而阳极保护开始要建立钝化,这个致钝电流比日常保护电流大成百倍,因此电源容量要比阴极保护大得多。而且阳极保护要经过较大的电解腐蚀阶段,钝化后以维持电流密度相近的速度腐蚀。

(3) 阴极保护时电位偏离只会降低保护效果,不会加速腐蚀(自钝化金属除外),而阳极保护时,电位如果偏离钝化区都会增加腐蚀。

（4）对于强氧化性介质（强腐蚀性介质），如硫酸、硝酸等,采用阴极保护时需要的电流很大,例如0.65N的$H_2SO_4$需要阴极保护电流密度为$310A/m^2$,工程上没有实用价值。但强氧化性介质有利于生成钝化膜,可实施阳极保护。三氧化硫发生器的阳极保护就是很好的例子。

（5）阴极保护时,如果电位过负,则设备可能产生氢脆,对加压设备是很危险的。而阳极保护时设备是阳极,氢脆只发生在辅助阴极上,危险性要小得多。

（6）阴极保护的辅助电极是阳极,是要溶解的,化工介质腐蚀性强,找到强腐蚀性介质中在阳极电流作用下耐蚀的材料是不容易的,使得阴极保护在某些化工介质中的应用受到限制。而阳极保护的辅助电极是阴极,本身也得到了一定程度的保护。

一般来讲,在强氧化性介质中可以优先考虑采用阳极保护,其次既可采用阳极保护又可采用阴极保护,并且二者的保护效果相差不多的情况下,优先考虑采用阴极保护。如果氢脆不可忽略,则要采用阳极保护。

阴极保护和阳极保护的选择应根据具体情况进行分析与选择。对于一个具体的腐蚀体系,首先考虑能否采用电化学保护法,然后考虑用哪种电化学保护方法。电化学保护方法的选择应主要从四点考虑:①保护效果。选择电化学保护方法时首先应考虑保护效果。根据被保护的结构特征、材料性质及所处环境的性质等,综合考虑采用哪种保护方法。当被保护体所在体系为活化－钝化体系时,则应采用阳极保护,当为非活化－钝化体系时,则只能考虑阴极保护。②实施的难易程度。根据被保护体的性能及所处环境,考虑采用哪种保护方法。例如在管道内壁,尤其是小管径管道内壁进行电化学保护时,就不宜采用阳极保护。③环境保护。在两种保护方法都可选择时,应尽量选用对环境污染小的保护方法。④经济效益。经济效益是选择保护方法时应考虑的一个重要因素,既不能一味地考虑保护效果而不顾保护系统的成本,也不能只考虑系统成本而忽视保护效果。

# 8.5 缓蚀剂防腐

在腐蚀环境中,通过添加少量能阻止或减缓金属腐蚀的物质以保护金属的方法,称为缓蚀剂防腐。缓蚀剂又称为腐蚀抑制剂或阻抑剂,是一种以适当的浓度和形式存在于环境（介质）中时可以防止或减缓腐蚀的化学物质或几种化学物质的混合物。通常,加入微量或少量这类化学物质可使金属材料在该介质中的腐蚀速率明显降低甚至几乎为零,同时还能保持金属材料原来的物理力学性能不变。缓蚀剂的用量一般从千万分之几至千分之几,个别情况下用量会达百分之几。合理使用缓蚀剂是防止金属及其合金在环境介质中发生腐蚀的有效方法。采用缓蚀剂防止腐蚀,由于设备简单、使用方便、投资少、收效快,因而广泛用于石油、化工、钢铁、机械、动力和运输等部门,并已成为十分重要的防腐蚀方法之一。

缓蚀剂的保护效果与腐蚀介质的性质、温度、流动状态、被保护材料的种类和性质,以及缓蚀剂本身的种类和剂量等有密切的关系,也就是说,缓蚀剂保护是有严格的选择性的。对某些介质和金属具有良好保护作用的缓蚀剂,对另一种介质或另一种金属就不一定有同样的效果；在某些条件下保护效果很好，而在另一种条件下可能保护效果很差，甚至还会加速腐蚀。一般来说，缓蚀剂应该用于循环系统，以减少缓蚀剂的流失，对钻井平台、码头等防止海水腐蚀及桥梁防止大气腐蚀等开放系统是比较困难的。同时，在应用中缓蚀剂对产品质量有无影响、对生产过程有无堵塞，或起泡等副作用，以及成本的高低等，都应全面考虑。

下面通过几个例子来说明缓蚀作用：

在稀盐酸中浸入铁片，可以观察到铁皮表面会有大量氢气泡析出，同时铁片会被慢慢溶解。如果在此体系中加入少量苯胺，则氢气析出量大大减少，而铁片的腐蚀也受到强烈的抑制。苯胺就是抑制盐酸对铁腐蚀的缓蚀剂。

在碳钢制的水储槽中，在水－气接触界面上，常因水线腐蚀而产生红锈。如果事先在水中加入少量的聚磷酸钠，则红锈的生成可以大大减弱，此时聚磷酸钠是抑制碳钢水线腐蚀的缓蚀剂。

钢材在轧制过程中需采用酸浸法除去表面的氧化铁鳞，这时酸中必须添加相应的缓蚀剂以抑制酸液对钢材的腐蚀；否则，会给生产和产品的质量带来很大的危害。表8-6列出了钢材酸浸时加与不加缓蚀剂的结果比较。从实验结果可见，加入缓蚀剂后，钢材的质量损失下降约90%，酸的用量也减少约80%。

表8-6 钢材酸浸时加与不加缓蚀剂结果比较

| 对比指标 | 加0.4%若丁缓蚀剂 | 不加缓蚀剂 |
|---|---|---|
| 钢材质量损失/% | 0.2 | 2.7 |
| 硫酸消耗量（相对值） | 1 | 4～5 |
| 盘条延伸率/% | 5.2 | 2.4 |
| 钢材抗弯（酸浸前180℃弯12次） | 11.5～12次 | 4次 |
| 车间酸雾（标准要求小于0.002mg/L） | 0.0008～0.0012 | 3.56 |

采用缓蚀剂保护，其保护效率用缓蚀效率（缓蚀率）表示，即

$$I = \frac{V_0 - V}{V_0} \times 100\% = \left(1 - \frac{V}{V_0}\right) \times 100\% \tag{8-15}$$

式中：$I$ 为缓蚀效率；$V_0$ 为未加缓蚀剂时金属的腐蚀速率；$V$ 为加缓蚀剂时金属的腐蚀速率。

在某些文献中也有采用抑制系数来表示，即

$$\gamma = \frac{V_0}{V} = \frac{1}{1 - I} \tag{8-16}$$

由式（8-15）、式（8-16）可以看出，缓蚀剂 $I$ 越大，抑制系数 $\gamma$ 就越大，选用这种缓蚀剂，它们抑制腐蚀的效果也就越好。缓蚀效率达到100%，表明缓蚀剂能达到完全保护，缓蚀效率达到90%以上的缓蚀剂为良好的缓蚀剂，缓蚀效率为零时缓蚀剂无作用。

有时采用一种缓蚀剂其缓蚀效果并不好，而采用不同类型的缓蚀剂配合使用可增加其缓蚀效果，在较低剂量下即可获得较好的缓蚀效果，这种作用称为协同效应。不同类型缓蚀剂共同使用时降低各自的缓蚀效率，这种作用为拮抗效应。

### 8.5.1　缓蚀剂分类

缓蚀剂种类很多,可按缓蚀剂对腐蚀过程的阻滞作用分类,也可按腐蚀性介质的状态、性质分类。

(1)按介质的状态、性质分为液相缓蚀剂(其中包括酸性液相缓蚀剂、中性液相缓蚀剂及碱性液相缓蚀剂)和气相缓蚀剂(如亚硝酸二环己烷基铵)。

(2)按缓蚀剂的化学成分分为无机缓蚀剂(如氧化剂 $NO_3^-$、$NO_2^-$、$CrO_4^{2-}$、$Cr_2O_7^{2-}$、$SiO_3^{2-}$、磷酸盐、多磷酸盐、硅酸盐、钼酸盐、亚硫酸盐等)和有机缓蚀剂(包括胺类、醛类、杂环化合物、硫化物等含 N、S、O 的所有有机物)。

(3)按阻滞作用原理分阳极性受阻滞(A 变成 A′)的缓蚀剂、阴极性受阻滞(C 变成 C′)的缓蚀剂和混合型(AC)的缓蚀剂,如图 8-20 所示。

以上是对活性金属腐蚀而言。对于活性-钝性金属,有促进钝化的缓蚀剂(如铬酸盐、磷酸盐、硅酸盐、硫酸盐等),也有促进阴极反应的缓蚀剂(如亚硫酸盐、铬酸盐、钨酸盐)。腐蚀的二次产物所形成的沉淀膜,有时对阳极和阴极过程都有抑制作用,称为混合型缓蚀剂。

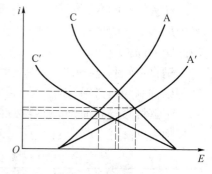

图 8-20　缓蚀剂阻滞作用原理

(4)按缓蚀剂所形成的保护膜特征分为氧化膜型缓蚀剂(如铬酸盐、重铬酸盐、亚硝酸盐等)、沉淀膜型缓蚀剂(如硫酸锌、碳酸氢钙、聚磷酸钠、苯并噻唑等)和吸附膜型缓蚀剂(如硫酸、胺类、环亚胺等)。氧化膜型缓蚀剂能使金属表面生成致密、附着力好的氧化物膜,从而抑制金属的腐蚀。这类缓蚀剂有钝化作用,故又称为钝化型缓蚀剂或者直接称为钝化剂。沉淀膜型缓蚀剂本身无氧化性,但能与腐蚀介质中的有关离子反应并在金属表面形成防腐蚀的沉淀膜。沉淀膜的厚度比钝化膜厚(10~100μm),其致密性和附着力比钝化膜差。吸附膜型缓蚀剂能吸附在金属表面,改变金属表面性质,从而防止腐蚀。为了能形成良好的吸附膜,金属必须有洁净的(活性的)表面,所以在酸性介质中常采用这类缓蚀剂。

(5)按物理状态可分为油溶性缓蚀剂、水溶性缓蚀剂、水油溶性缓蚀剂和气相缓蚀剂。顾名思义,油溶性缓蚀剂只溶于油不溶于水,一般作为防锈油添加剂。一般认为其作用是由于这类缓蚀剂分子存在着极性基团被吸附在金属表面上,从而在金属和油的界面上隔绝了腐蚀介质。这类缓蚀剂品种很多,主要有石油碳酸盐、羧酸和羧酸盐类、酯类及其衍生物以及氮和硫的杂环化合物等。水溶性缓蚀剂可溶于水溶液,但不溶于矿物润滑油中。通常作为酸、盐水溶液及冷却水的缓蚀剂,也用于工序间的防锈水、防锈润滑切削液及冷却液中,要求能防止铸铁、钢、铜、铜合金、铝合金等表面处理和机械加工时的电偶腐蚀、点蚀、缝隙腐蚀等。这类缓蚀剂主要有无机类的硝酸钠、亚硝酸钠、铬酸盐、中铬酸盐、硼砂等,还有有机类的苯甲酸盐、六亚甲基四胺、亚硝酸二环己胺、三乙醇胺等。水油溶性缓蚀剂既溶于水又溶于油,是一种强乳化剂。在水中能使有机烃化合物发生乳化,甚至使其溶解。这类缓蚀剂有石油磺酸钡、羊毛脂镁皂、苯并三氮唑。气相缓蚀剂是在常温下能挥发成气体的金属缓蚀剂。此类缓蚀剂若是固体必须能够升华,若是液体必须具备足够大的蒸气压,分离出具有缓蚀性基团吸附在金属表面上阻止金属腐蚀的进行。此类缓蚀剂必须在有限的空间内使用,如在密封包装袋内或包装箱内。典型的有无机酸或有机酸的胺盐、硝基化合物及其胺盐、苯并三氮唑和六亚甲基四胺等。

(6)按用途可分为油气井缓蚀剂、冷却水缓蚀剂、酸洗缓蚀剂、石油化工缓蚀剂、锅炉清洗缓蚀剂、封存包装缓蚀剂和工序间防锈缓蚀剂等。

此外,按被保护的金属种类不同可分为钢铁缓蚀剂、铜及铜合金缓蚀剂、铝及铝合金缓蚀剂等。

## 8.5.2 缓蚀剂作用机理

目前对缓蚀作用机理尚无统一的认识,下面介绍几种主要理论。

### 1. 吸附理论

吸附理论认为缓蚀剂吸附在金属表面形成连续的吸附层,将腐蚀介质与金属隔离因而起到保护作用。目前普遍认为,有机缓蚀剂的缓蚀作用是吸附作用的结果。这是因为有机缓蚀剂的分子是由两部分组成:一部分是容易被金属吸附的亲水极性基(大多以电负性较大的 N、O、S、P 原子为中心原子),它们吸附于金属表面改变双电层结构,以提高金属离子化过程的活化能;另一部分是憎水或亲油的有机原子团(如烷基),主要是由 C、H 原子组成的非极性基团,它们远离金属表面作定向排列形成一层疏水层,阻碍腐蚀介质向界面的扩散。图 8-21 表示极性基的一端被金属表面所吸附,而憎水的一端向上形成定向排列,结果腐蚀介质被缓蚀剂分子排列挤出,这样使得介质与金属表面隔开起到保护金属的作用。

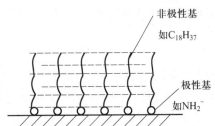

图 8-21 有机缓蚀剂分子吸附金属表面的示意图

缓蚀剂分子被吸附的原因可以归结为物理吸附(金属表面带负电荷之故)和化学吸附(如胺在酸中的缓蚀作用)。物理吸附是具有缓蚀能力的有机离子或偶极子与带电的金属表面静电引力和范德华引力的结果。物理吸附的特点是吸附作用力小,吸附热小,活化能低,与温度无关,吸附的可逆性大,易吸附脱附,对金属无选择性,既可以是单分子吸附,也可能是多分子吸附。物理吸附是一种非接触式吸附。化学吸附是缓蚀剂在金属表面发生的一种不完全可逆的、直接接触的特性吸附。化学吸附的特点是吸附作用力大,吸附热高,活化能高,与温度有关,吸附不可逆,吸附速度慢,对金属具有选择性,只形成单分子吸附层,是直接接触式吸附。有机缓蚀剂在金属表面的化学吸附既可以通过分子中的中心原子或 π 键提供电子,也可以通过提供质子来完成。极性基(NH₂-)的中心原子 N 含有孤对电子,它与金属的 d 电子空轨道进行配位结合。

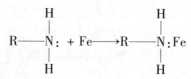

而 S 和 O 这些原子也都含有孤对电子,所以都能在金属表面进行化学吸附。又如,气相缓蚀剂亚硝酸二环乙胺挥发到空间与空气中水蒸气一起吸附在金属(钢铁)表面上,水解后形成二环乙胺碱基和亚硝酸,前者分解放出氢氧离子和有机阳离子,而后者离解成亚硝酸根:

$$(C_6H_{11})_2NH_2NO_2 + H_2O \rightarrow (C_6H_{11})_2NH_2OH + HNO$$
$$(C_6H_{11})_2NH_2^+ + OH^- \qquad\qquad\qquad \rightarrow H^+ + NO_2^-$$

有机阳离子中氮与金属以配位键相结合:

吸附在金属表面上

从而降低了金属反应能,使氢离子放电去极化受到抑制。且在亚硝酸根的氧化作用下,维持表面钝化,从而防止腐蚀。

**2. 成相膜理论**

成相膜理论认为金属表面生成一层不溶性的络合物,这层不溶性络合物是金属缓蚀剂和腐蚀介质的离子相互作用的产物,如缓蚀剂氨基醇在盐酸中与铁作用生成[HORNH$_2$][FeCl$_4$]或[HORNH$_2$][FeCl$_2$]络合物,覆盖在金属的表面上起保护作用。喹啉在浓盐酸中与 Fe 作用,在 Fe 表面上生成一种难溶的 Fe 络合物,使金属与酸不再接触,减缓了金属的腐蚀。

**3. 电化学理论**

从电化学角度出发,金属的腐蚀是在电解质溶液中发生的阳极过程和阴极过程。缓蚀剂的加入可以阻滞任何一过程的进行或同时阻滞两个过程进行,从而实现减缓腐蚀速率的作用。这种作用可以用极化图 8-22 表示,加大阳极极化(图 8-22(a))或阴极极化(图 8-22(b)),或者两者同时加大(图 8-22(c)),使腐蚀电流 $I_1$ 减少至 $I_2$。当然阳极极化的同时也可能导致阴极去极化加强(图 8-22(d)),使腐蚀电流增加到 $I_2'$,从而加剧腐蚀。按上述电化学原理,缓蚀剂可分为阳极缓蚀剂、阴极缓蚀剂及混合型缓蚀剂。

阳极缓蚀剂大部分是氧化剂,如过氧化氢、重铬酸盐、铬酸盐、亚硝酸钠等。阳极缓蚀剂的作用机理是它们即使在无氧的溶液中也能引起金属钝化,形成钝化膜,提高了金属在腐蚀介质中的稳定性,从而抑制金属的阳极溶解,减少腐蚀。这类阳极缓蚀剂常用于中性介质中,如供水设备、冷却装置、水冷系统等。值得一提的是,当阳极缓蚀剂加入量不足时,它们是一种危险的缓蚀剂。因为氧化剂少而不能使金属形成完整的钝化膜,会有部分金属以阳极形式露出,形成大阴极-小阳极的氧去极化腐蚀电池,导致了孔蚀速度的加快。为了安全起见,缓蚀剂的用量必须超过临界浓度 $10^{-2} \sim 10^{-4}$ mol/L。当温度升高或有 Cl$^-$ 离子时,其钝化临界浓度可增至 $10^{-2}$ mol/L。

244

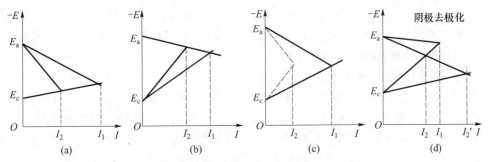

图 8 - 22 缓蚀剂缓蚀作用的电化学示意图

(a)阳极缓蚀剂;(b)阴极缓蚀剂;(c)混合缓蚀剂;(d)阴极剂减少了。

另外,也有非氧化性的缓蚀剂,它主要是靠 $O^{2-}$、$OH^-$、$HPO_2^{2-}$、$CO_3^{2-}$、$SiO_3^{2-}$ 等与阳极溶解下来的金属离子发生作用,形成不溶的沉积物在金属表面上,阻止阳极过程,提高耐蚀性(称为膜阻蚀)。例如:

$$CO_3^{-2} + Me^{+2} + (Fe^{+2}) \rightarrow Me(Fe)CO_3 \downarrow$$

$$2OH^- + Me^{+2} + (Fe^{+2}) \rightarrow Me(Fe)OH \downarrow$$

非氧化性阳极缓蚀剂用量不足时,形成的钝化膜不完整,同样也会形成膜 - 孔电池,使孔蚀速度加快。

阴极性缓蚀剂的作用原理是加入阴极缓蚀剂后,阳极极化曲线不发生变化,仅阴极极化曲线的斜率增大,腐蚀电位负移,导致腐蚀电流降低,可抑制阴极反应,如图 8 - 22(b)所示。例如,在酸性溶液中加 As、Sb、Hg 盐类,在阴极上析出 As、Sb、Hg,从而提高阴极超电压、增加耐蚀性或者使活性面积减少,从而控制腐蚀。图 8 - 23 示出了 As 的添加对钢在硫酸中的腐蚀速率的影响。阴极缓蚀剂和阳极缓蚀剂的主要差别是阴极缓蚀剂对金属的活性溶解起缓蚀作用,阳极缓蚀剂在钝化区起缓蚀作用,不会因阴极缓蚀剂量不足而加速腐蚀,故称为安全缓蚀剂。

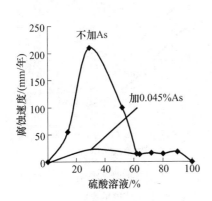

图 8 - 23 使阴极面积减小的
缓蚀剂作用(加 As)

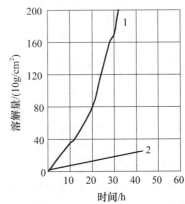

图 8 - 24 缓蚀剂对钢片在 15% HCl
中溶解速度的影响

1—未加缓蚀剂;2—添加 πB - 5。

阴极缓蚀剂由去氧化剂和遮蔽阴极表面的缓蚀剂组成。碳酸氢钙溶于水,并与阴极附近略微碱化了的介质作用,生成碳酸钙:

$$Ca(HCO_3)_2 + NaOH \rightarrow CaCO_3 \downarrow + NaHCO_3 + H_2O$$

碳酸钙在阴极上析出,而把阳极面积遮蔽。另外,$ZnSO_4$、$BaCl_2$、$ZnCl_2$ 等均可成为遮蔽阴极的不溶物,起到阴极缓蚀剂作用。

阳极和阴极混合缓蚀剂的缓蚀原理如图 8 - 22(c)所示。一些有机缓蚀剂(如琼脂、生物碱等)和一些防止大气腐蚀的气相缓蚀剂属于这一类。混合缓蚀剂既能抑制电极过程的阳极反应,又能抑制阴极反应,在混合缓蚀剂的作用下,体系的腐蚀电位变化不大;但阴极和阳极极化曲线的斜率增大,腐蚀电流减小。这类缓蚀剂对腐蚀电化学过程的影响主要通过三种方式:一是能与阳极溶解反应生成的金属离子作用生成难溶物,这样的保护膜既抑制了阳极过程而起到缓蚀作用,也使阴极上氧的还原过程变得困难;二是能形成复杂胶体体系的化合物可作为有效的缓蚀剂,带负电荷的胶体粒子主要在阳极区集中和沉积,抑制阳极过程;三是有机缓蚀剂阻滞金属的腐蚀是与吸附有关的,凡是含有 N、S、P 为中心的原子团都具有与 N 相同的吸附作用,其中硫化物形成配位键吸附在金属表面的倾向更大。某些有机物在金属表面吸附,这些物质不都是含 N、S、O 的化合物,中性介质中有机物的缓蚀作用效果较差,但有些有机物还是可以通过在金属表面的吸附实现缓蚀。

有机缓蚀剂是一个很大的类别,除了琼脂、糊精、硫化动物胶体外,还有许多有机化合物,在它们分子中含有极性基,胺类、醛类、杂环化合物、咪唑啉类、有机硫化物等均属于此类。

目前有许多缓蚀剂效率很高,生产中常用的有乌洛托品(氨与甲醛缩合而成的化合物,又称六次甲基四胺)、ЛВ - 5(乌洛托品与苯胺的缩合物)、若丁(二甲苯硫脲)、炔醇类化合物等都有良好的缓蚀效果。图 8 - 24 示出了钢片在 15% HCl 中,加 ЛВ - 5 的缓蚀效果。图 8 - 25 示出了缓蚀效果与缓蚀剂浓度的关系。图 8 - 26 示出了钢在盐酸类介质中溶解速度与添加各种缓蚀剂的效果。

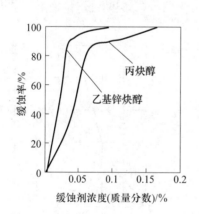

图 8 - 25　缓蚀率与缓蚀剂浓度的关系

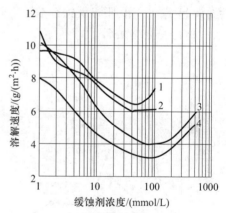

图 8 - 26　各种缓蚀剂对钢在 HCl 溶液中溶解速度的影响

1—丙醛;2—丁醛;3—乙醛;4—甲醛。

## 8.5.3　缓蚀剂作用的影响因素

**1. 浓度的影响**

缓蚀剂浓度对金属腐蚀速率的影响大致有如下三种情况:

246

（1）缓蚀效率随缓蚀剂浓度的增加而增加。例如,在盐酸和硫酸中,缓蚀效率随若丁剂量的增加而增加,如图 8 - 27 及图 8 - 28 所示。实际上,几乎很多有机和无机缓蚀剂在酸性及浓度不大的中性介质中都属于这种情况。但在实际使用中,从节约原则出发,应以保护效果及减少缓蚀剂消耗量全面考虑来确定实际用量。

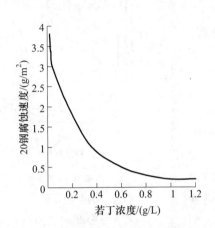

图 8 - 27　若丁浓度对碳钢在硫酸中腐蚀
速度的影响(20% 硫酸,常温)

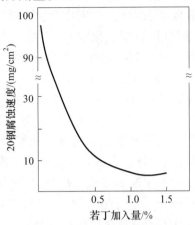

图 8 - 28　若丁剂量对碳钢在盐酸中
腐蚀速率的影响(8% HCl,55℃)

（2）缓蚀剂的缓蚀效率与浓度的关系存在极限。即在某一浓度时缓蚀效果最好,浓度过低或过高都会使缓蚀效率降低。例如,硫化二乙二醇在盐酸中就属于这种情况。如图 8 - 29 所示,缓蚀剂硫化二乙二醇的浓度为 20mmol/L 时,钢在 5N 盐酸中的腐蚀速率最小(此时缓蚀效率最高),低于或高于此浓度,缓蚀效率都会降低。当浓度大于 150mmol/L 时,腐蚀比未加缓蚀剂时要快,变成了腐蚀激发剂。因此对于此问题必须注意,缓蚀剂不宜过量。ЛВ - 5 及盐酸中的醛类缓蚀剂也属于这类情况。

（3）当缓蚀剂用量不足时,不但起不到缓蚀作用,反而会加速金属的腐蚀或引起孔蚀。亚硝酸钠在盐水中添加量不足时,腐蚀反而加速,如图 8 - 30 所示。实践证明,在海水中加入的亚硝酸钠剂量不足时,碳钢腐蚀加快,而且产生孔蚀,故这种添加量太少是危险的。属于这类缓蚀剂的还有大部分的氧化剂,如铬酸盐、重铬酸盐、过氧化氢等。

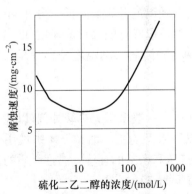

图 8 - 29　硫化二乙二醇的浓度对碳钢
在 5NH₄Cl 中腐蚀速率的影响

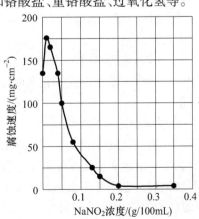

图 8 - 30　亚硝酸钠溶液对碳钢
在氯化钠溶中腐蚀速率的影响

对于长期采用缓蚀剂保护的设备,为了形成良好的基础保护,缓蚀剂用量往往比正常操作时高 4～5 倍。陈旧设备采用缓蚀剂保护时,用量应适当增加,此时金属表面存在的垢层和氧化铁鳞等常要消耗一定量的缓蚀剂。

有时,采用不同类型的缓蚀剂配合使用,可在较低浓度下获得较好的缓蚀效果,即产生协同效应。图 8 - 31 表示铬酸盐(阳极型氧化剂)与锌盐(阴极型缓蚀剂)混合使用时的效果。此外,锌盐与聚磷酸盐,胺类与碘化物混合使用时,也产生协同效应。

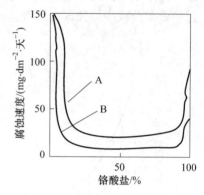

图 8 - 31　铬酸盐与锌盐复合
缓蚀剂的缓蚀效果
(钢在 35℃,pH = 6.5 的
含氧工业水中,5 天)
A—混合缓蚀剂 5ppm;
B—混合缓蚀剂 10ppm。

### 2. 温度的影响

温度对缓蚀剂缓蚀效果的影响有下列三种情况:

(1) 在较低温度范围内缓蚀效果很好,当温度升高时,缓蚀效果便显著下降。这是由于温度升高时,缓蚀剂的吸附作用明显降低,或者形成的沉淀膜颗粒增大,黏附性变差,使得缓蚀效果下降,因而使金属腐蚀加快。大多数有机及无机缓蚀剂都属于这一情况。例如,硫酸中的硫脲缓蚀剂、盐酸中的 ЛB - 5、沈 1 - D 缓蚀剂即是如此。

(2) 在一定温度范围内对缓蚀效果影响不大,但超过某温度时使缓蚀效果显著降低。例如,苯甲酸钠在 20～80℃ 的水溶液中对碳钢腐蚀的抑制能力变化不大,但在沸水中,苯甲酸钠已经不能防止钢的腐蚀。这可能是因为蒸气的气泡破坏了铁与苯甲酸钠生成的络合物保护膜。用于中性水溶液和水中的不少缓蚀剂,其缓蚀效率几乎是不随温度的升高而改变的,对于沉淀膜型缓蚀剂,一般也应在介质的沸点以下使用才会有较好的效果。

(3) 随着温度的升高,缓蚀效率也增高。这可能是由于温度升高时,缓蚀剂可依靠化学吸附与金属表面结合,生成一层反应产物薄膜,或者是温度升高时,缓蚀剂易于在金属表面生成一层类似钝化膜的膜层,从而降低腐蚀速率。因此,当介质的温度较高时,这类缓蚀剂最有实用价值,属于这类缓蚀剂的有硫酸溶液中的二苄硫、二苄亚砜、碘化物等。

此外,温度对缓蚀剂效率的影响与缓蚀剂的水解因素有关。例如,由于介质温度升高会促进各种磷酸钠的水解,因而它们的缓蚀效率一般随温度升高而降低。另外,由于介质温度对氧的溶解量明显减少,因而在一定程度上虽然可以降低阴极反应速度,但当所用的缓蚀剂需由溶解氧参与形成钝化膜时(如苯甲酸钠等缓蚀剂),则温度升高时缓蚀效率反而会降低。

### 3. 介质流动速度的影响

不同介质,需要选用不同的缓蚀剂。中性水介质中一般多用无机缓蚀剂,以钝化型和沉淀型为主。酸性介质中采用有机缓蚀剂较多,以吸附型为主。油类介质中选用油溶性吸附型缓蚀剂。选用气相缓蚀剂必须有一定的蒸气压和密封的环境。腐蚀介质的流动状态,对缓蚀剂的使用效果有相当大的影响。大致有下面三种情况:

(1) 流速加快时,缓蚀效率降低。有时由于流速增大,甚至还会加速腐蚀,使缓蚀剂变成腐蚀的激发剂。例如,盐酸中的三乙醇胺和碘化钾,当流速超过 0.8m/s 时,碳钢的腐蚀速率远大于不加三乙醇胺时的腐蚀速率。

（2）流速增加时，缓蚀效率提高。当缓蚀剂由于扩散不良而影响保护效果时，则增加介质流速可使缓蚀剂能够比较容易、均匀地扩散到金属表面，而有助于缓蚀效率的提高。

（3）介质流速对缓蚀效率的影响，在不同使用浓度时还会出现相反的变化。例如，采用六偏磷酸钠/氯化锌（4:1）作循环冷却水的缓蚀剂时，缓蚀剂的浓度在 8ppm 以上时，缓蚀效率随介质流速的增加而提高；8ppm 以下时，则变成随介质流速的增加而减小。

### 8.5.4 缓蚀剂的评定与试验方法

在缓蚀剂的筛选和工业应用中，新产品的研制以及缓蚀机理的理论研究中，都必须对缓蚀剂的各项性能进行评定和试验。

试验方式大体上可分为静态试验和动态试验两种。其中动态试验又可分为实验室动态试验和现场动态试验。

静态试验时，试样与介质处于静止状态。这种方法虽然装置与操作比较简单，但所测的结果常常与实际应用的效果有较大的出入，因而实用价值不大，但可用在实验室内对缓蚀剂进行初步的筛选和评定工作。

实验室动态试验在缓蚀剂试验中占有重要的地位。因为缓蚀剂的筛选和评定工作量是很大的，显然只能在实验室内模拟现场条件来进行，而且试验方法还要力求小型、迅速，以便能适应大量而重复性的测试性的工作。为了使实验室的试验结果更符合生产实际情况，也常在实验室内模拟现场条件（如温度、压力、流速、充气等）来进行试验。不过，这种模拟试验通常只对少数性能优良的缓蚀剂做进一步全面考查时才采用。由于实验室内完全模拟生产现场的介质条件和流动情况是有困难的，因此，实验室的模拟评定结果，还需在生产实际中做最后的试验和考查，从而得出最终的评定结论。

缓蚀剂性能的主要评定项目包括缓蚀效率及其剂量、温度的关系（有时还应评定缓蚀剂对孔蚀、氢渗透、应力腐蚀、腐蚀疲劳的影响等）和缓蚀剂的后效性能等。此外，对使用效果有一定影响的其他性能，如溶解性能、密度、发泡性、表面活性、毒性及其他处理剂的副反应等，也应有一定的评定和了解。这里仅对主要的试验方法做一些说明。

**1. 失重法**

失重法是在相同条件下分别测定试样在加缓蚀剂与不加缓蚀剂的介质中腐蚀前后的重量变化，求出腐蚀速率（其中包括不同剂量和不同温度的对比数据），然后按式（8-15）计算缓蚀效率。

**2. 容量法**

当金属在非氧化性酸中腐蚀时，可测定单位时间内加缓蚀剂与不加缓蚀剂时所放出的氢气体积来计算缓蚀剂效率。利用此方法可方便地求出时间—缓蚀效率关系曲线。虽然容量法所用的仪器及操作均较简单，然而当缓蚀剂与氢气发生反应，或者当氢在金属内的固溶度较大而不能忽视时，所得的结果常会有较大的误差。

**3. 电化学法**

1）极化曲线法

根据加缓蚀剂与不加缓蚀剂时的极化曲线可以测得各自的腐蚀速率 $i_c$，从而按式（8-15）计算缓蚀效率。同时也可根据加缓蚀剂与不加缓蚀剂时的极化曲线来研究缓蚀剂的作用机理,即判断缓蚀剂抑制的是阳极过程还是阴极过程,或者同时抑制了两个过程。图8-32为不同类型缓蚀剂的极化曲线。图中4-4'曲线表示未加添加剂时的极化曲线。其他三种情况表示有添加剂时的极化曲线。1-1'、2-2'、3-3'曲线所表示的这几种添加剂都是缓蚀剂。因为$i_{c1}$、$i_{c2}$、$i_{c3}$都小于$i_{c4}$,并可以看出,3-3'曲线表示的缓蚀剂其缓蚀效率最高(因为$i_{c3}$最小),1-1'曲线表示的缓蚀剂次之,而2-2'曲线表示的缓蚀剂的效率较差。另外,由于腐蚀电位$E_{c1}$由$E_{c4}$向正移,所以1-1'曲线表示的缓蚀剂是抑制了阳极过程;腐蚀电位$E_{c2}$向$E_{c4}$的负相移动,所以2-2'曲线表示的缓蚀剂是抑制了阴极过程;腐蚀电位$E_{c3}$与$E_{c4}$相比变化不大,而腐蚀电流$i_{c3}$却比$i_{c4}$小了,故3-3'曲线表示的缓蚀剂同时抑制了阴、阳极过程。

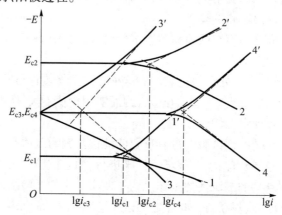

图8-32  不同类型缓蚀剂的极化曲线

对于钝化型缓蚀剂,可用恒电位阳极极化曲线来研究其腐蚀作用。图8-33为钼酸铵对低碳钢在碳酸氢铵碳化塔生产液中的阳极行为的影响。由图可以看出,浓氨水加入钼酸铵后,腐蚀电位向正移,致钝电位向负移,致钝电流密度大大减少。同时还可看出钼酸铵加入不同剂量的影响。

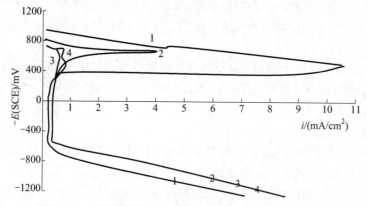

图8-33  钼酸铵对碳钢在碳酸氢铵溶液中阳极行为的影响

1—浓氨水;2—浓氨水中加0.5g钼酸铵;3—浓氨水中加1.0g钼酸铵;4—浓氨水中加1.5g钼酸铵。

极化曲线可采用恒电流方法或恒电位方法测定,也可采用动电位扫描方法测定。极化曲线的测量比失重法要快得多,但在实际应用极化曲线求腐蚀速率时,却有很多局限性。例如,它只适用于在较宽的电流范围内电极过程服从塔费尔关系的体系,而不适用于

250

溶液电阻较大的情况以及当强烈极化时减少表面发生很大变化(如膜的生成与溶解)的场合。此外,用外推法作图还会引进一定的人为误差。但是,对多种缓蚀剂的筛选,以及不同剂量和不同条件下缓蚀效果的比较,仍不失为一种快速的定性比较方法。

2)线性极化法

在受活化极化控制系统中,腐蚀电流和极化曲线在腐蚀电位附近呈线性关系,因此,可以借助实验测定的极化阻力值来相对比较各种缓蚀剂对瞬时速度的影响。虽然线性极化法在求绝对腐蚀速率方面还有一定的误差,但用于现场实测相对腐蚀速率具有很大的实用价值。目前,国内已有基于线性极化原理的腐蚀速率测试仪出售,可直接读出瞬时腐蚀速率或极化阻力,并可连续记录缓蚀剂的保护情况。

此外,其他电化学测试方法如恒电量法,交流阻抗法也可用于求出极化阻力 $R_P$,从而用于缓蚀剂的筛选和评定工作。

**4. 介质中金属溶解量法**

当金属腐蚀的产物能溶解于介质中,且不会与缓蚀剂或介质组分一起形成沉淀膜时,可以采用分光光度计、离子选择电极、放射性原子示踪技术等来测定介质中溶解的金属量,从而计算腐蚀速率和缓蚀效率。此外,放射性示踪技术还可以用于测定缓蚀剂的吸附量、保护膜的厚度及其耐久性等。

**5. 电阻探针法**

电阻探针法利用安装在探头上的金属试样(薄带、丝带)在腐蚀过程中截面面积减少而电阻增加的原理测定腐蚀速率,该法测定时不必取出试样,灵敏度高,对导电介质和不导电介质均适用,且能连续测定,因而在现场评定缓蚀剂效果时常采用。但该方法对试样的要求较高,需要特殊制作,当有局部腐蚀时误差较大,故常作定性比较用。

在测定金属腐蚀速率以评价缓蚀剂性能时,有时还必须仔细考虑和测定孔蚀的情况,特别是在确定最适宜剂量或决定最低剂量时,更应考虑孔蚀这一因素。

缓蚀剂主要应用于腐蚀程度中等或较轻系统的长期保护(如用于水溶液、大气及酸性气体系统),以及对某些强腐蚀介质的短期保护(如化学清洗)。应用缓蚀剂应注意如下原则:

(1)选择性:缓蚀剂的应用条件具有高的选择性,应针对不同的介质条件(如温度、浓度、流速等)和工艺、产品质量要求选择适当的缓蚀剂。既要达到缓蚀的要求,又要不影响工艺过程(如影响催化剂的活性)和产品质量(如颜色、纯度等)。

(2)环境保护:选择缓蚀剂必须注意对环境的污染和对生物的毒害作用,应选择无毒的化学物质作缓蚀剂。

(3)经济性:通过选择价格低廉的缓蚀剂,采用循环溶液体系,缓蚀剂与其他保护技术(如选材和阴极保护)联合使用等方法,降低防腐蚀的成本。

# 8.6 涂料防护

根据腐蚀环境不同,可以覆盖不同种类、不同厚度的耐蚀非金属材料以得到良好的防护效果,本节主要介绍涂料覆盖层。涂料就是人们常说的油漆,因为长期以来,涂料主要以植物油或采集漆树上的漆液为原料加工制成。石油化工和有机合成工业的发展,为涂料工业提供了新的原料来源。这样油漆这个名字就显得不够确切,比较恰当的名字为涂料。随着各种有机合成树脂的广泛应用,涂料已经形成了一个大家族,目前涂料涂层在整个表面覆盖层中所占的比例较大。涂料涂层除对金属具有保护作用外,还具有装饰作用、标志作用及特殊作用,如绝缘、抗微生物、耐辐射、示温、伪装、防震、红外线吸收、太阳能吸收等。

### 8.6.1 涂层的保护机理

一般认为涂层基于下面三方面的作用对金属起到保护作用。

**1. 屏蔽作用**

金属表面涂覆涂料以后,相对来说就把金属表面和环境隔开了,这种保护作用称为屏蔽作用。必须指出,薄薄的一层涂料不可能起到绝对的屏蔽作用。因为高聚物都具有一定的透气性,其结构气孔的平均直径一般为 $10^{-5} \sim 10^{-7}$ cm,而水和氧的分子直径通常只有几埃,涂层很薄时,它们是可以自由通过的。表 8 - 7 和表 8 - 8 列出了氧和水在厚 0.1mm 的涂层内的扩散速度。可以看出,对很多涂层来说其值大于无涂层时钢表面消耗氧和水的速率,也就是说,这样的涂层不能阻止和减缓腐蚀过程。

表 8 - 7　氧在厚 0.1mm 的漆膜中的扩散速率

| 漆膜 | 填料 | 扩散速率/(g/(cm² · 年)) |
|---|---|---|
| 沥青 | 无 | 0.053 |
| 环氧沥青 | 无 | 0.002 |
| 聚苯乙烯 | 无 | 0.013 |
| 聚乙烯醇缩丁醛 | 无 | 0.027 |
| 沥青 | 滑石粉 | 0.039 |

注:无涂层钢表面消耗氧的速率为 0.020 ~ 0.030g/(cm² · 年)

表 8 - 8　水在厚 0.1mm 的漆膜中的扩散速率

| 漆膜 | 填料 | 扩散速率/(g/(cm² · 年)) |
|---|---|---|
| 醇酸树脂漆 | 无 | 0.0825 |
| 酚醛树脂漆 | 无 | 0.718 |
| 环氧沥青 | 无 | 0.391 |
| 醇酸树脂漆 | 铝粉 | 0.200 |
| 酚醛树脂漆 | 铝粉 | 0.191 |
| 胶脂漆 | 铅白　氧化锌 | 1.122 |

注:无涂层钢表面消耗水的速率为 0.008 ~ 0.023g/(cm² · 年)

为了提高涂层的抗渗性,防腐涂料应选用透气性小的成膜物质和屏蔽性大的固体填料,同时应增加涂覆层数,以使涂层达到一定的厚度而致密无孔。当高聚物的分子链上的支链少、极性基团多、体型结构的交联密度大时,透气性小,涂层针孔是在涂层过程中形成的,因而它与溶剂用量与挥发性能、成膜物质的性质和施工条件等因素有密切关系;图 8 - 34 和图 8 - 35 比较了几种不同涂层厚度的涂料的透水性和透气性。由图可以看出,涂层增加到 0.3 ~ 0.4mm 时,其抗渗能力大大提高。从离子扩散的观点来看,在涂料的形成过程中,聚合物交联密度不均匀,或成膜物质和颜料颗粒之间的界面结合得不好,会有被水渗透的可能。水聚集在聚合物分子的亲水基团附近向亲水区域扩散,达到内层。这个过程的控制步骤是对涂膜外壁的穿透,因此得到一个均匀完整的涂膜,外层是很重要的。

**2. 缓蚀作用**

借助涂料的内部组分(如红丹、铬锌黄、磷酸盐、硼酸盐等具有防蚀性的颜料)与金属反应,使金属表面钝化或生成保护性的物质以提高涂层的防护作用。另外,一些油料在金属皂的催化作用下生成的降解产物,也能起到有机缓蚀剂的作用。

**3. 电化学保护作用**

介质渗透涂层接触到金属表面下就会形成膜下的电化学腐蚀。在涂料中使用活性比铁高的金属做填料,如锌等,会起到牺牲阳极的保护作用,而且锌的腐蚀产物是盐基性的氯化锌、碳酸锌,它会填满膜的空隙,使膜紧密,而使腐蚀大大降低。

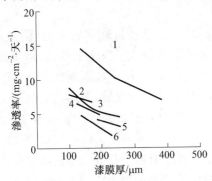

图 8-34 不同厚度漆膜的透水性

1—油基漆;2—乙烯类漆;

3—醇酸漆;4—酚醛漆;

5—环氧漆;6—氯化橡胶漆。

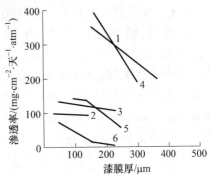

图 8-35 不同厚度漆膜的透气性

1—油基漆;2—乙烯类漆;

3—醇酸漆;4—酚醛漆;

5—环氧漆;6—氯化橡胶漆。

## 8.6.2 涂层的破坏

涂层一般包括底漆、中间层和面漆。底漆和金属表面直接接触,必须对金属具有良好的附着性、润湿性和防护性;中间层起着连接底漆和面漆的作用,应能增强底漆和面漆的结合强度;面漆是阻挡腐蚀介质的第一步,应备较好的耐蚀性、耐候性和抗紫外线辐射性能,同时提供装饰作用。每层涂料按需要涂刷一次至数次,根据环境对底漆、中间层及面漆的不同要求,选择涂料的类型、涂刷次数及涂层厚度,要保证底漆、中间层和面漆是相容的。

当讨论到涂层的破坏原因时,一般很容易认为涂层的破坏是由环境介质对涂层的腐蚀作用而引起的(这里暂且不谈机械性损伤的问题)。事实上这种情况是极少发生的。特别是目前人工合成的许多树脂都具有比较优异的耐蚀性能,只要根据腐蚀条件合理地筛选涂料,是不会发生这种破坏的。涂层的破坏绝大多数是由涂层存在的缺陷而引起的。缺陷的地方会发生金属的局部腐蚀,而金属的局部腐蚀往往导致了涂层的鼓包、剥离、龟裂等。

253

（1）由于金属基体表面处理不干净存在残碱、残盐、残存氧化皮或锈斑等所引起的破坏作用。在讨论酸洗后处理问题时谈过，酸洗后的金属不宜用碱中和，残存的碱比残存的酸更危险。碱对金属有较大的亲和势，即使在涂覆涂层后，它也能自发地沿着涂层使醇酸和酚醛类涂料皂化，使涂层变软而丧失其原有的物理力学性能，导致破坏。

酸洗后表面残存的硫酸亚铁盐和氯化亚铁盐同样对涂层起到不良效果。首先这些残存在膜下的铁盐会通过涂层渗透进来的水分子作用发生水解和受氧分子的作用生成不溶性产物：

$$FeSO_4 + H_2O \rightarrow Fe(OH)_2 \downarrow + H_2SO_4$$
$$4Fe(OH)_2 + O_2 + 2H_2O \rightarrow 4Fe(OH)_3$$

在这种情况下，涂层下的金属与不溶性产物在有电解质的情况下形成了腐蚀电池，此时在阳极区（Fe）和阴极区（Fe(OH)_2）之间就形成了一条由穿过锈蚀物的液体所组成的低电阻通路。尽管离子不能很快地移动，但占体积较大的锈蚀物在涂层低下的形成仍将继续进行，不久涂层就会被推开，并很快破裂。

钢材上的轧制氧化皮也是相当有害的，当介质发生渗透时，轧制氧化皮（阴极）和轧制氧化皮缝隙所暴露出来的铁（阳极）在电解质溶液下就形成了发生电池，结果腐蚀沿缝隙在轧制氧化皮下扩散，最后氧化皮带着表面的涂层一起剥落。轧制氧化皮是一层比较牢固的氧化物，一般防锈底漆、带锈底漆等对它均无大的作用效果，而这些阻蚀剂又被氧化皮所隔开，无法对基体金属起作用，故由铁与氧化皮组成的腐蚀仍然起作用，腐蚀速率仍按原来的腐蚀速率继续进行下去。

（2）由于水的渗透使涂层体积增加所引起的破坏。有些涂层在水的浸泡过程中因吸收水分使体积增加而产生内应力，这时，在任何黏附的较差的点上涂层就会脱离金属并隆起成泡。不同品种的涂层，其吸水程度是不一样，图8-36是把几种涂层在玻璃上所测得的吸水率，其中环氧沥青漆的吸水率最低，它是一种常用的耐水性能良好的涂料。

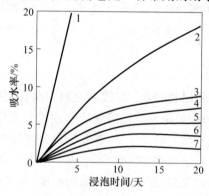

图8-36　各种涂料的吸水率

1—亚麻油基清漆；2—油基树脂耐水漆；3—豆油醇酸清漆；4—环氧清漆；
5—松香酸性酚醛清漆；6—氨基醇酸清漆；7—环氧沥青清漆。

一般认为涂料含亲水基团多，交联度低，有水溶性物质存在和增塑剂的加入都会使涂料的吸水率增大。

（3）介质渗透后使涂层下金属表面发生电化学腐蚀所引起的破坏。当把一滴盐水滴在涂有透明的薄层硝化纤维或一般油料清漆的钢铁样品表面时，经过一段时间后将会发现液滴边缘的漆膜发生软化,用手指容易擦落;液滴中心的漆膜染有黄色的锈污。这个实验说明,介质确实可以透过薄涂层扩散到金属表面,由于液滴边沿供氧充足,扩散到金属表面的氧量比液滴中心部位的高,这时就形成了氧浓差电池,液滴中心的金属表面电位较负,产生阳极反应($Fe-2e\rightarrow Fe^{2+}$),受到腐蚀,出现了锈污。液滴边沿的金属表面为阴极,产生阴极反应($O_2+2H_2O+4e\rightarrow 4OH^-$),呈现碱性。当涂层不耐碱时,就会产生破坏。例如,对设备采用涂料阴极联合保护时,设备表面涂层缺陷的地方(如针孔、裂纹等)电流密度大,会生成大量的碱,促进涂层的剥离。事实证明,采用阳极保护船体时,连接阳极点周围的地区的涂层特别容易剥落。采用阳极保护的设备,如需要涂覆涂层时,必须使用耐碱性优良和黏附力高的涂料,如乙烯类涂料、环氧类涂料、呋喃类涂料等,而酚醛类涂料、醇酸类涂料不能应用到海水或电解质溶液浸泡的钢构件上。

(4)涂层由于电内渗所引起的破坏。溶液中离子透过漆膜迁移的速度一般比水分子要慢(表8-9),但在电场作用下,离子透过漆膜迁移的速度加快,加剧涂层的破坏。当漆膜与金属界面间由于各种原因已存在腐蚀电池时,透过漆膜的介质正离子会加速向阴极区移动,负离子会加速向阳极区移动。如果在溶液中漆膜显负电性,则将有利于正离子迁移透过漆膜。如果在溶液中漆膜显正电性,则负离子迁移透过漆膜就比较容易。这种溶液中离子的电内渗和前面所述的单纯的渗透后,离子对不同区域的迁移会使涂层下出现小瘤和水泡,其破坏程度远大于涂层受水渗透的程度。

表8-9　0.1M NaCl 和水在厚0.1mm 漆膜的扩散速率

| 漆膜 | 氯化钠扩散速度 /(g/(cm² · 年)) | 水的扩散速率 /(g/(cm² · 年)) | 漆膜 | 氯化钠扩散速度 /(g/(cm² · 年)) | 水的扩散速率 /(g/(cm² · 年)) |
|---|---|---|---|---|---|
| 醇酸树脂清漆 | 0.000040 | 0.825 | 聚乙烯醇缩丁醛 | 0.000002 | 0.897 |
| 酚醛树脂清漆 | 0.000004 | 0.718 | 缓苯乙烯 | 0.000192 | 0.485 |

当把涂覆有对水显负电性(如含有 -COOH 基)涂料的钢板泡在海水中时,在钢板的阳极区将逐渐出现锈蚀物的小瘤,而在阴极区则出现充满强碱性溶液的大水泡,碱的浓度可达 0.59~1.31N。可以认为,电流是通过 $Na^+$ 的迁移带进这些阴极区小点内的,但是,如果在钢板上涂覆的涂料是对水显正电性的(如聚苯乙烯中加入带有长链的胺类物),则浸在海水中阳极区就会出现充满铁盐的水泡,此时电流是通过 $Cl^-$ 的迁移带进这些阳极区小点的;而涂层又显正电性,不许可腐蚀生成的铁离子离开,结果气泡内就充满氯化亚铁溶液。

(5)由于光照、温度、化学介质、磨损或机械损伤等原因引起的破坏。光照会使涂层老化、粉化;过高的温度以致超过高聚物所能承受的极限温度时涂层会出现发软或龟裂、熔化等;化学介质会使涂层溶胀或溶解、催化等;机械损伤会造成涂层破裂,所有这些都属涂层破坏引起金属的腐蚀,对于这些损坏机理应通过正确选用涂料以及采取合理的使用条件来防止或避免。

(6)由于施工质量低而引起的破坏。按照某一腐蚀环境的要求,即使选用了一个好的涂料品种,基体金属又进行过严格表面处理,如果施工质量低,则仍然得不到良好的涂层。施工质量控制不严时常出现的流挂、针孔、起泡、发白等都是极其有害的,往往使涂层的使用寿命大大缩短。

### 8.6.3 涂料的组成及各成分的作用

涂料的品种虽然很多,但就其组成而言,大体上可分为主要成膜物质、次要成膜物质和辅助成膜物质,如图8-37所示。

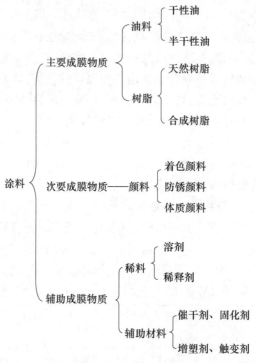

图8-37 涂料的组成

油料和树脂是主要的成膜物质,称为固着剂,即胶黏剂,是涂料的基础,没有它们就不可能生成牢固附着在材料表面的漆膜;颜色是次要的成膜物质,它虽不能单独成为涂料,但可以赋予漆膜一定的颜色和遮盖力,增加涂层的厚度,提高漆膜耐磨、耐热、耐蚀等性能;溶剂、稀释剂及其他辅助材料是辅助成膜物质,有助于涂料的涂覆和改善漆膜的性能。

**1. 主要成膜物质**

1)油料

油料是自然界的产物,来自植物种子和动物的脂肪,例如,桐油、亚麻仁油等。油料的干燥、固化反应主要是空气中的氧和油料中不饱和双键起聚合作用。天然油料的各方面性能,特别是耐腐蚀、耐老化性能比不上许多合成树脂,故目前很少用它单独作为防腐蚀涂料。但是,天然油料与一些金属氧化物或金属皂化物在一起可以对金属起防锈作用,所以油料可用来改性各种合成树脂以制取配套防锈底漆。

2)天然树脂和合成树脂

天然树脂中的沥青、生漆、天然橡胶等,合成树脂中的用固化剂固化的缩合型的环氧树脂、酚醛树脂、呋喃树脂、聚酯树脂、聚氨酯树脂,溶剂挥发固化的聚合型乙烯类树脂、过氯乙烯树脂、含氟树脂等,都是常用作耐蚀涂料中的主要成膜物质。

**2. 次要成膜物质**

一般地说,漆膜的性能是由主要成膜物质决定的,但是颜料在漆膜中也起着十分重要的作用。颜料是涂料的主要成分之一，在涂料中加入颜料不仅使涂料呈现装饰性，更重要的是它能改善涂料的物理和化学性能，提高涂层的机械强度、附着力、抗渗性和防腐蚀性能等，有的还具有滤去紫外线等有害光波的作用，从而增进了涂层的耐候性和保护性。例如，有机硅漆中使用铝粉颜料，在高温下，有机部分虽被破坏，但铝粉和硅形成的 $Si-O-Al$ 键却能耐高温。又如，桥梁漆中加入云母氧化铁，由于云母氧化铁具有鳞片状结构，能够起到很好的防渗作用，减少紫外线对漆膜的透过破坏，从而大大地增强了漆膜的抗老化性能。

### 1）防锈颜料

防锈颜料是防锈涂料的重要成分之一，它主要用在底漆中起防锈作用。按其防锈机理的不同，又可分为两类：一类是化学性防锈颜料，如红丹、锌铬黄、锌粉、磷酸锌、有机铬酸盐等，这类颜料在涂层中是借助化学或电化学的作用起到防锈作用的；另一类为物理性防锈颜料，如铝粉、云母氧化铁、氧化锌、石墨粉等，其主要功能是提高漆膜的致密度，降低漆膜的可渗性，阻止阳光和水分的透入，以增强涂层的防锈效果。

（1）红丹：也称为铅丹，化学式是 $Pb_2O_4$，是一氧化铅和过氧化铅组成的，可写成

$2PbO_2 \cdot PbO_2$，结构式为 $Pb \diagdown Pb \diagup Pb$。红丹是一种历史悠久并一直沿用至今的防锈颜料。尤其和亚麻油配制的防锈漆，其防锈能力很好，即使在残留一些锈蚀或氧化皮的表面上仍具有很好的防锈效果。当红丹与钢铁表面接触时，通过晶格离子的交换作用，铅酸根离子可在阳极区将腐蚀起始阶段的 $Fe^{2+}$ 转化为 $Fe_2PbO_4$；在阴极区，红丹中的 $Pb^{2+}$ 又能与阴极反应析出的 $OH^-$ 生成 $Pb(OH)_2$，在阳极区和阴极区都能生成起到阻蚀作用的薄膜。红丹对钢铁表面残留铁锈中的 $Fe^{3+}$ 也可产生同样的离子交换作用，生成 $Fe_4(PbO_4)_3$。由晶格交换出来的 $Pb^{2+}$ 还可以在含有二氧化硫的工业大气中与 $SO_2$ 作用生成难溶的 $PbSO_4$。

另外，红丹在水和氧存在下能与油基漆生成铅皂，这种金属皂一方面可以促进脂肪酸甘油酯的固化，另一方面在固化过程中形成的可溶性降解产物可对钢铁起缓蚀作用，因而具有较好的防锈效果。

红丹的最大缺点是有毒，对施工人员健康不利，云母氧化铁、偏硼酸钡等颜料在一定程度上可代替含铅颜料。红丹只适用于钢铁表面，不能使用于轻金属防锈，因铅和铝、镁之间的电位差大，会加速它们的腐蚀。此外，在使用上，红丹防锈漆最好及时配上面漆，如果暴露周期太长，红丹能和空气中的 $CO_2$ 作用变成碱式碳酸铅而发生白粉化，从而降低防锈效果。

（2）锌铬黄及铬酸盐颜料：锌铬黄化学成分为 $4ZnO \cdot 4CrO_2 \cdot K_2O \cdot 3H_2O$，是柠檬黄色粉末，微溶于水，呈碱性，作为化学防锈颜料，当它与渗入漆膜的水分接触时，微溶于水后离解出来的 $CrO_4^-$ 阴离子可以对阳极起钝化作用；而 $Zn(OH)_2$ 又可与油料中的脂肪酸甘油酯产生皂化而对金属起到缓蚀作用。同时，呈碱性的锌铬黄还可以中和油料在固化过程中生成的酸性分解产物，故防锈性比较好，既可用于钢铁表面，又可用于铝、镁等轻金属表面，是保养底漆最适宜的防锈颜料。

含有 $CrO_4^-$ 离子的无机铬酸盐能否用作防锈颜料,主要看其在水中的溶解能力,它必须具有足够而又不过大的溶解度。例如,在涂料中加入铬酸钾,开始它在大气环境中是能起到防锈作用的,但铬酸钾的溶解度很大,经多次雨水冲洗后就会溶解掉而失去缓蚀能力。如果铬酸铅的溶解度很低,则不能析出足够的 $CrO_4^-$ 离子,因而也不能起到很好的阳极钝化作用。有人做过实验,把铁分别泡在经锌铬黄和铬酸铅饱和的水中,经 102 天后,结果前者腐蚀率只为纯水的 1/100,而后者则与纯水的差不多,经测定比较适合的溶解度范围为 0.46% ~0.66%,如锌铬黄、铬酸锶、铬酸钙、铬酸钙锶、铬酸钾钡等溶解度均适中,对金属能起到很好的保护作用。一些溶解度很小的颜料,如四盐基铬酸锌、铬酸钡、铬酸铅等不能单独使用,要和溶解度大的铬酸盐配合使用,才能取得较满意的防锈效果。

(3)锌粉:锌粉是一种活性颜料,其与钢铁表面接触时能作为牺牲阳极起到阴极保护的作用。既然锌粉在金属表面所起到的是电化学保护作用,它的含量就必须很高,以使颜料颗粒之间连续地紧密接触。据测定,干膜中锌含量最好在 90% 以上。由高量锌无机或有机胶黏剂制成的富锌漆对大气具有极高的防锈作用,在各部门得到广泛使用。

(4)磷酸盐颜料:磷酸盐作为防锈颜料的品种较多,如磷酸铁铵、磷酸铁、硫酸铬、磷酸钙和磷酸钡等,在应用上比较成功的是磷酸锌,其分子式是 $Zn_3(PO_4)_2 \cdot 4H_2O$(或 $Zn_3(PO_4)_2 \cdot 2H_2O$)。磷酸锌的防锈作用是借助它与金属表面以及成膜物质所形成的络合物来达到的,磷酸锌本身是水合物,具有形成碱式络合物的能力。这种络合物可与漆料的极性基团(羟基和羧基)进一步络合,生成稳定的交联络合物以增强漆膜的耐水性和附着力,同时也能和 $Fe^{2+}$ 形成络合物,防止锈的形成和发展。

磷酸锌单独作为防锈颜料则体积浓度须很高,效果也不尽好,一般与铬酸盐颜料配合使用其防锈性和抗起泡性有很大改善。

硫酸锌对漆料的选择范围较广,一般在油基、醇酸、挥发性漆料、交联固化型漆料中均可使用,并适宜于水性漆和预涂底漆中。以磷酸锌和铬酸锌为主要防腐颜料制成的带锈底漆在工业部门得到了广泛应用。

(5)有机铬酸盐颜料:无机金属防锈颜料一般在漆中含有较高的量才能得到满意的防锈效果;而有机铬酸盐作为防锈颜料只要较低的用量就可获得满意的防锈效果。

有机铬酸盐采用有机氮化物(如无环胍、环胍、无环脒、环脒等)和铬酸结合而成的。其防锈机理有待进一步研究,但从制漆的试验结果来看,有机氮化物和含六价铬的物质配合使用时,比单独使用的防锈效果好。

(6)云母氧化铁:化学成分为 $\alpha - Fe_2O_3$,呈鳞片状晶体。它既具有氧化铁颜料的耐光性、耐候性和化学稳定性,同时具有片状颜料的特性,所以防腐蚀性能很好。可以想象,片状颜料的晶体在涂层中成片状互相平行地排列,产生了一种盔甲形的保护层,这样,有害介质要渗过涂层到达金属表面,其穿过的路程显然要比穿过一般粉状颜料的长得多。

(7)铝粉:铝粉与锌粉不同,虽然它的氧化电势比锌还高,但很容易在表面上生成一层氧化膜,各种涂料所用的铝粉都是由带有氧化膜的铝粉小颗粒组成的,不容易形成金属的接触,不能对钢铁起电化学保护作用。铝粉之所以能作为防锈颜料使用,一是其呈鳞片状,二是对光有反射作用,可以降低漆膜的光照老化速度和延长涂层的寿命。

2)体质颜料和着色颜料

体质颜料又称填充颜料,作用是用以增加漆膜的厚度,这些颜料都可在不同程度上提高涂层的耐候性、抗渗性、耐磨性和物理及力学能等。常用的有滑石粉、碳酸钙、硫酸钡、云母粉、硅藻土等。

着色颜料在涂料中主要起着色和遮盖物面的作用。

### 3. 辅助成膜物质

1) 溶剂

油漆几乎离不开溶剂。溶剂在涂料中主要起着溶剂或成膜物质、调整涂料黏度,控制涂料干燥速度等方面的作用。溶剂对涂料的一些特性如涂刷阻力及流平性、成膜速度、流淌性、干燥性、胶凝性、低温使用性能都会发生影响。因此,要想得到一个良好的涂料,正确选择和使用溶剂同样重要。

(1) 溶解能力:溶剂把溶质分散和溶解的能力。溶剂对主要成膜物质应该有很好的溶解性,有较强的降低黏度的能力,在挥发过程中不应该出现某一种成膜物质不溶而析出的现象。因此,应该选择溶解度参数与主要成膜物质相似的溶剂。有时,为了提高溶解能力或遇有一种溶剂难于溶解具有多种组分主要成膜物质的情况时,往往采用混合溶剂。

(2) 蒸发速度:涂料中的溶剂在漆膜干燥后,应该完全挥发干净,不再存在漆膜中,溶剂的蒸发速度对漆膜的形成影响很大,尤其是对于一些挥发性的漆类。溶剂的蒸发速度直接影响漆膜干燥速度快慢、施工难易和漆膜质量等。溶剂蒸发过快、过慢对漆膜都是不利的。

(3) 对溶剂的要求:溶剂的化学性质必须稳定,与涂料各组分无化学反应,同时,毒性要小,安全性高,来源充分和价格便宜等。溶剂的选择比较复杂,涂料厂生产的涂料往往都是使用混合溶剂以获得比较理想的漆膜,故必须严格按照涂料厂的要求配套使用。从防腐的角度来考虑,应尽量少用溶剂,溶剂的用量越多,越降低涂层的致密性,增大渗透率而削弱涂层对外界介质的屏蔽作用。使用活性剂较好,它既可以起到一般溶剂的作用,而又能在涂层固化过程中参与反应,最后与高聚物结合形成漆膜。例如,含有环氧基的活性溶剂——环氧丙烷丁基醚可作为环氧对脂类涂料的溶剂,固化时其环氧键可打开与环氧树脂一起聚合。但这类活性溶剂用量不宜过多,加入量一般是树脂质量的 5% ~ 10% 。当大于 20% 时,会影响涂层的性能,因活性溶剂本身是短链分子,用量过多会影响网状结构的形成,从而降低涂层的质量。

2) 其他辅助材料

为了提高涂层性能和满足施工要求,涂料中常含有增塑剂、触变剂、表面活性剂、防腐剂、紫外线吸收剂、防污剂等其他辅助材料。

增塑剂是一种沸点高于溶剂的有机化合物(沸点高于250℃),当漆膜中溶剂蒸发后,这种物质仍留在漆膜中,其可以大大地提高高聚物的柔韧性、抗冲击性,以及克服漆膜硬脆易裂的缺点。防腐涂料常用的增塑剂有苯二甲酸酯类和磷酸酯类等。

触变剂加入涂料中可使涂料在涂刷过程中有较低的黏度,易于施工;但当涂刷静置后涂料的黏度又立刻增加,防止流淌。触变剂是一些活性的固体颗粒,均匀地分布在涂料中,在静止状态,这些粒子与漆液相互接触并且牢固地吸附在一起,涂料表现出高黏度;搅拌时,随着液体运动的加速,这些微粒的结合被破坏,涂料的黏度下降,流动性增加。触变剂的这种特性称触变性或摇溶性。这种触变形往往是可逆的,即停止后涂料又恢复了它的高黏度,如图8-38所示。常用的触变剂有白炭黑、气相二氧化硅、膨润土等。

以油料为主要成膜物质的涂料,通常还加入催干剂,以加速漆膜的干燥。例如,亚麻油不加催干剂,需4~5天才可干结成膜,且干后膜状不好。加入催干剂后,12h之内即可干结成膜,油膜光滑,不黏手,缩短了施工时间,给施工带来方便。常用的催干剂有金属氧化物(如氧化铅、二氧化锰)、金属盐(如醋酸铅、醋酸钴、硫酸锰等)、金属皂(如松香酸皂、亚麻油酸皂、环烷酸皂等)。

以合成树脂为主要成膜物质的防腐涂料,大多数属固化型,必须加入固化剂。

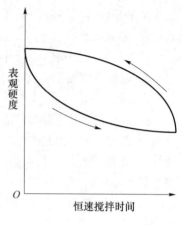

图8-38 漆液触变性示意图

辅助成膜材料随着工业的发展和油漆品种的增加而不断增多。这些辅助材料用量少,作用大,对油漆质量改进与提高有很大的作用,这类材料的类型、品种、应用范围将愈益扩大,在油漆中的重要作用将越来越显著。

### 8.6.4 常用的树脂类及橡胶类防腐蚀涂料

目前生产上使用的防腐蚀涂料大多属树脂类或橡胶类涂料。同一种树脂制成的涂料具有基本相似的性质,但由于次要和辅助成膜物质的不同,或施工处理条件的不同,在某些性能方面也会带来很大的差别。例如,热固酚醛涂料的耐蚀性比冷固酚醛涂料强得多,同一种环氧树脂使用不同的固化剂,耐热性能就相差很大;以一般铁红作为颜料的涂料的性能就不如用云母铁红的好。此外,同一种树脂由于它们的相对分子质量不同,制造方法不同,也会给性能带来很大的差异。几种树脂混合组成的改性涂料,其性能更复杂。目前,大多数防腐涂料都是涂料厂生产的,使用涂料时应很好认真阅读涂料厂的使用说明书,以保证所用的涂料按照适用的介质环境和涂料厂提出的要求进行施工。

表8-10列出了典型的树脂类和橡胶类涂料的耐蚀性能。

表8-10 典型涂料的耐蚀性能(级)

| 品种 | 酸 | 碱 | 盐 | 溶剂 | 水 | 耐候性 | 耐磨性 | 耐热性 | 耐氧化性 |
|---|---|---|---|---|---|---|---|---|---|
| 丙烯类 | 5 | 8 | 9 | 5 | 8 | 10 | 10 | 8 | 9 |
| 醇酸类 | 6 | 6 | 8 | 4 | 8 | 6 | 6 | 8 | 3 |
| 沥青类 | 10 | 7 | 10 | 2 | 8 | 4 | 3 | 4 | 2 |
| 氯化烃类 | 8 | 8 | 8 | 2 | 3 | 4 | 4 | 4 | 2 |
| 氯化橡胶类 | 10 | 10 | 10 | 4 | 10 | 8 | 6 | 8 | 0 |
| 环氧类 | 10 | 10 | 10 | 9 | 10 | 8 | 6 | 8 | 6 |
| 环氧-聚酯类 | 10 | 1 | 7 | 3 | 7 | 6 | 6 | 7 | 2 |
| 乳胶 | 2 | 1 | 6 | 1 | 2 | 10 | 6 | 5 | 1 |
| 含油料类 | 1 | 1 | 6 | 2 | 7 | 10 | 4 | 7 | 1 |
| 酚醛类 | 10 | 2 | 10 | 9 | 10 | 9 | 6 | 10 | 7 |
| 苯氧基类 | 3 | 9 | 10 | 5 | 10 | 4 | 6 | 8 | 6 |

| 品种 | 酸 | 碱 | 盐 | 溶剂 | 水 | 耐候性 | 耐磨性 | 耐热性 | 耐氧化性 |
|---|---|---|---|---|---|---|---|---|---|
| 硅酮类 | 4 | 3 | 6 | 2 | 8 | 9 | 4 | 10 | 4 |
| 乙烯类 | 10 | 10 | 10 | 5 | 10 | 10 | 7 | 3 | 10 |
| 氨基甲酸酯类 | 9 | 10 | 10 | 9 | 10 | 8 | 10 | 8 | 9 |
| 无机类 | 28 | 1 | 5 | 10 | 5 | 10 | 10 | 10 | 10 |
| 注："10"代表最好的保护，"1"代表最差的情况 | | | | | | | | | |

实际应用证实,富锌涂料、乙烯类涂料和环氧类涂料适用于90%以上的化工大气腐蚀环境,而醇酸涂料则只适用于90%以上的非化工大气环境。这就是说,在选用树脂时主要应着重于其所用的环境条件。

目前,由单一品种涂料组成的耐腐蚀涂层很少被采用,因为单一品种涂料往往不能满足生产上的综合性要求。如有的涂料与钢铁黏附力好,但耐蚀性或耐候性较差,有的耐蚀性好,但黏附力差,所以耐蚀涂层通常多采用复合涂层,即底层选用钢铁黏附力良好的或有阻蚀作用的防锈涂料,面层选用耐蚀性或耐候性良好的涂料。油漆厂生产的定型涂料产品都有配套使用的底漆、面漆或分底漆、磁漆、清漆等。

### 8.6.5　有特殊性能的防腐蚀涂料

#### 1. 富锌涂料

富锌涂料是一种含有大量活性颜料——锌粉的涂料,其干膜锌粉含量为85%～95%。富锌涂料一般作底漆使用,对潮湿大气有极高的抗蚀效果。

在富锌涂料中,一方面由于锌的阴极保护作用,另一方面由于在大气腐蚀下,锌粉的腐蚀产物比较稳定且起到封闭、堵塞漆膜孔隙的作用,所以涂层有良好的屏蔽作用。尽管富锌涂层比较薄,但仍有较好的保护效果,使用寿命也较长。

在大气腐蚀情况下,即使漆膜损伤,露出的金属锌也会产生腐蚀而把损坏处重新封闭,锌腐蚀产物的保护能力是很高的。有人曾在城市大气的环境下试验,经过110天大气腐蚀的富锌漆腐蚀产物厚度只有$5\mu m$,而腐蚀产物像保护层一样,保护着内部的锌粒都未受到腐蚀,经电子衍射分析,这种腐蚀产物是碱式碳酸锌$4ZnO \cdot CO_2 \cdot 4H_2O$。另外,在液膜下,漆膜表面的锌腐蚀产物全部遮盖了活化锌表面,阻止电化学反应进行。但当漆膜一旦损伤时,露出的金属锌就会起到阴极保护作用,所以富锌漆的阴极保护效应是潜在性的,随漆膜损坏时出现。

#### 2. 防锈底漆和带锈底漆

钢铁经表面处理后很容易反锈,另外对于大型设备的表面除锈一般很难保证做得彻底,再加上涂料覆盖一般比较薄,容易有针孔或被损伤。即使致密完好的涂层在一般环境中,水和氧分子以及一些介质离子仍可以慢慢渗透到金属表面。针对以上问题,一般仅靠涂层对金属的屏蔽作用是不够的,需要采取一些办法提高涂层的防锈能力,使用防锈底漆或带锈底漆可以有效地解决上面提出的问题,保证涂层与金属基体有良好的黏附性能。

1）防锈底漆

防锈底漆是一种能阻止锈蚀过程发生和发展的底漆,其防锈能力一般是通过下述三条途径来达到目的。

（1）牺牲阳极：通过涂料中的颜料对钢铁表面起牺牲阳极作用起保护，如上述的富锌漆就是一种最典型的牺牲阳极防锈底漆。

（2）钝化或缓蚀：涂料中含有强氧化性的颜料如铬酸盐等可以使金属表面获得钝化，一些颜料如红丹等可与漆基生成金属皂，并与铁离子生成难溶盐而抑制了腐蚀作用。

（3）惰性覆盖：涂料中含有一些化学稳定的，对酸、碱、日光、空气、水分都不会发生作用的颜料，这些颜料还往往具有强的遮盖力。铁红、云母氧化铁防锈漆属于这种类型。

2）带锈底漆

带锈底漆是一种可直接涂覆在带锈钢铁表面的底漆，按其作用机理一般可分为三种类型。

（1）转化型带锈底漆：也称为反应型带锈涂料，涂料中含有能与铁锈起反应的物质，把铁锈转化为无害的、难溶的或具有一定保护作用的络合物与螯合物，生成的络合物与螯合物通过成膜物质的黏附作用固定在钢铁基体表面上。转化型底漆可用的转化剂很多，如磷酸、亚铁氰化钾、单宁酸、草酸、铬酸等。转化剂与铁表面的氧化物都可生成各种难溶、稳定、无害的铁化合物。例如，含有磷酸-黄血盐转化剂底漆的转化机理可以下列反应式表示。

首先磷酸和黄血盐反应生成亚铁氰酸：

$$3K_4Fe(CN)_6 + 4H_3PO_4 \rightarrow 3H_4[Fe(CN)_6] + 4K_3PO_4$$

再与铁锈作用生成普鲁士蓝沉淀，把有害的铁锈转化为遮盖力强的颜料：

$$2Fe_2O_3 \cdot xH_2O + 3H_4[Fe(CN)_6] \rightarrow Fe_4[Fe(CN)_6]\downarrow + (6+x)H_2O$$

另外，多余的磷酸可进行下述反应，生成磷酸盐钝化膜：

$$Fe_2O_3 \cdot xH_2O + 2H_3PO_4 \rightarrow 2FePO_4 + (3+x)H_2O$$

$$2FeO + 2H_3PO_4 \rightarrow Fe_3(PO_4)_2 + 3H_2O$$

$$3Fe + 2H_3PO_4 \rightarrow Fe_3(PO_4)_2 + 2H_2\uparrow$$

通常磷酸-黄血盐型带锈底漆以缩丁醛液为漆基以形成保护性涂层，增加耐久性和附着力。

转化型带锈底漆适用于锈蚀比较均匀并且不残留轧制氧化皮和片状厚锈的钢铁表面。其特点是作用快，须及时地涂上防锈底漆和面漆方能起到良好的保护作用。问题是对锈层厚薄不均匀的钢铁表面转化液用量难以掌握，用量少时转化不完全，用量多时过量的磷酸会腐蚀金属本身并放出氢气影响涂层对金属的黏附力。

（2）稳定型带锈底漆：稳定型带锈底漆主要是依靠活性颜料，如铬酸锌、磷酸锌等使铁锈形成难溶的络合物和使金属钝化而达到稳定锈蚀的目的。其作用机理可以下列反应式表示：

$$Zn_3(PO_4)_2 + 4H_2O \rightleftharpoons [Zn_3(PO_4)_2 \cdot (OH)_4]^{-4} + 4H^+$$

$$ZnCrO_4 + 2H_2O \rightleftharpoons CrO_4^{-2} + Zn(OH)_2 + 2H^+$$

$$[Zn_3(PO_4)_2 \cdot (OH)_4]^{-4} + CrO_4^{-2} + 4H^+ \longrightarrow 4H_2O + [Zn_3(PO_4)_2(CrO_4)_2]^{-4}$$

$$3[Zn_3(PO_4)_2(CrO_4)_2]^{-4} + 4Fe^{2+}（铁锈等）\longrightarrow Fe_4[Zn_3(PO_4)_2(CrO_4)_2]_3$$
（稳定的抑制性络合物）

262

还有人认为是由于活性颜料中的磷酸锌与铁锈反应生成磷化膜,以及渗透到钢铁表面的铬酸锌与铁反应生成铬酸盐的钝化膜而阻止锈蚀的。反应中游离出来的金属锌还同时起到阴极保护的作用:

$$Fe_2O_3 \cdot H_2O + Zn_3(PO_4)_2 + 2H_2O \rightarrow 2FePO_4 \downarrow + 3Zn(OH)_2$$

$$3ZnCrO_4 + 2Fe \rightarrow Fe_2(CrO_4)_3 + 3Zn$$

稳定型带锈底漆对施工表面的要求没有像转化型带锈底漆那样高,对于锈蚀不均匀的钢铁表面也可使用。稳定型带锈底漆的漆基以醇酸为基础的多,常配以少量的表面活性剂以增强其渗透能力,一般还加入一些其他颜料、填料以增强漆膜的防锈性及耐久性。

(3)渗透型带锈底漆:渗透型带锈底漆是利用液体成膜物质对疏松铁锈的浸润和渗透作用,把铁锈紧密地包封起来,使其失去活性,从而阻止锈蚀的发展,同时底锈中还有防锈颜料起防锈作用。适用的成膜物质很多,如熟油、油基漆、醇酸树脂等。但渗透能力最好的是鱼油和鱼油醇酸,防锈颜料可用红丹。为了增强渗透能力,一般加入表面活性剂,以降低液体表面张力。渗透型带锈底漆由于具有良好的生渗透力,因而比较适用于陈旧和化学污染较小的钢铁表面,对于钢结构的一些铆接和螺栓连接部位特别适用,能起到一般防锈漆难以达到的保护作用。在新发展的品种方面,有采用碱金属或碱土金属的铁酸盐(如 $CaFeO_4$、$SrFeO_4$、$ZnFeO_4$、$BaFeO_4$ 等)代替红丹作颜料。铁酸盐具有强还原性,可将活泼的铁锈还原成稳定的磁铁结构。显然,若所用的液体成膜物质既具有良好的渗透性,又能和铁锈生成稳定络合物或螯合物,即同时起到渗透和稳定作用,则能得到更好的效果。

**3. 塑料防腐蚀涂料——粉末涂料**

塑料和合成树脂的意义没有严格区别,它们都是有机高聚物,合成树脂给人的印象是可以是液体或固体的高聚物,往往认为塑料是已经聚合成固态的高聚物。按照这样的概念,当以合成树脂为主要成膜物质的涂料固化后,固化膜也可以称为塑料。这里所要介绍的塑料防腐涂料是指稳定性特别高,结晶度、临界表面张力和溶解度参数都很低的热塑性塑料,如各种氟塑料、聚烯烃塑料、氯化聚醚和聚苯硫醚等。这些塑料在常温下很难找到合适的溶剂,黏附性能较低,但绝大多数对酸碱甚至溶剂都较高的稳定性,若能作为涂层涂覆在金属表面,将是一层很好的防腐涂层。表8-11列出了一些塑料涂料的性能。

表8-11 一些塑料涂料的性能

| 塑料涂料 | γ | δ | 连续使用温度/℃ | 毒性 | 燃烧性 | 耐化学性 | | | 加工温度/℃ |
|---|---|---|---|---|---|---|---|---|---|
| | | | | | | 酸 | 碱 | 盐 | |
| 尼龙 | 43 | 13.5 | 100 | 无 | 一般 | 劣 | 好 | 好 | 250 |
| 低压聚乙烯 | 31 | | 70 | 无 | 中等 | 很好 | 好 | 好 | 220 |
| 氯化聚醚 | | | 120 | 无 | 缓慢 | 优 | 优 | 优 | 200 |
| 聚三氟氯乙烯 | 31 | 7.2 | 130 | 无 | 不燃 | 优 | 优 | 优 | 270 |
| 聚全氟乙丙烯 | | 7.9 | 250 | 无 | 不燃 | 优 | 优 | 优 | 360 |
| 聚苯硫醚 | | | 250 | 无 | 不燃 | 优 | 优 | 优 | 370 |

根据黏合原理,要想把这些塑料黏合在金属表面,必须把它们变成液体涂覆在金属表面,然后再固化。这些塑料虽然不容易找到合适的溶剂溶解它们变成溶液,但在加热后可以熔融成液体而覆盖在金属表面(这个过程就是塑化),待塑料液体浸润整个表面,成为致密完整的薄层后再冷却固化就成为具有防腐蚀能力的涂层。

塑料涂料的涂覆有干法和湿法两种。干法是不用液体为媒介,直接把塑料粉末涂覆在金属表面和加热熔塑化。湿法是先把塑料粉末与水或有机溶剂等液体介质配成分散液或乳状液,均匀涂覆于金属表面,待液体挥发后再加热塑化。为了提高塑料涂层的综合物理力学性能和黏结性能,热塑化后多数涂层还需进行淬火处理。表 8-12 列出了 F-3 涂层淬火与不淬火的性能比较。

表 8-12　F-3 涂层淬火与不淬火的性能比较

| 力学性能 | 不淬火薄膜 | 淬火薄膜 |
|---|---|---|
| 抗拉强度/(kg/cm²) | 519 | 413 |
| 相对伸长率/% | 23 | 116 |
| 剪切强度/(kg/cm²) | >30 | <50 |

### 8.6.6　涂料的合理选用

合理选用涂料是保证涂料能较长期使用的重要方面,其基本原则如下:

(1)根据环境介质正确选用涂料。在生产过程中,腐蚀介质种类繁多,不同场合引起腐蚀的原因各不一样。选用涂料必须考虑被保护表面的使用条件与涂料的使用条件和适用范围的一致性(如介质的酸碱性、氧化性、腐蚀性、环境温度和光照条件等),并应在涂料合用的前提下,尽量选用价廉的涂料。

(2)根据被保护表面的性质选用涂料。不同材质的被保护表面,其性质是不同的,如金属与非金属的表面性质就有很大的差异,选用时要考虑涂料对表面是否具有足够的黏结能力,会不会发生不利于黏合的化学反应,例如酸固化的涂料不能涂覆在易被酸腐蚀的钢铁表面,红丹不能涂覆在铝、锌的表面。当钢铁表面难于进行喷沙或酸洗表面处理时,选用的涂料一般应用防锈底漆或带锈底漆。

(3)根据涂料的性能合理地配套选用涂料。涂料种类繁多,性能各异,若配套或改性得好,则可以得到一个性能良好、优于单一涂料的混合涂料(或涂层)。例如,乙烯类涂料的黏合力较差,可采用磷化底漆或铁红醇酸底漆作过镀层与乙烯类涂料配套使用;冷固化酚醛涂料固化剂对钢铁表面有腐蚀作用,可采用环氧涂料作底漆。凡此种种,都可以取得良好效果。

总之,正确、合理地选用涂料,需要涉及许多基本知识和实践经验,在使用时征求涂料厂的意见往往是非常需要的,切莫一知半解乱用,结果往往是适得其反。

## 8.7　玻璃钢衬里

当钢铁表面采用涂料覆盖层保护时,往往会由于涂层薄易受到碰损或介质渗透而失去防腐的效果。为此,涂层一般不适宜应用在较苛刻的环境中,用玻璃纤维增强树脂组成的覆盖层——玻璃钢——一种既易于增加厚又可增加力学性能的良好覆盖材料。

玻璃钢衬里内由于玻璃纤维的增强作用,故衬里层一般具有较高的机械强度,即使受到机械碰撞等也不容易出现损伤。至于玻璃钢衬里的防护效果虽然比涂层防腐有很大的提高,但它的施工原理基本与涂料相似,即以胶黏剂的黏合和固化作用把玻璃纤维制品混成一整体覆盖在被保护的设备表面上。因此,有关表面处理的影响和渗透性的问题等仍是施工中的重要因素。另外,在玻璃钢衬里中,如何保证树脂与玻璃纤维制品的良好浸润也极为重要;否则,即使增加了比涂层多十几倍的厚度,其抗渗性也不好。玻璃钢衬里比较厚,由于固化收缩或温变引起的应力更为突出,处理不好易造成层间开裂。

目前,常用的玻璃钢衬里品种有环氧玻璃钢、聚酯玻璃钢、酚醛玻璃钢、呋喃玻璃钢以及它们的各种改性玻璃钢等。通常用在常压设备内壁的防护、设备、地坪、砖板衬里的隔离层,塑料设备和管道的外壁增强,设备内部件的外层保护等。

### 8.7.1 玻璃钢衬里层的结构

玻璃钢衬里层主要起屏蔽作用。在被保护的表面上覆盖黏合力高的玻璃钢层,可以使腐蚀介质不能与被保护的物面接触,避免介质对被保护物的腐蚀。很明显,其保护能力将随厚度增加而增加;同时,由于玻璃钢的整体性强,故当衬里层与基体表面存在局部的黏附缺陷时,也不容易导致像涂层那样的开裂。

玻璃钢衬里层结构应具有耐蚀、耐渗以及与基体表面有较好的黏结强度等方面的性能。一般玻璃钢衬里层是由三部分构成:

(1)底层:在设备表面处理后为防止钢铁返锈而涂覆的涂层,底层的好坏决定了整个衬里层与基体的黏合强度和离壳难易,因此,必须选择黏附力强的、热胀系数与基体尽可能接近的树脂。环氧树脂是比较理想的胶黏剂,所以设备表面处理后多数涂覆环氧涂料,为了使涂层的热胀系数接近于碳钢的热胀系数,树脂内应加入适当的填料。当玻璃钢衬里层比较厚时,底层涂料则主要是考虑提高黏合强度,不一定要求底层对环境介质有高的耐蚀性,只需在外层玻璃钢选用耐介质腐蚀的树脂即可。底层涂料必须与基体不发生作用,否则会失去黏合力。

(2)腻子层:主要起增强作用,使衬里层构成一个整体,为了提高抗渗性,每一层玻璃织物都要保证被树脂所浸润,并有足够的树脂含量。

(3)面层:主要是富树脂层。由于它直接与腐蚀介质接触,故要求有良好的致密性,抗渗能力高,并对环境有足够的耐蚀、耐磨能力。当玻璃钢衬里比较薄时,就不分增强层和面层了。

当然,对同一种树脂玻璃钢衬里来说,衬里越厚,抗渗耐蚀的性能就越好。对主要用于抗气体腐蚀或用作静止的腐蚀性不大的液体储槽来说,一般衬贴 3~4 层玻璃布即可。如果环境条件苛刻,并考虑到手糊玻璃钢抗渗性差的弱点,一般都要求衬里厚度在 3mm 以上。盲目增加玻璃钢衬里的厚度,以取得最好防腐效果是没有必要的。一般来说,玻璃钢衬里层在 3~4mm 已具有足够的抗渗能力,而设备的受力要求完全是由外壳来承受的。

### 8.7.2 玻璃钢衬里的破坏形式

**1. 渗透破坏**

玻璃钢衬里所用的耐蚀胶黏剂的组成基本上与同类涂层相似,因此,涂层中容易出现针孔、气泡等玻璃钢衬里中也容易出现。况且,玻璃钢衬里比较厚,有些问题更为突出,例如:树脂固化成型过程中溶剂的挥发;一些未参与交联反应的固化剂或催化剂、增塑剂等可萃取物的析出;一些缩聚反应固化的树脂在固化过程中"小分子"产物的生成;手糊玻璃钢施工常容易使玻璃钢衬里出现针孔、气泡、微裂纹等缺陷,而使其抗渗性能变坏。

另外,玻璃钢是玻璃纤维增强材料与合成树脂胶黏剂组成的复合物,在玻璃纤维与合成树脂之间就形成了无数微小的玻璃-树脂界面。对于未经热处理或虽经热处理但又返潮的玻璃纤维来说,它与树脂的黏合效果往往不理想,水介质容易沿着界面向内渗透。

当玻璃钢衬里层存在渗透的可能性时,水往往是主要破坏的因素。其破坏作用可分析如下:

(1) 水是容易生成氢键的极性较大的分子,对于亲水性比较强的金属和玻璃纤维来说,当水分子渗入到树脂与玻璃纤维的胶接界面时,就会取代树脂分子对玻璃纤维的吸附,起到脱附作用,而使树脂与玻璃纤维的黏合强度降低。同样,当水渗到金属表面时,也会破坏树脂与金属的黏合力。

(2) 水对玻璃纤维有破坏作用,二氧化硅网络结构中的碱金属(或碱土金属)会发生水解而呈碱性,碱性水还会对二氧化硅网络结构发生浸蚀,破坏了其骨架结构,致使玻璃纤维的强度下降;同时碱性水还会使不耐碱的树脂与纤维的黏结力遭受破坏。

(3) 某些树脂(如聚酯、某些用酸酐固化的环氧等)遇水会发生水解,其水解产物留于树脂与玻璃纤维的界面时,就会破坏树脂与纤维结合的价键,当有应力存在时,树脂层还将出现微裂纹,由于水分子的渗透,水解作用就会加速。

(4) 当水(或电解质溶液)渗入树脂与金属界面时,就会引起金属表面的电化学腐蚀,于是就出现了鼓泡的作用,这种作用是剥离作用,树脂层抵抗这种能力是极弱的,于是树脂层就很快与基体金属发生分离。

(5) 衬里层在固化过程中总或多或少地存在一定的内应力,水存在的地方会成为衬里内最薄弱的环节,它往往促进使应力在这些地方开始,更容易地引起树脂层间、树脂与纤维界面或金属界面上的裂缝的增大。

**2. 应力破坏**

在树脂固化过程中,分子交联和链的缩短会引起体积收缩。当玻璃钢层与金属表面粘贴紧密而受到牵制时,玻璃钢层就产生收缩应力。另外,树脂常需加热固化,由于玻璃钢衬里层的线胀系数一般比钢大,于是在固化冷却过程中就会存在热应力;加上玻璃钢衬里设备常处在热或冷的环境下使用,这种使用环境温度的变化将使衬里产生温差应力。特别是在低温环境下应用时,树脂脆性大,不容易通过蠕变过程而慢慢释放存在的应力,因此在衬里层缺陷处更容易出现分层和开裂。

综合上述几种原因,玻璃钢衬里层内应力可用下式表示:

$$\delta_{内} = \delta_s + \delta_T \pm \delta_i \qquad (8-17)$$

式中:$\delta_{内}$ 为玻璃钢衬里内应力的总和;$\delta_s$ 为固化时的收缩应力;$\delta_T$ 为热处理固化冷却产生的热应力;$\delta_i$ 为使用过程中出现的温度应力(高于常温时为压应力(负值),低于常温时为拉应力(正值))。

很明显,当 $\delta_{内}$ 大于衬里层的强度时,衬里层就会破裂;当 $\delta_{内}$ 大于玻璃钢与基体的结合力时,衬里层就会脱壳分层。

还应指出,衬里层固化过程中,树脂与玻璃纤维间也存在内应力。由于树脂与玻璃纤维的线胀系数差值很大,且在加热固化过程中玻璃纤维并不像树脂那样因结构变化而产生收缩,因此产生的内应力不可忽视。有人用光弹技术测量一根埋在已固化树脂中玻璃纤维的应力,当温度降低 50℃,界面上的压缩应力为 $40kg/cm^2$,轴向剪切力为 $70kg/cm^2$。结果会使树脂出现微裂纹或破坏树脂与纤维间的黏结性,于是介质就容易从此渗入。

应力的存在有时虽然未达到使衬层破裂的程度,但它往往会在衬里缺陷的地方出现应力集中,使衬层出现翘曲,局部龟裂。因此,应尽可能选用固化收缩率小、黏结力强、富于弹性变形的树脂,并设法使玻璃钢的线胀系数与基体材料的尽可能接近,以尽量降低内应力。

**3. 腐蚀破坏**

根据玻璃钢不同品种的性能,合理选用衬里材料,正确进行施工,这些破坏一般是可以避免的。表 8 - 13 列出了的常用玻璃钢衬里层的性能。

表 8 - 13 常用玻璃钢衬里层的性能(级)

| 玻璃钢 | 化学稳定性 | | | | | 耐热性 | 与金属的黏合力 | 与环氧的黏合力 |
|---|---|---|---|---|---|---|---|---|
| | 酸 | 碱 | 盐 | 有机溶剂 | 氧化性介质 | | | |
| 酚醛玻璃钢 | 9 | 2 | 9 | 0 | 3 | 9 | 5 | 9 |
| 环氧玻璃钢 | 3 | 6 | 9 | 5 | 1 | 7 | 9 | 9 |
| 呋喃玻璃钢 | 9 | 8 | 9 | 9 | 5 | 8 | 2 | 9 |
| 不饱和聚酯玻璃钢 | 3 | 3 | 9 | 5 | 1 | 5 | 7 | 9 |
| 注:"10"代表性能最好;"1"代表性能最差 | | | | | | | | |

必须指出的是,玻璃钢衬层一般耐磨性较差,一旦表面树脂层被腐蚀而露出玻璃纤维后,渗透性就会迅速增大,腐蚀促进了渗透,而渗透作用又破坏了纤维与树脂黏合的整体性,促进了腐蚀损坏,在这样相互促进的影响下,衬层就会很快破坏。虽然目前有用玻璃钢衬里来保护金属搅拌桨,但如果有其他方法可以代替时,还是选用别的防护方法为好。因为玻璃钢衬层损坏后,不仅会使金属基体受到腐蚀,而且由于磨损,衬层内的玻璃纤维碎块就会散落到介质中,污染物料,堵塞管路系统等,有时还会带来比较严重的生产后果。玻璃钢衬里一般不适宜于磨损严重的腐蚀环境。

# 8.8 金属涂层防护

用耐蚀性较强的金属或合金把容易腐蚀的金属表面完全遮盖起来以防止腐蚀的方法称为金属涂层保护。这种保护方法主要用于防止大气腐蚀和满足某些功能性金属涂层的需要,在国防工业、机械、仪器电子以及航空船舶汽车等工业中都有广泛的应用。金属涂层按其相对于基材的电极电位高低可分为阴极涂层和阳极涂层,前者的电极电位高于基材,后者的电极电位低于基材。阳极涂层的优点:当涂层有微孔时,由于电化学保护作用,仍然使基体金属得到保护。阳极涂层常用于保护在大气、淡水和海水中工作的金属设备。阴极涂层只有在完好无孔时才起保护作用。金属涂层的加工方法主要有电镀、化学镀、热喷镀、渗镀、热镀、包镀、金属衬里、物理气相镀、化学气相镀等。设备表面的金属涂层最常见的有电镀层、喷镀层、刷镀层等。

用直流电源或脉冲电源，以电解的方法（包括电镀液、非水溶液）在作为阴极的金属或非金属表面沉积一层金属、合金镀层或金属与非金属固体微粒的复合镀层的过程称为电镀。所得到的镀层称为电镀层。电镀不但可使设备表面美观，而且可使设备防锈、防腐，因此广泛应用于生产实际中。然而大面积的进行电镀，受到电镀设备的限制，一般工厂不附设这样的车间，因此这种方法不作介绍。本节主要介绍金属表面的金属喷涂防护。

金属喷涂是用压缩空气将熔融状态的金属雾化成微粒，喷射在工件表面上，形成金属覆盖层。金属表面在喷涂前，需要预先进行表面除锈并使其表面粗糙。喷涂法的工艺及设备均较简单，而且基本上不受设备、零件的大小和形状的限制，可根据需要得到良好的金属或合金镀层。近年来，在防止高温氧化、硫酸生产中高温 $SO_2$ 腐蚀、造纸设备防腐蚀等方面得到广泛应用。

造纸烘缸的表面受纸浆中所含碱液以及松香、明矾等化学介质腐蚀，同时，由于用蒸汽烘干纸张，也受蒸汽腐蚀，工况条件十分恶劣，造纸烘缸原采用整体不锈钢，尺寸为 $\phi 2.5m \times 1.6m$，锈蚀严重的情况下 2～3 个月就得磨削一次，每次磨削需 3～5 天，每停工一天少产纸张的损失为 1 万元左右，而且影响纸张的质量。

上海喷涂机械厂、上海造纸机械厂、大连造纸厂等单位，采用普通碳钢板制造造纸烘缸，在烘缸表面采用电弧喷涂 18－8 不锈钢耐蚀涂层，使造纸烘缸的维修期延长到 1 年以上才磨削 1 次，使用寿命达 7～8 年，每只喷涂的烘缸可减少维修次数 8 次以上，按每次磨削维修损失 3 万～4 万元计，可减少损失 20 多万元，可节约不锈钢 1.75t，而且提高了纸张的质量，能够制造照相纸、电容器纸等高质量纸张。

### 8.8.1　金属的表面处理

金属设备在防腐施工前都要求表面清洁，以保证镀层和基底金属结合良好。但是，金属表面往往有氧化皮、锈蚀、毛刺、油污、水分、灰尘等表面缺陷和污染存在，必须认真处理；否则，不能获得良好的加工质量。

**1. 机械法**

机械法包括磨光和抛光、喷砂三种。

采用砂轮机磨光，对于生锈过多的物件是一种有效而经济的除锈方法。物件经磨光后，表面会残留一些磨痕，必须用抛光的方法去除掉。对喷涂、衬玻璃钢等过程，可不用抛光；对电镀、刷镀过程，一定要抛光，还可采用布轮或毡轮涂上各种抛光膏进行抛光。

不易抛光或磨光的细小物件，可放在装有适当研磨料的滚筒内滚光。

一些大型设备或氧化膜较严重的设备可用喷砂除锈的方法。喷砂法是用压缩空气带动固体颗粒或用高压水流直接喷射金属表面，以冲击力或摩擦的方式达到除锈的目的。对于其他的覆盖层（如喷涂、涂料），表面的平整和粗糙度要求不高，则直接用喷砂除锈即可，而不必抛光。

**2. 除油**

黏附在金属表面的油脂可分为皂化油和非皂化油两类。皂化油是能与碱起化学作用生成肥皂的油（动物油和植物油）。非皂化油是不能与碱生成肥皂的矿物油，如凡士林、润滑油、石蜡等。

根据表面油污的性质和数量,可分别选用下列方法除油:

(1)溶剂法:使用有机溶剂可以去除皂化油和非皂化油。通常采用煤油、汽油、石油溶剂、松节油、丙酮、乙醚、二氯乙烷、三氯乙烯等有机溶剂洗涤金属表面的矿物油。

溶剂法去油的优点是生产效率高,在使用脱脂机的情况下溶剂消耗不多,因而成本并不高。但如果不使用脱脂剂,则溶剂消耗大、成本高而且有毒、易着火。现在逐渐被其他方法取代。

(2)化学法:金属表面的动物油或植物油可用热的碱溶液洗涤。对非皂化的矿物油可在碱液中加入乳化剂使其从金属表面除去。表8-14列出了除油碱液配方和工艺条件。

零件在碱液中去油后,应该依次在热水、冷水中冲洗,以去掉金属表面的肥皂和乳浊液。

(3)电化学法:将工件放在电解槽中作为阴极(阴极去油法)或作为阳极(阳极去油法),通以直流电的去油方法。

阴极去油法生产效率较高,但有可能产生氢脆;阳极去油法虽可避免氢脆,但生产效率低。为了避免氢脆而又有较高的生产率,可采用阴极去油和阳极去油相结合的办法,即先进行阴极去油,后进行阳极去油。

电化学除油主要适用于外形简单的零件,外形复杂时,在凹下部分电力线不易到达而除油效果不好。

表8-14 除油碱液配方(g/L)和工艺条件

| 组分和工艺条件 | 钢及铸铁制件 | | | | 表面未抛光的钢铁、铜及铜合金 |
|---|---|---|---|---|---|
| | 配方1<br>大量脏物 | 配方2<br>一般脏物 | 配方3<br>少量脏物 | 配方4 | |
| NaOH | 40~50 | 20~30 | 20~30 | 60~100 | 20~30 |
| $Na_2CO_3$ | 80~100 | 50~100 | — | 20~40 | — |
| $Na_2PO_4$ | — | — | 30~50 | 15~50 | 25~30 |
| 水玻璃 | 5~15 | 3~10 | 3~5 | 2~10 | 3~10 |
| 工作温度/℃ | 80~90 | 70~90 | 80~90 | 70~100 | 70~90 |
| 处理时间/min | 10~20 | 10~30 | 10~40 | 10~30 | 10~30 |

电化学除油的配方和工艺条件见表8-15。

表8-15 电化学除油配方(g/L)和工艺条件

| 组分和工艺条件 | 配方1 | 配方2 | 配方3 |
|---|---|---|---|
| NaOH | 20~30 | 10~20 | 10~25 |
| $Na_2CO_3$ | 50~70 | 25~50 | 20~30 |
| $Na_2PO_4$ | 30~50 | — | 25~70 |
| 水玻璃 | — | 3~5 | 2~30 |
| 溶液温度/℃ | 70~90 | 70~80 | 60~80 |
| 电流密度/($A/dm^2$) | 5~10 | 3~10 | 3~10 |
| 电压/V | 8~12 | 8~12 | 6~9 |
| 时间/min(作阴极) | 根据油脂除净 | 2~3 | 3~5 |
| (在阴极之后)作阳极 | 程度来交换 | 1~2 | 3~5 |

### 3. 除氧化膜

消除金属表面的氧化膜(或锈层)可用化学法或电化学法。

1) 化学法除锈——酸浸

酸浸就是把金属浸于无机酸中去除其表面的氧化物。为了防止酸浸时金属过腐蚀,以及防止酸浸时放出大量氢造成氢脆和污染环境,常在酸液中加入缓蚀剂。表8-16~表8-19为几种酸浸液配方和工艺条件。

表8-16　盐酸酸浸液的配方和工艺条件(用于钢铁)

| 被酸浸零件 | 水/L | 盐酸<br>(相对密度1.19)/L | 乌洛托品/kg | 温度/℃ | 处理时间 |
|---|---|---|---|---|---|
| 生锈严重,不具抛光面 | 700 | 300 | 3 | 30~40 | 以氧化物<br>去掉为准 |
| 生锈一般,具抛光面 | 750 | 250 | 5 | 30~40 | |
| 生锈不严重,具高质量抛光面 | 800 | 200 | 20 | 30~40 | |

表8-17　硫酸酸浸液的配方和工艺条件(用于钢铁)

| 被酸浸零件 | 水/L | 硫酸<br>(相对密度1.84)/L | 乌洛托品/kg | 温度/℃ | 处理时间/min |
|---|---|---|---|---|---|
| 生锈严重,不具抛光面 | 850 | 150 | 3 | 60~80 | 25~40 |
| 生锈一般,具抛光面 | 900 | 100 | 5 | 60~80 | 10~30 |

表8-18　硫酸盐酸混合酸酸浸液配方和工艺条件(用于钢铁)

| 溶液组成 | 配方1 | 配方2 | 配方3 |
|---|---|---|---|
| 盐酸 | 5~15L | — | 10~15L |
| 硫酸 | 5~15L | 10~20L | 5~10L |
| 若丁(以酸量计) | 0.3%~0.4% | 0.3%~0.4% | 乌洛托品0.1%~0.6% |
| 温度/℃ | 18~45 | 18~60 | 40~50 |
| 时间/min | 5~30 | 5~30 | — |

酸浸后应用稀碱液($Na_2CO_3$液50g/L或NaOH 1~2g/L)进行中和然后用水冲洗干净。

表8-19　铜及铜合金酸浸液配方和工艺条件

| 硝酸(相对密度1.40)/L | 硫酸(相对密度1.40)/L | 温度/℃ | 时间/min |
|---|---|---|---|
| 700 | 1000 | 18~25 | 3~5 |

2) 电化学除锈

此法类似于电化学除油,分为阳极浸蚀法和阴极浸蚀法。目前多采用阴极浸蚀法。阴极浸蚀法有可能产生氢脆以及不易处理形状复杂的零件。在电解液中加入铅、锡离子,就可完全克服上述缺点。最后,工件表面上镀的铅或锡膜可在碱液中进行阳极处理而除去。

对于表面凹凸不平且有厚的氧化皮和油污很多的制件应采用阳极脱脂、阴极浸蚀、电解除铅的方法,效果很好。

270

阴极浸蚀用的溶液成分和工艺见表8-20。

表8-20 阴极浸蚀用的溶液成分和工艺条件

| 工序 | 工艺名称 | 电解液成分/(g/dm²) | | | | | 温度/℃ | 电解密度/(A/dm²) | 处理时间/min | 阳极 | 阴极 |
| --- | --- | --- | --- | --- | --- | --- | --- | --- | --- | --- | --- |
| | | 苛性碱 | 磷酸钠 | 硫酸 | 盐酸 | 氯化钠 | | | | | |
| 1 | 脱脂 | 85 | 30 | — | | | 80 | 7 | 10~15 | 工作 | 铁板 |
| 2 | 浸蚀 | — | — | 50 | 30 | 20 | 60~70 | 7~10 | 10~15 | 高硅铸铁 | 工件 |
| 3 | 除铅 | 85 | 30 | | | | 50~60 | 5~7 | — | | 铁板 |

阴极浸蚀只适用于非合金钢。电化学除锈与化学除锈相比,优点是生产效率高、效果好,酸的消耗少。

金属在除锈后应仔细地在清水中清洗并干燥。在表面处理后,应尽可能马上进行防腐施工,以避免在处理好的表面上重新生锈。

**4. 除油、除锈综合处理**

旧设备为了很好地达到酸浸去氧化皮的效果,往往要先除油,用溶剂擦拭和洗涤,操作较麻烦,且费溶剂。采用下述配方可以较快、较好地同时达到除油和除锈的目的:

| | |
| --- | --- |
| 硫酸 | 10%~20% |
| 若丁 | 酸量的0.4% |
| 平平加OS(含聚氯乙烯脂肪酸醚) | 0.6% |
| 烷基苯硫酸钠(油污较多时加入) | 0.6% |
| 酸浸时间/min | 15~60 |
| 温度/℃ | 20~70 |

## 8.8.2 金属喷涂工艺

金属喷涂是用压缩空气将熔融状态的金属雾化成微粒,喷射在工件表面上,形成金属覆盖层。当熔融的金属质点与被保护零件的表面撞击时,质点被压扁而成鳞片状。它们互相重叠,形成多层构成的覆盖层。由于质点与被喷镀主体金属表面接触时,立即被空气流冷却,质点的热不能传给零件表面,零件表面还是冷的,因此喷镀层与被保护的表面不能形成合金或焊接。喷涂层的质点与主体金属之间的黏附,是由于金属质点楔入表面上的孔和不平处而产生的,因此喷涂层的鳞片结构使得它有很大的孔隙率(图8-39)。

喷涂层的密度、抗拉强度和延伸率比原来金属的小,而硬度则比原来金属的大。由于金属喷涂层的硬度和孔隙率大,所以在有润滑剂的情况下,具有较好的耐磨性。

如上所述金属的线材喷涂与基体结合不牢固,为了提高其结合强度,发展了金属粉末喷涂工艺。这种工艺的显著特点是在喷涂过程中工作温度始终不超过250℃,喷涂层不需要重熔处理,对喷涂层和工件的热影响很小。因此,不会引起工件的变形和残余应力,不会影

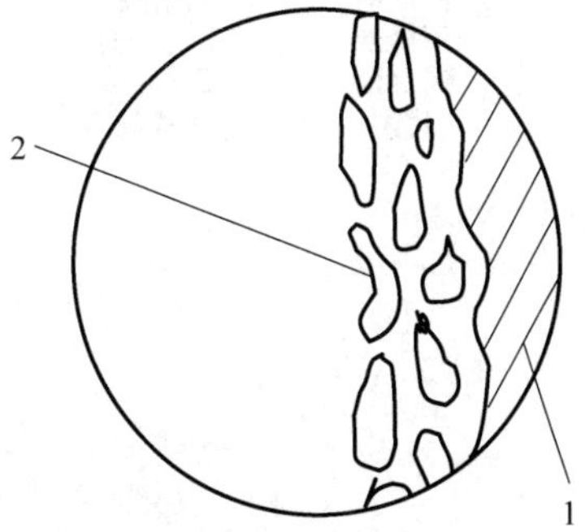

图8-39 喷镀层结构
1—基体金属;2—喷镀层。

响基体金属的金相组织和力学性能。喷涂层与基体的结合强度比使用一般的金属线材喷涂高出 1 倍以上,因而其应用范围更广泛,它既适用于铸铁、铸钢、碳钢、合金钢、不锈钢的喷涂,也适用于热处理或表面处理过的零件喷涂。

金属合金粉末又分复合打底粉末和工作层粉末。目前,应用较为广泛的自发热复合粉末是镍包铝粉末。这种粉末的化学成分为 80Ni/ 20Al 和 90Ni/10Al。其主要特征是在细的铝粉颗粒外面包着金属镍。在喷涂过程中,镍包铝复合粉末被加热到一定程度(约铝的熔点 660℃)时发生镍铝放热反应和铝的氧化放热反应。这种反应使粉末温度很快上升,当粉末接触基体金属表面时达到局部瞬时高温,可达 900℃以上,在这种高温下,镍即扩散到基体金属中,从而形成原子扩散结合似"微焊接"状况。X 射线分析表明,这种原子扩散深度可达0.5 ~5μm,从而提高了基材的结合强度。

粉末喷涂结合强度好,但是镍包铝粉末的喷涂性达不到要求时,可在这层粉末层上喷涂另一种工作层,在线喷涂前,先用镍包铝粉末打底,这样就可以大大提高线材的结合强度。

目前打底用的粉末除镍包铝以外,还有铝包镍型。在实际中,粉末喷涂成本高,除了特殊用途外,一般采用先粉末打底,后线材喷涂的工艺。

金属喷涂层也有阳极涂层和阴极涂层之分。阴极涂层只能机械地保护而不能使金属基体免受电化学腐蚀。如不进行必要的孔隙封闭处理,则镀层不能起到有效的防蚀作用,甚至可能加速基体的局部腐蚀。

防蚀喷涂层的孔隙封闭处理方法如下:

(1) 机械处理:有喷铁丸、木锤敲击、磨光、抛光和擦光等;

(2) 热处理:喷涂后扩散退火;

(3) 加厚喷涂层和涂料封闭处理:此法经常使用而且有效,涂料不仅填塞了喷涂层的孔隙,而且耐蚀涂料本身使防腐性能有所提高,同时因粗糙的喷涂层打底而有使涂料的附着力加强。随着耐蚀材料的不断发展,使喷涂层和涂料联合防腐的方法得到了较好的应用。

金属喷涂的方法分为气喷涂和电喷涂两种,典型的工艺流程如图 8 - 40 所示。

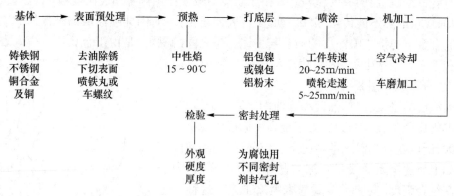

图 8 -40  金属喷涂的工艺流程

金属喷涂是用可燃气体乙炔(或丙烷、丁烷、天然气) - 氧焰燃烧时发出的热量将金属熔化,再用压缩空气流将熔融金属喷涂于工件和设备上。这种方法成本低,操作简便。

在我国用氧－乙炔焰喷涂已成为成熟经验,近年来也开始用氧－丙烷焰进行喷涂。气喷涂一般用于喷涂熔点较低的金属如铝、锌、铜、铅、锡等,也可以喷涂高熔点的金属如高碳钢、不锈钢等,但喷涂速度较慢。金属电喷涂是利用直流电源使两根金属丝间产生电弧,从而使不断给进的金属丝熔化,并用高速压缩空气使之雾化后喷涂于预先准备好的工件上。

电喷涂温度高,可喷涂高熔点的金属或合金,如碳钢和不锈钢、钨、钼、钛等,工作效率高、成本较低。但是,电弧不够稳定,温度不易调整,冷却用的空气量较多,以及强烈的电弧光和紫外线对人体有害等。它主要用于修复腐蚀或加工错误的轴承类零件、有缺陷的铸件,也可以用于喷涂层防护。目前我国电喷涂的金属用中碳钢、高碳钢和不锈钢。

### 8.8.3　金属喷涂举例

铝喷涂层具有良好的耐高温氧化性能,对于一般的大气、工业冷却水、煤气、氨及盐类等介质都有良好的耐蚀性能,因此以喷铝为例介绍其喷涂工艺。

铝的熔点较低,一般采用气喷涂。喷铝前工件一般用喷砂处理,要求表面无锈、无油、无污、裸露金属基体,喷铝时的主要参数:氧气压力 $1.3 \sim 1.5 \mathrm{kg/cm^2}$,乙炔压力 $1.2 \sim 1.4 \mathrm{kg/cm^2}$,空气压力 $5 \sim 5.5 \mathrm{kg/cm^2}$,铝丝规格 $\phi 1.9 \sim 2.4 \mathrm{mm}$(纯度大于98%),走丝速度 $2.0 \sim 2.4 \mathrm{m/min}$,喷涂层厚 $0.3 \sim 0.5 \mathrm{mm}$。

由于喷涂铝层存在大量孔隙(约占总体积的8%),在喷铝后多用涂料刷在喷铝层表面来进行封闭。涂料应具有耐蚀性、流动性好、渗透性强、施工方便等特点。

必须注意,铝的电位随温度的变化差异很大。如在工业用水中,当温度较低时,铝的电位比铁正,此时铝为阴极镀层。当温度较高时,铝的电位变得比铁负,此时喷涂层为阳极性涂层。生产实践中证明了这一点,例如某高压水冷器用铝喷涂层防腐,使用6年后检查,在高温段(温度 $90 \sim 130 ℃$)冷却管很好,未发现腐蚀现象,而在低温段(小于80℃)冷却器出现局部腐蚀。

## 思 考 题

1. 腐蚀控制方法分为哪几大类?选择腐蚀控制方法时应考虑哪些因素?
2. 工程实践中常用的防护技术有哪些?
3. 为了控制腐蚀,在选材上应考虑哪些问题?
4. 防护技术中,合理选材是十分重要的方法,"合理"二字的含义是什么?
5. 简述介质处理的常用方法与目的。
6. 简述热力除氧的原理及注意事项。
7. 简述通过调节介质 pH 值进行材料防护的原理及常用方法。
8. 结构设计包括哪些方面?如何从设计上减少或防止金属腐蚀?
9. 金属材料的加工工艺对其腐蚀行为有何影响?如何加以控制?
10. 什么是阴极保护?由哪位科学家最先提出?
11. 简述阴极保护的原理及实现的途径。

12. 试分别用 $E-pH$ 图和腐蚀极化图说明阴极保护的原理。

13. 阴极保护主要参数有哪些？如何测量？

14. 选取保护电位考虑的主要因素有哪些？

15. 简述外加阴极保护系统的组成和作用。

16. 辅助阳极有哪些技术要求？

17. 如何布置辅助阳极？

18. 简述间歇式阴极保护法的优、缺点。

19. 简述实现间歇式阴极保护的途径和原理。

20. 如何进行阴极保护的日常维护？

21. 如何进行阴极保护效果测量和评价？

22. 什么是牺牲阳极阴极保护法？

23. 牺牲阳极材料有哪些技术要求？

24. 如何确定牺牲阳极材料规格和用量？

25. 牺牲阳极如何安装,要考虑哪些因素？

26. 简述牺牲阳极填包料作用与常用配方。

27. 试比较外加电流阴极保护与牺牲阳极阴极保护的优、缺点。

28. 阴极保护与涂料保护、缓蚀剂保护等联合保护法有何优点？

29. 简述阳极保护的原理。

30. 阳极保护是何年由哪位科学家首先提出的？我国又是哪年开始研究、应用的？

31. 阳极保护有哪些主要参数,如何确定？

32. 什么是阳极保护的最佳电位,如何确定？

33. 简述阳极保护系统的主要组成部分及作用。

34. 辅助阴极有哪些技术要求？

35. 阳极保护一般选何种参比电极？

36. 阳极保护直流电源的技术要求是什么？如何选择？

37. 简述阳极保护的实现途径(控制方式)与优、缺点。

38. 简述阳极保护的适应条件及成功应用领域。

39. 阳极保护与涂料保护、缓蚀剂保护等联合防护有何优点？

40. 阴极保护和阳极保护各有什么特点？试指出各自的适用范围和选用原则。

41. 何谓缓蚀剂？从缓蚀机理上缓蚀剂分为哪几类？

42. 试分析不同缓蚀剂的作用机理。

43. 影响缓蚀剂作用的主要因素有哪些？

44. 试述缓蚀剂防腐技术的特点与应用范围。

45. 什么是缓蚀剂保护的协同效应？什么是拮抗效应？

46. 简述缓蚀剂的评定方法。

47. 什么是涂层保护？有哪些主要类型？

48. 简述涂料的保护作用以外的其他作用。

49. 简述涂料保护的机理。

50. 简述涂料保护的主要失效形式。

51. 简述涂料主要组成物质及作用。

52. 举例说明天然树脂类涂料、合成树脂类防腐涂料的用途。

53. 什么是富锌涂料？有何特点？

54. 防锈底漆与带锈底漆有何不同？

55. 简述粉末涂料的特点和用途。

56. 简述涂料的选用原则。

57. 举例说明玻璃钢的组成和防腐蚀特点。

58. 玻璃钢衬里的常见失效形式有哪些？

59. 举例说明阳极氧化层和阴极镀层防护特点。

## 习 题

1. 发现某缓蚀剂只对阳极反应起缓蚀作用，对阴极反应无影响。

（1）阳极面积被缓蚀剂减小到未缓蚀时的 1%，试计算腐蚀速率减小到多少？假定 $b = 0.06V$。

（2）腐蚀电位变化多少？

（3）如果阳极区和阴极区被同等的缓蚀，则腐蚀电位将如何？

2. 地下敷设电缆的腐蚀电位因邻近的阴极保护系统的接通而升高 10mV，计算腐蚀电流相应的变化（假定 $b = +0.06V$）。

如果阳极区和存在硫酸盐还原细菌使 $b$ 减小到 $+0.02V$，则对上述结果的影响如何？

3. 在由凝聚的湿气膜组成的电解液中，氧在 Fe、Ni 和 Zn 上还原的极化曲线具有准塔费尔斜率 $-0.33V$ 而且通过 $(0.000V, 0.1A/m)$ 这一点。

（1）计算暴露到潮湿空气中的这三种金属的腐蚀电位（假定忽略电解液电阻的影响）。

（2）钢表面镀一层镍，计算或由图解法确定镀镍层孔中暴露的铁的腐蚀速率（假定这些孔占表面积的 1%，忽略孔的电阻）。

（3）如果孔中的 $iR$ 降为 0.1V，则重复上述（2）的计算。

（4）如果镀镍层被类似空隙度的锌镀层替代，则重复上述（2）的计算。

4. 画出埋入地下的钢管连到镁牺牲阳极的极化图，在图上指出：

（1）管道表面附近相对于管道阴极和阳极区的开路电位的电位。

（2）管子相对于垂直远离管子的参比电极的电位。

（3）当逐渐靠近镁阳极附近时管道电位的变化。

5. 把 Zn 极化到完全阴极保护，计算相对于 $Cu/CuSO_4$ 参比电极的最小保护电位。假定 Zn 表面的腐蚀产物为 $Zn(OH)_2$，其溶度积为 $4.5 \times 10$。

6. 根据腐蚀金属极化图，在下列情况下，将达到完全阴极保护所需的外加电流与正常的腐蚀电流进行比较：

（1）腐蚀速率为阳极控制；

（2）腐蚀速率为阴极控制。

7. 铁在海水中以 2.5gmd 的速度腐蚀。假定所有腐蚀为氧去极化，计算达到完全阴极保护所需要的最小初始电流密度($A/m^2$)。

8. 计算铜在 $0.1M$ $CuSO_4$ 中达到完全阴极保护所必须极化到的最小电位(相对于 SCE)。

9. 总暴露面积为 $300cm^2$ 的铜棒与面积为 $50cm^2$ 的铁棒连成电偶,浸在海水中,为了避免铁和铜都不被腐蚀,加到此电偶上的最小电流为多少? 未偶接前铁在海水中的腐蚀速率为 $0.13mm/$年。

# 参 考 文 献

[1] 魏宝明. 金属腐蚀理论及应用[M]. 北京:化学工业出版社,1984.

[2] H. Д. 托马晓夫. 金属的腐蚀及保护理论[M]. 北京:机械工业出版社,1964.

[3] 陈正钧,等. 耐蚀非金属材料[M]. 北京:化学工业出版社,1985.

[4] 朱相荣,等. 金属材料的海洋腐蚀与防护[M]. 北京:国防工业出版社,1999.

[5] 胡茂圃. 腐蚀电化学[M]. 北京:冶金工业出版社. 1991.

[6] 吴荫顺,等. 腐蚀试验方法与防腐蚀检测技术[M]. 北京:化学工业出版社,1996.

[7] 王光雍,等. 自然环境的腐蚀与防护(大气·海水·土壤)[M]. 北京:化学工业出版社,1996.

[8] 曹楚南. 腐蚀电化学原理[M]. 北京:化学工业出版社,1985.

[9] 扬文治. 电化学基础[M]. 北京:北京大学出版社,1981.

[10] H. Д. 托马晓夫,T. Л. 契尔诺娃. 腐蚀及耐蚀合金[M]. 北京:化学工业出版社,1982.

[11] 徐坚,等. 腐蚀金属学及耐蚀金属材料. 杭州:浙江科学技术出版社,1988.

[12] 张承忠. 金属的腐蚀与保护[M]. 北京:冶金工业出版社,1988.

[13] 崔维汉. 防腐蚀工程设计与新型实用技术. 太原:山西科学技术出版社,1992.

[14] 杨熙珍,等. 金属腐蚀电化学热力学(电位—pH 图及应用)[M]. 北京:化学工业出版社,1987.

[15] 冯拉骏,等. 制浆造纸设备腐蚀与防护[M]. 北京:轻工业出版社,1994.

[16] 刘保俊. 材料的腐蚀与控制[M]. 北京:北京航空航天大学出版社,1989.

[17] 赵麦群,等. 金属的腐蚀与防护[M]. 北京:国防工业出版社,2002.

[18] 王保成. 材料腐蚀与防护[M]. 北京:北京大学出版社,2012.

[19] 冯绪胜,等. 胶体化学[M]. 北京:化学工业出版社,2005.

[20] 任俊,等. 颗粒分散科学与技术[M]. 北京:化学工业出版社,2005.

[21] W. V. 贝克曼,W. 斯文克,W. 普林兹. 阴极保护手册——电化学保护的理论与实践[M]. 3 版. 胡士信,王向农,
    徐快,等译. 北京:化学工业出版社,1988.

[22] 曾荣昌,韩恩厚,等. 材料的腐蚀与防护[M]. 北京:化学工业出版社,2006.

[23] 刘道新. 材料的腐蚀与防护. 西安:西北工业大学出版社,2006.

[24] 何业东,齐慧滨. 材料腐蚀与防护概论[M]. 北京:机械工业出版社,2005.

[25] 孙奇磊,王志刚,蔡元兴,等. 材料腐蚀与防护[M]. 北京:化学工业出版社,2015.

[26] 李晓刚,郭兴蓬. 材料腐蚀与防护. 长沙:中南大学出版社,2009.

[27] 张宝宏,丛文博,杨萍. 金属电化学腐蚀与防护[M]. 北京:化学工业出版社,2005.

[28] 孙秋霞. 材料腐蚀与防护[M]. 北京:冶金工业出版社,2001.

[29] 李金桂,吴再思. 防腐蚀表面工程技术[M]. 北京:化学工业出版社,2004.

[30] 杨世伟,常铁军. 材料腐蚀与防护[M]. 哈尔滨:哈尔滨工程大学出版社,2003.

[31] 肖纪美,曹楚南. 材料腐蚀学原理[M]. 北京:化学工业出版社,2002.

[32] 孙跃,胡津. 金属腐蚀与控制[M]. 哈尔滨:哈尔滨工业大学出版社,2003.

[33] 黄永昌,张建旗. 现代材料腐蚀与防护[M]. 上海:上海交通大学出版社,2012.